Anderl/Reineck • Handbuch Prozessberatung

Für Anna, David, Felix, Jonathan, Sarah

Mirja Anderl/Uwe Reineck

Handbuch Prozessberatung

Für Berater, Coaches, Prozessbegleiter und Führungskräfte

2. Auflage

Mirja Li Anderl vereint Wissen und Erlebtes auf dem Gebiet der Gründungs- und Managementerfahrung. Seit 2007 arbeitet sie als Organisationsberaterin, Coach und Trainerin für unterschiedliche Organisationen. Sie ist Mitgestalterin der MAICONSULTING Managementberatung und Akademie.
www.maiconsulting.de

Uwe Reineck studierte Arbeits- und Organisationspsychologie, Pädagogik und Philosophie. Seit 1991 ist er als Unternehmenskulturschaffender in vielen großen Unternehmen tätig. Er ist einer der Geschäftsführer der MAICONSULTING Managementberatung und leitet das Psychodrama Institut Freiburg.
www.maiconsulting.de
www.psychodrama-freiburg.de

Dieses Buch ist erhältlich als:
ISBN 978-3-407-36618-4 Print
ISBN 978-3-407-29493-7 E-Book (PDF)

2., überarbeitete und erweiterte Auflage 2016

Lektorat: Ingeborg Sachsenmeier
Reihengestaltung: glas ag, Seeheim-Jugenheim
Umschlaggestaltung: Antje Birkholz
Umschlagillustration: © Frauke Ditting, Hamburg
Illustrationen: Christian Ridder, Berlin

Herstellung: Michael Matl
Druck und Bindung: Beltz Bad Langensalza GmbH, Bad Langensalza
Printed in Germany

Weitere Informationen zu unseren Autoren und Titeln finden Sie unter: www.beltz.de

Inhaltsverzeichnis

Teil 2: Prozessberatung in Gruppen

Teil 3: Prozessberatung in Organisationen

Vorwort

Wir freuen uns, dass das »Handbuch Prozessberatung« vielen so gut gefällt. Nun ist eine zweite Auflage notwendig geworden. Denn: Die personen- und prozessorientierte Moderation von Gruppen sowie eine Organisationsentwicklung mit gutem Menschenverstand sind für viele Berater und Führungskräfte in Unternehmen zur zentralen Aufgabe geworden, für die sie Anregungen und Handwerkszeug benötigen. Diese überarbeitete und erweiterte Auflage ist unsere Antwort auf das gewachsene Interesse.

Prozessberater haben es schwer. Sie werden verkannt oder verwechselt. Verkannt werden sie, weil ihre Arbeit und damit ihr Potenzial für den Geschäftserfolg oftmals nicht verstanden werden. Verwechselt werden sie mit den Fachberatern, die Geschäftsprozesse optimieren und Ablauforganisationen umgestalten. Das tun die Prozessberater, von denen hier die Rede ist, nicht, und in der Regel haben sie keine Ahnung davon. Was tun Prozessberater dann?

Der rationale Anspruch von Management ist, dass eine klare und überzeugende Strategie sachlogisch nachvollziehbare Entscheidungen produziert und so ein Unternehmen ausrichten und prägen kann: »Culture follows strategy.« Die Wirklichkeit hingegen – selbst in niedrigkomplexen Veränderungsprozessen – ist eine völlig andere. Wir stellen immer wieder fest: Eine Unternehmenskultur ist bequem, machtvoll und auf faszinierende Weise klug. Sie weiß sich zu schützen, und Veränderung ist oftmals ein unendlich verlangsamter evolutionärer Prozess. Die lakonische Pointe heißt: »Culture eats strategy for lunch!«

Und genau in diesem Spannungsfeld agiert der Prozessberater. Er ist ein Kulturversteher. Einer, der weiß, wie man die Essgewohnheiten der Organisation verändern kann, der weiß, wie man Appetit auf Neues macht. Er ist nicht Koch, sondern Kellner – aber mit der Zusatzausbildung eines Ernährungsberaters. Und er berät die Köche ebenso wie die Gäste (in diesem Fall alle betroffenen Menschen im Unternehmen). Im besten Fall ist er der gute Geist der Organisation, manchmal auch ein Quälgeist, ein Provokateur und Idealist, ein loyaler Unternehmensbewohner (sofern er ein Interner ist), aber einer, der sich nicht einrichten will, der Spaß hat am ständigen Werkeln und Verbessern. Und einer, der sich nicht enttäuschen lässt durch Misserfolg, der gerne scheitert (»Scheitern, scheitern, besser scheitern!«) und der mit geradezu heiterer Gelassenheit die Idee einer *guten Organisation* verfolgt.

Eine *gute Organisation* ist hierbei vor allem eine nützliche Organisation, eine für das Erreichen der Unternehmensziele nützliche Organisation. Was genau verstehen wir darunter? In der Welt des 21. Jahrhunderts ist dies eine Organisation, die (quasi als Grundvoraussetzung) nicht entkoppelt ist von den Werten und Ansprüchen der eigenen Gesellschaft: Freiheit, Selbstverantwortung, Beteiligung, Offenheit, Spaß und lebenslangem Lernen – zugleich auch der Wunsch nach Sicherheit, Geborgenheit und Dazugehören. Eine *gute Organisation* ist somit kein Schlachtfeld und keine Fremdenlegion für Karrieremanager, sondern eher eine »Heimat auf Zeit«. Allerdings eine Heimat mit einem hohen Anspruch, nämlich dem Anspruch, bestmögliche Antworten auf die sich ständig wandelnden Herausforderungen.

Im Markt sind diese Herausforderungen zuallererst der knallharte globale Wettbewerb, eine permanente Beschleunigung, vielschichtiger Strukturwandel, neue Technologien, verändertes Kundenverhalten sowie rasant steigende Informations- und Wissensmengen. Innerhalb der Organisation findet dies seine Entsprechung unter anderem in einer zunehmenden Prozess- und Projektlogik, in einer steigenden Komplexität der Gesamtsteuerung, in der Mehrdimensionalität der Veränderungsprozesse, in der Virtualität der Organisation und in multinationalen Dynamiken. Hinzu kommen die wachsende Bedeutung der Themen Gesundheit und Work-Life-Balance, veränderte Kommunikationsansprüche, ausufernde Business-Standards sowie galoppierende Bürokratisierung, um nur einige der zentralen Herausforderungen zu nennen. Jedes Element in diesem Geflecht wirkt als Komplexitätstreiber in einem Veränderungsprozess.

Eine *gute Organisation* ist somit eine anspruchsvolle Organisation, die eine Vielzahl nützlicher Eigenschaften entwickelt, um den Herausforderungen bestmöglich zu begegnen: Sie muss flexibel und agil sein, mit einem hohen Grad an Selbstorganisation, zudem lern- und anpassungsfähig, hoch vernetzt, am Puls der Zeit und ausgestattet mit einer belastbaren Vertrauens-, Fehler- und Dialogkultur. Diese Idee einer *guten Organisation* ist somit die Prämisse dieses Buches.

Ein Prozessberater – verstanden als interner oder externer Berater einer Organisation –, der diese Idee einer *guten Organisation* verfolgt, braucht dafür ein spezifisches Rüstzeug: Persönlichkeit, Methoden, Ideen, Mut, Humor (um nur das Wichtigste zu nennen). Dieses Buch ist eine Einladung (und Warnung) an alle, die Prozessberater werden wollen, eine Bestärkung (und Fundgrube) für alle, die es schon sind, und eine Inspiration (und Aufforderung) für alle, die die Macht besitzen, Prozessberater in ihrer Organisation einzusetzen und auszubilden.

Dankeschön

Wir bedanken uns herzlich für die vielfältige Unterstützung, die wir während dieses einjährigen Projekts erfahren haben. Ganz besonders danken wir allen Kunden und Kollegen der MAICONSULTING.

Christoph Buckel unterstützte uns nicht nur inhaltlich, technisch und mit einem psychodramatischen Exkurs, sondern lenkte uns mit psychologischem Geschick, wenn wir drohten, die Richtung zu verlieren.

Danke an Friederike von Benten, die unzählige Gespräche mit uns führte und unser Erfahrungswissen in Worte fasste. Danke auch an Johanna Elhardt, die uns bei der Aufbereitung der Methoden eine große Hilfe war. Danke auch an Marion Göhler, die uns bei der Recherche zur zweiten Auflage wunderbar unterstützt hat.

Eine schöne Zusammenarbeit hatten wir mit Christian Ridder, der unsere Texte in Illustrationen übersetzte. Zudem danken wir Peter Untucht und Sarah Lay für ihre Inputs von externer Seite. Unserem Kollegen Arnd Küppers danken wir für seine gedanklichen und tatkräftigen Ergänzungen.

Besten Dank auch an Ingeborg Sachsenmeier vom Beltz Verlag für ihr Lektorat.

Zehn bestreitbare Grundannahmen zur Prozessberatung

1. **Anarchie ist die Utopie guter Prozessberatung!** Hierarchie ist ein interessanter Versuch, komplexe Systeme zu steuern. Auf lange Sicht aber ineffizient. Prozessberater träumen von Organisationen, die sich anders steuern. – Was eigentlich, wenn der Traum wahr werden würde?
2. **Prozessberater wollen mehr als nur Unternehmen zum Erfolg führen.** Auch wenn sie es selbst nicht gern so sehen: Prozessberater sind Missionare. Denn: Sie arbeiten mit Leidenschaft in Unternehmen, in denen die Menschen mehr finden als nur Arbeit, in denen passende Formen von Führung und Zusammenarbeit möglich werden.
3. **Prozessberater sind Unternehmenskulturschaffende.** Kulturarbeit bedeutet, Einfluss zu nehmen auf Haltung und Verhalten der Menschen. Organisationen sind dazu da, die Komplexität der Welt durch Hierarchie und Prozesse zu reduzieren. Bei diesem Unterfangen entwickeln sich häufig Kulturen, die versuchen, nicht nur die Welt, sondern auch den Menschen einfacher zu machen, als er ist. Solche Komplexitätsreduktionen führen aber manchmal zu Komplikationen. An einer Änderung dieser Sichtweise lässt sich arbeiten.
4. **Prozessberatung ist die Kunst, soziale Beziehungen zielgerichtet zu gestalten.** Prozessberater verkaufen ihre Zeit. Prozessberater denken nicht in Produkten, sondern in Kontaktqualitäten. Nicht die Methoden der Prozessberatung wirken, sondern die Haltungen der Berater.
5. **Prozessberater arbeiten nur dann für die Organisationen erfolgreich, denen sie auch Erfolg wünschen.** Sie unterstützen Unternehmen dabei, effizienter zu werden. Gleichzeitig sehen sie sie als Orte, in denen Menschen eine Menge Zeit verbringen. Deshalb sind gute Unternehmen mehr als effiziente Geldmaschinen. Sie stehen gleichermaßen für Spaß, Persönlichkeitsentwicklung und etliche andere schöne Sachen. Sie gehen der Frage nach, wie Arbeitswelt und Lebenswelt versöhnt werden können.
6. **Prozessberater glauben, dass Menschen gut arbeiten wollen.** Komfortzonen sind die Luftschutzbunker der Mitarbeiter gegen Demotivationsangriffe vonseiten der Organisationen. Die These, dass Menschen eigentlich ihr Bestes geben wollen (und Organisationen in vielen Fällen so sind, dass sie das verhindern), ist idealistisch. Wenn man aber an sie glaubt, kann man dieses Beste plötzlich tatsächlich sehen. Dort, wo Prozessberater arbeiten, entdecken Mitarbeiter ihre Stärken neu und stärken damit Neues.

❼ **Prozessberater leisten Hilfe zur Selbsthilfe.** Sie bringen keine Ziele in die Organisationen, sondern sie betreiben Hebammenkunst. Am Anfang müssen sie verstehen, was anders werden soll und gleichzeitig was erhalten bleiben soll. Sie fragen nach und sind dabei zurückhaltend mit eigenen Lösungsvorschlägen. Sie geben Feedback über ihr Verständnis der Situation und zeigen mögliche Probleme auf. In der Arbeit selbst sorgen sie für Orientierung und Transparenz des Vorgehens. Sie geben Sicherheit in der Unsicherheit, sie sind als Person präsent und ermutigen zum Aushalten dieser Ambivalenz. Sie sorgen für Langsamkeit. Denn: Schnelligkeit macht Lösungen oberflächlich.

❽ **Prozessberater lieben Konflikte und Versöhnungen.** Sie konfrontieren mit Wahrheiten, helfen Tabus entdecken und sorgen für eine klare Sprache. Um das tun zu können, müssen sie unabhängig sein oder sich zumindest so fühlen. Sie sehen das Gute (im Schlechten). Sie arbeiten mit den Widerständen, sprechen Emotionen an und nehmen Ängste auf. Nach Auseinander-Setzungen helfen sie bei neuen Zusammen-Setzungen. Sie arbeiten an gemeinsamen Vorstellungen und Zielen der Organisation.

❾ **Prozessberater denken kurzfristig langfristig.** Sie helfen langfristig an einer Organisation zu basteln, die zu den Mitarbeitern, Märkten und auch zu den Zielgruppen passt. Die Arbeit gestaltet sich dabei prozessorientiert: Der nächste Schritt wird jeweils vom Ergebnis des vorherigen bestimmt. Dabei ist es die Aufgabe des Beraters, Prozesse zu strukturieren und zu stabilisieren, nicht die inhaltlichen Lösungen zu erarbeiten.

❿ **Prozessberater helfen Organisationen beim Feiern.** Am besten, indem sie selbst mitfeiern. Zuerst also beteiligen sie die Betroffenen, und dann beim Feiern werden Beteiligte zu »Besoffenen« an der Freude über Gelungenes.

DER PROZESSBERATER MEINTE, DIE 10 GEBOTE MÜSSTE ICH SELBST HERAUSFINDEN.
10 ANNAHMEN
C. RIDDER

Teil 1

Basisthemen der Prozessberatung

1 Zugänge und Ziele
2 Menschen, Bilder, Organisationen
3 Ein paar Ideen und die Urväter der Prozessberatung
4 Linke Ideen zu rechten Preisen: Kritik an der Organisationsentwicklung
5 Moderationsmethode und Prozessberatung

1 Zugänge und Ziele

Beratung – hart, weich, blutig oder medium?

Beratungsunternehmen selbst unterscheiden gerne zwischen weicher und harter Beratung. Üblicherweise werden der harten Beratung folgende Qualitäten zugeschrieben (Lippl 2009, S. 43): Sie arbeiten mit speziellem Fachwissen, kennen sich in den Methoden der Projektarbeit aus und analysieren objektiv bestehende Strukturen und Prozesse.

Auf der anderen Seite stehen die »weichen« Prozessberater in der Tradition des legendären Edgar Schein (* 1928). Rudolf Wimmer (2004) schätzte einmal, dass es ungefähr 14.500 Beratungsunternehmen in Deutschland gibt, die mehr als 70.000 Berater beschäftigen. Dabei seien etwa 3.000 bis 4.000 Berater, die im weitesten Sinne als Prozessberater tätig sind.

Prozessberater bringen kein Fachwissen in die Organisation, sondern praktizieren Hebammenkunst. Sie wollen den vorhandenen »Wissensschatz« heben. Ihr Schwerpunkt liegt (Froschauer 2006, S. 60):

→ im Prozesswissen bei der Weiterentwicklung von Organisationen,
→ in der Gestaltung von Entwicklungs- beziehungsweise Problemlöseprozessen,
→ in der Aktivierung von systemeigenen Potenzialen und Ressourcen,
→ in der Anleitung zur Selbsthilfe.

»Weich oder hart?« wirft somit eine Frage nach dem Entweder-oder-Prinzip auf. Allerdings: Einfache Entweder-oder-Unterscheidungen haben es heutzutage auch in einer digitalisierten Welt schwer, als Wirklichkeitsbeschreibung anerkannt zu werden. Es ist daher zweifelhaft, ob man so der Komplexität in der heutigen Unternehmens- und Beratungswelt gerecht wird.

Integration der Bipolarität – so scheint es – wäre das Zauberwort, also der richtige Mix der Ansätze passend zusammengestellt für die unternehmensindividuellen Erfordernisse, spezifiziert auf die je eigenen Anforderungen, die sich aus der Situation eines Kunden ergeben. Königswieser, Sonuc und Gebhardt haben das in ihrem Buch »Komplementärberatung« (2008) bereits vorweggenommen. Sie plädieren dafür, dass Fach- und Prozessberater nicht gegeneinander, sondern miteinander arbeiten sollten. Auf diese Weise würden sich Inhalts- und Prozess-Know-how – zum Wohle des Kunden – ergänzen. Real klappt das eher selten. Dort, wo Berater des harten Ansatzes mit denen des weichen kooperieren sollen, dominiert die Couleur des jeweiligen Homesystems. Farblich gesprochen: Grün sind sie sich beide nicht. Das Dilemma muss nicht bleiben, sofern der zu erwartende Konflikt vorab bedacht wird. Hilfreich wäre zudem eine große Kenntnis der Methodenmischungen aller Beteiligten. Wozu, in aller Bescheidenheit, dieses Buch auch beitragen soll.

Wie kommt man eigentlich an Aufträge? Zugänge zur Organisationsberatung

Die Qualitäten der Prozessberater sind den meisten Kunden unbekannt. Selten also erhalten sie eindeutige Aufträge für das, was sie wirklich können. Es ist beinahe so, als ob sie sich durch Hintertüren ins Haus schleichen, um in die Küche zu kommen, wo man den Braten riecht und den Köchen in die Töpfe schauen oder in die Suppe spucken kann …

Arnd Küppers hat unter der Jannowitzbrücke in Berlin einmal versucht, seinen Kollegen zu erklären, wie sie das tun, was sie da tun (Küppers 2010). Er beschreibt, wie sie am besten in die Küchen kommen. Bis wir – seine Kollegen – es verstanden hatten, war das etwas Komplexes, das er Jannowitzquadrat nannte. Das Jannowitzquadrat zeigt die unterschiedlichen Hintertürchen von Beratern, die nicht kalt akquirieren wollen, um ins Warme zu kommen. Solche Zugänge sind die ersten Berateraufträge in Unternehmen. Berater werden zu einem bestimmten Zweck von Kunden geholt: Ein bestehendes Problem soll gelöst werden, eine definierte Leistung soll erbracht werden und so weiter. Das Jannowitzquadrat sehen Sie in der Abbildung auf Seite 16.

Ein paar Zugänge

Arnd Küppers unterscheidet vier Zugänge oder Intentionen, mit denen Kunden einen Berater ins Unternehmen holen.

Fachberatung wird angefordert, um Wissen oder Lösungen in die Organisation zu holen. Einkauf ist die Metapher dieses Tuns.

Edgar Schein (2003, S. 25 f.) bezeichnet das zugrunde liegende Beratungsverständnis in diesem Fall als »Telling-and-Selling-Modell«, und er führt aus: »Der Käufer, gewöhnlich ein einzelner Manager oder der Vertreter einer Gruppe in der Organisation, definiert ein Bedürfnis und folgert, dass die Organisation weder über die Ressourcen noch über die Zeit verfügt, dieses Bedürfnis zu befriedigen.« Auf dem Beratungssupermarkt sucht er sich einen Beratungsanbieter aus, der ihm verspricht, das Defizit auszugleichen. In der Regel wählt er bekannte Marken, damit er sein Risiko minimiert. In etlichen Fällen haben die Käufer des Produkts selbst in jungen Jahren für die Marke gearbeitet und kennen noch den einen oder anderen Kollegen. Dabei vertraut der Kunde auf erprobte und standardisierte Methoden und Instrumente des Beraters.

Solche Aufträge können sein: Veränderungsprojekte in der Aufbau- und Ablauforganisation, Einführungen eines IT-Systems oder die Durchführung eines Kostensenkungsprogramms. Der Käufer wünscht sich Argumente, Entscheidungshilfen und vor allem schnelle messbare Lösungen. Der Fachberater wird dafür eingekauft, ein bestimmtes Ergebnis zu bringen, das vorher festgelegt wird.

Begonnen wird in der Regel mit einer Diagnosephase, der sich dann eine Art Gutachten anschließt und in einen Projektplan mit festen Meilensteinen mündet. Der Kunde überwacht (bestenfalls), ob das Ziel erreicht wird. Die Berater zeigen Präsenz beim Kunden und werden in der Organisation mit dem Auftrag personifiziert. Der Fachberater ist in der Rolle des Experten, Ingenieurs, Planers und Wissenschaftlers.

Organisationsunterstützung wird beauftragt, wenn ein Problem kurzfristig gelöst werden soll. Der Kunde erwartet vom Berater, dass er die Störung schnell behebt, dass im Betrieb wieder alles reibungslos laufen kann. Edgar Schein (2003, S. 30 f.) nennt hier das zugrunde liegende Beratungsverständnis »Arzt-Patient-Modell«: Mit einer »Therapie« sollen Schwächen ausgebügelt werden. In dem Auftrag kann es zum Beispiel um die noch holprige Umsetzung einer bereits eingeführten Umstrukturierung gehen. Der Auftrag bezieht sich dabei auf ein begrenztes Problem, das manchmal aus der Lösung eines anderen Problems entstanden ist. Der Kunde vertraut darauf, dass der Berater die Schwierigkeiten schnell aus der Welt schaffen kann. Häufig braucht es diese Form der Organisationsunterstützung, wenn die Fachberater ihr Fertighaus hingestellt haben, aber keiner einziehen will.

Bildungsmaßnahmen sind solche Zugänge. Trainings sollen Wissens- oder Verhaltensdefizite ausgleichen. Manchmal helfen sie tatsächlich, wenn Wissen fehlt, um etwas erledigen zu können. Wo Wollen oder Dürfen fehlen, helfen solche Maßnahmen nicht. Sie schaden dann eher. Denn: Die Lösung »Bildungsmaßnahme« wird zum Problem, wo das erwünschte Verhalten nicht gezeigt wird, weil die verborgenen Regeln der Organisation das gewünschte Verhalten eigentlich verbieten. – Gäbe es für Verhaltenstrainings in Organisationen eine Pisa-Studie, wäre der Turm schon lange umgefallen.

Der Berater zur Organisationsunterstützung ist in der Rolle eines Psychologen, Trainers, Moderators und Troubleshooters.

Kommunikation wird angefordert, wenn ein bereits vorhandenes Projekt oder Programm einer größeren Anzahl von Personen im Unternehmen plausibel gemacht werden soll. Der Auftrag kann sich beispielsweise auf die Kommunikation eines großen Veränderungsprogramms beziehen. Der Kunde erwartet vom Berater eine sogenannte Storyline (quasi eine Drehbuchskizze) und ihre Umsetzung. Alle sollen die Veränderung kennen, verstehen und akzeptieren. Neben der Storyline haben die Kommunikationstools eine besondere Bedeutung. Für Informationen werden Artikel, Broschüren, Infofaltblätter, Plakate, E-Mails, Newsletter und Zeitschriften genutzt. Neben einseitiger Kommunikation bestimmen häufig auch dialogische Formate den Austausch wie Intranet, Podcasts, interne Blogs, Videokonferenzen und soziale Netzwerke.

Der Berater für Kommunikation ist in der Rolle des Verkäufers, Journalisten und Katalysators.

Organisationsentwicklung wird im ersten Beraterkontakt selten angefordert, vielleicht weil vielen Kunden die folgende Definition unbekannt ist oder gerade weil sie sie kennen?

Ziele der Organisationsentwicklung

»Organisationsentwicklung (OE) ist eine im Rahmen der angewandten Verhaltenswissenschaften entwickelte Beratungsstrategie, mit der Unternehmen und Manager angeleitet und unterstützt werden, systematisch einen organisationsumfassenden Veränderungsprozess zu steuern und zu gestalten, der

- unter Einbeziehung der Betroffenen,
- durch aufeinander abgestimmte Interventionen, die sowohl bei den Strukturen, Systemen, Prozessen und der Kultur einer Organisation als auch dem individuellen Denken, Fühlen und Verhalten ansetzen,
- die Effektivität und Effizienz der Unternehmerleistungen erhöht und die organisationale sowie individuelle Lernfähigkeit fördert.

[...] Langfristiges Ziel von OE-Maßnahmen ist die Generierung und Steigerung des individuellen Entwicklungspotenzials und des unternehmerischen Erfolgspotenzials. Leitbild ist die Lernende Organisation« (Elke 2007)

Die Realitäten des Kontextes (des Marktes) gemeinsam zu bestimmen und neu anzupassen, nachhaltige Veränderungen auf allen Ebenen zu bewirken, ist ihr Ziel. Der Kunde erwartet vom Berater, dass er der Organisation zu Beweglichkeit, Eigenständigkeit und Agilität verhilft. So soll eine neue – flexible – Organisationskultur geschaffen werden.

Einer dringlichen Not sollte das Unternehmen nicht ausgesetzt sein, denn solche Transformationen brauchen geduldige Ausdauer aller.

Chris Argyris (1996, S. 121) beschreibt das Problem am Beispiel des Themas Motivation: »Die Manager eignen sich bereitwillig das Vokabular von der intrinsischen Motivation an, aber erkennen nicht, wie festgemauert in der alten extrinsischen Welt ihre Firma tatsächlich ist.«

Der Organisationsentwickler arbeitet aus diesem Verständnis heraus mit und an Emotionen und Beziehungen. Er ist in der Rolle des Gefährten, Therapeuten und Gärtners.

Die weichen Faktoren sind die harten

Verändern sich Haltungen und Verhalten in Organisationen, wird das an den Menschen sichtbar: Sie arbeiten nicht nur anders, sie denken und sprechen über ihr Unternehmen in anderer Weise, in anderen Bildern. Die Veränderung einer Organisation drückt sich aus in den Prozessen, Strukturen, im Lebens- und Arbeitsgefühl der Menschen, in ihren Überzeugungen, Gewohnheiten und Geschichten, die sie erzählen.

Organisationsentwicklung will Denken, Haltung und Verhalten verändern: Nicht die Tools sollen ausgetauscht werden, der *Sinn* soll sich wandeln. Dies fügt der Beratung eine ethische und sogar eine gesellschaftliche Dimension hinzu und macht weiche Beratungsunternehmen manchmal zu Tendenzbetrieben mit einer Mission. Organisationsentwickler der alten Schule, haben in vielen Fällen humanistisch-therapeutische Hintergründe und glauben an die Entfaltung und Selbstverwirklichung der Menschen in Organisationen.

Nachhaltigkeit zum Beispiel ist so eine Mission: ein über das Shareholder-Value-Denken hinausgehendes Organisationsverständnis, das den Dreiklang von Sozialem, Ökonomie und Ökologie erklingen lässt. Dem Sinn kommt dabei eine Steuerungsfunktion zu. Er begründet den Wandel, verbindet im gemeinsamen Spirit und richtet aus.

Komplementärberatung und Dialog

Die Felder des Jannowitzquadrats im Hinterkopf zu haben, hilft dabei, Beratersichten zu erweitern. Dabei kommt es darauf an, Balancen zwischen den verschiedenen Zielen und Intentionen zu finden.

- → Die Sicht der Fachberatung zu berücksichtigen bedeutet, so viel Sicherheit wie nötig, so wenig vorgefertigte Lösungen wie möglich zu vermitteln.
- → Die Sicht der Organisationsunterstützung zu berücksichtigen, bedeutet, zwischen Inhalt und Reflexion zu oszillieren.
- → Die Sicht der Kommunikation zu berücksichtigen bedeutet, ein passendes Maß an Sinn und Effizienz zu finden.
- → Die Sicht der Organisationsentwicklung zu berücksichtigen bedeutet, als Anwalt der Ambivalenz zu fungieren.

Diese Sichtweisen müssen sich nicht widersprechen, sondern können sich ergänzen. Dabei steht Dialog im Mittelpunkt. Ein Berater ermöglicht Foren, in denen Menschen neue Perspektiven finden können – also Marktplätze des Dialogs. Dialog setzt Glaubwürdigkeit voraus: Wie Berater im Kundensystem agieren, kann dabei als Modell dienen. Die Beziehung zum Kunden ist von Vertrauen geprägt. Diese Beziehung steht bei der beraterischen Arbeit im Mittelpunkt.

Hidden Agendas der Organisationsberatung

Abgesehen von den verschiedenen Beratungsansätzen hat Beratung auch immer eine bestimmte Funktion (s. das Jannowitzquadrat auf S. 16). Es gibt nicht nur offizielle, sondern auch eine ganze Reihe von latenten, also verborgenen Funktionen. Latent sind diese Funktionen, weil sie zum einen von Beratern und Kunden nicht erkannt werden, und zum anderen, weil sie bewusst aus der Kommunikation ausgeblendet werden.

Solche Hidden Agendas in Beratungsprozessen beschreiben Falko von Ameln, Josef Kramer und Heike Stark in ihrem Buch »Organisationsberatung beobachtet: Hidden Agendas und Blinde Flecke« (2009, S. 127–204) wie folgt:

Beratung als ...	heißt ...
... soziale Anpassungsleistung	... Anpassung und Ausrichtung an Erwartungen und Normen des sozialen Kontextes einer Organisation und an Managementmoden
... Aufbau organisationaler Fassaden	... statt echten und langwierigen strukturellen Veränderungen nur Aufbau von Fassaden und »Pro-Forma-Beratungsspiele«
...Risikoentlastung und Beruhigungsmittel	... Vermitteln eines Gefühls von Sicherheit, eine (künstliche) Reduktion der Komplexität und das Anbieten von Schablonen für eine verwirrende Realität
... Kaffeeklatsch	... informeller Austausch mit dem Berater wegen des »Loneliness-at-the-Top-Syndroms« der Manager
... Spielball in mikropolitischen Spielen	... Nebenzielspiele (zum Beispiel Karriere machen durch erfolgreiches Change-Projekt), Verantwortungsspiele (Berater ist schuld), Vereinnahmungsspiele (Berater für eigene Ziele instrumentalisieren) und Pro-Forma-Beratungsspiele (die eigentlichen Themen kommen nicht auf den Tisch)
... Erziehungs- und Kontrollinstrument	... zum Beispiel Steigerung von Arbeitsleistung unter dem Etikett von Maßnahmen zu Unternehmenskultur, Leitbild oder Teamentwicklung
... Problemverschiebung	... Verschiebung des Problems auf einen späteren Zeitpunkt, weniger bedrohliche Themen oder das Beratersystem
... Management- und Führungsersatz	... Führungsverantwortung und -aufgaben auf den Berater abschieben
... Konfliktabsorptionsstrategie	... Konfliktpotenzial wird weg von der Hierarchie hin zum Berater gelenkt – oder durch passende Instrumente (zum Beispiel Coaching und Supervision) aufgefangen
... symbolischer Akt	... Sinnangebote machen und neue Identitäten konstruieren, als »Zeremonienmeister« beziehungsweise moderner Schamane
... Instrument zur Erzeugung von Beratungsbedarf	... das Gesundheitssystem braucht Kranke, wer einen Hammer hat, braucht Nägel, und in der Beratung besteht eine Tendenz zur »Ausweitung der Problemdefinition«

2 Menschen, Bilder, Organisationen

Menschenbilder bilden Menschen

Mentale Modelle bestimmen den Blick auf Unternehmen. Die inneren Bilder, nach denen Prozessberater handeln, und die äußeren Bilder, die sie in ihrer Sprache verwenden, erzählen von ihren Grundannahmen, Motiven und Wertesystemen; noch mehr erzählen sie von ihren Erfahrungen, die sie mit Organisationen gemacht haben und diese mit ihnen. Es stellen sich Fragen wie: Welche Menschen agieren in einem Unternehmen? Welche Motivation bestimmt ihr Verhalten? Wie selbstbestimmt handeln Menschen in Organisationen?

Ein Menschenbild ist die Gesamtheit der Annahmen und Überzeugungen, mit denen Menschen versuchen, Menschen zu verstehen. Wir skizzieren im Folgenden Menschenbilder, die unser Prozessberatungsverständnis prägen (zumindest wünschen wir uns, dass sie uns leiten) und die zeigen, wie wir Menschen in Organisationen erleben.

Flexibilität – humanistisch gesehen Der Begriff »Flexibilität« ist mehrdeutig. In seinem Buch »Der flexible Mensch – Die Kultur des neuen Kapitalismus« (2006) beschreibt der amerikanische Soziologe Richard Sennett (* 1943) die zunehmende Flexibilisierung der Arbeitswelt. Sie führt jedoch wider Erwarten weniger zu größerer Freiheit und Zufriedenheit, sondern vielmehr zu einem größer werdenden Kontrollverlust: Den Menschen fällt es immer schwerer, ihr Leben als eine konsistente Geschichte zu sehen, der sie ihren individuellen Stempel aufgedrückt haben, wie es noch den Generationen zuvor gelang, nach dem Motto: »Ich ging in die Lehre, wurde Geselle, arbeitete hart, wurde Meister, konnte ein Haus bauen, eine Familie gründen und schließlich nach 50 Jahren am gleichen Arbeitsplatz in die wohlverdiente Rente gehen …« Heute erlebt sich der Mensch nicht mehr so, als könne er selbst Einfluss nehmen, er fühlt sich als Spielball des permanenten Wandels hin- und hergeworfen. Doch darin, wie sich der Mensch selbst sieht, liegt gleichzeitig das Problem: »Wenn die Verantwortung beim ›Wandel‹ liegt, wenn jeder ein ›Opfer‹ ist, verschwindet die Autorität, denn niemand kann verantwortlich gemacht werden« (Sennett 2006, S. 153). Der vermeintlich flexible Mensch, der sich scheinbar ungebunden und frei von einem Arbeitgeber und Wohnort zum nächsten bewegt, wird damit im höchsten Maße unflexibel: Gelähmt durch das Gefühl, nichts bewirken und ändern zu können, verharrt er und ist nicht mehr Herr seiner Entscheidungen. Diese Inflexibilität des Menschen ist jedoch keine Erfindung des 21. Jahrhunderts: Die Psychologie hat schon in den 1960er-Jahren ein

Augenmerk darauf gelegt – und versucht, Lösungsmöglichkeiten aufzuzeigen. Darwins »Survival of the fittest« bekommt aus dieser Sicht eine neue Konnotation: Fit bedeutet flexibel, spontan, echt. Jakob Levy Moreno hat einmal gesagt: »Spontaneität ist eine adäquate Reaktion auf eine neue Situation oder eine neue Reaktion auf eine alte Situation« (Moreno/Leutz 1967, S. 439). Dieser echten Spontaneität stehen Hemmnisse im Wege, sie wird »aus Angst, Rücksicht, Unwissenheit und Selbstbeschränkung oft nicht ausgelebt« (Migge 2007, S. 374).

Was hat dies nun mit der Unternehmenswelt zu tun? »Therapie im Interesse der Bilanz« (Sennett 2006, S. 152) wäre eine böse Interpretation dessen, was Prozessberater tun. Eine Seelenkur, nur um Menschen noch besser auszubeuten, würden vielleicht viele wünschen, funktionieren aber würde sie nicht: Haltung und Intention blieben den Betroffenen nicht verborgen. Um Mensch *und* Unternehmen zu helfen, Hemmnisse aus dem Weg zu räumen und zu neuer Innovationskraft und Produktivität zu finden, braucht es mehr: Synthesen der Ziele des Ganzen und des Strebens der Einzelnen.

Das Menschenbild der Humanistischen Psychologie Neben Jakob Levy Moreno (Psychodrama) zählen Abraham Maslow (Bedürfnispyramide), Carl Rogers (Klientenzentrierte Psychotherapie) und Fritz Perls (Gestalttherapie) zu den Vertretern der humanistischen Psychologie. So sehr sich ihre Ansätze im Detail auch unterscheiden, so sind sie sich doch darin einig, was den Mensch aus- und besonders macht (Hutterer 1998):

- → *Autonomie und soziale Interdependenz* meint, dass der Mensch trotz aller Abhängigkeiten (biologische, emotionale, kulturelle) fähig ist, sein Leben nach seinen Vorstellungen zu gestalten. Er ist dabei aber nicht nur für sich selbst verantwortlich, sondern auch für die Gemeinschaft, in der er lebt (Gruppe, Familie, Firma, Gesellschaft).
- → *Selbstverwirklichung* bedeutet, dass der Mensch nicht nur auf Ausgleich und Harmonie bedacht ist (Homöostase), sondern dass er auch selbst schöpferisch und eigeninitiativ tätig sein will, also das zu verwirklichen, was er selbst will.
- → *Ziel- und Sinnorientierung* steht dafür, dass der Mensch sich an bestimmten (individuellen) Zielen und Werten orientiert und danach strebt, für sich Sinn zu schaffen.
- → *Ganzheit* heißt, dass der Mensch mehr ist als die Summe seiner Teile. So sind zum Beispiel gleichzeitig kognitiv-intellektuelle, emotionale oder soziale Prozesse Teile dieser Einheit.

Der Schwerpunkt der Humanistischen Psychologie vereint das individuelle Streben der Person nach Selbstverwirklichung und Autonomie mit sozialen Bedürfnissen. Die Humanistische Psychologie ist dabei optimistisch: Der Mensch hat die Fähigkeit, »jede gegebene Struktur, in der er sich befindet, zu überwinden und zu transformieren« (Hutterer 1998, S. 23).

Henri Bergson: Sei dir dein eigener Bildhauer »Als Schöpfer unseres Lebens, ja als Künstler sogar, wenn man will, arbeiten wir ununterbrochen daran, aus dem Stoff, den uns die Vergangenheit und Gegenwart, Vererbung und Umstände liefern, eine einzigartige, neue, originelle, unvorhersehbare Form zu kneten wie diejenige, die der Bildhauer dem Ton verleiht« (Bergson 1993, S. 113).

Für Bergson verhält es sich mit jedem Moment, in den wir kommen, genauso wie mit einem Kunstwerk, das gerade entsteht: Jeder Moment ist neu und einzigartig. Es ist, wie wenn wir vor eine leere Leinwand kommen und diese von einem Künstler bemalt wird. Bevor und während der Künstler malt, haben wir schon bestimmte Erwartungen, was er malen könnte. Bergson nennt diese Voreingenommenheit »Schubfächer[n] des Möglichen« (S. 120). Diese reichlich gefüllten Schubfächer machen es einem schwer, auf neue Situationen spontan und kreativ zu reagieren. Re-agieren ist dabei mehr als bloßes Agieren in vorgefertigten Rollenmustern. Bergson glaubt, dass derjenige kreativ ist, der sich selbst auch als Schöpfer begreift, also als jemand, der auch etwas ändern kann. Die vielen Denkgewohnheiten hindern oft daran, sich als Gestalter zu sehen.

Vielmehr sehen wir uns von »einer vermeintlichen Notwendigkeit zu Sklaven gedemütigt«, wo wir uns doch eigentlich »zu Herren erheben« könnten (S. 125).

Das uns Mögliche zu sehen und zu verwirklichen, ist nicht immer einfach: denn »das Wirkliche schafft das Mögliche und nicht das Mögliche das Wirkliche« (S. 124). Das will heißen: Ob etwas möglich war, wissen wir immer erst im Nachhinein. Das Risiko des Scheiterns droht immer, und vieles, was möglich ist, erscheint uns unmöglich. Das Mögliche wird erst im Moment der Verwirklichung möglich. Das war es aber schon vorher, sonst hätte es nicht möglich werden können.

Bergson sagt: »Das Auge sieht nur, was der Geist bereit ist zu verstehen.« Im Umkehrschluss würde das bedeuten, dass in der Realität viel mehr möglich wird, wenn wir schon im Kopf das Unmögliche einkalkulieren. Unsere Einstellungen beeinflussen unser Verhalten und unsere Wahrnehmung der (Um-)Welt.

Quelle unser Schöpferkraft: Élan vital Henri Bergson erhielt für sein 1907 erschienenes Werk »L'evolution créatrice« den Literaturnobelpreis. In diesem Werk stellte er zum ersten Mal die Idee eines »Élan vital« vor. Der Élan vital (französisch für etwa »lebendige Begeisterung«) ist das Potenzial eines jeden Menschen, frei und kreativ zu agieren. Die Menschen folgen dabei ihren Idealen und streben nach mehr; dabei ist keine Richtung vorgegeben, sie folgen quasi diesem Fluss des Lebens. Sind sie »im Fluss«, können sie völlig frei entscheiden und kreativ handeln. Diesen Fluss kann man sich auf unterschiedlichen Ebenen vorstellen: im Zusammenspiel der Menschen untereinander, im Lauf der Evolution, aber auch im Gedankenfluss jedes Einzelnen. Diesen Bewusstseinsstrom hat Bergson »les données immédiates de la conscience« genannt (französisch für »unmittelbare Eingaben des Bewusstseins«) (Bergson 2007; Schimer 1913).

Im Fluss zu sein und durch den Élan vital wirksam zu werden ist nur eine Option für alle und nicht zwangsläufig. Leben entsteht in jeder Sekunde neu. Wenn wir uns als Schöpfer begreifen und uns diesem Schöpfungsfluss hingeben, können wir Neues erschaffen. Sind wir behindert durch Hemmnisse und Hindernisse, gelingt das nicht. Es entsteht dann auch nichts Neues. Die Zukunft, die kommt, braucht aber auch reflektierte Erfahrung: Bergson sagt, dass der Élan vital gleichzeitig Kreativität, Entscheidung und Gedächtnis bedeutet (Schimer 1913, S. 167): Wir können Neues erschaffen, frei entscheiden, wohin wir gehen, und bauen doch immer auf die Erfahrungen und Erinnerungen auf, die wir mitbringen.

Was haben die Ansätze mit der Arbeit als Prozessberater zu tun? – Die beschriebenen Menschenbilder helfen, in einer Organisation etwas zu verfolgen, was nicht auf den ersten Blick sichtbar zu sein scheint. Prozessberater helfen, das Mögliche zu modellieren. Sie suchen nach Organisationsformen für Menschen, in denen sie ihre Potenziale zum eigenen und zum Nutzen der Organisation entdecken und realisieren können.

Organisationen sind Metaphern – Organisationsbilder

Ferdinand Buer: Die Organisation als interaktive Inszenierung

Eine Grundannahme in Morenos Theorie ist, dass die natürliche Spontaneität des Menschen im Laufe seiner Sozialisation unterdrückt wird und daher Rollenstereotypen übernommen werden. Daraus ergibt sich eine formelle Oberflächenstruktur sozialer Systeme. Durch Soziometrie und Psychodrama möchte Moreno diese Oberflächenstruktur aufbrechen, um eine informelle Tiefenstruktur freizulegen. In Morenos Theorie ist der Zusammenhang von Gruppe und Individuum zentral: Krankt das eine, krankt das andere ebenfalls. Eine Organisation ist aus dieser Sicht nichts anderes als ein Geflecht von sozialen Beziehungen. Zwar hat sich Moreno in seiner Arbeit nie explizit auf Unternehmen bezogen, jedoch hatten seine Gedanken weitreichende Auswirkungen auf Aktionsforschung, Organisationsentwicklung und Gruppendynamik (Gairing 2002).

Die dramatologische Sicht auf Organisationen geht auf die soziodramatische Theorie Morenos zurück. Aufgegriffen und fortgeführt wurde sie gerade im Kontext von symbolischem Interaktionismus und Rollentheorie unter anderem von Erving Goffman, Peter L. Berger, Thomas Luckmann, Martin Abraham und Günter Büschges. Die Idee von Inszenierungen und Spielen findet sich dann auch in Organisationsbildern von Mikropolitik (zum Beispiel Michel Crozier) oder Organisationskultur wieder (zum Beispiel Edgar Schein).

Die zentralen Punkte der dramatologischen Perspektive auf Organisationen sind folgende:

→ Menschen in Organisationen sind Akteure. Sie sind aktiv und passiv an (Macht-) Spielen beteiligt. Diese Akteure sind es, die die Organisation ständig (re-)produzieren, sie machen das System aus, in dem sie leben. Akteure haben eigene Pläne, Interessen und lassen sich nie komplett von außen steuern. Sie tragen aber auch Verantwortung und können ihr Handeln (ethisch) reflektieren. Die Akteure werden dadurch gleichzeitig zu Regisseuren.

→ Die Spiele in Organisationen haben, wie alle anderen Spiele auch, bestimmte Regeln. Dadurch gibt es Spielräume, Spielchancen, aber ebenso die Möglichkeit, ausgespielt zu werden. Die Spielregeln einer Organisation kann man als Ethos (= Sitten und Gebräuche) bezeichnen. Der Ethos sollte reflektiert und gezielt neu ausgerichtet werden: Handeln in Organisationen wird dadurch sinnvoller und verantwortbarer.

→ Buer (2008) unterscheidet vier Funktionslogiken, die in Organisationen auftreten können:
  - Organisationen mit *Professionslogik* haben das Kernthema »Dienst am anderen«, die interne offizielle Kommunikationsweise ist fachlich-wissenschaftlich. Beispiele dafür sind Organisationen im Gesundheits- oder Sozialbereich, aber auch Fachdienste in Unternehmen.

- Die *Bürokratielogik* impliziert das Kernthema »Soziale Ordnung sichern«, die Kommunikation ist geprägt von verwaltungstechnischer Sprache. Beispiele sind Behörden oder Ämter, aber ebenso Verwaltungen in Unternehmen.
- Die *Politiklogik* hat Machtausübung zum Kernthema, kommuniziert wird über politische Debatten. Beispiele sind Parteien, Gewerkschaften oder Verbände.
- Die *Unternehmenslogik* dreht sich um das Kernthema »Gewinn machen«, kommuniziert wird über Zahlen (Gewinn oder Verlust). Profitorganisationen sind dadurch geprägt.

→ Darüber hinaus benennt Buer (2008) drei Handlungsmuster in Organisationen:
- Akteure, für die *Rationalität* zentral ist, haben ein Nutzenkalkül als Handlungsmotiv. Organisationen, die rein rational handeln, sind daher funktional aufgebaut.
- *Tradition* dagegen setzt auf die Treue der Akteure gegenüber einer bestimmten Gemeinschaft. Organisationen, die auf Tradition Wert legen, sind streng hierarchisch aufgebaut.
- *Engagement* heißt Begeisterung der Akteure für ein Ideal. Solche Organisationen versuchen, sich kollektiv zu leiten und auf Selbstbestimmung zu bauen.

→ Je nach gebräuchlichen Funktionslogiken und Handlungsmustern, gibt es also verschiedene Spielregeln und damit Verhalten der Akteure einer Organisation:
- Profi (Professionslogik/Rationalität)
- Autorität (Professionslogik/Tradition)
- Facilitator (Professionslogik/Engagement)
- Bürokrat (Bürokratielogik/Rationalität)
- Instanz (Bürokratielogik/Tradition)
- Diensteifriger (Bürokratielogik/Engagement)
- Stratege (Politiklogik/Rationalität)
- Anführer (Politiklogik/Tradition)
- Aktivist (Politiklogik/Engagement)
- Kalkulator (Unternehmenslogik/Rationalität)
- Big Boss (Unternehmenslogik/Tradition)
- Pionier (Unternehmenslogik/Engagement)

Wie die Arbeit in einer Organisation aussieht und wie sie organisiert wird, hängt also von den Spielweisen dieser verschiedenen Akteure (Rollen) ab. Sie können sich ergänzen, nebeneinanderher laufen, leerlaufen oder gegeneinander spielen.

Was bedeutet diese dramatologische Sicht für den Berater? Berater werden gerufen, wenn Akteure aus Unternehmen mit Spielen oder Spielweisen nicht mehr zurechtkommen oder wenn bestimmte Spiele gar nicht gespielt werden. Der Berater hilft dann dabei, das Verwirrspiel zu ordnen, er hilft, Spielzüge, Logiken und Muster herauszuarbeiten und Möglichkeiten für neue Spielzüge oder Mitspieler zu finden. Letztlich geht es darum zu verstehen, warum bestimmte Akteure tun, was sie tun. Gelingt es, ihre Spiellogik nachzuvollziehen, Spiele aufzudecken, ist viel gewonnen. Spiele, die als Spiele entlarvt wurden, können nicht mehr weitergespielt werden.

Berater kommen, um zu erforschen, was sich wirklich abspielt – sie »müssen aber auch wissen, was sich abspielen sollte und was sich abspielen könnte« (Buer 2008, S. 255). Mit Interventionen, die sie daraus ableiten, werden sie selbst zu Spielern.

Genauso wie bestimmte Akteure und Spielweisen innerhalb einer Organisation besser oder schlechter zueinanderpassen, passt auch der Berater unterschiedlich gut.

Methodisch bedeutet die dramatologische Sicht für den Berater, dass er soziale Dramen der Organisation reinszeniert: sei es über Soziodrama, Unternehmenstheater oder Aufstellungsarbeit.

Gareth Morgan: Bilder der Organisation

Die Sichtweisen, die man auf eine Organisation haben kann, sind vielfältig. Viele wünschen sich, dass »Organisationen wie Maschinen funktionieren«. Zum Glück, tun sie es nicht. Jedoch kann die Metapher von der Organisation als Maschine bestimmte Probleme erklären und bei der Lösung weiterhelfen.

Die Metapher hilft zu verstehen, warum Menschen mit ihrer Organisation unzufrieden sind. Denn es gibt »eine enge Beziehung zwischen unserer Denk- und unserer

Handlungsweise, und viele Organisationsprobleme beruhen auf unserem Denken« (Morgan 1997, S. 494).

Gareth Morgan hat in seinem Buch »Bilder der Organisation« (1997) acht Organisationsbilder beschrieben:

- → die Organisation als Maschine,
- → die Organisation als Organismus,
- → die Organisation als Gehirn,
- → die Organisation als Kultur,
- → die Organisation als politisches System,
- → die Organisation als Fluss und Wandel sowie
- → die Organisation als Machtinstrument.

In seinem Buch beschreibt er sehr eindringlich die jeweiligen Stärken und Schwächen. Eine kurze Zusammenfassung finden Sie als Download unter www.beltz.de auf der Seite »Handbuch Prozessberatung«.

Moderne Organisationstheorien

Kognition und Sensemaking

In der kognitiven Organisationstheorie geht man davon aus, dass Organisationen ähnlich wie Menschen funktionieren, nämlich durch kollektive Wahrnehmungen, Kognitionen, Interpretationen und Handlungen. »Konstruktivismus und Systemtheorie veränderten den Kognitionsbegriff dahingehend, als darunter die Konstruktion von Identität eines sozialen Systems im Rahmen eines sozialen Prozesses gefasst ist« (Wetzel 2005, S. 159). Ähnlich wie bei der Informationsverarbeitung eines einzelnen Menschen muss auch in der Organisation Komplexität reduziert werden. Dies erfolgt durch Arbeitsteilung, Hierarchie und Kommunikationskontrolle.

Ein jüngerer Forschungszweig, der Ansatz des Organizational Sensemaking führt den kognitiven Gedanken weiter: Organisationen schaffen und vermitteln Sinn. »In Organisationen wirkt Sinnstiftung als Vermittlerin zwischen den Polen Individualität (Personenbezogenheit, Innovativität) und Apersonalität (Austauschbarkeit, Kontrolle)« (S. 160). Karl Weick hat dieser Strömung in den 1990er-Jahren die entscheidenden Impulse gegeben. Im Zentrum seiner Forschung steht der Sinn. Durch Sinn wird »Ordnung und Übersichtlichkeit in überkomplexen Situationen erreicht« (S. 163). Vorläufer der Theorie kommen aus der Sozialpsychologie (Serge Moscovici, Leon Festinger), Kommunikationstheorie (Paul Watzlawick), aus Konstruktivismus (Siegfried Schmidt), Phänomenologie und Ethnologie (Harold Garfinkel) sowie Systemtheorie (Niklas Luhmann). »Insbesondere für Luhmann liegt die Bedeutung von Sinn in der einzigen Möglichkeit der Kopplung von psychischen und sozialen Systemen, vermittelt durch das

Medium Sprache« (S. 166 f.). Sinn kann dabei aus Symbolen, Normen oder sozialen Strukturen bestehen. In Karl Weicks Theorie steht die Sinnstiftung im Mittelpunkt.

In diesem Zusammenhang beschreibt er sieben wesentliche Merkmale:

- *Sinnstiftung und Identität:* Es besteht ein Spannungsfeld zwischen persönlicher und organisationaler Identität. Passen beide nicht zusammen, werden Sinnstiftungsprozesse ausgelöst. Es wird zum Beispiel ein Grund generiert, warum die Organisation doch zu mir passt.
- *Vergangenheitsgebundenheit der Sinnstiftung:* Wir können Handlungen erst beurteilen, wenn sie abgeschlossen sind, und auch die Zukunft beschreiben wir mit Inhalten, die wir schon kennen. Zukunft knüpft immer an die Vergangenheit an.
- *Gestaltung sinnvoller Umwelten:* Was sein kann, definieren Menschen. Sie sind es, »die das Unbekannte anhand von Erwartungen und Überzeugungen a priori definieren« (Wetzel 2005, S. 180).
- *Der soziale Charakter der Sinnstiftung:* Sinn entsteht durch soziale Interaktion, was aber noch nicht heißt, dass alle den gleichen Sinn haben müssen. Denken kann sich jeder viel, aber erst wenn er es teilt, wird es sozial bedeutsam.
- *Die originäre Bruchlosigkeit des Daseins:* Sinn wird zwangsläufig geschaffen, beispielsweise durch Sprache. Immer wenn wir reden, schaffen wir etwas Neues.
- *Die Rolle von herausgearbeiteten Indikatoren:* Die Realität ist viel zu komplex, als dass wir alles überblicken könnten. Deshalb nutzen wir Indikatoren, zum Beispiel beim Autokauf: Das Auto hat Roststellen, also muss es alt sein.
- *Plausibilität und Sinnstiftung:* Wir haben ein Bedürfnis, dass das, was wir tun, sinnvoll ist. Aber eigentlich können wir das gar nicht wissen. Übertragen auf die Organisation meint Weick, dass statt Präzision eine »good story« benötigt wird. Eine solche Geschichte schafft einen roten Faden, wo vorher vielleicht gar keiner war …

Für die Beraterpraxis heißt das: »Beraterische Intervention muss kommunikativ vermittelt werden, [was bedeutet], dass Veränderungen im Klientensystem nur durch das Klientensystem selbst durchgeführt werden können« (Wetzel 2005, S. 202).

Organisationskultur, organisationaler Symbolismus und organisationaler Diskurs

Das Konzept der Organisations- oder Unternehmenskultur wird seit Ende der 1980er-Jahre erforscht (Lang/Winkler/Weik 2005). Folgende Ebenen werden untersucht:

- Artefakte sind symbolische Ressourcen von Unternehmen. Dazu zählen Logos, Namen, Gebäudearchitekturen oder die Ausstattung von Büros.
- Der geistige Bezugsrahmen und ihre Manifestationen sind zum Beispiel organisatorische Sagen, Mythen oder Geschichten. Heldensagen können sich etwa um den

Unternehmensgründer ranken. Zu dieser Untersuchungsebene gehören weiterhin Werte, Einstellungen und Normen.
- → Kollektive Handlungsmuster können Riten, Rituale, Witze, Zeremonien oder auch Spiele sein. Wie werden Meetings abgehalten? Wer wird befördert?

Auch Praktiker haben sich seit jeher für das Kulturkonzept interessiert und insbesondere dafür, wie man Kultur beeinflussen kann. Insgesamt lassen sich zu Beeinflussung und Veränderung von Kultur folgende Aussagen treffen:

- → Kultur ist historisch gewachsen und lässt sich, wenn überhaupt, nur schwer zielgerichtet beeinflussen.
- → Alle Interventionen stoßen auf die Eigendynamik der bereits vorhandenen Kultur. Kultur will ihre Identität bewahren.
- → Eingriffe setzen voraus, die gegebene Kultur zu reflektieren.
- → Ein grundlegender Kulturwandel kann nur durch eine umfassende Krise vorhandener Grundannahmen erfolgen.
- → Interventionen können an der Oberfläche, also den Artefakten, ansetzen. Wirkliche Änderung erfolgt aber erst, wenn auch die tieferen Ebenen wie Interaktions- und Wahrnehmungsmuster betroffen sind.

Der organisationale Symbolismus befasst sich mit Symbolen und deren Bedeutung in Organisationen. Symbole reduzieren Komplexität und geben den Mitgliedern einer Organisation Orientierung. »Symbole können Objekte, Handlungen, Konzepte oder sprachliche Ausdrücke sein« (Lang u.a. 2005, S. 210). Sie vermitteln Informationen über Status, Macht, Verbindlichkeiten, Motivation oder Kontrolle.

Ein Anwendungsfeld ist die symbolische Führung. Hier geht man davon aus, dass »Vorgesetzte keine direkte (unmittelbare) Einwirkung auf Unterstellte haben« (S. 243). Sie müssen daher über symbolische Handlungen auf ihre Untergebenen einwirken. Das kann das Verhalten der Führungskraft direkt sein, aber auch Anreizsysteme, Organisationsprinzipien, -regeln oder Arbeitsinhalte.

Die Forschungsrichtung des organisationalen Diskurses befasst sich damit »wer, wie und warum jemand so spricht« (S. 211). Annahme ist dabei, dass Sprache entscheidenden Einfluss auf die Wirklichkeit(skonstruktionen) in Organisationen hat.

Für die Anwender wird vor diesem Hintergrund Kommunikation sehr wichtig: Wie wird Sprache verwendet? Wie hängen Handeln und Reden in Unternehmen zusammen?

Organisationales Lernen

Organisationen lernen. Auch wenn dieses Lernen nicht völlig analog zum Lernen von Individuen abläuft, kann man sagen: Organisationen lernen, entwickeln sich und passen sich an. Einen grundlegenden Beitrag zum organisationalen Lernen haben Chris

Argyris und Donald A. Schön (1996) geliefert: Individuelle Lernprozesse sind aus ihrer Sicht die wichtigste Voraussetzung für organisationales Lernen. Argyris und Schön unterscheiden zwei Ziele organisationalen Lernens:

→ »die Anpassung des Verhaltens im Rahmen invarianter Ziele, Normen und Standards (Single Loop Learning)« und
→ »die Anpassung an eine sich verändernde Umwelt durch eine Anpassung beziehungsweise Korrektur bisheriger Normen und Standards (Double Loop Learning)«.

Die Organisationsforscher Peter Pawlowsky und Mike Geppert (2005) bemängeln, dass sich das Lernen in Organisationen meist auf die erste Ebene beschränkt. Auf die Frage, wie nun Lernen in Organisationen abläuft, gibt es für sie je nach Denkschule unterschiedliche Antworten (S. 266 ff.):

→ Die *entscheidungstheoretische Perspektive* (zum Beispiel Barbara Levitt und James G. March) beinhaltet, dass Erfahrungen auf Verhaltensroutinen übertragen werden. Gelingt eine Änderung der Routine, ist der Lerntransfer geglückt.
→ Die *kognitive und Wissensperspektive* meint, dass beim organisationalen Lernen kognitive Strukturen (der Organisationsmitglieder) erweitert werden. Eine solche Erweiterung kann über Symbole und Sprache erfolgen. Zudem wird angenommen, dass ein Unterschied zwischen implizitem und explizitem Wissen besteht.
→ Die *systemtheoretische Perspektive:* In der klassischen Systemtheorie liegt der Fokus auf dem Verhältnis von System und Umwelt: Das System lernt dazu, wenn es genauso differenziert und komplex wie seine Umwelt ist. Der systemdynamische Ansatz (zum Beispiel Peter Senge) berücksichtigt dynamische Interventionsmöglichkeiten in den komplexen System-Umwelt-Beziehungen. Feedbackschleifen sind hier besonders wichtig. Bei Selbstorganisationsprozessen wird auf die im System vorhandenen Fähigkeiten gebaut.
→ Die *Kulturperspektive* zielt anders als die kognitive Perspektive auf die kollektive Ebene des Lernens. Was gelernt werden kann, hängt von kulturellen Mustern des Unternehmens ab.
→ Die *Action Learning-Perspektive* nimmt an, dass sich Lernen durch Handeln vollzieht. Verhaltensrelevantes Lernen findet erst durch die Reflexion individueller Erfahrungen statt. »Action Learning erfordert einen Transfer von Wissen in Handlungen und von Handlungsergebnissen wiederum in Wissen« (Pawlowsky/Geppert 2005, S. 275).
→ Bei der *universalistisch-eklektischen Perspektive* geht es um praktische Handlungshinweise und darum, wie Organisationen lernen sollten. Hervorzuheben ist hier der Ansatz von Peter Senge, der Systemtheorie, Kulturperspektive, die kognitive Perspektive und entwicklungspsychologische Aspekte miteinander verbindet.
→ Die *interaktionistische Perspektive* sieht organisationales Lernen als Prozess sozialer Konstruktion und abhängig von der jeweiligen Situation an.

Lernen hat verschiedene Formen: kognitiv, kulturell und verhaltensbezogen. Es gibt verschiedene Lerntypen: Optimierung, Aufrechterhaltung und Selbstreflexion.

Rund um das Thema organisationales Lernen und Wissen treten in der Praxis häufig folgende Problemstellungen auf (Pawlowsky/Geppert 2005, S. 287):

→ »Wissen wird nicht genutzt.«
→ »Es besteht Unklarheit bezüglich der Kernkompetenzen des Unternehmens.«
→ »Wissen wird zurückgehalten und nicht geteilt.«
→ »Zu viel Doppelarbeit.«
→ »Innovationen finden nur schleppend statt.«

Mikropolitik

Warum geschieht, was in Organisationen geschieht? Warum wird so und nicht anders entschieden? Warum gibt es bestimmte Strukturen. Womit wird gesteuert? Dies sind typische Fragen aus Sicht der politischen Ansätze. Im Kern der Antworten stehen Menschen, die in Organisationen miteinander und gegeneinander handeln. »Organisationale Prozesse vollziehen sich nicht in einem interessenfreien Raum. Vielmehr versuchen die Beteiligten, das Geschehen in eine Richtung zu lenken, die ihren eigenen Interessen entspricht« (Alt 2005, S. 297). Neben Interessen stehen in diesem Ansatz Macht, Konflikt, Konsens und Entscheidungen im Fokus. Innerhalb der politischen Ansätze gibt es verschiedene Strömungen; ihnen gemeinsam sind jedoch einige Grundsätze (Alt 2005):

→ *Existenz von Handlungsspielräumen* bedeutet, dass Umwelt und Rahmenbedingungen nicht alleine das Geschehen in Unternehmen bestimmen.
→ *Interessensorientierung* heißt, dass die Akteure ihren Handlungsspielraum zugunsten ihrer eigenen Bedürfnisse und Interessen ausnutzen.
→ *Akteursperspektive* meint, dass Akteure zielgerichtet und nicht etwa willenlos handeln.
→ *Kollektives Handeln und gegenseitige Abhängigkeiten* heißt, dass Handeln in Unternehmen immer im sozialen Kontext stattfindet beziehungsweise nur dann relevant ist.
→ *Machtorientierung* tritt auf, wenn Interessen des einen auf andersgelagerte Interessen des anderen stoßen und jeder die seinen durchzusetzen versucht.

Des Weiteren kann man die Ebenen Mikro- (Handlungsbereich des Einzelnen), Meso- (Strukturpolitik) und Makropolitik (gesellschaftliche Ebene) unterscheiden. Beispiele für mikropolitische Techniken nach Oswald Neuberger sind:

→ Offen und authentisch:
  - Druck ausüben
  - Vorteile verschaffen
  - an höhere Autoritäten appellieren
  - rationales Argumentieren
  - Koalitionen bilden
  - Vorbild sein
  - Visionen bieten

→ Verdeckt und mit Täuschungsabsicht:
  - bluffen
  - hohle Versprechungen machen
  - Korruption
  - Fassade von Rationalität nutzen
  - Pseudopartizipation
  - schmeicheln
  - ideologisieren

Edgar Schein: Organisationskultur

Das Konzept einer organisierten Kultur kommt aus der Ethnologie. Von dort her fand es Eingang und Anwendung auch in Managementforschung und -praxis. Allerdings wird das Konzept nicht selten missverstanden, wie Edgar Schein im Vorwort seines Buches »Organisationskultur« (2010, S. 13) schreibt: »Trotzdem wird über Kultur gesprochen, als handle es sich um ein beliebiges Managementtool, bestenfalls um eine neue Form der Organisationsstruktur; und täglich reden Manager und Berater davon, dass eine neue Unternehmenskultur notwendig sei, eine grundsätzlich andere Kultur implementiert werden muss. Stellen Sie sich einmal vor, jemand würde sagen, dass Frankreich oder Deutschland eine neue Kultur benötigen!«

Die Frage liegt nahe: Warum ist Unternehmenskultur wichtig? Kultur entscheidet, wie Unternehmen funktionieren und was in ihnen funktioniert. »Die Werte und Denkmuster von Unternehmensleitern und Führungskräften sind auch durch den kulturellen Hintergrund und die gemeinsame Erfahrung determiniert« (Schein 2010, S. 29 f.).

(Unternehmens-)Kultur hat drei charakteristische Merkmale:

→ *Kultur ist tief*: Es gibt nicht nur die Ebene der Artefakte (sichtbare Organisationsstrukturen) und öffentlich propagierter Werte, sondern auch grundlegende, unausgesprochene, unbewusste Annahmen.
→ *Kultur ist breit:* Kultur ist alles. Alles ist Kultur. Oder anders gesagt: Kultur kann zum Fass ohne Boden werden. Wie verhält sich der Chef? Wer wird Chef? Was

sind die heiligen Kühe? Wie ist der Umgang mit Kunden? Die Fragenreihe ist endlos. Also gilt es, sich besser auf einen Bereich zu konzentrieren.
- → *Kultur ist stabil:* »Die Mitglieder einer Gruppe wollen an ihren kulturellen Annahmen festhalten, weil Kultur Sinn stiftet und das Leben berechenbar macht« (Schein 2010, S. 41). Das ist auch der Grund, warum Veränderungen immer Ängste und Widerstände auslösen.

Es ist nicht einfach, mal eben die Unternehmenskultur zu verändern. Und wenn sie sich ändert, dann nicht immer so, wie man das wollte. Edgar Schein empfiehlt deshalb, als Berater nicht überstürzt zu handeln, sondern sich erst einmal ausführlich mit der vorhandenen Kultur zu beschäftigen: das heißt herauszufinden, »auf welche Weise die vorhandene Kultur Ihnen hilft oder schadet. Fallen Ihnen dabei dysfunktionale kulturelle Annahmen auf, sollten Sie feststellen, wie sie sich ändern lassen« (Schein 2010, S. 68).

Doch es stellt sich die Frage: Wie kann man die Kultur eines Unternehmens beschreiben? Edgar Schein meint dazu, dass man »Kultur nicht durch Befragungen und Fragebogen erheben [kann], weil man nicht weiß, welche Fragen gestellt werden müssen, und sich die Zuverlässigkeit und Validität der Reaktionen nicht beurteilen lässt« (Schein 2010, S. 91). Dies gilt insbesondere für die tieferen und unbewussten Annahmen und Werte. Er empfiehlt deshalb (Gruppen-)Interviews, die mit einer bestimmten Fragestellung oder einem Problem des Unternehmens verbunden sein sollten. Dabei sollte man die kulturellen Annahmen erst erfassen, um danach zu bewerten, ob sie hinderlich oder förderlich für die spezifische Fragestellung sind. Darüber hinaus gibt es Subkulturen und verschiedene Ebenen der Kultur (Artefakte, öffentlich bekundete Werte und unausgesprochene gemeinsame Annahmen). Die Ebenen sind deshalb wichtig, weil zwischen ihnen oft Diskrepanzen bestehen.

Will man die Kultur verändern, sollte man Grundsätzliches über Veränderungsprozesse wissen. Es gibt typische psychologische Dynamiken von Transformationen:

- → Widerstand gegen Veränderungen ist normal. Neues Lernen geschieht nur dann, »wenn man dem Lernenden psychologische Sicherheit gibt« (Schein 2010, S. 135).
- → Um Veränderungsbereitschaft von Menschen und Organisationen zu erreichen, muss die Überlebensangst größer sein als die Lernangst. Dabei ist die Reduzierung der Lernangst ein geeigneter Weg.

Zum Thema Kulturentwicklung gibt Edgar Schein weitere Empfehlungen:

- → Es ist sinnvoll, ein Veränderungsteam als Parallelsystem einzurichten, das den Veränderungsprozess steuert.
- → Es ist wichtig, das Ziel der Entwicklung konkret zu spezifizieren.
- → »Je stärker man sich auf die Kultur stützen kann, desto leichter lässt sich die Veränderung erreichen« (Schein 2010, S. 136).
- → Nicht jede Veränderung ist automatisch eine Kulturentwicklung.

Anders als bei Start-ups ist eine geplante Veränderung und Kulturwandel für schon länger existierende Unternehmen meist schmerzhaft. Personalabbau, neue Denk- und Arbeitsweisen, deren Ausgang nicht gewiss ist, sind meist die Folge. »Sind sie erfolgreich, entwickelt sich eine neue Kultur, aber zu einer eigenständigen Kultur werden die neuen Denk- und Arbeitsweisen nur durch wiederholten Erfolg« (Schein 2010, S. 162).

Michael Loebbert: Kultur entscheidet

»Wer den ›Mechanismus‹ der Kultur im Unternehmen verstanden hat, für den wird Kultur zu einem entscheidenden Blick- und Hebelpunkt für unternehmerisches Management: Kultur ändern, nicht Motivation und Commitment. Kultur ändern, nicht Marketing von Produkten und Personal. Kultur ändern, nicht Strategien und Strukturen« (Loebbert 2009, S. 10 f.). Natürlich entscheidet die Kultur nicht allein über Wohl und Wehe der Organisation, Strategie und Strukturen sind ebenso wichtig. Problematisch wird es, wenn Kultur, Strategie und Strukturen nicht zueinander passen, es kein »Alignment« gibt.

Michael Loebbert zitiert in seinem Buch Robert Clark, den CEO von Merck, mit dem Satz »The fact is culture eats strategy for lunch« (S. 75).

Loebbert richtet unsere Aufmerksamkeit auf solche Diskrepanzen, besonders die Diskrepanz zwischen formeller und informeller Kultur. Werte auf Folien zu schreiben, um sie zu präsentieren und dann zu vergessen, entwickelt keine Werte im Unternehmen, entlarvt aber die Kultur und ihre Diskrepanzen.

Wie kann Kultur verändert und weiterentwickelt werden? Wie können Widersprüche im Wollen und Tun versöhnt werden?

Loebberts zentraler Ansatz ist das sogenannte Storymanagement. »Unbewusst durchlaufen Geschichten in Organisationen einen ständigen Auswahlprozess, welche Geschichten weitergegeben werden und welche nicht. […] Kultur ist zusammengefasst nichts anderes als die Summe der Geschichten, die man sich erzählt. […] Wer Werte im Unternehmen verbreiten will, tut gut daran, die Geschichten dazu zu finden, welche diese glaubwürdig kommunizieren« (S. 96 ff.).

Für Loebbert gibt es fünf Phasen der Kulturentwicklung:

- Phase 1: Es gibt eine Krise.
- Phase 2: Unsicherheit kommt auf.
- Phase 3: Neue Protagonisten treten auf die Bühne, oder die alten zeigen ein neues Gesicht.
- Phase 4: Neue Werte werden gefunden.
- Phase 5: Neue Symbole und Artefakte werden geschaffen, neue Werte und Annahmen bewähren und stabilisieren sich.

Loebbert bezieht sich auf die drei Ebenen der Unternehmenskultur von Edgar Schein (Artefakte, offizielle Deutungen und unbewusste Annahmen). Loebbert warnt davor zu glauben, man könne das Unbewusste direkt beeinflussen. Stattdessen schlägt er vor, über die Oberfläche durch Geschichten den indirekten Weg zu wählen – weil der funktioniert. »Unternehmenskultur kann (nur) an der ›Oberfläche‹ entwickelt und verändert werden« (Loebbert 2009, S. 129).

Richard Sennett: Menschen in Organisationen

Der Soziologe Richard Sennett arbeitet in seinem bekannten Werk »Der flexible Mensch« (1998/2006) vier Begriffe heraus, die einen kritischen Blick auf Menschen in Organisationen werfen: Drift, Flexibilität, Risiko und Arbeitsethos. Da Sennetts einflussreiches Werk im Kontext auch unseres Themas von besonderem Interesse ist, betrachten wir diese zentralen Begriffe hier etwas genauer:

Drift In Zeiten der Globalisierung und des Internets unterliegen nicht zuletzt Unternehmensstrukturen einem beschleunigten Wandel. Viele Unternehmen werden daher ständig flexibler, etwa indem sie versuchen, ihre Bürokratien herunterzuschrauben. Netzwerkartige Gliederungen sind weniger schwerfällig als Befehlspyramiden, zudem leichter umzuorganisieren als starre Hierarchien. Flexible Institutionen lassen sich, sofern nicht mehr benötigt, rascher abbauen oder gar abschaffen, ihre Lebensdauer verkürzt sich.

Für die Entwicklung solch neuer Strukturen war der weltweit vernetzte Computer das ausschlaggebende Instrument, eines, das Kommunikation veränderte. Je kürzer moderne Institutionen existieren, desto begrenzter ist auch das Reifen formlosen Vertrauens. Sennett (1998/2006, S. 28) greift ein Wort des Soziologen Mark Granovetter auf, dem zufolge moderne Institutionen durch die »Stärke schwacher Beziehungen« gekennzeichnet sind. Flüchtige Formen von Gemeinsamkeit seien wichtiger als langfristige Beziehungen, und starke soziale Bindungen wie Loyalität verlören an Bedeutung. Letztlich zeige sich das auch in der Teamarbeit: Inzwischen kommen viele Teams nur noch für bestimmte Projekte zusammen, trennen sich dann wieder und widmen sich anderen Aufgaben in neuer Zusammensetzung.

Des Weiteren greift Sennett den Rat John P. Kotters (Havard Business School) auf, sich besser außerhalb als innerhalb von Organisationen aufzuhalten, da kurzfristige Beziehungen den Markt dominieren. Kotter empfiehlt das Consulting von außen, statt sich in einer langfristigen Anstellung zu verfangen. Die Botschaft ist: Bleibe in Bewegung, bringe kein Opfer, gehe keine Bindung ein (Sennett 1998/2006, S. 29). Seit jeher gab es in der Welt Situationen, in denen sich Menschen großer Unsicherheit ausgesetzt sahen: Kriege, Seuchen, Hungersnöte, die Improvisation erforderten, um zu überleben. Das Besondere an der heutigen Ungewissheit sei, dass sie nicht im Kontext einer drohenden Katastrophe stehe, sondern »mit den alltäglichen Praktiken eines vitalen Kapitalismus verwoben ist« (S. 38).

Drift – dieses vieldeutige englische Wort etwa für »herumtreiben«, »abwandern«, »(sich) in Gang setzen« oder »in Bewegung sein« – trifft in der Tat die Entwicklung der Arbeitswelt in global vernetzten Zeiten recht gut.

Flexibilität Bäume sind Meister der Flexibilität. Sie biegen sich im Wind und finden (sofern kein Sturm sie fällt) stets ihre ursprüngliche Form wieder. Flexibilität ist die Fähigkeit, nachzugeben und sich anzupassen, ohne dabei die Ausgangsposition zu vergessen, um sie zu gegebener Zeit erneut einzunehmen. Auch menschlichem Verhalten ist diese Fähigkeit eigen: sich wechselnden Umständen anzupassen, ohne von ihnen gebrochen zu werden.

»Die Verwirklichung der Flexibilität«, schreibt Sennett, »konzentriert sich aber eher auf die Kräfte, die die Menschen verbiegen« (S. 57). Philosophen wie Locke oder Hume setzten Sennett zufolge die Flexibilität mit Empfindsamkeit gleich. Politische Ökonomen wie Adam Smith brachten hingegen Flexibilität in Beziehung zur Tätigkeit in Unternehmen. Biegsamkeit wurde hier mit Starrheit (vor allem der Routine) kontrastiert, und Starrheit wiederum kam einem Absterben gleich. Für Smith waren daher Flexibilität und Freiheit eins. Der Aufstand gegen bürokratische Routine rufe heute aber neue Macht- und Kontrollstrukturen hervor, die, so Sennett, mit Freiheit nicht mehr viel zu tun hätten. Flexibilität birgt ihm zufolge nun ein Machtsystem in sich, das aus drei Elementen besteht: dem diskontinuierlichen Umbau von Institutionen, der Spezialisierung der Produktion und der Konzentration von Macht ohne Zentralisierung.

→ *Diskontinuierlicher Umbau von Institutionen:* Mitte der 1990er-Jahre tauchte der Begriff des Re-Engineering auf, der einen radikalen Bruch mit gewachsenen Unternehmensstrukturen bezeichnete: straffere Organisation, Personalabbau, Zusammenlegung zuvor selbstständig operierender Abteilungen. Die erhoffte Produktivitätssteigerung wurde jedoch meist nicht erreicht. Sennett, ein Kritiker des entkoppelten, quasi chaotischen Wandels durch Re-Engineering, konnte sich auf eine Studie der American Management Associaton (AMA) beziehen. Der zufolge gelang es weniger als einem Viertel der untersuchten Firmen, ihre Produktivität durch Re-Engineering tatsächlich zu steigern. Die Antwort auf die Frage, warum Unternehmen sich dennoch einem schier irreversiblen Wandel ihrer Organisationsstrukturen aussetzen, liegt für Sennett in der Volatilität der Märkte begründet. Die flatterhafte Unbeständigkeit von Nachfrage auf dem Marktgeschehen führt ihn zum zweiten Machtelement der Flexibilität.
→ *Spezialisierung der Produktion:* Wie bekommt man breitere Produktpaletten schneller auf den Markt? Keine schlechte Strategie ist es, wenn Unternehmen zugleich konkurrieren und kooperieren, indem sie Marktnischen suchen. Marktnischen, die sie nur vorübergehend belegen, um sich der kurzen Halbwertszeit der Produkte anzupassen (permanente Innovation). Mittelständische Unternehmen etwa in Norditalien halten es so, und der Staat unterstützt sie dabei. Auf diese Wei-

se findet eine Anpassung an den dauernden Wandel des Marktes statt, ohne den Versuch zu unternehmen, ihn beherrschen zu wollen.
In der Autoindustrie ersetzen längst Inseln spezialisierter Produktion das Fließband. Die Nachfrage bestimmt die Arbeitsaufgaben, die sich binnen kürzester Zeit ändern können. Fertigungsmaschinen für Kleingruppen lassen sich rascher umprogrammieren als die komplexe Steuerung riesiger Produktionshallen inklusive ihrer Hierarchien. Voraussetzung für diese Art von Flexibilität ist, dass Innovationen seitens der Belegschaft bejaht werden.
Auch nationale Unterschiede der Unternehmenskultur, etwa zwischen den USA und Norditalien, spielen dabei gewiss eine Rolle. Sennett greift die Unterscheidung des Bankiers Michel Albert auf, der politische Ökonomien entwickelter Länder in ein »Rheinmodell« und ein »angloamerikanisches Modell« ordnete. Das »Rheinmodell« existiert seit einem Jahrhundert und besteht aus den Niederlanden, Frankreich und Deutschland. Gewerkschaften und Management teilen sich hier die Macht, der Staat sorgt für ein enges soziales Netz (Renten, Krankenversicherung, Bildung). Auch Japan, Skandinavien und Israel haben dieses Modell übernommen. Das »angloamerikanische Modell« (Großbritannien, USA) steht für eine eher ungezügelte freie Marktwirtschaft. Im Gegensatz zum Rheinmodell ordnet sich hier der Staat unter die Wirtschaft, das soziale Sicherheitsnetz ist weniger engmaschig. Beide Modelle haben Vor- und Nachteile. Die angloamerikanische Ordnung verzeichnet weniger Arbeitslosigkeit, aber eine größere Einkommensschere. In der rheinischen Ordnung ist es umgekehrt.
Flexible Produktion kann also unter verschiedenen Bedingungen praktiziert werden. »Die Form der flexiblen Produktion in einer Gesellschaft hängt von der Organisation der Macht in dieser Gesellschaft ab« (Sennett 1998/2006, S. 69).

→ *Konzentration der Macht ohne Zentralisierung:* Zugunsten neuer Organisationsformen wird oft behauptet, dass sie die Macht dezentralisiere, also Mitarbeitern auf niedrigeren Ebenen mehr Kontrolle über ihr eigenes Handeln gäbe. Sennett bezweifelt die Richtigkeit dieser Aussage und spricht metaphorisch von »Inseln der Arbeit vor einem Festland der Macht« (S. 70). Demnach bestehe die dezentrale Organisation aus Knotenpunkten eines Netzwerks. Sie gaukele eine Freiheit vor, die gar keine ist: Es würden Gewinn- und Produktionsvorgaben gemacht, wobei jede Einheit dann selbst entscheiden soll, wie diese Vorgaben umzusetzen seien. Von Freiheit könne keine Rede sein, weil flexible Organisationen nur selten leicht erreichbare Ziele vorgäben, und die Einheiten somit permanent unter hohem Druck stünden. Durch die Aufhebung der »starren Routine« habe sich nicht weniger Struktur gebildet, sondern eine Struktur, die Gruppen oder Einzelnen immer höhere Leistungen abverlange. Wie die Leistung bewerkstelligt werden soll, bleibe dabei aber offen. Die Führungsspitze flexibler Organisationen stelle Forderungen, aber kein System zur Verfügung, mit dem diese Forderungen bewältigt werden können. In modernen Organisationen, die Konzentration ohne Zentralisierung praktizieren, sei die organisierte Macht zugleich effizient und formlos. Die institutionelle Struktur zeige sich gewundener, ohne jedoch einfacher geworden sein.

Das Zusammenwirken dieser drei Charakteristika führte Sennett zufolge dazu, dass flexible Organisationen variable Zeitpläne (Flexzeit) aufstellten: Statt fester Schichten entstand ein mosaikähnlicher Arbeitsalltag, der von Tag zu Tag und von Person zu Person variierte.

Zur Verbreitung flexibler Arbeitszeiten trug bei, dass Frauen vermehrt berufstätig wurden und Mütter dann in Teilzeit arbeiteten. Das Zeitmodell ließ sich auch auf Männer übertragen. Des Weiteren wurden »gleitende Arbeitszeiten« zu einer flexiblen Variante, die wiederum auf verschiedene Weise organisiert sein kann, etwa indem ein Arbeitnehmer selbst entscheidet, wie er ein vereinbartes Zeitpensum einteilt. So lässt sich zum Beispiel an vier Tagen länger arbeiten, um den fünften frei zu bekommen.

Auch das Modell der Heimarbeit ist eine Variante, die Sennett in Betracht zieht. Es gilt in den USA als Privileg, meist für Angehörige der weißen Mittelschicht. Studien belegten jedoch, dass Arbeitnehmer, die zu Hause arbeiten, mehr kontrolliert und überwacht (Telefon, Internet) werden als ihre Kollegen im Büro. »Die Arbeit ist physisch dezentralisiert, die Macht über den Arbeitnehmer stärker zentralisiert worden«, konstatiert Sennett hierzu und ergänzt: »... die Zeit der Flexibilität ist die Zeit einer neuen Macht« (Sennett 1998/2006, S. 75).

Ein Besuch beim alljährlichen Weltwirtschaftsforum in Davos im Jahr 1998 ließ Sennett die personifizierte Flexibilität in Gestalt eines weltbekannten Unternehmers erkennen: »... der Homo davosiensis verkörpert sich am medienwirksamsten in Bill Gates« (S. 77). Er sei das Musterbeispiel des flexiblen Wirtschaftsbosses, denn er ändere notfalls von einem Augenblick auf den anderen den Kurs der gesamten Firma, um sich Marktänderungen anzupassen. Gates sei »frei von der Besessenheit, Dinge festzuhalten« (S. 78). Das Fehlen langfristiger Beziehungen (Gates schlage nach eigener Aussage vor, sich lieber in einem Netz von Möglichkeiten zu bewegen als in einem festumrissenen Job) sei ein zentrales Merkmal der Flexibilität. Das andere sei aber die Hinnahme von Fragmentierung. In Davos verständige sich die Wirtschaftselite darauf, dass Wachstum nicht planmäßig verlaufe, sondern in Experimenten, Sackgassen und Widersprüchen entstehe, also dem Chaos entstamme. Um in solcher Realität zu handeln, brauche es »das Selbstbewusstsein eines Menschen, der ohne feste Ordnung auskommt, jemanden, der inmitten des Chaos aufblüht. [...] Die Fähigkeit, sich von der eigenen Vergangenheit zu lösen und Fragmentierung zu akzeptieren, ist der herausragende Charakterzug der flexiblen Persönlichkeit« (S. 79 f.). Auf die, die keine Macht hätten, wirke sich das flexible »Regime« allerdings ganz anders aus.

Risiko »Die wirklich Erfolgreichen scheinen die zu sein, die sich am geschicktesten von Fehlschlägen distanzieren und anderen die Verantwortung zuschieben«, schreibt Sennett (1998/2006, S. 103), und er zitiert den Ökonomen Joseph Schumpeter, dass außergewöhnliche Menschen sich weiterentwickeln, indem sie sich immer am Rande des Abgrunds bewegen. So lebe auch erwähnter Homo davosiensis mit der Fähigkeit, Vergangenheit jederzeit abzubrechen und Unordnung als fruchtbar anzusehen. Risikobereitschaft tangiere aber nicht nur den Homo davosiensis, sondern werde zu einer täglichen Notwendigkeit. »Die Instabilität flexibler Organisationen selbst zwinge die Arbeitskräfte zum Umtopfen ihrer Arbeit, das heißt zum Eingehen immer neuer Risiken« (S. 105). Risikobereitschaft werde aber meist nicht als Notwendigkeit beschrieben, sondern als Tugend.

Das Wort »Risiko« kommt vom italienischen »riscare«, das »wagen« bedeutet. Leonardo Fibonaccis Werk »Liber Abaci« (erschienen 1202) war in der Geschichte des Risikos ein Meilenstein. Demnach sind alle Ereignisse zufällig, jedoch ließen sich diese Zufälle per Risiko auch berechnen. Fibonacci stellte Reihenkalkulationen auf, aus denen sich später die Wissenschaft mathematischer Vorhersagen entwickelte. »Dennoch liegt die Furcht, das Schicksal herauszufordern, noch immer über der Risikoberechnung« (S. 107), bemerkt Sennett. Laut dem Kognitionspsychologen Amos Tversky erkläre sich dies unter anderem daraus, dass Menschen sich emotional nicht auf die Möglichkeit des Gewinns konzentrieren, sondern auf die des Verlusts. Der Kontext (also Arbeit oder Spiel) sei dabei eher unwichtig, der Fokus sei immer auf dem Verlust gerichtet: »Es gibt ein paar Dinge, die das eigene Wohlbefinden steigern würden, aber die Zahl der Dinge, die es senken können, ist unendlich« (S. 108), sagt Tversky.

Die pure Berechnung von Risiken biete noch lange keine Absicherung, darum sei es gar nicht so ungeschickt, seinen Fokus auf den Verlust zu legen. Risiko meint meist »sich in Gefahr begeben« und beinhaltet somit eine negative Komponente. Dieser ständige Zustand der Verletzlichkeit werde in Manager-Handbüchern und Unternehmensetagen oft glorifiziert. Sennett zufolge wohnt allem Risiko ein Drift inne, wobei Drift die verbale Übersetzung einer »Regression zum Mittelwert« ist. Nach Extremwerten (gut oder schlecht) folgen häufig durchschnittliche Werte. Für Daniel Kahneman und Amos Tversky führt die Regression zu der Tatsache, dass ein (glücklicher) Würfelwurf den nächsten weder positiv noch negativ beeinflusst, sondern man immer wieder in die Neutralität zurückkehrt. Nur bei unendlich vielen Würfen gleiche sich das Ganze aus, der unmittelbare Moment aber, wie der Würfel in jedem einzelnen Wurf fällt, sei ganz und gar zufällig. Sennett schließt daraus: »… dem Eingehen von Risiken fehlt mathematisch die Qualität einer Erzählung, bei der ein Ereignis zum nächsten führt und es bedingt« (S. 109). Diese Tatsache könne man leugnen, wie ein Spieler, der sich bei einer Glückssträhne einredet, die einzelnen Würfe eines Würfels seien miteinander verbunden. Womit eben jener Spieler dem Risiko-auf-sich-Nehmen das Wesen einer fiktiven Erzählung verleiht.

Im flexiblen Kapitalismus, so Sennett, erfahren Menschen, die sich verändern, drei Arten von Unsicherheit:

→ *Mehrdeutige Seitwärtsbewegungen:* Veränderung der Stellung, bei denen eine Person sich nur seitwärts bewegt, während sie jedoch im Netzwerk aufzusteigen glaubt.
→ *Retrospektive Verluste:* Menschen, die in flexiblen Organisationen einen Wechsel

riskieren, haben über die neue Position oft wenige Informationen und merken dann erst im Nachhinein, dass sie sich falsch entschieden haben.

→ *Unvorhersehbare Einkommensentwicklung:* Der Wechsel des Arbeitsplatzes wirkt sich heute nicht selten negativ aus (34 Prozent verlieren, nur 28 Prozent gewinnen durch den neuen Job).

»Der Impuls zum Eingehen von Risiken«, deutet Sennett zufolge, »auf kulturell geprägte Motive hin« (S. 115). Das Phänomen moderner Risikokultur weise »die Eigenheit auf, schon das bloße Versäumen des Wechsels als Zeichen des Misserfolgs zu bewerten, Stabilität erscheint fast als Lähmung« (S. 115). Wichtiger als das Ziel sei der Akt des Aufbruchs, Unbewegliche seien draußen. Laut Sennett ist die Antriebskraft des Risikos im realen Leben die Furcht davor, nichts zu tun. Klassisch ausgedrückt: Stillstand ist Tod.

Generell würden Qualifizierte über- und Ungelernte unterbezahlt, es finde ein Vermögenstransfer statt, »von den weniger Qualifizierten aus der Mittelschicht zu den Kapitaleignern und einer neuen technologischen Aristokratie« (S. 118). Flexibilität verstärke diese Ungleichheit und fördere zugleich die Risikobereitschaft: »Riskantes zu tun, ist zu einer Charakterprobe geworden: Das Entscheidende ist, die Anstrengung auf sich zu nehmen, den Sprung zu wagen, selbst wenn man weiß, dass die Erfolgschancen gering sind« (S. 120). Wenn Menschen mit Ungewissheiten und Beunruhigendem konfrontiert würden, richte sich ihre Aufmerksamkeit eher auf die unmittelbaren Umstände als auf langfristige Perspektiven. Sennett verbucht dies unter »kognitive Dissonanz«. Risikohandlungen könnten zudem das Gefühl wecken, immer wieder von vorn beginnen zu müssen und nirgends anzukommen. Erfolgsgefühle verschwänden hinter der Unmöglichkeit, für seine Anstrengungen belohnt zu werden, »der Mensch wird in dieser Situation ein Gefangener der Gegenwart und bleibt auf ihre Dilemmata fixiert« (S. 121). Ängste um den Arbeitsplatz und die eigene Zukunft verdoppelten die Sorge, »wenn die Erfahrung als Führer durch die Gegenwart ausgedient zu haben scheint. […] Erfahrung ist nicht mehr in Würde zitierbar« (S. 129).

Arbeitsethos Die moderne Gesellschaft unterliegt nach Sennett der Oberflächlichkeit einer desorganisierten Zeit. In einer sich ständig umstrukturierenden, routinelosen, kurzfristigen Ökonomie habe die Zeit keine konkrete Richtung mehr. Das wirke sich auf das Arbeitsethos aus, das zuvor am disziplinierten Gebrauch der eigenen Zeit und am Wert aufgeschobener Belohnung Orientierung fand.

Dieses Verständnis von Arbeitsethik hing nicht zuletzt von Institutionen ab, die stabil genug waren, um Menschen das Abwarten zu erlauben. In einer Zeit aber, in der sich die Ordnung von Institutionen ständig und schnell verändere, verliere die aufgeschobene Belohnung ihren Wert. Lange und hart für jemanden zu arbeiten werde sinnlos, wenn dieser jemand (also der Chef) nur daran denke, schnell wieder zu verkaufen und neu anzufangen. Die alte Arbeitsethik war hart, sie veranlasste Menschen, ihren Wert durch ihre Arbeit zu definieren. Max Weber sprach von weltlicher Askese, die das Warten auf aufgeschobene Belohnung zu einem selbstzerstörerischen Prozess werden ließ. »Die moderne Arbeitsethik dagegen konzentriert sich auf Teamarbeit. Sie propagiert sensibles Verhalten gegenüber anderen, sie erfordert solche weichen Fähigkeiten wie gutes Zuhören und Kooperationsfähigkeit; am meisten betont die Teamarbeit die Anpassungsfähigkeit des Teams an die Umstände. Teamarbeit ist die passende Arbeitstechnik für eine flexible politische Ökonomie. Trotz all des Psycho-Geredes mit dem sich das moderne Teamwork [...] umgibt, ist es ein Arbeitsethos, das an der Oberfläche der Erfahrung bleibt« (S. 132 f.).

Laut Sennett ist Teamarbeit die Gruppenerfahrung einer erniedrigenden Oberflächlichkeit. Die alte Arbeitsethik beruhte auf diszipliniertem Umgang mit Zeit. In der Antike galt die selbst auferlegte Disziplin als einziger Weg, mit dem Chaos der Natur fertigzuwerden. Hesiod zufolge war damaligen Bauern Disziplin eine Tugend und harte Notwendigkeit zugleich. Vergil mischte dem noch den praktischen Stoizismus bei, da der Sieg über die Natur stets eine Illusion bleibe. Demnach lag der moralische Wert der Landarbeit eher in der Beharrlichkeit als im tatsächlichen Ergebnis.

In industrieller Zeit definierte Max Weber seine protestantische Ethik: Disziplin und Selbstverleugnung stellen die eigene Würde her und beweisen den Wert vor Gott. Was Katholiken eher im Kloster tun, erreichen – nach Webers Erkenntnis – Protestanten durch Arbeit und tägliche Opfer (weltliche Askese): Sparen statt Ausgeben, Routine des Alltags und nur wenige Vergnügungen sind die Hauptpfeiler dieser Lebens- und Arbeitsethik. »Die eigene Lebensgeschichte mittels harter Arbeit zu organisieren«, so Sennett, diene hier als Lichtblick und »Zeichen der Gnadenwahl, dass man zu den vor der Hölle Erretteten zählen könnte« (S. 140). Neu sei hier die Figur des »getriebenen Menschen«, der seinen moralischen Wert durch Arbeit zu beweisen versuchte (ein gutes Beispiel für eine solche weltliche Askese war Benjamin Franklin). Der getriebene Mensch konkurriere ständig mit anderen, könne aber seinen Gewinn nicht genießen: Er suche stets nach Anerkennung und Selbstachtung, fürchte zugleich aber Lob für sein Tun, da Akzeptanz seinen Antrieb untergrabe.

Moderne Arbeitsformen wie Teamwork stünden im Gegensatz zu Webers protestantischer Ethik, da sie auf eine Ethik der Gruppe und nicht des Individuums abziele. Gegenseitiges Aufeinandereingehen betone den Wert des Kollektivs, das zeitlich begrenzt an bestimmten Aufgaben zusammenarbeitet, mehr als den Wert des Einzelnen. Damit bewege sich Teamarbeit am Rand erniedrigender Oberflächlichkeit; sie verlasse, so Sennett, »das Reich der Tragödie und behandelt menschliche Beziehungen als Farce« (S. 142). Teamwork arbeite am gemeinsamen Image, weshalb »der Akt der Kommunikation wichtiger als die dabei mitgeteilten Fakten« (S. 144) sei. Beschränkung auf die Oberfläche fördere die Gruppenkonformität: »geteilte Oberflächlichkeit hält Leute durch die Vermeidung schwieriger, umstrittener und persönlicher Fragen zusammen« (S. 145). Zugleich entstehe so ein Ethos der Kommunikation und Informationsteilung.

Autoritätsaspekte der klassischen Arbeitsethik haben sich, Sennett zufolge, in einer Wirtschaft, die auf kurzfristige Resultate fixiert ist, gewandelt. Auch seien individuelle Konkurrenz und Machtspiele in einer Gruppe kontraproduktiv: »So wird in der modernen Teamarbeit eine Fiktion geschaffen: Die Angestellten konkurrieren nicht wirklich miteinander. Und [...] es entsteht die Fiktion, Arbeitnehmer und Vorgesetzte seien keine Gegenspieler; der Chef moderiert stattdessen den Gruppenprozess. Das Machtspiel wird vom Team gegen Teams anderer Firmen gespielt« (S. 147).

Im Rückgriff auf Arbeiten der Soziologin Laurie Graham und des Arbeitsforschers Gideon Kunda sieht Sennett eine die Wirklichkeit verfälschende Umwertung der Hierarchien und Begrifflichkeiten in Unternehmen.

Einerseits führe (wie Graham zeigte) eine Überbetonung der Teammetapher dazu, dass der Vorstand sich dann selbst – die eigene Autoritätsebene verzerrend – auch nur als ein Team unter anderen ausgebe, daher für Anliegen kaum ansprechbar sei und letztlich Verantwortung abwiegle. Andererseits (Kunda) führe diese Fiktion der Teamarbeit zu einer Art »Schauspielerei«, die den Einzelnen dazu zwänge, sein Verhalten anderen gegenüber zu manipulieren. Dabei kämen »Masken der Kooperation« zur Anwendung (etwa: »Wie interessant!« oder »Was Sie sagen, ist aber sehr wertvoll!«). Masken, die Angestellte von Firma zu Firma, von Aufgabe zu Aufgabe mitnähmen.

Fiktion von Teamarbeit sei somit von oberflächlichen Inhalten, Vermeidung von Widerstand und Ablenkung von Konflikten bei der Machtausübung gekennzeichnet. Sennett konstatiert, dass zwar das alte (protestantische) Arbeitsethos mit seiner weltlichen Askese nicht wieder angestrebt werden sollte. Jedoch vermag er auch die (Fiktion der) Teamarbeit mit ihrer vorgetäuschten Gemeinschaft nicht unbedingt als Verbesserung zu verbuchen.

Mit dem Blick auf Sennett, Schein und andere haben wir versucht, einen kleinen Überblick zu schaffen in die – zugegeben: höchst heterogenen – Theorien moderner Organisation. In etwa spiegelt sich darin die Diskussion der letzten Jahre und Jahrzehnte wider. Eine Diskussion, die zweifellos noch nicht an ihr Ende gelangt ist und die einen Abschluss kaum finden wird, solange Menschen (in Organisationen) arbeiten. Von der Theorie wechseln wir im Folgenden zur Praxis, dahin, wo Prozessberater in Interaktion treten und ihr konkretes Handeln gefragt ist.

3 Ein paar Ideen und die Urväter der Prozessberatung

Welche Ideen haben die Prozessberatung beeinflusst?

Um zu verstehen, was Prozessberatung ist, lohnt ein Blick zurück auf ihre Anfänge: einerseits auf die geschichtlichen Einflüsse der Zeit, andererseits auf die Inhalte und Personen, von denen sie geprägt wurde. Wie kam es dazu, dass sich Organisationen psychologischen Denkrichtungen öffneten? Und woher kam die Denkrichtung der Gruppendynamik?

Die grundlegenden Ideen der Prozessberatung entstammen drei unterschiedlichen Wurzeln (Wimmer 2004):

- → dem *reedukativen Ansatz*, der auf kulturelle Veränderungen in Organisationen zielt,
- → dem *soziotechnischen Ansatz*, der neben dem Technologiefortschritt das Denken und Handeln von Gruppen als Leistungssteigerung erkannt hat und
- → der *Aktionsforschung*, bei der zusammen mit den Beteiligten die Ausgangslage analysiert wird, um dann konkrete Maßnahmen umsetzen zu können.

Im Folgenden werden diese Ansätze vorgestellt; anschließend werfen wir einen biografischen Blick auf die »Urväter« der Prozessberatung: Kurt Lewin, Jakob Levy Moreno und Ed Schein.

Der reedukative Ansatz der Prozessberatung

Die Pionierphase bestimmte wesentlich Kurt Lewin, der in den 1940er-Jahren die Bedingungen für mögliche Einstellungs- und Verhaltensänderungen in Gruppen erforschte. Er und seine Kollegen erkannten, welche Lernchancen und -potenziale vorhanden sind, wenn eine Gruppe sich selbst zum Forschungsgegenstand macht, sich also mit den eigenen Strukturen, Rollenkonstellationen und Kommunikationsmustern beschäftigt.

Im Auseinandersetzen mit dem Prozess (der Frage nach dem *Wie*) und nicht nur mit dem Inhalt (der Frage nach dem *Was*) lässt sich beobachten, wie Kommunikationsmuster aufbrechen und Kreativität entsteht.

Kooperationsprobleme und Meinungsverschiedenheiten in bestehenden Arbeitsteams direkt zu thematisieren, geriet in den Mittelpunkt des Interesses. Die Gewichtung verlagerte sich damit auf das Gestalten von Beziehungen innerhalb der

Gruppen – woraus ein neuer Beratungsansatz entstand: die Organisationsentwicklung. Im Unterschied zur klassischen Unternehmensberatung, die eher gutachterlich aufgetreten war und einer betriebswirtschaftlich-rationalen Logik entsprach, richtete sich nun der Fokus darauf, den Menschen handelnd und steuernd zu unterstützen. Die Betonung, ja Aufwertung individueller Fähigkeiten führte dazu, keine einfachen Antworten von außen zu geben, sondern die Einzelnen (somit auch die Gruppe und die Organisation) lediglich dabei zu unterstützen, sich selbst zu helfen. Edgar H. Schein (* 1928) prägte den Begriff der Prozessberatung und schrieb den psychologischen und sozialen Vorgängen eine zentrale Rolle zu, die in Kraft treten, wenn »ein Mensch einem anderen zu helfen sucht« (Schein 2003, S. 21).

Der reedukative Ansatz setzte sich kritisch mit Hierarchie auseinander. Dem klassischen Organisationsmodell Hierarchie/Bürokratie setzte – besonders in Deutschland – Max Weber (1864–1920) eine prinzipiell kritische Haltung entgegen. Weber erkannte, dass Mitarbeiter von Organisationen zum bloßen Mittel vordefinierter Zwecke degradiert wurden und dass zur Durchsetzung dieses instrumentellen Verhältnisses ein enormer Kontrollaufwand nötig war. Somit gingen Energien verloren, die besser für andere Ziele eingesetzt würden, anstatt das Leistungspotenzial der Beschäftigten systematisch verkümmern zu lassen. Eine grundlegende Veränderung solcher Organisationsstrukturen musste daher mit dem Rückbau hierarchiefixierter, überbürokratischer Regeln ansetzen.

Der soziotechnische Ansatz

Diese Wurzel der modernen Organisationsentwicklung geht auf Studien des Tavistock Institute of Human Relations zurück, die ab 1949 in englischen Kohlebergwerken durchgeführt wurden. Gegenstand der Untersuchung war, welche Rolle einerseits die Technologie, andererseits die Strukturierung der Arbeitsorganisation bei der Produktivität spielten. Vermutet wurde anfangs, dass die Technologie den stärkeren Faktor darstellte. Der Verlauf weiterer Bergbaustudien widerlegte die Vermutung. 1954 untersuchte das Tavistock Institute dann im direkten Vergleich zwei unterschiedliche Arten von Arbeitsorganisation: eine konventionelle und eine kombinierte.

- → Die *konventionelle Methode* bestand aus Produktionszyklen mit drei Schichten, die voneinander unabhängig waren und in denen jeder Kumpel eine eigene, hoch spezialisierte Arbeitsrolle innehatte. Daher fühlte sich der einzelne Bergmann nur für seine, ihm zugeteilte Aufgabe verantwortlich, und es kümmerte ihn wenig, welche Folgen seine Arbeit auf andere Kollegen oder Abläufe hatte.
- → Die *kombinierte Methode* betraf sogenannte autonome Gruppen, die sich selbst organisierten und die anfallenden Aufgaben intern aufteilten und bearbeiteten. Die Gruppen waren jeweils für einen ganzen Produktionszyklus verantwortlich. Alle bekamen auch denselben Lohn.

Insgesamt erzielte die kombinierte Gruppe eine deutlich höhere Produktivität. Zudem waren bei der konventionellen Methode die Fehlzeiten doppelt so hoch wie bei der kombinierten.

Somit ließ sich nachweisen, dass nicht allein Technologie für den Erfolg entscheidend ist. Die vergleichenden Beobachtungen zeigten, dass die Abläufe der Organisationsstruktur sehr unterschiedlich gestaltet werden können. Für diese Gestaltung ist die Kommunikation der Mitarbeiter untereinander ein entscheidender Faktor. Nur durch die gemeinsame Absprache über die Arbeitsorganisation der Gruppe können zum Beispiel individuelle Bedürfnisse berücksichtigt werden – die Optimierung der Arbeitsabläufe ist daher nicht durch die technischen Gegebenheiten ersetzbar. Vielmehr gilt seither, dass eine Gruppe gute Qualität und Quantität erzielt, gerade weil sie untereinander verbindliche Beziehungen eingeht und das gemeinsame Ziel der Aufgabenerledigung vereinbart.

Mit seinen Untersuchungen prägte das Tavistock Institute auch den Begriff »Soziotechnik«, der das optimierende Zusammenspiel sozialer Systeme mit Technologie zum Ausdruck bringt.

Zur (Vor-)Geschichte des soziotechnischen Ansatzes gehören ebenso die berühmten Hawthorne-Studien. So wurde eine Reihe von Untersuchungen zur Arbeitsorganisation getauft, die sich jedoch in Fragestellung, Operationalisierung und Erhebungszeitraum stark voneinander unterschieden. Der Name stammt von den Hawthorne-Werken der Western Electric Company, die nach dem Ort Hawthorne, nahe Chicago, benannt waren.

Eine Untersuchung über Ermüdungsfaktoren bei Beschäftigten im Rahmen eines langjährigen Forschungsprojekts (1924–1934) brachte die Wende in der Betriebsforschung. Der Soziologe Elton Mayo (1880–1949) und seine Mitarbeiter fanden in den Hawthorne-Werken heraus, dass nicht nur Pausenregelungen, Lohnzahlungen, Arbeitsplatzbeleuchtung und Zimmertemperatur etwas mit der Effektivität und Zufriedenheit am Arbeitsplatz zu tun haben. Vielmehr war es die Arbeitsgruppe, ihre Kohäsion und Stabilität, ihre Interaktionsgestaltung und ihre Gruppennormen, die nachhaltig auf das Arbeitsergebnis und die Befindlichkeit ihrer Mitglieder Einfluss nahmen. (s. »Ergebnisse der Hawthorne-Studien«, S. 60).

Als Schluss daraus galt nun, dass die Verbesserung der zwischenmenschlichen Beziehungen am Arbeitsplatz die Arbeitszufriedenheit und -motivation erhöhen. In der Industrie wurde dieses Konzept jahrelang als leistungssteigernd gehandelt.

Die Seriosität der Felduntersuchung bezweifelte jedoch in den 1970er-Jahren Henry McIlvaine Parsons (1911–2004) nach sorgfältiger Recherche der Geschehnisse (Greif 1993). Er fand heraus, dass Mayo und seine Kollegen wichtige Informationen bei der Publikation ihrer Studien zurückgehalten hatten. Das stellte die vormals für so erhellend gehaltenen Hawthorne-Experimente in ein trübes Licht.

In Wahrheit nämlich waren die Versuchspersonen harsch und rüde angegangen worden, wenn sie zu viel redeten. Außerdem wurden sie zu schnellerem Arbeiten angehalten. Die Studienleiter drohten den Probanden, sie wieder zurück zu den anderen

Ergebnisse der Hawthorne-Studien

Die Resultate und Konsequenzen lassen sich (Weinert 1992, S. 79) wie folgt zusammenfassen:

- Der Wunsch nach Akzeptanz und Achtung durch die anderen Mitglieder einer Arbeitsgruppe stellt einen größeren Motivationsimpuls dar als materielle Be- und Entlohnungssysteme.
- Die sozialen Normen und »Standards« der informellen Gruppe, die sich bildet, prägen die Arbeitsgruppe.
- Die Mitglieder der Arbeitsgruppe begeben sich ungern in Konkurrenzsituationen zu Kollegen aus der gleichen Arbeitsgruppe.
- Ein extrem hoher Grad an Spezialisierung führt nicht zwangsläufig zu einer Erhöhung der Effizienz.

Arbeitern zu schicken, sollten sie nicht im Zeitplan bleiben. Auch regelmäßiges »Leistungsfeedback« gehörte zum Alltag der Experimente. Solch massive Manipulationen der Versuchspersonen machten die Ergebnisse problematisch, nicht zuletzt weil sie von den Studienleitern bei der Publikation vorenthalten wurden.

Die Hawthorne-Experimente waren demzufolge ein Teil der Misere, für deren Bewältigung sie sich hielten. Obwohl diese Manipulationen längst bekannt sind, haben die Studien noch heute einen beinahe legendär-mythischen Ruf. Siegfried Greif versucht zu erklären, warum dies so ist: »Die Fehleinschätzung der Anwendbarkeit sorgfältiger experimentalpsychologischer Methoden ist die methodische Seite der Legende, die Überschätzung der Bedeutung der Arbeitszufriedenheit und eines freundlichen, rücksichtsvollen Führungsstils für die Arbeitsleistung ist der inhaltliche Aspekt des Hawthorne-Mythos« (1993, S. 30).

Ob Mythos oder nicht: Die Hawthorne-Experimente haben die Wissenschaftsentwicklung nachhaltig beeinflusst und beispielsweise die Human-Relations-Bewegung ganz entscheidend mitgeprägt.

Quasi als Nebenprodukt gilt übrigens in Soziologie und Psychologie der sogenannte Hawthorne-Effekt als gesichert: Seither weiß man, dass Versuchspersonen, die um ihr Beobachtetwerden wissen, ihr übliches Verhalten verändern.

Aktionsforschung als Strategie gezielter Veränderung von Organisationen

Durch Kurt Lewin (1980–1947) erfuhr das Konzept wissenschaftlicher Sozialforschung eine Neuinterpretation, indem er die Objektivitätsvorstellung fallen ließ. Deren Prinzip sah den Forscher als Beobachter eines Objekts, und je besser seine Distanz schaffenden Methoden wären, desto neutraler ließen sich soziale Phänomene so beschreiben, wie sie »wirklich« seien.

Demgegenüber verfolgt Lewins Aktionsforschungsansatz ein anderes Ziel. Er verbindet Selbstbeobachtung mit Selbstreflexion. Der empirisch arbeitende Forscher begibt sich in das Untersuchungsfeld, um es gemeinsam mit den betreffenden Akteuren zu verbessern.

Neuartig war der Ansatz der Aktionsforschung, Problemlösungen nicht von außen zu erzwingen, sondern sie in der betreffenden Situation mit den Beteiligten zu finden.

Logik der Aktionsforschung

Aktionsforscher suchen den direkten Entstehungsort auf. Sie gehen dorthin, wo das Problem aktuell ist (Betrieb, Schule und anderes mehr). Dabei gehen sie in den sozialen Kontext, um mitten in der Dynamik vorhandener Strukturen mögliche Probleme mit den Beteiligten zu analysieren. Das kann durch schriftliche Umfragen sowie durch mündliche Interviews vonstattengehen. Die erhaltenen Informationen werden sodann zielgerichtet in die Organisation zurückgegeben. Je nach Absicht der Intervention wird ein passendes Feedback ausgewählt, also die entsprechende Form, der richtige Zeitpunkt und die Art der zurückgegebenen Informationen. Durch die Einbeziehung dieser Elemente kommt es zur unterstützten Selbstanalyse der Beteiligten. Aktionsforschung ist ein Anwendungskonzept. Der Aktionsforscher ist dabei ein »Fachexperte«, der die Betroffenen nicht zu Objekten von Forschung und Veränderung macht, sondern so weit wie möglich zu Subjekten, das heißt zu Mitarbeitern in diesem Prozess.

Lewin konnte zeigen, dass Verhaltensänderungen vor allem dann zu erzielen sind, wenn sich die Mitglieder einer Gruppe zu einem bestimmten Verhalten verpflichten (Commitment). Er schloss aus seinen Studien, dass das Prinzip »Unfreezing, moving and refreezing« bei Veränderungen in Gruppen greift: Erst muss eine alte Einstellung aufgetaut, dann eine Verhaltensänderung erreicht und darauf dieses neue, veränderte Verhalten wieder eingefroren werden.

Die ersten Projekte auf dem Gebiet mögen aus heutiger Sicht nicht allzu spektakulär wirken, damals aber waren sie revolutionär und haben ein neues, zeitgemäßes Verständnis von Beratung entscheidend mitgeprägt. Um die besondere Rolle der Aktionsforschung für die Entwicklung der Prozessberatung besser zu verstehen, folgt ein kleiner Einblick in jene frühen Projekte.

Einige bedeutende Projekte aus der Geschichte der Aktionsforschung

Die erste Aktionsforschung in der Industrie fand 1939 in einer ländlichen Gemeinde in Virginia statt. Das Management der Harwood-Manufacturing-Corporation hatte Probleme, die anvisierten Produktionszahlen zu realisieren. Alle möglichen Versuche, das Unternehmen aus dem Produktionstief zu holen, zeigten bis dato nicht die erwünschte Wirkung. Und so beauftragte man Kurt Lewin, die Ursache des Problems herauszufinden. Aus seiner Sicht lag sie darin, dass den Mitarbeitern das Produktionsziel zu hoch erschien. Das Nichterreichen des Ziels wurde nicht als persönliches Versagen empfunden, das durch Selbstmotivation hätte ausgeglichen werden können. Vielmehr sahen die Mitarbeiter die Ursache im Management, das die scheinbar unerreichbaren Produktionszahlen festgesetzt hatte (Marrow 2002, S. 222).

Lewin bat daher das Management um dreierlei:

- → dass einzelne Leute nicht mehr unter Druck gesetzt werden,
- → dass die Leute als Gruppe und nicht als Individuen angesehen werden und
- → dass eine Möglichkeit geschaffen wird, bei der die Mitarbeiter das gesteckte Ziel als durchaus erreichbar erkennen können.

Zur Umsetzung dieser lewinschen Prämissen heuerte das Management nun Arbeiter einer eben erst geschlossenen Fabrik an, die sich, hoch motiviert und glücklich über die Wiederbeschäftigung, den Aufgaben und dem Produktionsziel stellten. Die neuen Mitarbeiter erfüllten diese Erwartungen. Den »alten« Mitarbeitern wurde das scheinbar nichtrealisierbare Ziel des Managements als doch realisierbar gezeigt, und so stiegen die Produktionszahlen auch bei ihnen an.

Dass das vermeintlich unerreichbare Ziel tatsächlich erreicht worden war, änderte das Betriebsklima nachhaltig. Lewin betreute das Management und die Belegschaft weiterhin und überzeugte dabei mit Humor, Herzlichkeit und ehrlichem Interesse. So konnte er auch den Vorschlag für ein Forschungsprogramm durchsetzen, das sein Kollege Alex Bavelas (* 1920) leitete. Bavelas unternahm wöchentlich mehrere Gespräche mit einer kleinen Gruppe von Arbeitern, um Defizite und Chancen der Produktionssteigerung zu diskutieren. Am Ende eines solchen Gesprächs (jeder wurde auch einzeln befragt), legte die Gruppe selbst fest, um wie viel sie sich steigern wollte und welchen Zeitrahmen sie dafür benötigte. Dieser kleinen Gruppe gelang es, ihre selbst gesteckten Ziele zu erreichen, während die anderen Arbeiter keinen signifikanten Leistungszuwachs erkennen ließen.

Dass der Entscheidungsakt die Motivation mit der Handlung verbindet, bewirkte Lewin zufolge diese Ergebnisse. »Motivation alleine reicht nicht aus, um Veränderungen herbeizuführen. Das Verbindungsglied liefern die Entscheidungen. [...] Die Entscheidung scheint einen stabilisierenden Effekt zu haben, der teilweise auf die Tendenz des Individuums zurückzuführen ist, zu einer Entscheidung zu stehen, und teilweise auf die Bindung an eine Gruppe« (Marrow 2002, S. 225).

Das wohl bekannteste und wichtigste Aktionsforschungsprojekt entstand eher aus Zufall und war nicht, wie die bereits vorgestellten Projekte, in Auftrag gegeben worden. 1946 bat die Connecticut State Interracial Commission Lewin um Mithilfe, geeignete Mittel gegen rassistische und religiöse Vorurteile in Gemeinden zu finden. Ziel war es, »Menschen die Möglichkeit zu geben, effektiver mit den komplexen menschlichen Beziehungen und Problemen umzugehen« (Marrow 2002, S. 305). Lewin wandte hier die Methode des Sensitivity-Trainings an. Dabei wurde ein Arbeitskreis gebildet, der Mitglieder ausbildete und gleichzeitig Schauplatz eines Veränderungsexperiments war. Dazu wurde ein erfahrener Mitarbeiterstab rekrutiert (Ronald O. Lippitt, Kenneth D. Benné, Leland Bradford), der mit Lewin das zweiwöchige Training mit 41 Teilnehmern leiten sollte. Die Teilnehmer waren hauptsächlich Erzieher oder Mitarbeiter sozialer Institutionen, die zuverlässige Methoden kennenlernen wollten, um den zwischenmenschlichen Umgang positiv zu gestalten.

Aus Forschungsgründen setzten Lewin und seine Mitarbeiter Beobachter in jede Gruppe, die die internen Interaktionen erfassen sollten. Geplant war, dass diese Beobachter in den Abendsitzungen, die eigentlich nur den Mitarbeitern vorbehalten waren, von ihren Wahrnehmungen berichten sollten. Aus interessierter Neugier fragten einige Teilnehmer, ob sie diesen Abendsitzungen beiwohnen dürften, also öffnete man den Kreis auch für sie. Der Effekt, der daraus entstand, war für alle »elektrisierend«, wie der emeritierte Hagener Psychologie-Professor Helmut Lück in seiner erschienenen Einführung in Lewins Werk (Lück 2001) berichtet. Zunächst nur aus Forschungsinteresse initiiert, entstanden nun offene Erörterungen des Verhaltens der Teilnehmer, Diskussionen mit einer starken Eigendynamik, bei denen Hypothesen über Interpretationen des unterschiedlichen Verhaltens aufgestellt, bestätigt oder verworfen wurden. Aus purem Zufall war »ein machtvolles Medium und Verfahren der Umerziehung« entdeckt worden (Lück 2001). Die Rückmeldung in Gruppen hatte somit eine neue starke Position erhalten. Dies war der Anstoß zur angewandten Gruppendynamik, der Ursprung von Feedback und T-Gruppen.

Aktionsforschung ist heute noch ein Teil der Prozessberatung. Überall dort, wo die Akteure selbst forschen und reflektieren, kann Veränderung einfacher stattfinden. Aktionsforscher begleiten Menschen, die eigene Fragen stellen und die Themen erforschen, die sie für wichtig erachten. So entwickeln Mitarbeiter und Führungskräfte gemeinsam Fragebogen, die helfen, über Führen und Geführtwerden nachzudenken.

Veteranentreffen: Kurt Lewin und Jakob Moreno

Aktionsforschung und angewandte Gruppendynamik haben mit Kurt Lewin und Jakob Levy Moreno gewissermaßen zwei konkurrierende Begründer. Scheinbar hat Moreno die Begriffe zeitlich schon früher genutzt als Lewin, dennoch geriet er etwas in Vergessenheit, da sein Fokus eher auf die Klinische Psychologie gerichtet war, indessen Lewin mehr Systematik an den Tag gelegt hatte. Beide Pioniere haben dennoch Grundgedanken und Entwicklung der Prozessberatung entscheidend mitgeprägt – ihre Lebensläufe sind eng mit Erkenntnissen über das Phänomen der Gruppendynamik verbunden. Im Folgenden skizzieren wir daher kurz beide Biografien, wie sie jeweils maßgeblichen Einfluss auf gruppendynamische Entwicklungen beziehungsweise ihre Erforschung nahmen.

Kurt Lewin (1890–1947)

Ursprünglich Kinderpsychologe, untersuchte Kurt Lewin zunächst verschiedene Erziehungsstile – vom autoritären Modell bis hin zum Laisser-faire liberaler Eltern. Als er den russischen Regisseur Sergej Eisenstein kennenlernte, fand er Zugang zur Filmwelt und drehte als einer der ersten Wissenschaftler eigene Lehrfilme, die er seinen Studenten zeigte. Sein Fachgebiet auf die Sozialpsychologie erweiternd, kam Lewin zu dem Schluss: Der Mensch ist ein Gruppenwesen. So war er es, der den Begriff der Gruppendynamik prägte. Des Weiteren erforschte Lewin die Auswirkungen von Führungsstilen auf Mitarbeiter. Zudem gilt er als Mitbegründer der Gestaltpsychologie.

Kurt Lewin wurde 1890 in Mogilno (damals Ostpreußen, heute Polen) geboren, wo seine jüdische Familie einen Gutshof und Kaufmannsladen besaß, von dem die Familie leben konnte. Lewin hatte eine ältere Schwester und zwei jüngere Brüder. Seine Mutter war eine geduldige Frau, die ihm seine häufige Unpünktlichkeit nachsah. Maria, seine spätere Frau, sagte einmal, dass Lewin die Zuneigung von Mitmenschen und Freunden daran maß, wie gut sie seine übliche Verspätung hinnahmen.

Der Antisemitismus grassierte damals bereits derart, dass es für Juden aussichtslos war, eine berufliche Position im Dienst des Kaisers zu erhalten. Die Lewins lebten ihre Religion, der Vater stand zeitweise der Synagoge vor.

1915 zog die Familie nach Berlin, wo Lewin aufs Gymnasium ging und die griechische Philosophie kennenlernte, die ihn zeitlebens interessieren sollte.

Nach dem Abitur begann Lewin 1909 in Freiburg im Breisgau ein Medizinstudium, wechselte dann zur Biologie und bald auch die Studienorte. Über München kehrte er 1910 nach Berlin zurück. Sein Interesse galt nun der Philosophie und Wissenschaftstheorie. Als Lewin einmal eine Frage stellte, die in der Philosophie so nicht zu stellen war, schickte ihn der Dozent ins psychologische Institut, um es dort zu versuchen. Deren Direktor war damals Carl Stumpf (1848–1936), der sich schon früh experimenteller Forschung widmete, was in einer Zeit, als sich die Psychologie als eigene (experimentelle) Wissenschaft erst noch etablieren musste, innovativ (Lewin nannte es später »mutig«) war. Stumpf hatte renommierte Leute wie Max Wertheimer, Kurt Koffka und Wolfgang Köhler um sich versammelt. Sie alle entwickelten mit der Gestaltpsychologie einen neuen wegweisenden Ansatz des Fachs. Lewin wechselte nun ganz zur Psychologie und strebte eine Universitätslaufbahn an, wohl wissend, dass er es als Jude in einer solchen Position nicht leicht haben würde.

Nach der Promotion (1914) meldete er sich freiwillig zum Wehrdienst. Den Ersten Weltkrieg, der kurz darauf begann, verbrachte er fast vier Jahre »im Feld«. Jahre, die er auch dazu nutzte, seine Erfahrungen (beispielsweise in Fronturlauben und bei Krankenhausaufenthalten) niederzuschreiben. Schon hier tauchen Begriffe wie »Feld«, »Grenze«, »Zone«, »Lebensraum« auf, die später in seiner »Feldtheorie« wiederzufinden sind. Im Artikel »Kriegslandschaft« hält Lewin (1917) fest, dass sich das Erscheinungsbild der Landschaft verändert, wenn der Soldat sich der Front nähert. Die Umwelt wandelt ihr Aussehen mit den Wahrnehmungsbedürfnissen des Betrachters – ein Soldat im Einsatz richtet seine Wahrnehmung aus auf eine vorteilhafte Stellung dem Feind gegenüber, die Sicherung des eigenen Lebens, Ernährung und so weiter. Diese Bedürfnisse lassen den Frontsoldaten das Landschaftsbild in ganz bestimmter Weise sehen. Nähert er sich der Front, verengt sich für ihn die Landschaft, bewegt er sich von der Front weg, scheint sie grenzenlos zu werden, wird zur Friedenslandschaft. Diese Wahrnehmungen haben für Lewin aber nicht nur mit der Angst vor der Gefahr zu tun, die beim einen stärker, beim anderen weniger ausgeprägt ist, sondern sie scheinen vielmehr zum Wesenszug der objektiven Landschaft zu werden.

Noch während des Kriegs heiratete er 1917 Maria Landberg, eine Lehrerin, mit der er sich ein Haus in Berlin kaufte. 1919 und 1922 wurden ihre Kinder geboren, inzwischen war Lewin auch an die Universität zurückgekehrt. Bald gehörte er zu den Ersten, die sich für die Anwendung der Psychologie auf die Arbeitswelt interessierten. 1919/20 schrieb er je einen Artikel über Land- beziehungsweise über Industriearbeiter. Im ersten Artikel verglich Lewin (1919) die Arbeitsorganisation eines Bauernhofs mit der einer Fabrik und analysierte dabei die Unterschiede der Arbeitsteilung. Der Artikel über die Industriearbeit (Lewin 1920) beschäftigte sich kritisch mit dem Taylor-System (s. Download »Bilder der Organisation«). Taylor, ein Ingenieur, wollte eine effizientere Produktion erreichen, indem er alle überflüssigen Anstrengungen ausschaltete, wofür er Zeit- und Bewegungsstudien vornahm. Lewin monierte, dass dies zu einer Monotonie der Arbeit führe, der er seinen Ansatz »Arbeit als Lebenswert« entgegenstellte. »Der Arbeit selbst muss Wert verliehen werden, unabhängig davon, wie viel Zeit sie kostet.« Auch müsse sie »die psychologischen Bedürfnisse des Arbeiters« erfüllen.

Lewins Studenten führten im Rahmen ihrer Dissertationen etwa 20 Studien durch, mit denen ihr Doktorvater in der psychologischen Forschung eine kleine Revolution startete. So sollte zum Beispiel eine dieser Studien die Theorie überprüfen, ob der Wunsch beziehungsweise die Absicht, eine spezifische Aufgabe auszuführen, mit dem Aufbau eines Systems psychologischer »Spannung« korrespondiere und ob das Bedürfnis, diese Spannung zu lösen, zielgerichtetes Handeln hervorrufe, bis die beabsichtigte Aufgabe durchgeführt sei. Dynamisch gesehen: Das vorhandene System übt, weil ein Ziel nicht erreicht wurde, seinen Einfluss so lange aus, bis die Spannung durch Beenden der Handlung entladen ist (Quasiexperiment = Impuls, Spannung zu lösen).

Lewin hoffte, mithilfe dieser Studien das Verhalten als Funktion des gesamten psychologischen Felds erklären zu können, und er wollte Experimente anlegen, von denen man bisher dachte, dass sie der Psychologie nicht zugänglich seien. Von seinen Studenten wurde Lewin sehr verehrt, weil er offen und zugänglich war und in seinen Diskussionskreisen ein reger Austausch stattfand.

1933 musste Lewin auswandern und ging in die USA. Bereits 1929 war er zu einer sechsmonatigen Gastprofessur in Stanford gewesen. Die USA durchlebten zu dieser Zeit eine wirtschaftliche Krise, die Studentenzahlen gingen zurück, Lehrstellen wurden gestrichen. Zudem kamen nun viele Wissenschaftler aus Europa, sodass an den Universitäten mit den amerikanischen Wissenschaftlern um die Stellen gerangelt wurde.

Dr. Ethel B. Waring (1887–1972) holte Lewin nach Ithaca (New York) an die Cornell University. Die Entwicklungspsychologin hatte Lewin, der auch viele Studien mit Kindern unternahm, in Berlin kennengelernt. Sie beschaffte ihm die Stelle, die allerdings nur auf zwei Jahre befristet war. Er widmete sich hier vor allem Studien über den Einfluss, den sozialer Druck auf die Essgewohnheiten von Kindern einer Kinderkrippe ausübte. 1935 zog Lewin mit seiner Familie erneut um und ging an die Universität von Iowa. Hier blieb er neun Jahre und wandte sich immer mehr sozialen Problemen zu (wie der Völkerpsychologie, was damals im Hinblick auf Europa besonders aktuell war), die er auch in seinen Artikeln erörterte.

1938 untersuchten Ronald O. Lippitt (der Lewin an der Universität Iowa kennengelernt hatte) und Rakim White verschiedene Führungsstile. Fragen wie diese wurden hier gestellt:

→ Worin besteht demokratische Führerschaft?
→ Kann sich Demokratie als so effizient erweisen wie ein autoritäres System?
→ In welcher Weise und in welchem Umfang formt das Verhalten von Führern das Verhalten von Gruppen?

Versuchsreihe Lewins zu Führungsstilen

In Iowa City untersuchte Lewin genau diese Fragen auch an elfjährigen Jungen. In einer Gruppe wurde der autoritäre Stil ausgeübt; der Anführer bestimmte, wie was getan werden sollte. Die zweite Gruppe durfte demokratisch abstimmen, welche Ziele und Mittel gesetzt werden. Alles Weitere wurde zu kontrollieren versucht (also Drittvariablen wie Persönlichkeit und Auftreten des Führenden). Die Kinder wurden zum Maskenbasteln eingeladen und in Fünfergruppen eingeteilt. Diese Gruppen trafen sich elfmal, und Lippitt selbst stellte immer den Anführer dar. Fünf Beobachter schauten dem Ganzen zu und notierten fleißig. Der autoritäre Führungsstil war durch viele Befehle und Kritik gekennzeichnet, und in der Gruppe herrschten insgesamt deutlich mehr Feindseligkeit und Streitereien. Die Kinder in dieser Gruppe schikanierten mehr und gingen mehr auf Einzelne als »Sündenböcke« los. Auf diese Studie hin folgten weitere, besser kontrollierte. Dabei machte jedes Kind Bekanntschaft mit beiden Führungsstilen. Die Ergebnisse dieser Versuchsreihe bestätigten die der ersten. Die Wahrscheinlichkeit bei der autoritären Führung war viel höher als bei der demokratischen, dass die Jungen die Initiative verloren, unzufrieden und aggressiv wurden und sich nicht um die Gruppenziele oder die Mitglieder bemühten. Bis auf einen, bevorzugten alle Jungen die Gruppe mit dem demokratischen Führungsstil.

Mehrmals arbeitete Lewin im Auftrag der US-Regierung. So erhielt er 1943 die Aufgabe, die Ernährungsgewohnheiten der amerikanischen Bevölkerung zu erforschen, und fand heraus, dass es kulturell und sozioökonomisch bedingt sehr große Unterschiede bei den Ernährungsgewohnheiten gab. Die weitere Frage war nun, wie man diese positiv beeinflussen, also ändern konnte. Lewin setzte darauf, die gewonnenen Informationen nicht nur über Massenmedien zu verbreiten, da die Leser/Zuhörer sich meist in Einzelsituationen befänden, was seiner Meinung nach für Verhaltensänderungen eher ungünstig war.

Aus seinen Vorstudien wusste er, dass die Chance, Verhalten zu ändern, wächst, wenn die Menschen als Mitglieder einer Gruppe an einem aktiven Entscheidungsprozess beteiligt sind. So verglich er nun zwei Gruppen von Hausfrauen. Der einen

Gruppe kam ein Vortrag über moderne Ernährung zu Gehör, der anderen einer über Ernährung in Kriegszeiten, wobei die Frauen der zweiten Gruppe später über die Rezepte diskutieren konnten. Die Auswertung nach drei Wochen ergab, dass nur drei Prozent der Frauen aus der ersten Gruppe die Rezepte ausprobierten, aus der anderen Gruppe waren es immerhin 32 Prozent. Hauptgrund des Ernährungswandels war, dass die von der Sache überzeugten Frauen sich in der Gruppe dazu verpflichtet hatten, die Rezepte auszuprobieren. Weight Watchers oder die Anonymen Alkoholiker profitieren heutzutage genau von diesem Prinzip.

Seine Erfahrungen mit Gruppenentscheidungen entwickelte Lewin stetig weiter und ließ sie in Schulungsmaßnahmen für Lehrer und Sozialarbeiter einfließen. Zusätzlich leitete er am MIT (Massachusetts Institute of Technology) das Forschungszentrum für Gruppendynamik. 1947 entstand das NTL (National Training Laboratory) in Bethel (Maine). Jedoch starb Lewin kurz nach dessen Gründung überraschend an einem Herzinfarkt. Das NTL, das bis heute besteht, wurde mit der Entwicklung von Sensitivity-Trainings« und T-Gruppen zur Keimzelle gruppendynamischer Forschung und damit auch der Organisationsentwicklung.

Jakob Levy Moreno (1889–1974)

Geschichtlich gesehen war es wohl Moreno, der mit seinem Stegreifspiel und dem Psychodrama als Erster bei der Erfassung von Gruppenstrukturen und -prozessen wichtige Schritte eingeleitet hat, was die Selbsterfahrung von Menschen in Gruppen oder die Aktionsforschung betrifft.

Historisch wird Moreno als Begründer der Gruppenpsychotherapie und Lewin als Begründer der psychologischen Gruppenarbeit, der Gruppendynamik und der Aktionsforschung bezeichnet. Moreno und Lewin begegneten sich persönlich erst relativ spät, nämlich 1935. Sie hielten danach aber den Kontakt stets aufrecht.

Morenos Einfluss auf Kleingruppenarbeit, Aktionsforschung und psychologische Gruppenarbeit ist kaum überliefert, umso mehr aber sein Einfluss für die Organisationsentwicklung.

In Bukarest als Sohn eines Kaufmanns geboren, floh die bedrohte jüdische Familie 1893 nach Wien und siedelte nach einigen Jahren erneut um und ging nach Berlin. Bald darauf kehrte der junge Moreno, 14-jährig, bereits sehr eigenständig, allein nach Wien zurück, machte das Abitur und nahm 1909 das Studium der Philosophie auf, bevor er ins Fach Medizin wechselte, worin er 1917 promovierte.

Seit seiner Jugend vom Stegreiftheater fasziniert, verstand Moreno es schon in seinen frühen Berufsjahren, die kreative Spielform mit seinem Interesse an Gruppenprozessen zu kombinieren.

Als Arzt 1917 im Flüchtlingslager in Mitterndorf bei Wien und 1918 bis 1925 in der Kammgarnfabrik in Vöslau beschäftigt, fand er hier erste Anregungen für eine soziometrische Organisation.

Soziometrie

Die Soziometrie ist eine Methode, die Beziehungen zwischen Mitgliedern einer Gruppe in einer Matrix grafisch zu erfassen, sodass mithilfe unterschiedlicher Kennzahlen das System analysiert werden kann. Dabei werden im Vorfeld alle Mitglieder danach befragt, wie ihre Einstellungen zu jedem anderen Gruppenmitglied sind (zum Beispiel »Zählen Sie bitte auf, welche Arbeitskollegen Sie sympathisch finden« oder »Mit wem möchten Sie ...?«).
Diese ersten Ansätze sind Teil der später sogenannten Aktionsforschung: Am Ort des Geschehens wird geforscht, dort, wo die Probleme beobachtet und angegangen werden können.

1925 zog Moreno in die USA. Seine Forschung und Theoriebildung wurden erst allmählich bekannt: 1931 machte er Erfahrungen mit gruppentherapeutischen Methoden im Strafvollzug (in der Strafvollzugsanstalt Sing Sing, einem staatlichen Gefängnis ungefähr 50 Kilometer von New York entfernt), deren Erkenntnisse er veröffentlichte (»National Committee on Prisons and Prison Labor«, 1932, später »Who shall survive«, 1934). In diesen Schriften werden nicht nur die Begriffe »Gruppenarbeit« und »Gruppenpsychotherapie« eingeführt, sondern Prinzipien, die für psychologische Gruppenarbeit und Aktionsforschung bis heute Bedeutung haben:

- Wechselseitige Beziehungen bestimmen den therapeutischen Prozess.
- Es gibt einen teilnehmenden Beobachter, der den Gruppenprozess unterstützt und nicht außerhalb steht.
- Themen werden innerhalb der Gruppe bearbeitet, und jeder ist »ein Therapeut des anderen«.

Als Intervention entwickelte Jakob Levy Moreno (der ab 1936 eine psychiatrische Klinik in Beacon leitete) Soziodrama und Psychodrama, durch die unmittelbar die gewonnenen Daten ausgewertet und in Handlung umgesetzt werden konnten.

Seine kreativen und praktischen Methoden für die psychologische Arbeit mit Gruppen hatte eine große Wirkung auf die heute so bezeichnete Organisationsentwicklung, obwohl er das Wort »Organisation« explizit nicht erwähnte. Für ihn stand der Mensch, seine individuelle Persönlichkeit im Vordergrund.

Nicht nur seine Theorien, sondern auch das Zusammentreffen und -arbeiten mit entscheidenden Persönlichkeiten der späteren Vertreter der Gruppendynamik und Organisationsentwicklung brachten die Forschung voran. Kurt Lewin und Jakob Levy Moreno trafen sich zum ersten Mal 1935 durch die Vermittlung von Alfred Marrow (Lewin-Schüler und Verfasser einer Lewin-Biografie). Später betonte Moreno, dass Lewin besonderes Interesse an den »demokratischen Strukturen von Gruppen im Kontrast zu ihren Laissez-faire- und autoritären Strukturen« (Moreno 1934) hatte.

Es gab viele weitere Treffen, und Lewin schien Morenos Einfluss auf die Theorie von Gruppen und deren Dynamik so bedeutend zu sein, dass er seinen Studenten empfahl, an Morenos Gruppenarbeit teilzunehmen. So kam es, dass die späteren

Gründer der soziometrischen und psychodramatischen Institute von Beacon und New York (wie Ronald Lippitt, Alin Zander und andere) die Ideen und Methodik Morenos kennenlernten. Seine »Söhne« gingen nach dem Tod Lewins 1947 eigene Wege, zunehmend stand die verbale Interaktion im Vordergrund, und das Rollenspiel wurde zu einer Technik unter vielen (Petzold 1980). Auch entstand eine Konkurrenzsituation zu Moreno, der mit der Arbeitsweise der »Gruppendynamiker« nicht mehr einverstanden war – er sah darin nur noch ein Fragment seiner eigenen Philosophie. Dieser Bruch führte zu verhärteten Fronten, sodass die Schüler Lewins die Forschungen zur Gruppendynamik und zur Organisationsentwicklung für sich reklamierten. Morenos Anteil wurde nicht mehr genannt, und die Leistung seiner Pionierarbeit verblasste.

Zusammenfassend lässt sich sagen, dass die Gruppendynamik und die Aktionsforschung offenbar zwei »Väter« haben: Lewin und Moreno. Die Ideen Lewins und die Praxis Morenos sind in der heutigen Gruppendynamik und Organisationsentwicklung in fruchtbarer Weise miteinander verbunden (Petzold 1980): Wenn auch Moreno für viele Konzepte und Methoden einen zeitlichen Erstanspruch für sich erheben kann, so muss der Beitrag Lewins in seiner systematisierteren Art und Weise in der Auswirkung auf die Industrie gewürdigt werden.

Prozessberatung: Ed Schein

Der Sozialpsychologe Edgar H. Schein (*1928) gilt als einer der »Väter« der Organisationsentwicklung und Prozessberatung. Er prägte die Human-Ressources-Schule der Organisationsentwicklung der späten 50er- und 60er-Jahre des 20. Jahrhunderts. Was er tut und was er darüber denkt, hat er einmal folgendermaßen zusammengefasst: »Immer wieder höre ich von Beratern, wie wichtig es sei, eine formale Diagnose zu erstellen. Berichte zu schreiben, bestimmte Empfehlungen abzugeben. Verzichten sie darauf, haben sie das Gefühl, ihre Arbeit nicht ordentlich erledigt zu haben. Ich verstehe nicht wirklich, warum wir unsere Erfahrungen aus anderen helfenden Berufen – Erfahrungen darüber, die Klienten zu beteiligen, im eigenen Rhythmus zu lernen, den Klienten zu helfen, ihre Probleme zu verstehen und selbst zu lösen – nicht auf dem Gebiet der Management- und Organisationsberatung übertragen können« (Schein 2003, S. 303 f.).

Prozessberatung basiert auf einer Philosophie des Helfens. Dabei wird der Prozess des Helfens bestimmt von der Haltung des Beraters, die sich in einer Beziehungsgestaltung zeigt.

Ed Schein beklagte, dass in der klassischen Beratungspraxis am meisten der Beziehungsaufbau zwischen Berater und Klient zu Beginn der Beziehung fehle. Dieser sei von größter Wichtigkeit, weil nur dadurch der Klient in die Lage versetzt werden könne, seine Probleme wahrzunehmen, zu verstehen und darauf zu reagieren.

»Meine ausgeprägte Überzeugung, dass zuerst der Aufbau einer Beziehung kommen sollte, rührt von den Erfahrungen mit der Arbeit in Organisationen her, die zuvor unter der Kuratel von expertenorientierten Beratern gestanden hatten, die formale Programme implementierten. Zu häufig sehe ich, dass nur wenig von dem erreicht wurde, was der Klient sich wünschte, obwohl sehr viel Geld ausgegeben wurde« (Schein, 2003, S. 303 ff.).

Ed Schein fand einen dritten Weg in der Beratung, indem er sich von den klassischen Beratungskonzepten distanzierte. Im Expertenmodus in der Beratung wird dem Kunden gesagt, was er zu tun hat: Beratung als Informationseinkauf. Im Arzt-Patient-Modus soll der Berater die Organisation »durchchecken« und Bereiche herausfinden, in denen etwas nicht in Ordnung ist: Die Diagnose der Ursachen, ihre Eliminierung oder die anschließende »Therapie« durch den behandelnden Berater stehen im Vordergrund.

Der Prozessberatungsmodus ist anders: Der Kunde wird in den Prozess miteinbezogen. Er weiß zu Beginn nur, dass er etwas unter Zuhilfenahme eines Beraters verbessern möchte. Die Art der Hilfe wird gemeinsam erarbeitet. Das Wissen zur Lösung ist beim Kunden bereits vorhanden. Der Berater ist der Designer der Interventionen, die helfen und das System auf der Suche nach eigenen unentdeckten Ressourcen begleiten.

Ed Schein gilt als »der« geistige Vater der Prozessberatung, und seine Gedanken haben die Beratungswelt maßgebend geprägt.

4 Linke Ideen zu rechten Preisen: Kritik an der Organisationsentwicklung

Gegen Ende der 1970er-Jahre wurden aus Therapeuten Trainer, die Barrieren fielen, und – trotz moralischer Bedenken – machten sich die Gruppengurus auf, in Unternehmen und Organisationen nach dem Rechten zu sehen. Der schlichte Ansatz war: Erst wenn alle Mitarbeiter und Führungskräfte durchtherapiert sind, wird die Organisation geheilt sein. Manche nannten das: linke Ideen zu rechten Preisen. Die Ideen waren schon damals nicht links, obwohl man sie dafür hielt; zwischenzeitlich haben sich die Ideen eindeutiger auf die Seite der Preise geschlagen, auch wenn viele Trainer ihre sozialrevolutionäre Aura weiterhin pflegen.

Kritik an der Organisationsentwicklung (OE) gibt es viel – selbstreflektierend sind hier einige Punkte zusammengetragen:

- Viele bemängeln, die OE hätte keinen theoretischen Überbau, auch gäbe es kein übereinstimmendes Bild, was OE genau sei. Gordian Philipps (1999) beispielsweise hebt als besonderen Kritikpunkt an der OE hervor, sie sei ein rein praxisorientiertes Instrument. Die OE weise somit ein Theoriedefizit auf, sie sei nur ansatzweise theoretisch fundiert und zudem stark kommerzialisiert. Ihre praktische Anwendung, so würde vielfach beklagt, wäre sehr viel weiter vorangeschritten als ihre wissenschaftliche Reflexion. Philipps verweist auf den handlungsorientierten und interventionistischen Ansatz der OE. Zwar brauche dieser Ansatz nicht unbedingt ein »geschlossenes Theoriegebäude«, jedoch käme eine solche Praxis auch der Glaubwürdigkeit der OE zugute. Als eine Möglichkeit, die OE auf eine theoretisch fundierte Basis zu stellen, erscheint ihm der zur Systemtheorie zählende Ansatz selbstreferenzieller und selbstbildender Systeme.
- Kritisch benennt Karsten Trebesch (2000) die vielfältige Anzahl von Definitionen der Organisationsentwicklung. Er zählt in seinem Artikel 50 Definitionen für Organisationsentwicklung und meint: »Die Probleme einer Definition von OE liegen in der Neuheit, der vielfältigen Elternschaft und in der Popularität dieses interdisziplinären und sehr komplexen Konzepts« (S. 56). Bei den Definitionen von OE geht es oft um die eigenen Interessen, Denkweisen und Werte der Autoren, wodurch OE eher als Marketingkonzept verkauft wird. Hans-Joachim Freyberg (2009) stellt dazu fest: »Da geht es den Organisationsentwicklern genauso wie den Coaches. Mein Bäcker nennt sich bestimmt demnächst Frühstückscoach« (S. 1).
- Ein wichtiges Ziel von Organisationen ist Integration von Gewinnzielen des Unternehmens und den sozialen Bedürfnissen der Mitarbeiter (dazu gehören zum

Beispiel Wertschätzung und Lebensqualität). Klaus Doppler und Christoph Lauterburg (2008) unterstellen, dass sich in der OE-Szene viele Gutmenschen bewegen, die glauben, wenn es allen nur gut ginge, würde die Produktivität ganz allein steigen. Veränderungen aber werden vielfach von oben (Vorstand) und/oder von außen (Berater) mit eindeutigen Zielen durchgedrückt, dabei sollten Workshops und ähnliche Veranstaltungen nur den Schein von Selbstbeteiligung wahren. In den meisten Fällen reiche aber eine sanfte, neutrale und moderierende Begleitung nicht aus, damit sich Menschen innerhalb kurzer Zeit auf völlig neue Perspektiven einlassen und ihre bisherigen Rollen und gewohnten Verhaltensweisen infrage stellen. Eine offene und konfrontative Haltung wäre angemessener, als zu glauben, man verkaufe linke Ideen (zu rechten Preisen).

→ Geht es darum, den eigenen Ansatz weiterzuentwickeln, zeigt sich die OE genauso unflexibel wie die Organisationen, in denen sie wirken soll. Der hohe Grad der Fragmentierung und aufgrund der nicht stattgefundenen Institutionalisierung der Organisationsentwicklung gibt es keine Standards für zu durchlaufende Professionalisierungswege. Rudi Wimmer stellt fest: »Die OE-Szene pflegt einen ausgesprochen normativen Erwartungsstil, das heißt, sie verfügt über ein recht stabiles Wertegerüst, mit dessen Hilfe sie an ihren Realitätskonstruktionen auch dann festhalten und diese immunisieren kann, wenn verbreitete Erfahrungen eine Weiterentwicklung des Ansatzes eigentlich nahelegen würden. Deshalb sind die Selbstentwicklungsmöglichkeiten der OE schon aus immanenten theoriearchitektonischen Gründen sehr begrenzt« (Wimmer 2004a).

→ Kandidaten zur Festanstellung werden auf Herz und Nieren geprüft, bei Beratern reicht oft der Name oder der Firmenauftritt beziehungsweise der Auftritt des Chefberaters, um in die Geheimnisse der Organisation einzutauchen. Gekauft werden diese von Managern, die manchmal wenig Wissen darüber haben, was im Unternehmen zu tun ist. Sie misstrauen sich selbst und den Führungskräften – die Berater werden es schon richten. Diese halten dann die Mitarbeiter von dem operativen Geschäft ab und wurschteln in der Organisation – ohne Wirkung. Viel zu selten wird geprüft, ob der Einkauf der Berater hilfreich oder sinnvoll ist – lediglich die Tatsache des Einkaufs von Beratern bedingt noch keinen Erfolg! Es fühlt sich nur so an, weil Manager denken, sie seien nicht mehr verantwortlich. Dazu passt die Äußerung von Ferdinand Piëch: »Wenn man ein Unternehmen zerstören will, muss man nur versuchen, es mit externen Beratern in Ordnung zu bringen« (»Automobilproduktion«, Ausgabe Juni 2006).

→ Ein weiterer Kritikpunkt an der OE ist das Scheitern – das Marketing in eigener Sache wird somit schwierig. Die Praxis sieht ernüchternd aus. Laut Torsten Oltmanns und Daniel Nemeyer (2010, S. 12) scheitert jedes zweite Change-Projekt, jedes fünfte wird schlecht umgesetzt, in jedem zehnten steigt die Mitarbeiterfluktuation: »Die Wahrscheinlichkeit eines vollen Veränderungserfolgs liegt derzeit bei maximal 20 Prozent – und das, obwohl das Thema intensiv beschrieben ist, Erkenntnisse, Praxiserfahrungen klar auf der Hand liegen und sich die Branche der

Change-Anbieter und Change-Berater in den vergangenen zehn Jahren professionalisiert hat« (S. 29). Das Scheitern von Veränderungsprojekten sehen sie vor allem in folgenden Themen der Organisation begründet:
- nicht vorhandene Vision,
- mangelnde Einbindung der Mitarbeiter,
- schlechte Kommunikation,
- unzureichende Mobilisierungswirkung sowie
- fehlende Erfolgskontrolle/Monitoring.

Diese Erkenntnisse sind nicht neu, und doch wird dieser Entwicklung wenig entgegengesetzt. Auch im Unvermögen vieler Berater liegt dieser Missstand begründet. Am Festhalten bestehender starrer Beratungsansätze und fehlender Reflexion eigener blinder Flecken werden Organisationen nicht zum erfolgreichen Change geführt, sondern sind den Beratungslogiken der Berater ausgesetzt.

Der Grad der »Zerstörung« mag zwischen den Beratungsansätzen schwanken – blinde Flecken hat jedoch jeder von ihnen. Nachfolgend haben wir uns vier Ansätze exemplarisch herausgenommen und benennen deren blinde Flecken. Diese vier Ansätze sind Strategieberatung, psychoanalytische Organisationsberatung, Organisationsentwicklung und systemische Organisationsberatung.

Blinde Flecken

Berater können neue Wege anstoßen und unterstützende Hilfe geben. Meist bewirken sie jedoch weniger, als alle glauben. Ausgespart werden bestimmte wichtige (Miss-) Erfolgsfaktoren:

→ charakteristische blinde Flecken einzelner Beratungsansätze,
→ Nebenziele, Hidden Agendas und inoffizielle Funktionen, die Beratung in der Praxis bestimmen,
→ Professionalitätskriterien, die in Beratungsprozessen oft ausgeblendet werden, zum Beispiel Erfolgsmessung.

Die blinden Flecken von vier exemplarischen Beratungsansätzen lassen sich wie in der Übersicht auf Seite 64 zusammenfassen (von Ameln/Kramer/Stark 2009)

Blinde Flecken sind normal – sie zu wissen und zu erkennen für den eigenen Beratungsansatz, notwendig. Schließlich wird vom Kunden erwartet, den geschärften Blick der Berater auch auf sich selbst anzuwenden, um für den Kunden nicht selbst zum Problem zu werden. Berater müssen ihren Beratungsansatz und deren Folgen erkennen und gegebenenfalls gegensteuern, um nicht selbst in den Strudel der Blindheit zu gelangen. Außenperspektive und Selbstkritik sind für Berater daher notwendiges Alltagsgeschäft.

Beratungsansatz	Blinde Flecken
Strategieberatung	→ Es gibt nicht die eine optimale Gestaltung, weil Organisationen innerhalb und untereinander variieren. → Menschliches Verhalten ist nicht determinierbar, weil Menschen immer auch Partikularinteressen und persönliche Ziele haben. → (Scheinbar) irrationales Verhalten gehört zur Wirklichkeit in Organisationen. → Zunehmende Zirkularität und Komplexität führt zu unvorhersagbaren Systemdynamiken. → Vollständige Informationen, die für eine rational beste Entscheidung nötig sind, liegen eigentlich nie vor.
psychoanalytische Organisationsberatung	→ Vieles, was irrational erscheint, hat rationale Hintergründe. → Die Eigendynamik auf Organisationsebene geht über die Summe der Dynamiken auf Individualebene hinaus. → Menschen sind nicht durch ihre Vergangenheit determiniert, sondern haben Entwicklungspotenzial. → Intellektuelle Einsicht ist keine notwendige Voraussetzung für Veränderung. → Widerstände können auch durch unpassendes Vorgehen des Beraters hervorgerufen werden.
Organisationsentwicklung/ Change Management	→ Unterschiedliche Interessen, Konflikte und individuelles Machtstreben bleibt ausgeblendet. → Menschen arbeiten, um Geld zu verdienen, und nicht (nur), um sich selbst zu verwirklichen. → Führung muss situativ angepasst sein und dabei auch direktive Vorgaben machen. → Eine zu große Orientierung an den Bedürfnissen der Mitarbeiter kann zu Blockaden (durch divergierende Interessen), langwierigen Verhandlungsprozessen und einem schwachen Management führen.
systemische Organisationsberatung	→ Wechselwirkungen zwischen Organisation und Umwelt werden vernachlässigt. → Die Wirkung von Beratung wird unterschätzt. → Einstellungen und Verhalten werden vernachlässigt. → Handlungstheoretisch begründbare Kategorien (zum Beispiel Macht) werden ausgeblendet. → Das Irrationale wird überbetont.

5 Moderationsmethode und Prozessberatung

Eine Situation und ein Problem: Erfindung der Moderation

Moderation resultiert aus einer Situation und einem Problem. Die *Situation* entstand in Deutschland Ende der 1960er-Jahre durch die Proteste gegen Unterdrückung von Völkern der Dritten Welt und Widerstand gegen den Vietnamkrieg. Aus dem Protest gegen die Unterdrückung von anderen entwickelte sich der Aufstand gegen die eigene Unterdrückung in Universitäten, bei der Arbeit, in der Erziehung. Politik wurde zur Haltung des Einzelnen und galt nicht mehr als Geschäft der parlamentarischen Berufsgruppe. »Aus der konkreten Erfahrung des Widerstands entstand erst das Bewusstsein, wer oder was wie sehr eingeschränkt ist [...]. An der Erfahrung mit sich und der Bewegung wurden Wissen, Geschichte, Psychologie, Politik, Nationalökonomie, Psychoanalyse wirklich anwendbar. Die praktische Forderung [...] hieß: Mitsprache, Beteiligung all derer an der Gestaltung von Lern- und Arbeitsprozessen, die bisher den Mund zu halten und zu arbeiten hatten« (Klebert/Schrader/Straub 1996, S. 3). »Mitsprache« wird hier definiert als Interesse entwickeln, sich eigene Gedanken machen, Verantwortung übernehmen, mitwirken können. Die beschriebene Bewegung brachte die Erstellung vieler Beteiligungsmodelle, lange Sitzungen und komplizierte Bestimmungen mit sich. »Immer mehr Menschen mussten mit immer mehr anderen Menschen über immer mehr Angelegenheiten reden« (S. 4). So weit zur *Situation.*

Das *Problem* beschreiben Klebert, Schrader und Straub (1996) als eine Folge dieser vielen Sitzungen und Versammlungen: Alle redeten zu viel und zu lange an allen anderen vorbei, und nichts kam dabei heraus. Oder es kam etwas heraus, das letztlich keiner gewollt hatte. Wollen, aber nicht können – das war ein großer Schritt der Einsicht. Es fehlte an einer Methode beziehungsweise Technik, die es ermöglichte, dass »mehr als drei Menschen gleichberechtigt miteinander sprechen können« (S. 4).

Nur zwei Modelle waren bis dahin bekannt: Diskussion und Vortrag mit jeweils Lehrer und Diskussionsleiter beziehungsweise Experte. Beide Modelle machen gleichberechtigte Kommunikation in einer Gruppe unmöglich. Erfahrungen mit Gruppendynamik, Teamarbeit und hierarchiefreiem Lernen brachten zwar viele Anregungen mit sich, aber keine Lösungen. Denn auch eine Gruppendynamik hatte einen Trainer, der letztlich auch wieder eine Autorität darstellte. Teamarbeit und hierarchiefreies Lernen scheiterten immer wieder an den alten Gewohnheiten, weshalb es letzten Endes auch wieder Teamleader und Gruppenleiter gab. Gleichberechtigte Kommunikation – wie war das möglich?

In ihrem Buch »Demokratisierung von Organisationen« beschreiben Joachim Freimuth und Fritz Straub (1996) die Entstehung und Weiterentwicklung der Moderationsmethode. In den 1960er-Jahren gab es die Vision, durch den »moderatorischen Diskurs« eine Demokratisierung von Institutionen und Organisationen zu erreichen. Durch die »Institutionalisierung von kritischen Dialogen« sollen Diskurse über sich selbst ermöglicht werden. Vermeintlich festgelegte Strukturen, Strategien und Kulturen können so neu definiert werden. Selbst »die Rolle von Führung muss sich dabei neu legitimieren«. Durch Demokratisierung wird die Verantwortung auf die Mitarbeiter übertragen, weg von einer institutionalisierten zentralen Führungsmacht, um »die durch Fremdsteuerung und Fremdbestimmung erzeugte Unmündigkeit ein Stück weit aufzulösen« (S. 14 f.). Die Moderationsmethode war eine Mischung aus Planungs- und Visualisierungstechniken, aus Gruppendynamik und Gesprächsführung, aus Sozialpsychologie und Soziologie, Betriebs- und Organisationslehre mit einem Verständnis von sozialen und psychischen Prozessen, die sich an Erkenntnissen und Erfahrungen der Humanistischen Psychologie anlehnen.

Die Pioniere der Moderationsmethodik, zu denen Eberhard und Wolfgang Schnelle sowie Hermann Dunst zählen (»Metaplan«), rückten die Kommunikation in den Mittelpunkt: Kommunikation erhält Systeme aufrecht, durch Kommunikation können sie aber auch verändert werden. Ganz pragmatisch hieß zunächst, dass ein »Konzept der Bürolandschaft« erdacht wurde. Hier sollte die klassische hierarchische Ordnung aufgelöst und direkte – innovationsförderliche – Kommunikation möglich sein (Freimuth 1996, S. 26). Sie bezogen sich dabei auf die Systemtheorie: »Was wir brauchen, sind ›Teamkybernetiker‹, die dafür sorgen, dass jeder die Kommunikationsformen des anderen so weit erlernt, dass er ihm etwas mitteilen kann« (Schnelle/Wankum 1964, S. 28). Dieser sogenannte Teamkybernetiker kann als Vorläufer für den späteren Moderator gesehen werden. Er sollte zu einer neuen Gesprächskultur beitragen, die so im bisherigen institutionalisierten Diskurs nicht möglich war.

Durch Moderation werden die verschiedenen Sichtweisen transparent, und es wird eine Dialogfähigkeit hergestellt, die schließlich Einigungen und neuartige Lösungen ermöglicht. Durch die Moderationsmethode soll es auch einer konfliktscheuen und -verdrängenden Organisation ermöglicht werden, Konflikte zu lösen. Der Weg dabei ist nicht die Konfrontation, sondern im ersten Schritt ein Distanzgewinn: Durch festgelegte Spielregeln und Rahmenbedingungen wie Sitzordnung, Schriftlichkeit, Fragetechniken, Visualisierung und nicht zuletzt den themenneutralen Moderator können Themen angesprochen und besprochen werden, die vorher verdrängt wurden (Freimuth, 1996, S. 38 ff.). Im Ansatz von Eberhard Schnelle spielt die »Effizienz der Kommunikation und [die] moralisch-ethische Qualität der Kommunikationsverhältnisse« eine entscheidende Rolle. Hier liegt für ihn nämlich der Ursprung vieler Konflikte.

Die »kreative Lösung« entstand durch viele Experimente in unterschiedlichen Gruppen. Schritt für Schritt wurden Karteikarten und Packpapier, Pappe und Filzstifte eingesetzt, um das Gespräch einer Gruppe transparenter zu machen. Klebert, Schrader und Straub (1996) schreiben: »So begann die Kunst der Visualisierung im

Gruppenprozess« (S. 6). Es schien wirklich ein sehr iterativer Prozess gewesen zu sein, denn Klebert beschreibt, dass sie nur wussten, was sie wollten, aber nicht wussten, wie sie dahin kamen beziehungsweise wie sie es am besten anstellen sollten. Irgendwann erkannten sie, dass die Leute (also die Gruppe) etwas wissen, können und einen Willen haben. Die Erkenntnis war: »Lassen wir sie also tun, was sie selber können und wollen« (S. 6). Damit wurde der erste Wandel vom Planer, Experten und Gruppenleiter zum Moderator vollzogen. »Der Trainer (wurde später dann in Moderator umbenannt) sollte nicht mehr wissender Führer einer Gruppe, sondern Helfer, Hebamme für den Willen und die Erkenntnis der Beteiligten sein« (S. 6). Und dazu braucht er Werkzeuge beziehungsweise Hilfsmittel.

Der Umsetzung dieser Erkenntnis standen zunächst viele Probleme im Weg. Zum einen die Erwartung der Menschen, denn die Grundhaltung war: »Ich komme her, bezahle viel Geld, also sagt mir, was richtig ist und was ich wie machen soll!« Die Autoren beschreiben, dass das Problem war, dass sie diese Haltung zu Anfang durchaus für berechtigt hielten, wodurch ihnen gute Argumente gegen nörgelnde Teilnehmer fehlten. Die Teilnehmer hielten von der Methode nichts, und wenn dann noch die Karten, Filzstifte und Klebesticker dazukamen, war das der bekannte letzte Tropfen. Die Methode wurde als Spielerei und als eine Zumutung abgetan. Es gab keine Richtlinie, an denen sie sich orientieren konnten – alles war zunächst improvisiert. Die Methode wurde ja erst erfunden. Es kam auf Einfälle in der jeweiligen Situation an, die momentane Idee war das Entscheidende. Aus ständigem Ausprobieren von Fragen und dem Lernen aus den Antworten und Stimmungen der Teilnehmer entstanden Anfang der 1970er-Jahre die Frage- und Antworttechniken.

In den 1980er-Jahren wurde das Konzept der »Werkstatt des Wandels« ins Leben gerufen. Der permanente Wandel sollte quasi institutionalisiert werden: Der in Foren gelebte Kooperationsstil sollte sich auf den Führungsstil und damit die Unternehmenskultur übertragen. Erste Forumsprojekte gab es bei Hoechst und Herberts in Wuppertal (Friedmann/Dunst 1996, S. 52). Bei Herberts wurde eine alte Fabrikhalle zu einem Kommunikationszentrum, dem »Forum 111« umfunktioniert. Es wurden viele interne Moderatoren ausgebildet. Problemlösungen konnten so »in interdisziplinären Teams erarbeitet werden – über alle Abteilungsgrenzen hinweg« (S. 62). Wesentliche Voraussetzung dafür, dass sich so auch die Unternehmenskultur ändern konnte, war, dass das Konzept vom Vorstand mitgetragen wurde.

In den 1990er-Jahren wurde die Moderationsmethode erweitert um die »Diskursführung«. Folgende Prinzipien liegen ihr zugrunde (Mauch 1998, S. 1 ff.):

- Verfestigte Denkweisen öffnen: Im Diskurs lernen die Teilnehmer die Sichtweise des anderen kennen und können gemeinsame Kompromisse finden.
- Machtverhältnisse und Machtspiele einbeziehen: Sie sollen in der Moderation nicht verschwiegen, sondern eingebracht werden.
- Diskurse als offene Prozesse gestalten: Verständigungsprozesse – gerade wenn Macht im Spiel ist – sind längerfristig. Dies berücksichtigt der Moderator und lässt den Prozess offen und gibt ihm Zeit.

Diskurse als Methode der Wahl werden heutzutage auch in der Strategieberatung verwendet: »Diskurse sind keine basisdemokratische Rhetorikveranstaltung, bei der alle etwas beitragen und an deren Ende wachsweiche Kompromisse formuliert werden. In Diskursen werden vielmehr aus Meinungsunterschieden konkrete Strategien entwikkelt. (Schnelle 2007, S. 106).

Hartmann, Rieger und Funk (2007) beschreiben in ihrem Buch die Weiterentwicklung der Moderationsmethode vom »Pünktchenkleben zum Beratungstool« (S. 133).

Diese Weiterentwicklung war aus ihrer Sicht nötig geworden, weil sich die Anforderungen geändert haben: Die Moderationsmethode wird nunmehr nicht nur in Meetings und Arbeitskreisen verwendet, sondern auch als Handwerkszeug in Veränderungsprozessen, Umstrukturierungen und KVP-Projekten (KVP = Kontinuierlicher Verbesserungsprozess). Workshops sind zum Alltag für viele Mitarbeiter geworden, und Pünktchenkleben empfindet heute kaum noch jemand als neu. Als einen wesentlichen Punkt, der sich nicht verändert hat, heben die Autoren heraus, dass der Moderator inhaltliche und personenbezogene Neutralität bewahrt, also allparteilich bleibt.

Mögen Prozessberater und Moderatoren heute also in ähnlichen Feldern arbeiten, so unterscheidet sich ihr Grundverständnis nach wie vor.

Prozessberater und Moderatoren: Der kleine Unterschied

Die Moderationsmethode hat eine große Verbreitung gefunden, und Moderator nennen sich viele. Doch wenige werden die Ideale der Pioniere und der ersten Moderatoren noch kennen. Sie wollten Unternehmenskultur verändern: weg von festgefahrenen Hierarchien hin zu einer Mitbestimmungs- und Diskurskultur. Von den Idealen sind oftmals lediglich die Moderationsmethoden übriggeblieben, komplexe Prozesse können strukturell gut unterstützt werden, sodass die Teilnehmer den Überblick behalten. Struktur ist das wichtigste Element in der Moderation. Mitbestimmung findet statt, alle Teilnehmer kommen zu Wort, und die Ergebnisse werden auf eine breite Basis gestellt. Dadurch wird Organisation verändert, indem eine Struktur, nämlich die der Moderation, vorgegeben wird. Geprägt von der Geschichte wollte Moderation intervenieren und die Organisationen verändern: Jedes Kärtchen hat gleich viel Wert – Hierarchie- und Machtverhältnisse sollten so ausgeklammert werden. Rational werden diese Themen durch das Finden von Lösungen ersetzt. Das geschieht durch das Herausnehmen von Emotionen, indem Worte und Themen in den Vordergrund gebracht, also auf Karten geschrieben werden. Schon das Wort besagt vieles: »Moderare« bedeutet »mäßigen« – das Maß finden zwischen den unterschiedlichen Meinungen und Themen. Emotionen sollen so eher gemäßigt und in den Hintergrund gedrängt werden. Kärtchen und Schaubilder fühlen sich daher manchmal etwas hohl an – Veränderung ist auf den Karten aufgeschrieben, wird jedoch nicht gelebt, weil unemotional. Es werden lediglich Lösungen in Maßnahmenplänen ausgearbeitet, aber nicht innerlich aufgenommen.

Prozessberater suchen den Konflikt und werden unruhig, wenn es zu sachorientiert wird. Haltungen stehen im Vordergrund, wenn beispielsweise Macht und Hierarchie gelebt werden. Blinde Flecken werden aufgedeckt und die Teilnehmenden damit konfrontiert und so Veränderungen herbeigeführt. Haltungen und Veränderungen sind da schwer aufzuschreiben. Um genau die Unterschiedlichkeit der Einzelnen aufzudecken, geben Prozessberater keine bis wenig Struktur vor. Hier arbeitet der Prozessberater eher strukturkonform – Struktur wird erst in der Organisation gefunden, und er gibt lediglich Hilfe zur Selbsthilfe. Nach dem Prinzip »Form follows function« gehört das Finden der Form zur Lösungsfindung genauso zum Prozess wie das Sprechen über den Inhalt. Prozessberater sprechen Konflikte an und reden nicht um sie herum. Für sie haben Störungen Vorrang. Moderatoren nutzen die Metaplan-Wand und lenken die Aufmerksamkeit dorthin. Prozessberater arbeiten ohne Umwege mit den Menschen: Namen und Nachrichten statt Wölkchen und Kärtchen.

Die Idee von Themengerechtigkeit ist schön, es fehlt jedoch die Konfrontation – die Energie, die es für Veränderungsprozesse braucht. Erreichen wird das der Prozessberater, indem er die Gruppe in den Dialog und Konflikt führt. Als Beobachter sieht er die Themen hinter den Themen und benennt diese. Daher führt der Prozessberater die Gruppe und ist weniger neutral als der Moderator. Der Prozessberater entwickelt ein Bild in sich, wie die Organisation aussehen soll, und verkörpert so das Soll im Ist-Zustand – gleichzeitig erfährt er das Soll erst durch Tun. Die Organisation, die Gruppe oder die Person versucht er mitzunehmen. Nicht durch Vorgabe, sondern mithilfe der Selbsterkenntnis. Das macht das Arbeiten als Prozessberater spannend und unberechenbar, weil meist erst während der Arbeit klar wird, an was und mit wem gearbeitet werden muss. So sieht die Arbeit von Moderatoren und Prozessberatern ähnlich aus, die Haltungen jedoch sind unterschiedlich.

Teil 2

Prozessberatung in Gruppen

6 Haltungen und Prinzipien der Prozessberatung in Gruppen

Unkomplizierte Komplexität

Gruppen sind die Hoffnung

Unternehmen überleben, wenn sie die Komplexität ihrer Außenwelt intern abbilden. In hierarchisch getriebenen Unternehmen garantiert das manchmal ein genialer Kopf, der oben ist. Die Welt erscheint dann dort irgendwie einfacher (und angenehmer). In dieser Welt gibt es tatsächlich ein Richtig und ein Falsch, das zu unterscheiden ist, das man wissen kann. Aber: Das Prinzip, in dem einige wenige bestimmen, was Sache ist, hat seinen Preis: Die Weisheit der vielen bleibt im Dunkeln. Einfache Kontexte verzeihen solche Komplexitätsreduktionstricks. Jedoch sind sie am Aussterben.

Komplizierte Kontexte lassen solche Hierarchen bisweilen alt aussehen, weil sie für die da oben ebenfalls zu komplex und nicht in allen Facetten zu durchschauen sind.

Gruppen sind dann die Hoffnung. Denn: Komplexität ist nur durch Komplexität abbildbar. Die Buntheit der Gruppe, ihre zahlreichen Zugänge zu allen möglichen Wirklichkeiten soll es nun richten. Im Diskurs der gleichwertigen Realitätsbeobachter kann innen dann eine Wirklichkeit abgebildet werden, die mit draußen tatsächlich etwas zu tun hat.

Die Gruppe wird von vielen Seiten informiert und führt ihr Wissen zusammen. Nur reife Gruppen schaffen das und machen das gut, weil sie darüber streiten können, was gilt und wie die Synthese aus den vielen Wahrnehmungen aussehen kann. Sind Konflikte definiert als divergierende Handlungspläne, dann ist eine Gruppe ihr Geld nur dann wert, wenn die unterschiedlichen Handlungspläne auf den Tisch gelegt werden und der Streit über den richtigen Weg beginnt.

Prozessberater moderieren

Die Methode der Wahl, um Gruppen in Unternehmen zu begleiten, ist die Moderation. Dabei handelt es sich in der Regel um Techniken der Visualisierung, Problemanalyse, Ideenfindung und so weiter. Auch Prozessberater moderieren Gruppen und verwenden dabei die klassischen Methoden.

Eine erweiterte, vertiefende Form ist die prozessorientierte Moderation, die wir im Folgenden darstellen. Es braucht sie dann, wenn Lösungsmuster fehlen oder nicht weiterhelfen, wenn Verhalten und mentale Modelle der Gruppe Probleme nicht lösen, sondern erzeugen oder stabilisieren. Wenn Beziehungsprobleme, verdeckte oder offene Konflikte, unprofessionelle Kommunikation oder fehlende Lösungsstrategien die Gruppe blockieren.

Kommt eine Gruppe ins Offene, verändert sie Interaktion und Emotion, zeigt Haltung. Dann ändern sich auch die Themen, der Blick auf die Themen erweitert sich und neue Lösungen wachsen. Veränderung findet somit dann statt, wenn andere (An-) Sichten erkennbar werden und eine Auseinandersetzung mit Fremdheit und Andersartigkeit möglich wird.

Prozessorientierte Moderation blickt auf das Wie der Gruppe und bringt den Dialog über den Dialog – wo nötig – in den Brennpunkt. Dabei werden Interaktionsmuster, Denkmuster, Rollenmuster, die zu eng geworden sind, entdeckt, geweitet und verändert.

Prozessberater verändern Soziometrie

Menschen sind nicht Teile von Gruppen. Denn: Eine Gruppe ist nicht nur mehr als die Summe ihrer Teile, sie ist etwas anderes. Individuen aber beeinflussen Gruppen, und zwar als Außenwelt von Gruppen. Emotion, Wissen und Können werden in der Regel von Individuen nur dosiert an Gruppen verschenkt. Werden Menschen offen, trauen sich etwas zu und setzen Vertrauen in die Gruppe, verändern sie damit auch die Qualität der Gruppe.

Methoden, die andere in einen vertieften Kontakt bringen, und eine Leitung, die in Form und Inhalte andere Maßstäbe setzt, ermöglichen das erst. Beispielsweise durch soziometrische Rangreihen oder Aufstellungen beziehen Menschen Position zur Gruppe und verändern sie. Die Erfahrung der Vertrautheit aus Kleingruppen lässt dann das Plenum mitziehen.

Das Beziehungsgeflecht einer Gruppe besteht einerseits aus formalen Beziehungen, die in Organisationen durch Funktionen oder Positionen in der Hierarchie geprägt sind. Andererseits beruht es auf emotionalen Zuschreibungen, die oft ungleich verteilt sind, weil einzelne Personen viele Zuschreibungen (zum Beispiel Kompetenz oder Sympathie) auf sich vereinen.

Als Soziogramm gezeichnet, werden soziometrische Knoten sichtbar. Es zeigen sich Stars (das heißt, sie bekommen besonders viele Zuschreibungen der anderen Gruppenteilnehmer) der Anziehung (oder Abstoßung), aber auch Stars der Kompetenz und Verantwortung. Solche Stars dominieren das Denken und das Problemlösen der Gruppe. Meist ist das dysfunktional, weil die Gruppe dabei an Buntheit und Wissensvorsprung einbüßt.

Durch Methoden der soziometrischen Analyse werden solche Beziehungsgeflechte besprechbar und veränderbar.

Prozessberater verändern mentale Modelle

Mentale Modelle sind die Erklärungsmuster, in denen Menschen und Gruppen ihre Welt verstehen und darin handeln.

In Geschichten wird Gegenwart und Vergangenheit beschrieben und gedeutet. Prozessberatung prüft und aktualisiert alte Landkarten und hilft, für bekannte Landschaften Landkarten mit neuen Maßstäben anzulegen. Gelingt es, solche Landkarten der Realität anders zu lesen oder genauer zu zeichnen, erscheinen den Individuen und der Gruppe alte Sachverhalte in neuem Licht.

Das geschieht durch die Musteranalyse der Geschichten und mentalen Modelle (Welche Geschichten werden erzählt? Welche Sprache und welche Metaphern herrschen vor?). Bei Lernexperimenten werden Lösungs- und Deutungsmuster der Gruppe aufgezeigt und umgedeutet.

Das ist das Spektrum, in dem prozessorientierte Moderation aktiv wird.

Prozessberater nehmen die Methoden, die zu ihnen passen

Gruppen und Gremien sind kleinste Bestandteile, aus denen Organisationen sich zusammensetzen. In ihnen wirken Prozessberater in der Rolle als Veränderer des großen Ganzen. Sie entwickeln Organisationen, indem sie Gruppen punktuell als Unterstützer gewinnen, um Teilbereiche der Organisation zu verändern.

Prozessberater handeln stets in der gleichen Weise: Sie haben die Gruppe im Blick, gestalten und verändern sie. Sie achten auf das Wie der Kommunikation in der Überzeugung, dass die Qualität der Resultate einer Arbeitsgruppe abhängig ist von der Qualität der Kommunikation der Arbeitsgruppe. Auch wenn wenig Zeit ist, gilt es, die Balance zwischen Arbeitsebene und Metaebene auszutarieren.

Dafür wünschen sich alle: Methoden, Methoden und noch mehr neue Methoden. Und denken: Damit kommen wir weiter. Methoden sind aber nur Hüllen, sie erzwingen nichts. Man kann sie fallen lassen. Guten Prozessberatern reichen zehn Methoden, die variiert werden. Welche das sind (und welche er nimmt), bleibt dann jedem Berater individuell überlassen.

In diesem Buch werden viele Methoden vorgestellt. So können sich die Leserinnen und Leser diejenigen herauspicken, die zu ihnen passen. Prozessberater brauchen jedoch keine Werkzeugkästen, sondern ein Verständnis ihrer Rolle, Antworten auf die Fragen: Wozu bin ich hier? Welche Rolle wird von mir erwartet? Wer will und kann ich hier sein? Was brauchen die Kunden, damit sie weiterkommen? Aus den Antworten auf diese Fragen entstehen Methoden von selbst.

Im Folgenden zeigen wir zunächst, welche Haltungen des Prozessberaters Gruppen formen, damit sie schön werden … Es sind acht Empfehlungen für den Berateralltag! Falls die Methoden doch einmal nicht von selbst entstehen sollten, haben wir als Inspirationsquelle einige hinzugefügt.

Schaffe Nähe in der Distanz!

Metamorphosen der Nähe

Prozessberater in Gruppen bauen Beziehungen zu den Menschen auf. Sie kennen die Namen der Gruppenteilnehmer, interessieren sich für sie, sind neugierig. Sie gewinnen Sympathie und Respekt. Sie stellen Nähe her, indem sie sich öffnen, Vertraulichkeit gewährleisten und Vertrauen schenken. Sie zeigen sich als Person, sind selektiv authentisch. Sie haben Respekt vor dem Gewordensein der Einzelnen. Sie sind überzeugt, dass Menschen sich verändern, entwickeln können, und zeigen das. Die Kunst besteht darin, das Liebenswerte an den Menschen zu finden, mit denen man es zu tun hat. Die Professionalität guter Berater besteht darin, sich selbst in die Lage zu versetzen, die Menschen zu mögen, auf die man trifft.

In der Regel ist das die beste Voraussetzung dafür, auch selbst sympathisch gefunden zu werden. So stellen sie Beziehung her. Gleichzeitig bleiben sie fremd. Sie wundern sich. Sie kultivieren unbedarftes Fragen. Die Fragen brauchen keine Antworten. Manche Fragen sollten so schön sein, dass sie keiner mit Antworten verderben mag. Sie sind – wenn es gut läuft – Musterbrecher.

In Gruppen aus Organisationen spiegelt sich stets das Ganze. Die Kultur des Ganzen wird auch im Kleinen sichtbar, sie besteht ja aus ihr. Der Prozessberater nimmt Verhalten, Rituale, mentale Modelle, Gesten der Gruppe wahr. Er stellt seine Überraschungen der Gruppe im Feedback zur Verfügung. Dieses Wundern des Prozessberaters ist der Anfang der Möglichkeit für Veränderung, indem die Gruppe sich anstecken lässt von der Frage: Warum tun wir das, was wir tun, eigentlich so und nicht anders?

Den meisten in der Beratung Tätigen dürfte es schwerer fallen, Distanz zu halten, als Nähe herzustellen. Das Geschenk der Fremdheit ist aber die wertvollste Leistung des Beraters für das System.

Internen Prozessberatern gelingt das nur, wenn sie nicht in der eigenen Abteilung, im eigenen Bereich aktiv werden. Viele Unternehmen sind dazu übergegangen, ihren internen Prozessberatern Rochaden zu ermöglichen. Auch große Rochaden. Dann kommen zwei aus einem entfernten Bereich des gleichen Unternehmens, können erfrischend fremd sein und lassen sich dann von den vielen Ähnlichkeiten doch noch überraschen.

Gefahren brauchen Gefährten

Gute Chancen, Distanz zu halten, haben all diejenigen, die mit netten Kollegen an Seminaren und Workshops teilnehmen. In den Pausen, beim Mittagessen kann man sich separieren und über die Gruppe nachdenken. Kommunikation lässt sich am besten in Kommunikation reflektieren. Schon deshalb sind Mischungen aus internen und externen Beratern gut. Unternehmen gehen heute dazu über, solche Paarungen zu bilden, auch um Wissenstransfer sicherzustellen. Prozessberatung hat sich immer als Hilfe zur Selbsthilfe verstanden. Für die Arbeit in komplexen Systemen oder bei längerem Arbeiten mit Gruppen hat es sich bewährt, Gefährtenschaften, also Bündnisse, zu bilden. Geht es darum, auf Dauer das System selbst entwicklungsfähig zu machen, wird die Art der Gruppenmoderation auf das interne System übergehen.

Prozessberater sind auf interne Gefährtenschaft angewiesen. Sie arbeiten in der Regel komplementär. Was Interne tun können, sollten sie dann auch tun. Das funktioniert nur, wenn der Prozessberater nicht als Zukauf von Moderationskapazität gedacht ist, als Leiharbeiter auf Zeit, der den Mist wegmacht.

Gute Co-Moderation ist aber eine seltene Angelegenheit. Highlander wissen: Es kann nur einen geben. Gruppen können sich kaum auf zwei konzentrieren, die die Bühne brauchen. Am besten: Wenn einer redet, schweigt der andere, schaut hin und hört zu. Nur wenn es hakt, wird eingehakt. Manche Profipaare schaffen es auch, zu zweit gleichzeitig eine Gruppe zu moderieren.

Nähe muss zwischen den Teilnehmern entstehen und nicht zum Berater. Je mehr Kennenlernen, desto vertrauter die Umgebung und umso offener gehen die Teilnehmer miteinander um und schaffen Nähe. Eine gute Methode, um an den Beziehungen der Workshopteilnehmer untereinander zu arbeiten, ist das Speed-Dating. In relativ kurzer Zeit entsteht hier mehr Nähe und Vertrauen zueinander.

Methode: Speed-Dating

Kurzbeschreibung: Kennenlernmethode mit mehrmaligem Wechsel des Gesprächspartners.

Inhalte und Zielsetzung: Durch das Speed-Dating wird die Möglichkeit geschaffen, in kurzer Zeit viele Personen näher kennenzulernen.

Lernkonzept: Ausbildung, Workshop, Reise, Teamentwicklung.

Teilnehmer: 5–15 Personen.

Dauer: 1,5 Stunden.

Ressourcen: Genügend Platz für die Zweiergespräche in relativer Ruhe.

Vorbereitung: Passende Fragen formulieren für die Zweiergespräche.

Ablauf: Es finden Zweiergespräche mit wechselnden Partnern statt. Es gibt eine variable Anzahl von Runden. Jede Runde beginnen die Gesprächspartner mit ein bis zwei neuen Leitfragen. Während einer Runde nimmt jeder Teilnehmer einmal die Rolle des Interviewers und die des Interviewten ein. Mögliche Fragen sind:

→ Wie sind Sie zur Firma (oder zur Ausbildung) gekommen?
→ Was sind Ihre Hauptaufgaben?
→ Was sind Ihre Befürchtungen?
→ Was gefällt Ihnen, wo liegen Ihre Stärken?
→ Wo sehen Sie sich 2020 beruflich und privat?

Optional kann eine Gesprächsrunde mit folgender Aufgabe geführt werden: »Machen Sie einen Rollentausch mit einer Person Ihrer Wahl und erzählen Sie als diese Person über sich! Erzählen Sie zwei Geschichten: Eine ist wahr, und eine ist gelogen!«

Variante: Durch die Methode »Behind the Back« (s. S. 91f.) wird dieses Kennenlernen auch den anderen zugänglich. Alle kommen im Stuhlkreis zusammen, ein Teilnehmer dreht den anderen den Rücken zu. Anschließend berichten diejenigen, die mit ihm im Interview waren, von ihren Gesprächen. Dieses Vorgehen wiederholt sich, bis jeder dran war.

Anmerkungen zur Wirkungsweise: Die anfängliche Schüchternheit von Gruppen wird schnell abgebaut – die einzelnen Personen werden »sichtbarer«. Durch die Methode »Behind the Back« wird die Vertrautheit der Zweiergespräche auf die große Gruppe übertragen.

Arbeite an der Reife der Gruppe!

Gruppen bauen

Menschen, die in einem Raum sitzen, sind keine Gruppe! – Aus einer Ansammlung von Individuen eine Gruppe zu bauen, ist Aufgabe der Leitung und Moderation. Ein Knochenjob! Meistens kommt es, wenn mehrere Individuen an einem Ort sind, stets zu Kommunikation – außer vielleicht in Zugabteilen. Beziehungsgeflechte entstehen dabei immer (oder fast immer). Professionelle Kommunikation findet aber selten statt. Eine Gruppe dahin zu führen, meint, eine Gruppe zu bauen. Konkret heißt das für den Prozessberater: Kommunikation herstellen, viele Verknüpfungen ermöglichen und Gespräche führen und führen lassen, die so noch nicht geführt wurden.

Prozessorientiertes Arbeiten in Gruppen bedeutet, mit der Emotionalität der Gruppe zu arbeiten, und zwar möglichst dort, wo der Schuh drückt. In der Regel ohne Agenda. Manchmal gibt es eine im Hinterkopf des Beraters. Oder es gibt eine offizielle, an die man sich auch halten kann, solange es gut geht.

Prozessorientiert meint eben, am Gruppenprozess orientiert zu sein. Und das tut der Prozessberater nicht an der Agenda. Für manche wirkt ein solches Arbeiten ohne roten Faden fadenscheinig.

Es soll auch Prozessberater geben, die so vorgehen: Sie fragen am Beginn eines Workshops Erwartungen ab und fahren dann mit der Agenda fort, mit der sie immer fortfahren …

Reife Arbeitsgruppen schaffen es, da – wo notwendig – innezuhalten, den Arbeitsprozess und die Gruppensituation zu reflektieren, zu verändern und dann weiterzuarbeiten. Prozessberater ermutigen und helfen bei diesen Reflexionen. Prozessberater analysieren Gruppen nicht, sondern ermutigen zur Aktionsforschung: Sie bieten den Rahmen und die Methoden, sich als Gruppe selbst zu erforschen. Prozessberater erklären die Metaebene als Ort des Gesprächs über das Gespräch. Wenn sie reifen, greifen Gruppen das gerne auf.

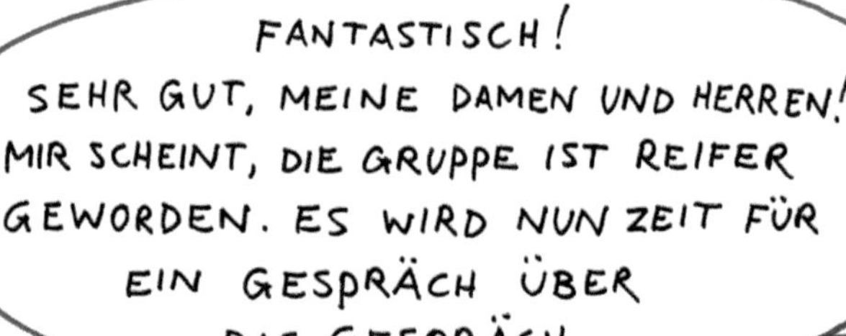

Die Gruppe in mir

Prozessberater brauchen ein inneres Bild von einer guten Gruppe, von guter Kommunikation. Sie brauchen die Erfahrung, was und wie eine Gruppe mehr leisten kann als ein Einzelner. Mit diesem Bild arbeiten sie dann in den Gruppen und versuchen, das Vorgefundene dem inneren Bild anzunähern. Manchmal scheint es uns, als sei das Wissen, wie man sich in Gruppen bewegt, wie man handelt und entscheidet, verloren gegangen. Menschen bewegen sich in virtuellen Communitys. Erfahrungen mit realen Gruppen sind aber oft beschränkt. Diejenigen, die Pfadfinder, Jugendleiter, Handballer waren, wissen, was wir meinen. Die anderen dürfen es gerne ahnen.

Gruppen renovieren

Häufig geht es gar nicht darum, eine neue Gruppe zu bauen, sondern einer alten (bestehenden) Gruppe zu helfen, sich zu renovieren, also die Soziometrie zu verändern.

Üblicherweise bilden sich in Gruppen Stars heraus. Das sind Menschen, die – würde man die Gruppe wählen lassen – bezogen auf Sympathie, Kompetenz oder Macht viel Zustimmung erhalten. Da diese Wahlen nicht gleich verteilt sind (manche bekommen viele Wahlen, andere wenige oder keine), existieren informelle Führer, die die Denkmuster der Gruppe bestimmen. Neue Denkmuster entstehen dann, wenn die alten Führer umdenken, neue an die Macht kommen oder, noch besser, wenn die Gruppe es wagt, selbst zu denken, und je nach Aufgabe den führenden Denker sucht.

Entwicklung geschieht in vielen Fällen in Krisenzeiten. Eine Krise entsteht, wenn ein altes Verhalten in einer neuen Situation nicht funktioniert. Das Verhalten zu ändern, ist der Ausweg aus der Krise – und das ist Lernen. Das bedeutet: Prozessberater führen Gruppen in Krisen, damit sie neues Verhalten lernen können. So werden die Beteiligten wieder kreativ, das heißt, dass sie auf alte Situationen neu reagieren können. Oder auf neue Situationen adäquat. Krisen im Workshop entstehen durch Konfrontationen des Beraters. Und genau dazu eignen sich die folgenden Methoden hervorragend.

Methode: Einfluss und Vertrauen hat nicht jeder

Kurzbeschreibung: Soziometrische Methode, um Beziehungen aufzuzeigen.

Inhalte und Zielsetzung: Im Rahmen einer Teamentwicklung kann diese soziometrische Übung Auskunft darüber geben, wie unterschiedlich Vertrauen und Einfluss verteilt sind und wie jeder seine Position in der Gruppe einschätzt.

Lernkonzept: Workshop, Teamentwicklung.

Teilnehmer: 5–15 Personen.

Dauer: 1,5 Stunden.

Ressourcen: Moderationskarten in drei verschiedenen Farben, Stifte.

Vorbereitung: Die Gruppe muss für diese Methode schon »bereit« sein (s. Anmerkungen zur Wirkungsweise.

Ablauf: Jeder Teilnehmer erhält eine weiße, drei blaue und drei gelbe Moderationskarten. Auf der weißen Karte wird vermerkt, wie viele blaue Einflusskarten und wie viele gelbe Vertrauenskarten der Teilnehmer meint, dass er von den anderen bekommen wird (Selbstbild). Danach verteilt jeder seine blauen und gelben Karten an die Teilnehmer, die aus seiner Sicht am meisten Einfluss auf die Gruppe haben und denen die Gruppe am meisten Vertrauen schenkt (Fremdbild). Abschließend zählt jeder die Anzahl der Karten, die er bekommen hat, und vergleicht diese mit der eigenen geschätzten Zahl. Die Auswertung findet dann im offenen Kreis statt. Es wird gefragt: Wie hoch ist die Abweichung von Selbst- und Fremdbild? Ist das Ergebnis überraschend, zufriedenstellend oder enttäuschend? Wichtig ist, dass keine Bewertung der Ergebnisse vorgenommen wird – es handelt sich lediglich um eine momentane Aussage der Gruppe.

Variante 1: Verhaltensveränderungen können im »Walkie-Talkie« (s. nächste Methode) zu zweit besprochen werden: Was möchte ich gerne verändern, um in der Gruppe mehr beziehungsweise weniger Einfluss oder Vertrauen zu bekommen?

Variante 2: Die Auswertung findet im »Fishbowl« (s. S. 233 f.) statt. Zunächst werden die Teilnehmer mit den meisten Einflusskarten in der Mitte befragt, dann die mit den wenigsten. Weil die soziometrischen Unterschiede in der Gruppe hier am deutlichsten werden, eignen sich die »Extremwerte« (besonders häufige beziehungsweise besonders seltene Wahlen) vor allem für die Befragung in der Mitte des Fishbowl. Leitfragen können sein: Sind Sie zufrieden mit dem Ergebnis? Was möchten Sie verändern?

Anmerkungen zur Wirkungsweise: Die Gruppe muss schon ein Mindestmaß an Vertrautheit erreicht haben – sonst stehen eher Verletzungen und Neid im Vordergrund, wer weniger Karten bekommen beziehungsweise wer keine bekommen hat. Sind Menschen vertrauter, so sehen sie das eher als Feedback und Chance zu Veränderung (wenn sich das der Teilnehmer wünscht).

Methode: Walkie-Talkie

Kurzbeschreibung: Kennenlernen, tiefere Beschäftigung mit einem Thema.

Inhalte und Zielsetzung: Die Teilnehmer lernen sich besser kennen und setzen sich intensiv mit einem Thema auseinander.

Lernkonzept: Workshop, Teamentwicklung.

Teilnehmer: 6–15 Personen.

Dauer: 20–30 Minuten.

Ressourcen: Platz für einen Spaziergang.

Vorbereitung: Keine.

Ablauf: Die Teilnehmer werden gebeten, sich zu zweit zusammenzufinden. Mit einer zum Thema der Veranstaltung oder zur Gruppe passenden Frage werden die Paare dann auf einen Spaziergang geschickt.

Anmerkungen zur Wirkungsweise: Die Zweierkonstellation und die entspannte Gesprächsatmosphäre beim Spaziergang ermöglichen vertraute Gespräche. Diese Vertrautheit in den Zweiergruppen überträgt sich auf die Plenumsarbeit. Die Wahrscheinlichkeit wächst, dass die relevanten und auch unangenehmen Themen, die die Gruppen betreffen, angesprochen werden.

Störungen halten die Balance

Beim Balancieren hilft Ruth Cohns Landkarte für Arbeitsgruppen immer noch. Nach Cohn (1991) enthält jede Gruppeninteraktion drei Faktoren, die man sich als die drei Ecken eines Dreiecks vorstellen kann.

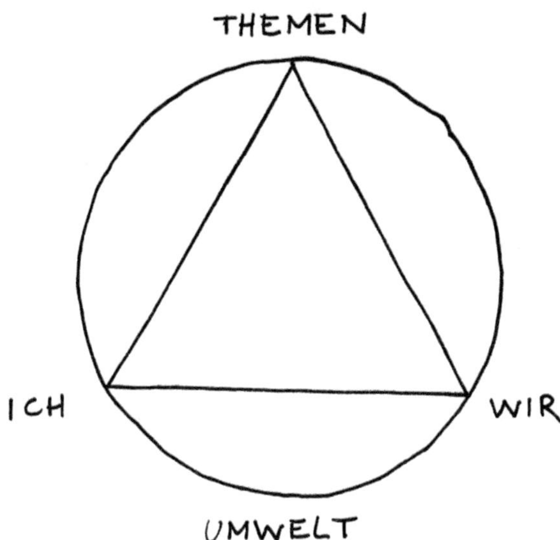

Gruppe, Thema und Person sind die Ecken, zwischen denen die Seile gespannt sind und auf denen balanciert werden muss. Dieses TZI-Dreieck (TZI = Themenzentrierte Interaktion) ist eingefasst von einem Kreis, der die Umwelt beziehungsweise die Kontextfaktoren darstellt, in der sich die Gruppe gerade bewegt. Umwelt beinhaltet dabei neben Zeit und Raum auch die gegenwärtigen gesellschaftlichen und sozialen Rahmenbedingungen.

Natürlich beginnt alles beim Thema, bei den Sachen, den Zielen der Gruppe. Sie sind die Mitte der Gruppe in Organisationen. Das Thema soll Attraktor sein, auf den auch in die Dynamisierung von Gruppen und Menschen verliebte Prozessberater nach Ausflügen zurückkommen sollen. Wenn das Thema läuft, muss keiner in eine andere Ecke von Ruths Cohns Dreieck. Prozessberater können sich derweil in einer ausruhen und warten, was passiert.

Wahrscheinlich ist das selten so. Am Beginn einer Arbeitsphase steht immer die Achse Mensch und Gruppe. Welche Erfahrungen haben Menschen mit Gruppen? Wie wird diese Gruppe sein? Was kann sie leisten? Aus Erfahrungen werden Erwartungen für die beginnende Gruppe.

Das Bauen der Gruppe, damit sie das wird, was man von ihr erwartet, braucht Liebe und Zeit. »Gruppe bauen« bedeutet vor allem, für Kommunikation zwischen den Teilnehmern zu sorgen. Gäbe es Regeln, würde diese gelten: Frühzeitig braucht die Gruppe Aufteilungen und private Gespräche, in Zweiergruppen und vor allem in Kleingruppen. Die Vertrautheit, die in den Kleingruppen entsteht, soll die große Gruppe aufweichen. Wenn Gespräche aus den Kleingruppen in der großen Gruppe fortgesetzt werden, ist das der Königsweg zu Offenheit und Vertrautheit auch im größeren Rahmen. Sympathie entsteht zunächst durch die Erfahrung von Ähnlichkeit. Ähnlichkeit in Erfahrungen und Anschauungen erzeugt die emotionale Grundlage, die es braucht, um später Differenzen zu (durch)leben, die nicht gruppengefährdend sind.

Der Prozessberater hat ganz am Anfang seine größte Stunde; hier muss er zeigen, was er kann und wo es langgeht. Er gibt vor und interveniert. Er gibt Sicherheit und ist Beispiel für Form und Stil des Gesprächs in der Gruppe. Später folgt er der Gruppe nach. Manchmal auch ins Labyrinth, wo er den roten Faden beim Gehen findet. Gehen ist der rote Faden.

Die allmähliche Entwicklung der Agenda beim Arbeiten in der Gruppe hat ihre individuelle Entsprechung im Typus des Sprechdenkers. Sprechen und Denken geschehen dann gleichzeitig. So auch die prozessorientiert arbeitende Gruppe: Am Anfang war die Agenda leer, und erst am Ende ist sie voll. Prozessorientiertes Arbeiten kann man nur vom Ende her verstehen.

Die Inhalte der Arbeit finden sich im Prozess, in der Vorwärtsbewegung der Gruppe entlang der Themen, die in den Vordergrund rücken, weil sie für das Ziel der Gruppe bedeutsam sind. Dabei ist manchmal ein Hindernis im Weg. Manchmal ist das Hindernis der Weg.

Dann und wann wird der Leiter genau das in den Vordergrund drängen, was die Gruppe lieber im Hintergrund behielte. Ruth Cohn packte ein solches Interventionsverhalten für sachthemenverliebte und beziehungsproblemignorante Arbeitsgruppen in den revolutionären Imperativ: »Störungen haben Vorrang!«

Wer nicht an Störungen arbeitet, kommt nicht auf den Kern, rutscht auf der Schale aus. Am Ende bleibt bei allen ein schales Gefühl.

> Beispiel: Eine Abteilung bewertet eine andere Abteilung bei einer internen Befragung schlecht. Die Gruppe ist nun zusammengekommen, um ihre gegenseitige Bewertung zu verbessern.
>
> Mit der Zeit erlebt der Berater eine Unruhe und Langeweile in der Gruppe. Fragend erfährt er, dass es tabuisierte Konflikte gibt zwischen den Führungskräften der beiden Abteilungen, die im Vorgespräch nicht deutlich geworden waren. Diese Störung beeinflusst vieles, obwohl (beziehungsweise weil) alle davon wissen, aber keiner es wagt, darüber zu sprechen.

Die Störung ist für den Berater der Spalt zum Abseilen in die Tiefe der Gruppe. Störungen sind all das, was vom Thema ablenkt. Sie sind Symptome des Tieferliegenden, manchmal Ängste, meist Konflikte oder Kränkungen. Das Tieferliegende macht sich das Thema zum Opfer. Es wirkt im Thema als Verhärtung und verhindert den Flow.

Störungen mit Tiefgang zeigen sich vielfältig:

- → freundliche, oberflächliche Zusammenarbeit,
- → Behutsamkeitsorgien im Gespräch miteinander,
- → Unzufriedenheit mit den vorgeschlagenen Methoden,
- → Desinteresse, Langeweile,
- → Seitengespräche,
- → Kreisen um Themenberge ohne Ergebnis,
- → mangelndes Zutrauen
- → Misstrauen.

Störungen ohne Tiefgang dagegen konfrontieren den Berater mit seiner wahren Bedeutungslosigkeit: Hausmeister, die gerade Glühbirnen austauschen, Hotelkellner, die den Kaffee bringen, oder Hummeln, die durchs Zimmer fliegen, ziehen geradezu magisch die Aufmerksamkeit der Teilnehmer auf sich.

Balancieren bedeutet für den Berater, auf den Achsen in Ruth Cohns Dreiecks zu wandeln und sich dorthin zu begeben, wo es gerade Not zu wenden gilt, dort dann zu arbeiten, hinzuschauen, zu klären, zu lösen und sich zum Thema zurückzubegeben.

Das Verlassen des Themas geschieht mit der Einladung an die Gruppe, auf die Metaebene zu gehen. Die Intervention lautet: »Ich möchte Sie bitten, einen Moment im Thema innezuhalten und auf die Arbeitsweise und Stimmung der Gruppe zu schauen. Was nehmen Sie wahr? Was hemmt derzeit? Was fördert?«

Ignoranz der Störung ist der beliebteste Fehler, der häufig gemacht wird. Unerfahrene Leiter machen das, weil sie befürchten, die Störung nicht in den Griff zu bekommen. Störungen aber haben keine Griffe. Sie müssen benannt und als Möglichkeit begriffen werden, genau das herauszuarbeiten, wozu der Prozessberater eigentlich gerufen wurde.

Methode: TZI in Aktion

Kurzbeschreibung: In einem themenzentrierten Soziodrama erleben die Teilnehmer die Spannungen zwischen den Eckpunkten des TZI-Dreiecks (Thema, Ich, Wir, Umwelt) und erkennen, dass alle Seiten berücksichtigt werden müssen.

Inhalte und Zielsetzung: Die Teilnehmer schlüpfen in die Rolle der vier Aspekte des TZI-Dreiecks und treten mithilfe der folgenden Leitfragen in Interaktion: Welchen der vier Aspekte könnte man weglassen? Wie könnte er durch andere Aspekte ersetzt werden? Anschließend findet ein Rollenwechsel statt (zum Beispiel Thema statt Umwelt), und die Diskussion beginnt von Neuem. Die Teilnehmer lernen hautnah die wechselseitige Beeinflussung der vier Aspekte des TZI kennen und finden heraus, wie wichtig ihre Balance untereinander ist.

Lernkonzept: Workshop.

Teilnehmer: 4–30 Personen.

Dauer: 1,5 Stunden.

Ressourcen: Kärtchen und Stifte, eventuell Kreppband zum Abkleben des TZI-Dreiecks.

Vorbereitung: Die vier Aspekte Thema, Ich, Wir und Umwelt auf Kärtchen schreiben, eventuell TZI-Dreieck und Kreis abkleben.

Ablauf: Der Ablauf ist in drei Phasen gegliedert. Beim »Aufwärmen« geht es darum, sich kognitiv und emotional auf das Thema einzustimmen. In der »Aktionsphase« wird das TZI-Modell von allen Teilnehmern als Rollenspieler erkundet. Im »Sharing« berichten die Teilnehmer von ihren Erlebnissen während des Spiels.

Erwärmung
Der Berater gibt einen kurzen Input zum TZI-Dreieck. Während er die vier Aspekte erläutert, legt er die jeweils passende Moderationskarte ab, sodass am Ende ein beschriftetes TZI-Dreieck am Boden liegt. An jedem Eckpunkt fragt er die Teilnehmer, was ihnen dazu einfällt. Ergebnisse dieses Brainstormings können sein:

- Ich: Gedanken, Gefühle, Erwartungen, Wünsche jedes Einzelnen in der Gruppe; Unterschiedlichkeit in der Gruppe.
- Wir: Gruppe als Ganzes, Kommunikation, Offenheit, Gruppendynamik;
- Thema: Inhaltlicher Bezugspunkt der Gruppe, Ziel des Workshops, Sachebene;
- Umwelt: Soziales Umfeld, Unternehmenskultur, familiäre Hintergründe, Gesellschaft.

Aktionsphase
Die Teilnehmer teilen sich nach Belieben den vier Aspekten zu. Ein Aspekt (zum Beispiel Thema) kann dabei von einer oder mehreren Personen gespielt werden. Jetzt beginnt die eigentliche Spielphase. Die Teilnehmer treten in ihren Rollen miteinander in Interaktion. Die Leitfragen lauten: Welchen der vier Aspekte könnte man weglassen? Wie könnte er durch andere Aspekte ersetzt werden? Die Teilnehmer in den Rollen der Aspekte diskutieren miteinander, tauschen Argumente aus und schließen möglicherweise Koalitionen (zum Beispiel Ich und Wir). Nach etwa zehn bis 15 Minuten hält der Berater das Spiel an und bittet alle Rollenspieler, reihum die Rollen zu wechseln, beispielsweise spielt ein Teilnehmer dann nicht mehr das Thema, sondern die Umwelt. Anschließend beginnt das Spiel von Neuem – aus anderer Perspektive.

Sharing
Nach dem Spiel findet das Sharing – das Teilen von Erlebten – statt. Dabei steht das Thema TZI-Dreieck im Vordergrund. Welche Erkenntnisse haben die Teilnehmer gewonnen? Was bedeutet das für die Arbeit mit Gruppen oder den Führungsalltag?

Anmerkungen zur Wirkungsweise: In diesem themenzentrierten Soziodrama erarbeiten sich die Teilnehmer die Inhalte eines theoretischen Modells selbst. Anstatt frontal beschallt zu werden, werden sie selbst zum Denken angeregt. Ron Wiener (1997) schreibt, dass der Gruppe bei Seminaren sowieso schon 80 Prozent des Themas bekannt sind – es sei denn, das Thema ist völliges Neuland. Dieses Wissen der Gruppe wird beim Soziodrama genutzt und bei Bedarf mit dem Wissen des Beraters angereichert.

Stecke nie mehr Energie in den Prozess als der Auftraggeber!

Ein Berater ist ein Berater. Kein Projektleiter. Keine Führungskraft. Prozessberater können nicht ergebnisverantwortlich sein und auch nicht so tun.

Dynamische Verantwortung

Gäbe es einen Hauptsatz der Verantwortungsdynamik, könnte er so lauten: Das Maß an Verantwortung in einem Interaktionssystem bleibt konstant.

Verantwortung kann zwischen verschiedenen Verantwortungsträgern pendeln. Die Verantwortungsabgabe des einen ist die Verantwortungsannahme des anderen. Wenn Prozessberater nicht aufpassen, kriegen sie die Verantwortung für alles.

Auftraggeber für Workshops sind in der Regel Führungskräfte, die erwarten, dass nach dem Workshop etwas anders ist als zuvor. Mit gutem Recht. Führungskräfte, die zur betroffenen Gruppe direkt gehören, sollten bei den Workshops dabei sein. Sie gehören zum Team, zu ihrer Mannschaft. Sie helfen mit, das Problem zu lösen.

Führungskräfte aber sind gewohnt zu delegieren und versuchen das in Bezug auf das Gelingen des Workshops ebenso.

In vielen Fällen ist Prozessberatung für sie der Hammer, mit dem man einen Nagel reinhaut. (Wenn man nur einen Hammer hat, werden alle Probleme zum Nagel – eine Lösung zweiter Ordnung wäre in diesem Falle, dann schon mal ein Pflaster zu holen.) Führungskräfte sehen manchmal solche Veranstaltungen als Werkzeug, das sie einsetzen. Aus Sicht des Prozessberaters sind sie es aber, die eingesetzt werden (hammermäßige Führungskräfte). Die Kunst ist es, diesen Auftraggebern deutlich zu machen, dass sie als orientierungsgebende Instanz gebraucht werden. Verantwortungsübernahme zeigt sich darin, wer zum Workshop einlädt, sich um den Raum kümmert und auch sonst engagiert ist.

Tu du es!

Wer vorn steht, übernimmt die Leitung und hat zunächst Verantwortung für das Gelingen der Veranstaltung. So sieht es aus. Bei Ungeübten bleibt sie da. Für immer! Die Frage, wer sich mehr engagiert, zeigt sich in Kleinigkeiten: Wer redet mehr? Wer achtet auf das Einhalten von Pausen? Wer versucht zu motivieren? Wer soll das Ergebnis präsentieren? Wer schwitzt am meisten? Gruppen drängen Prozessberater zu all dem, und Ungeübte nehmen es an, weil sie ihr Honorar rechtfertigen müssen.

Gruppen lieben es, in der Anonymität des Plenums (auch wenn es nur zwölf sind) unterzutauchen und da zu bleiben. Am liebsten für immer. Sie erwarten, einen engagierten Moderator, der ihnen hilft, die Probleme zu lösen, die sie ohne ihn nicht einmal kennen würden. Eigentlich ist die Erwartung: Tu du es für uns … Ist dann derjenige, der die Gruppe moderiert, aktiver als die Gruppe, haben sie ihr Ziel erreicht.

Klagerunden sind beliebt. Sie sind die rituellen Waschungen der Gruppenpsyche. Psychohygiene eben. Häufig dominieren sie die Grundstimmung des Workshops (meist zu Beginn, manchmal auch bis zur Mitte, und dann ist es nicht mehr weit bis zum Ende hin). Nachbarabteilungen und Führungskräfte der darüber liegenden Ebenen haben dabei eine wichtige Funktion: schuld sein.

Die fundamentale Arbeit der Prozessberatung setzt hier an: aus Opfern Täter machen. Als Opfer der Umstände erleben sich die meisten Menschen. Und wahrscheinlich sind sie das auch. Sie opfern sich den Umständen. Weil diese Wahrheit aber nur ins Nichts, in gepflegten Fatalismus oder zur Revolution führt (ups!), empfehlen wir

eine andere: So zu tun, als ginge etwas. Manchmal hilft das: »Wenn Sie sich zu 95 Prozent als Opfer der Umstände sehen, können wir uns dann jetzt mit den drei Prozent beschäftigen, an denen sie etwas verändern können? Zwei Prozent heben wir noch auf, bis Sie Ihren Wagemut gefunden haben.«

Die Gruppe ist für das Ergebnis verantwortlich. Der Prozessberater ist es nicht. Prozessberater ziehen sich in der Frage der Verantwortungsübernahme auf Methoden zurück. Und da bleiben sie. Der Prozessberater hat kein Problem mit der Nachbarabteilung, mit Prozessen, mit Qualität, mit der Führung Das Problem gehört der Gruppe. Und da sollte es auch bleiben, bis es gelöst wird.

Um so sein zu können, brauchen Berater eine innere und äußere Unabhängigkeit. Denn um die Verantwortungsübernahme wird gekämpft. Um sie da hinzuschieben, wo sie hingehört, braucht es Mut: die Entschlossenheit, notfalls den Bettel hinzuwerfen, den Workshop abzubrechen. Das passiert nie, auch wenn man damit drohen können muss. In schwierigen Situationen mag es dem Berater als Mantra helfen, seine verbleibenden Kunden innerlich aufzusagen. Das hilft, um frei zu bleiben.

Unabhängigkeit gewinnt man ebenso, wenn man sich vom Wohlgefallen der Gruppe frei macht. Das Ritual des Feedbacks an den Leiter empfehlen wir – im wahrsten Sinne des Wortes –, sich zu schenken. Eine kritische Selbstanalyse, am besten mit Kollegen, erspart die würdelose Prozedur des Smiley-Punktens.

Gute Gruppen fangen an, für sich selbst Verantwortung zu übernehmen, und denken immer einen Teil in der Leiterrolle mit. Ruth Cohns Regel »Sei (dein eigener) Chairman!« haben wir immer auch so missverstanden, dass jeder Teilnehmer der Gruppe sich für das Gelingen des Ganzen mitverantwortlich fühlt.

Methode: Ttolaer Bölsindn

Kurzbeschreibung: Teilnehmer lesen gemeinsam einen Text.

Inhalte und Zielsetzung: Perfektionismus ist Blödsinn.

Lernkonzept: Workshop.

Teilnehmer: 5–15 Personen.

Dauer: Je nach Lesefähigkeit der Gruppe kann es schon etwas länger dauern.

Ressourcen: Beamer oder ausgedruckte Exemplare.

Vorbereitung: Beamer anschließen.

Ablauf: Erst wird der Text gezeigt, dann über den Text diskutiert.

Anmerkungen zur Wirkungsweise: Wir sind uns unschlüssig, was eigentlich der Lerneffekt aus dieser Vorlesung sein könnte. Es gab auf diesen Text häufig nachdenkliche Reaktionen und Gespräche über

Perfektionismus, Rechtschreibreformen, Wahrnehmung und Einbildung, hermeneutische Zirkel und Fußball.

Rohform des Textes (der über Beamer oder Overheadprojektor an die Wand gebracht oder in Papierform angepinnt wird):

> »Das Enrgbines der Sduite enier Uvnireästit, whrahcsinecilh aus Elgnnad, egrab, für das Txetevrtsnändis ist es geal in wlehcer Riehnelfoge die Bcuhtsbaen in eniem Wrot sethen; das enizg Wcihitge dbaei ist, dsas der estre und lztete Bcuhtsbae am rcihgiten Paltz snid. Der Rset knan ttolaer Bölsindn sien und du knasnt es torztedm onhe Porbelme lseen.«

Nachhaltige Neuro-Achtsamkeit?

Prozessberatende Seminare sind keine Schmusekurse. Teppiche sollten gelüftet, das darunter Befindliche hervorgekehrt werden. Wenn es sein muss, auch durch Enttarnung vertuschter Umstände und Nennung nur hinter vorgehaltener Hand gehandelter Namen. Die Reinigung findet im Plenum statt. Zuvor sollte der Berater wissen, wie es an diesem Tag in ihm selbst ausschaut.

Schau in dich rein und verrate alles!

Emotionen haben Vorrang – Entscheidende Informationen über den Zustand der Gruppe erhält der Berater aus seinen eigenen Emotionen. In einer Introspektion betrachtet er seinen Gefühlszustand und unterscheidet dabei, was er von zu Hause mitbringt und was in die Gruppe gehört. (Naja, das ist nicht so einfach, je nachdem, wie das Zuhause des Beraters so aussieht …)

Stimmungen und Gefühle beim Berater können beispielsweise sein: Langeweile, Angst, Ärger, Bedrohtsein, Genervtsein und anderes mehr. Diese Gefühle haben in der Regel etwas mit der Situation der Gruppe zu tun. Die Analyse dieser Gefühle funktioniert meist besser im Gespräch mit dem Prozessberaterkollegen.

Langeweile beim Berater ist vielfach ein Indiz dafür, dass die Gruppe Emotionen zurückhält. Zurückhaltungen haben in vielen Fällen mit verborgenen Konflikten oder Tabus zu tun.

Gefühle interagieren in der Regel mit körperlichen Symptomen (bei denen, wie bei jeder Interaktion, nie ganz klar ist, wer den Anfang gemacht hat – das Gefühl oder der Körper). In Sekunden nehmen wir auf, worum es geht.

Sag alles weiter!

Es scheint Teil einer sinnvollen evolutionären Entwicklung gewesen zu sein, in der Gruppe manchmal die Klappe zu halten und besser im Flur der Steinzeithöhle das zu sagen, was man denkt. Erfahrungsgemäß kann man sagen: Je angstgeprägter die Kultur, desto gesprächiger ist man in den Pausen und verschwiegener in den Gruppen.

Will man die Gruppe aus Platzgründen nicht in den Flur verlegen (oder nur in den Pausen arbeiten), ist es notwendig, Flurgespräche offenzulegen. Würde es Gruppen gelingen, mehr vom Flur in die Gruppe zu bringen, wäre an Kommunikationskultur viel gewonnen. Die Energie der Flurgespräche sollte man nicht in den Pausen lassen. Ziel ist es, von einer Flurgesprächskultur zu einer Chairman-Kultur zu kommen: Jeder Einzelne wird zum eigenen Chairman. Jeder sagt, was ihn selbst stört! Oft kommen Teilnehmer in der Pause zum Prozessberater und füttern ihn mit vertraulichen Informationen: Im Grunde sei XY das Problem, darüber könne aber nicht gesprochen werden. Prozessberater ermutigen solche Teilnehmer, das Thema in der Gruppe zu platzieren. Tun sie es nicht, hilft nur Denunziation. Ohne den Teilnehmer zu desavouieren.

Wenn man zu zweit arbeitet, ist die Methode »Tacheles im Open Staff« (s. S. 213 f.) sehr gut geeignet, um eigene Gefühle oder Stimmungen aus den Flurgesprächen in die Gruppe zu bringen.

Namen und Nachrichten

Soll die Kommunikation mehr verbergen, als sie mitteilt, wird die Sprache zu einem System aus Schlupflöchern, in denen sich tatsächlich Gemeintes verschanzt. Von Maskeraden ist hier die Rede, von Erotik, die es (leider) zu enttarnen gilt, und von bösen Wünschen, die sich im klagenden Konjunktiv kleiden. Erstaunlicher Nebeneffekt: Manche Unhöflichkeit des Beraters bringt ihm Sympathie entgegen.

Gespräche unter Künstlern

Gruppen denken, indem sie miteinander sprechen. Wenn Gruppen schlecht sprechen, denken sie schlecht. »Schlecht sprechen« meint: reden, ohne etwas zu sagen oder nicht das zu sagen, was gemeint ist. Verändert eine Gruppe ihr Sprechen, verändert sie ihr Denken. Denken in Gruppen hieße, aus dem, was da ist, Neues zu bauen. Gespräche in Gruppen sind – metaphorisch betrachtet – Besuche in Künstlerateliers. Da ist vieles möglich: Die Künstler zeigen sich ihre Bilder, erläutern sie, wollen sie verstehen. Sie stellen Gemeinsamkeiten und Unterschiede in Stil und Inhalt fest. Natürlich kann es ebenso passieren, dass zu viel bewertet und missdeutet wird. Oft aber ist schon viel erreicht, wenn die »Künstler« die Bilder nicht heruntermachen, sondern hängenlassen. Und vielleicht entschließen sie sich künftig zu einer gemeinsamen Ausstellung.

Fragen hinterfragen!

Menschen in Gruppen vermeiden es oft, sich klar zu äußern. Stattdessen verkleiden sie Wünsche in Fragen (Musst du eigentlich immer Fragen hinterfragen?).

Der Sinn einer Frage liegt dann nicht darin, eine Antwort zu erhalten, sondern eine nackte Aussage anzuziehen. Oft werden diese Maskeraden nicht erkannt. Ein Gespräch in der Gruppe wird dann schnell zum Maskenball. Solche Kommunikation hat durchaus etwas Erotisches: Entscheidendes wird verdeckt, bleibt verborgen. Nur manchmal wird Gemeintes erkannt und überrascht dann den Entdecker und den Entdeckten …

Prozessberater küssen Gruppen aus erotischen Träumen wach. Das braucht Wille und Mut. Ein Prozessberater muss sehen, was sich wie verkleidet hat, und dann beginnen zu entblättern: Was meinen Sie mit der Frage? Welche Aussage steht eigentlich hinter ihrer Frage? – Das ist total unerotisch und unbeliebt. Aber wirksam.

Vorwürfe küssen, dann entzaubern!

Klassiker der Verkleidungskunst sind die Klage (»Es geht immer schief, weil man uns nie informiert«) und der Vorwurf (»Ihr seid schuld, dass es schiefgeht, weil ihr uns nie informiert«). Der Vorwurf ist ein verpasster Wunsch, der einen Schuldigen sucht und manchmal im Konjunktiv steht (»Wir hätten erwartet, dass ihr uns informiert …«). Der Wunsch ist böse geworden, weil er trotz seiner eigenen Tarnung gerne früher gesehen worden wäre.

Bevor Vorwürfe Rechtfertigungen herauslocken, die dann zu weiteren Vorwürfen einladen, wäre es Prozessberaterkunst, die Enttäuschung zu enttarnen, zeigen zu lassen und aus dem Vorwurf einen Wunsch für die Zukunft werden zu lassen. Variante: Vorwürfe liegen lassen. Nur weil ein Vorwurf auf dem Tisch liegt, braucht man nicht gleich zugreifen!

Deutsche Prozessberatung

Anderswo heißt es über die Deutschen, sie seien ungehobelt, weil so direkt. Wenn das so ist, dann braucht es mehr Deutschtum in Arbeitsgruppen. Deutsche Prozessberater unterbrechen, wenn Gruppenteilnehmer monologisieren, belehren oder lamentieren. International mag das unhöflich sein, aber im Verborgenen fliegen solchen Prozessberatern die Herzen derjenigen zu, die das alles nicht mehr hören können. Dieser innere Jubel ist so laut, dass er diese Geplagten beim nächsten Mal erinnert: Sag selbst was, wenn du es nicht mehr hören kannst!

Worauf Prozessberater achten und was NLP-Jünger sogar auswendig lernen müssen

Generalisierter Referenzindex: Alle sind gemein(t)! Wer so redet, macht Aussagen über alle Elemente einer Klasse.

> Teilnehmer: »Alle aus dem Controlling sind Erbsenzähler und blockieren!«
> Prozessberater: »Sie generalisieren! Wirklich alle?«
> Teilnehmer: »Ja alle!«
> Prozessberater: »???«

Universalquantoren führen zu Wahrnehmungssozialismus! Es werden keine Unterschiede mehr gemacht. Solche Sozialisten sind: alle, jeder, sämtliche, irgendeiner, niemals, nichts, kein, niemand, jemand, etwas, Leute, keiner, man, andere …

> Teilnehmer: »In diesem Workshop bleibt nichts unhinterfragt, und alle Wörter sind nie richtig. Niemand traut sich mehr, hier irgendetwas zu sagen!«
> Prozessberater: »Immer beschweren sich hier sämtliche Leute. Man kann hier nie in Ruhe Kommunikation analysieren. Keiner will sich hier irgendwie verändern!«
> Teilnehmer: »???«

Operantes Kommunizieren!

Prozessberater verändern Kommunikation, indem sie selbst zeigen, wie es sein könnte (Namen und Nachrichten). Wagen Menschen in öden Kommunikationswüsten den bunten Konflikt und knackigen Widerspruch, verdienen sie alle Unterstützung und Wertschätzung durch den Prozessberater (auch wenn es vielleicht erst einmal gegen ihn geht). Zeigen Menschen Emotion, bezeugen sie damit Engagement und Leidenschaft, beziehen sie Position. Das ist wunderbar für die Bewegung in Gruppen.

Methode: Behind the back

Kurzbeschreibung: Feedbackmethode nach einer Kleingruppenphase.

Inhalte und Zielsetzung: Verstärken der Feedbackkultur, der offenen Kommunikation und des Austauschs.

Lernkonzept: Werkstatt, Reise, Workshop.

Teilnehmer: 3–15 Personen.

Dauer: 0,5–3 Stunden.

Ressourcen: Freier Raum mit Platz für alle Personen ohne Tische, Stühle im Kreis.

Vorbereitung: Keine für die eigentliche Durchführung.

Ablauf: Zunächst gibt es eine kurze Einführung in das »richtige« Feedbackgeben. Die Gruppe sitzt im Stuhlkreis. Der Moderator erläutert das Vorgehen und sucht nach einer freiwilligen Person, die den Anfang als Feedbacknehmer macht. Diese Person dreht ihren Stuhl nach außen um und nimmt darauf mit dem Blick nach außen Platz. Die Gruppe redet etwa fünf bis zehn Minuten über die Person, ohne sie direkt anzusprechen. Der Moderator intensiviert das Feedback mit einigen kräftigeren Hypothesen. Die Person dreht sich wieder um und sagt zum Abschluss: »Danke. Ich habe es gehört. Ich werde darüber nachdenken. Aber ich bin nicht auf der Welt, um so zu sein, wie ihr mich haben wollt.« Für die nächste Runde wird wiederum eine freiwillige Person gesucht.

Anmerkungen zur Wirkungsweise: Durch die Offenheit in der Kommunikation wird das Feedback allen Teilnehmern bekannt. Eine Form von Öffentlichkeit und damit auch Vertraulichkeit werden hergestellt. Es entstehen dadurch Gruppensichten auf die Personen und deren Verhalten. Üblicherweise wird die Gruppe viel mehr positive Dinge nennen und nur wenige negative. Die Wertschätzung des Positiven festigt die Rolle in der Gruppe, das wenige Negative regt stark zum Nachdenken an.

Kommentar: Um die Teilnehmer zum Mitmachen zu bewegen, sind je nach Steifheit der Gruppe vorher einige Warm-up-Übungen sinnvoll. Der Abschlusssatz des Feedbacknehmers bewirkt, dass bei empfindsameren Personen das Feedback nicht massiv einschlägt und eventuelle Störungen gelindert werden. Das Feedback hat die maximale Öffentlichkeit der Gruppe und gewinnt dadurch an Intensität.

Sei dem Gesamtsystem verpflichtet!

Auf welcher Seite stehen Prozessberater? Gibt es überhaupt Seiten in der Beratung? Am wirksamsten sind Prozessberater, wenn ihnen das Kunststück gelingt, sich mit etwas zu identifizieren, was man nicht sehen kann: mit dem Volonté générale der ganzen Organisation.

Sei nicht neutral, sei nicht allparteilich!

Moderatoren haben gelernt, neutral zu sein. Sie schlagen Methoden vor und setzen sie ein. Der Archetyp des Beraters in Gruppen ist der neutrale, manchmal neutralisierte Moderator. Er ist Beruhiger (vom lateinischen »moderare« für» zügeln«, »lenken«, »mäßigen«), Übersetzer, Versteher, der alle Seiten zu Wort kommen lässt und sich selbst am Schluss. Er leitet das Gespräch und hofft auf Dialog. Er hält sich thematisch eher raus, kümmert sich aber um den richtigen Weg. Am liebsten kennt er sich nicht aus, damit er allparteilich bleiben kann, und läuft damit Gefahr, es allen recht zu machen. Dennoch ist sein Ziel klar: Er will optimale Sprechsituationen herstellen und vertraut darauf, Habermas richtig verstanden zu haben, weil er denkt: Wenn alle, die Bescheid wissen, in einem hierarchiefreien Diskurs Argumente austauschen, dann kommt etwas Gutes dabei heraus.

Manchmal ist er auch nur Dienstleister der Gruppe: schreibt am Flipchart mit, wirkt als Faktotum und unterstützt, wo er kann. Das alles tun Prozessberater auch …

Sind sie ihr Geld wert, tun sie mehr als das: Prozessberater führen Gruppen, lenken, leiten und konfrontieren sie. Dabei gehen sie weit. Weiter als die klassischen Moderatoren. Wenn Gruppen unter ihren Möglichkeiten bleiben – das tun sie fast immer –, müssen Prozessberater etwas tun. Die Hilfe zur Selbsthilfe, die Entwicklung der Gruppe geschieht nicht von allein. Es muss kräftig nachgeholfen werden. Es ist ein zielgerichtetes Führen.

> Beispiel: Wichtigste Methode des Prozessberaters ist der Methodenwechsel. Und wenn es nur ein Methode gäbe, wäre die wichtigste die Kleingruppe.
> Damit aber die Kleingruppe ihre Funktion erfüllt (siehe an anderer Stelle in diesem Buch: Das Lob der Kleingruppe …), ist es notwendig – manchmal durchaus direktiv –, auf die Zusammensetzung derselben Einfluss zu nehmen. Würde das nicht geschehen, würden oft die zusammengehen, die immer zusammengehen. Ein Prozessberater, der auf die Entwicklung der Gruppe achtet, sorgt dafür, dass sich jeweils neue Mischungen ergeben, auch wenn es manchmal schwerfällt. Gruppen sind nur dann Gruppen, wenn sie eine hohe Interaktionsdichte aufweisen, das heißt, alle reden mit allen. Das ist nicht natürlich. In neuen und in alten Gruppen gibt es die Tendenz, sich nicht zu mischen und lieber die zu wählen, die man schon kennt, oder die man ohne »Verdacht« zu erregen, wählen kann. Das ist in den meisten Fällen der rechte Nachbar, in rechtsdrehenden Gruppen der linke.
> Bittet der Prozessberater darum, sich in Kleingruppen zu finden, und steuert die Gruppe nicht, dann geschieht genau das, was immer geschieht: Die, die immer miteinander reden, reden mit denen, mit denen sie immer reden, über das, worüber sie immer reden.
> Das zu vermeiden, darauf einzuwirken, ist die Sache des Prozessberaters.

Solche Interventionen sind die schönsten Nebensachen der Beraterwelt, denn sie öffnen die Tore zu den Hauptsachen. Prozessberater haben eine Mission. Sie sind eingekauft, etwas zu bewegen, Neues möglich zu machen. Sie sind in den Gruppen Platzhalter für das Neue und sollten dazu stehen. Dafür muss das Alte gehen, das tut es nicht freiwillig. Wer schickt es weg?

Mit den kleinen Interventionen, die etwas verändern (zum Beispiel bei der Wahl der Kleingruppen), empfiehlt sich der Prozessberater auch fürs Große und gibt die Botschaft: Ich will hier etwas Neues, wer macht mit? Er steht für Veränderung, für Entwicklung, für Experiment, für Lernen, für Offenheit und vieles mehr.

Wenn Prozessberater so etwas tun, dann tun sie das am besten aus einer imaginierten Identifikationsrolle heraus. Sie sind nicht der Gruppe oder dem Auftraggeber verpflichtet, sondern dem Gesamtsystem (und hoffentlich zahlt der Auftraggeber das auch). In der Identifikation mit dem Gesamtsystem stellen sich Fragen: Ist das funktional, was die hier tun? Trägt das zum Ziel der gesamten Organisation bei? Würde dieses Vorgehen der Kunde bezahlen? Ist dieser Umgang miteinander menschlich in Ordnung? Solche Fragen und deren Antworten führen zu Interventionen, die nicht neutral, nicht allparteilich, manchmal auch nicht nett sind. Sie heben den Prozessberater heraus, weil er Richtungen vorgibt, Ziele verfolgt, Handlungen bewertet. Für seine Meinung sucht er Verbündete und arbeitet mit Gruppendynamik.

Wenn es darum geht, einen neuen Gedanken, ein neues Vorgehen, Veränderung in Organisationen zu etablieren, dann haben Prozessberater Gegner und brauchen Verbündete. Der Prozessberater geht in Opposition und stellt sich der Gruppe manchmal gegenüber. Beginnt er, Themen zu platzieren, kann er ihnen durch seine Person Gewicht verleihen. Das hält einige Zeit, aber irgendwann braucht er Helfer aus der Gruppe: Dissidenten des Mainstreams.

Weil Meinungen und Haltungen durch Struktur und Dynamik der Beziehungen innerhalb der Gruppe mitbestimmt sind, kann der Prozessberater auf die Gruppendynamik vertrauen und wird sehen: Jemand nimmt sich seiner an.

Eine sachliche Position im Gruppenkontext einzunehmen, bedeutet für den Einzelnen auch, sich in der sozialen Struktur der Gruppe zu positionieren. In Gruppen stehen Personen für Positionen. Verbündete braucht der Prozessberater, damit die Position unabhängig von ihm und seinem Sonderstatus als Berater der Gruppe einen Platz erhält. Meist darf er dabei auf diejenigen aus der gruppendynamisch zweiten Reihe hoffen. Standhalten muss der Prozessberater so lange, bis Verbündete sich aus dem Gebüsch hervortrauen. Vielleicht weil sie andere Ideen und einen eigenen Willen hatten, suchten sie Zuflucht im Gebüsch.

Am Schluss wird alles gut, und der Prozessberater wird doch wieder das, was weder ätzt noch säuerlich macht. Er wird wieder neutral. Eine Neutralität allerdings nach der Parteilichkeit. Auf höherem Spielniveau sozusagen, wenn seine Leben ausgereicht haben.

Nicht diesseits, sondern jenseits des Konflikts. Nachdem der Prozessberater Flagge zeigend die Gruppe in die Krise führte, sie die Sümpfe der Irritation fluchend durchwaten ließ, darf er sich wieder auf der sonnigen Wiese der Moderation – mit allen gut Freund - wohlig räkeln.

Eine gute Methode, um Dynamiken innerhalb einer Gruppe und innerhalb der Organisation aufzuzeigen, ist die Arbeit mit Entwicklungsquadraten, die im Folgenden beschrieben wird (Küppers 2008).

Mache die Gruppe wichtig! Bringe alles rein! Denunziere!

Gute Prozessberater machen sich manchmal unbeliebt. Sie sind in der Arbeit nicht höflich und tun Dinge, die man privat besser nicht tun sollte (wenn man sich noch ein paar Freunde erhalten will). Wer etwas bewegen will, muss Regeln brechen.

Besonders gelingt dies in Gruppen, in denen alle lieb und nett zueinander sind, die auf dem Flur aber ohne Ende lästern. Wie bereits erwähnt, sollte der Berater die

Flurgespräche in die Gruppe bringen. Und wenn es sein muss, auch durch Denunzieren.

Aber was machen, wenn dadurch ein Konflikt entsteht und die Gruppe zugleich nicht hinsehen will, was die Gründe dieses Konflikts sind? Dann ist Zähigkeit gefordert, also ein Dranbleiben am Konflikt, bis die Gruppe dessen Entstehungsgründe erkennt.

In solch einem Szenario kann den Berater natürlich die Sorge ergreifen, dass er sich vielleicht irrt und es gar keinen Konflikt gibt. Aber allein das Gespür und eine gewisse Sicherheit sollten ihm reichen, um dranzubleiben und die Gruppe immer wieder daran zu erinnern, was seine Beratereinschätzung der Situation ist. Die Gruppe wird damit konfrontiert, dass ihre eigene Reife davon abhängt, ob sie sich mit dem unterschwelligen Konflikt auseinandersetzt. Damit es kein Unendliches »Wer-hat-recht-Spiel« zwischen Gruppe und Berater gibt, verlässt der Berater den Raum, nachdem er die Gruppe konfrontiert und zum Nachdenken aufgefordert hat. Er lässt sich auf keinen Konflikt ein, denn das würde bedeuten, dass die Konfrontation hinterher zerredet wird. Also: Konfrontation setzen und hinaus. (Mitunter kann dies mit einer gewissen Arroganz einhergehen, denn schließlich ist es nicht die erste Gruppe, die dieses Problem hat.)

Probleme beziehungsweise Konflikte werden personifiziert, das heißt, eine Person steht für das Thema, sodass es am Ende um das Zwischenmenschliche, um persönliche Konflikte geht und gar nicht mehr um das eigentliche Thema. Gekonnt wäre, das Thema zu halten, aber von der Person zu lösen, die es vertritt. Und das geht nur, wenn die Person heraustritt und das Thema zurückbleibt. Hinausgehen wird so zu einem wichtigen Element der Methode. Die Rolle des hinausgegangenen Beraters (nachdem er das Thema, den Konflikt personifiziert hat) wird automatisch durch ein Gruppenmitglied ersetzt. Nachdem die Gruppe Zeit zum Diskutieren hatte, kommt der Berater natürlich wieder. Er wertschätzt die Offenheit der Gruppe, über ihren Konflikt zu sprechen. Nach diesem Prozess ist die Gruppe reif, die Konfliktlinien (moderiert durch den Berater) aufzudecken und auf das nächste Level der Gruppenprofessionalität zu kommen.

Wie man beim provokativen Hinausgehen am besten vorgeht, haben wir mit der Methode »Ich bin dann mal weg« (s. S. 212 f.) beschrieben.

Methode: Werte am Boden

Kurzbeschreibung: Arbeit mit Entwicklungsquadraten.

Inhalte und Zielsetzung: Das Entwicklungsquadrat (auch bekannt unter dem Namen Wertequadrat) ermöglicht die bewegte Auseinandersetzung mit Grundorientierungen und deren Spannungsverhältnis zueinander. Je nach Intention können Werte einer Person oder die der Organisation im Mittelpunkt stehen.
Folgende Fragen könnten mit der Methode bearbeitet werden.

→ Welche inneren Bilder verbinden die Menschen mit den Werten der Organisation?
→ Was bedeuten sie emotional?

→ Welche Verhaltensänderungen werden nötig sein, um die gewünschten Werte in der Organisation zu verwirklichen?

Bei der personennahen Arbeit, beispielsweise im Coaching, sind Entwicklungsquadrate hilfreich für ...

→ ... das Finden der Ausnahme (vgl. lösungsorientiertes Kurzzeitcoaching)
→ ... das Einordnen des »Problems«
→ ... das Finden von Hausaufgaben
→ ... das Formulieren einer Symptomverschreibung
→ ... das Finden einer positiven Konnotation
→ ... das Erkennen und Formulieren von Entwicklungswegen und -zielen

Struktur und Beziehungen im Entwicklungsquadrat

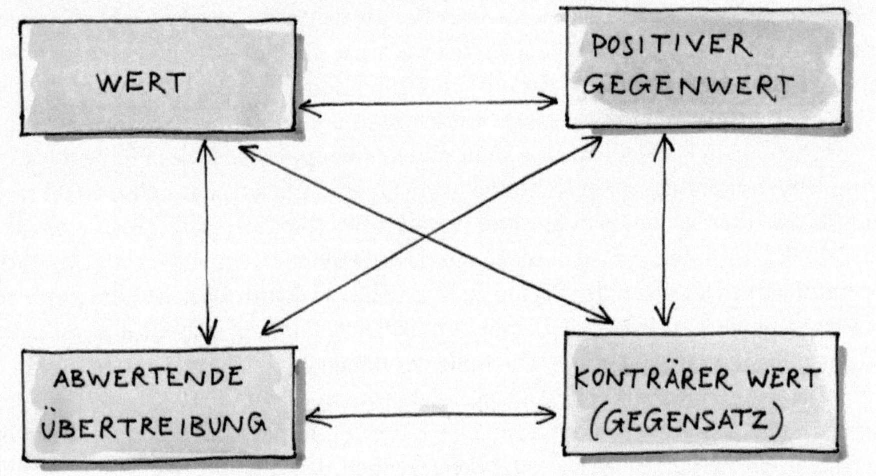

Spannungsverhältnisse

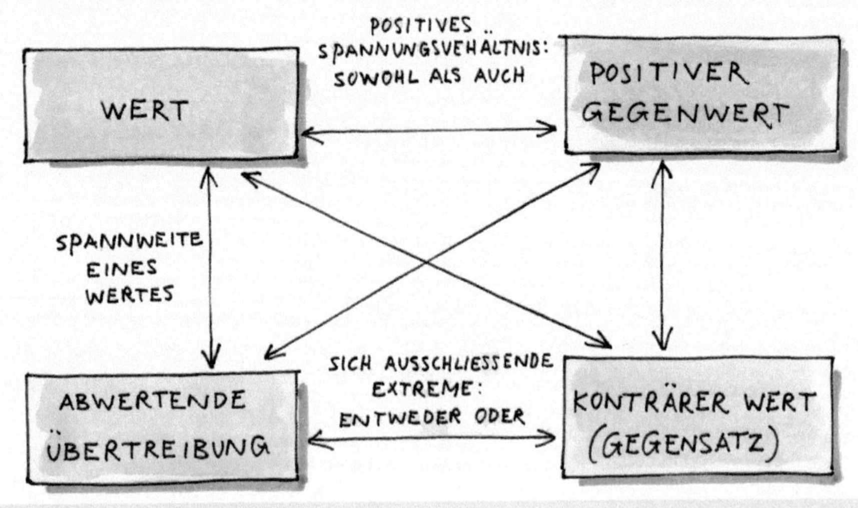

Entwicklungsbeziehungen

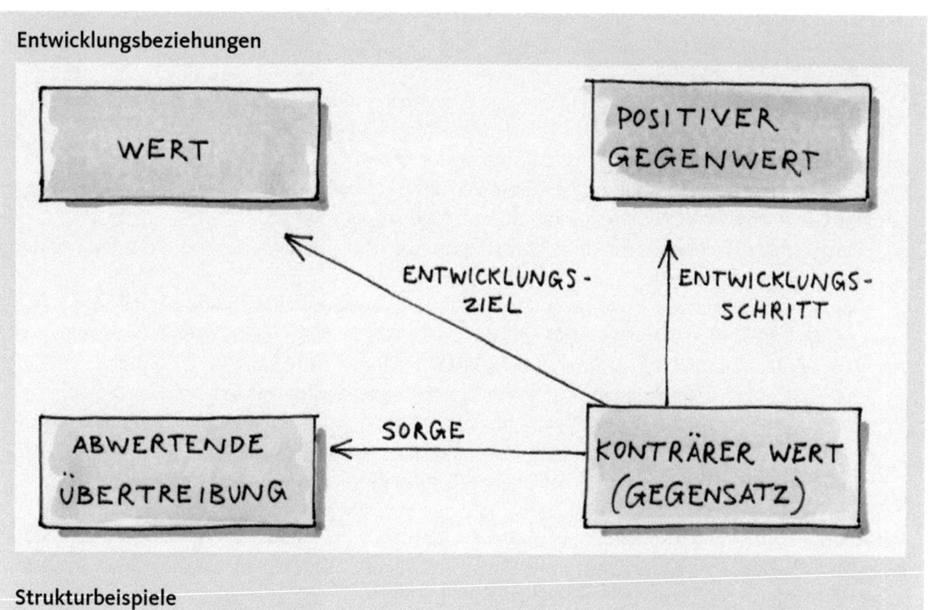

Strukturbeispiele

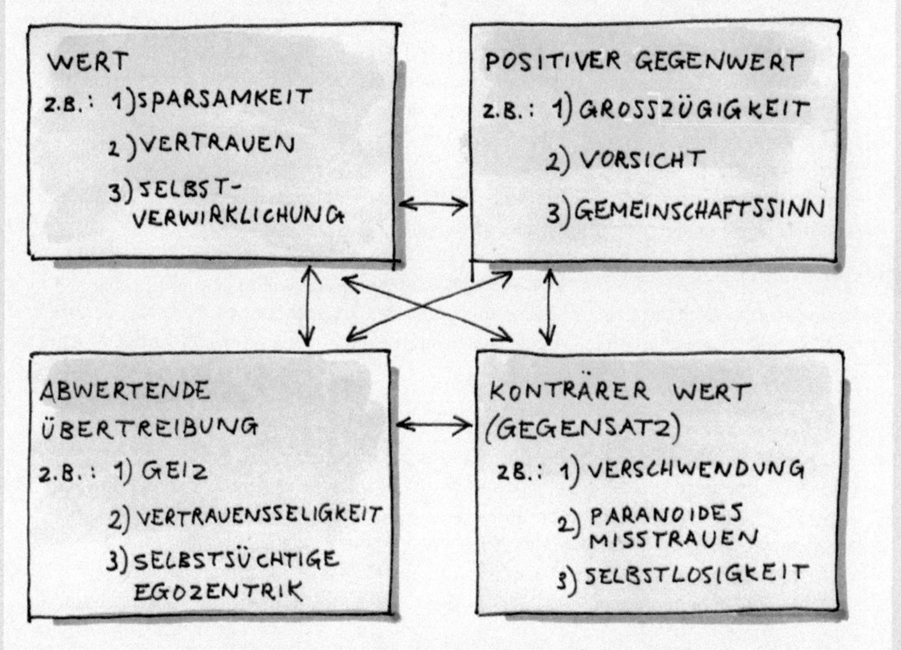

Lernkonzept: Workshop, Werkstatt, Coaching, Persönlichkeitsentwicklung, Lernreise.

Teilnehmer: Einzelcoaching bis Großgruppe.

Dauer: 30 Minuten bis halber Tag.

Ressourcen: Genügend Platz, Kreppband oder Seil.

Vorbereitung: Inhaltliche Entwicklungsquadrate vorgeben (oder mit Gruppe entwickeln).

Ablauf: Das Entwicklungsquadrat wird im Raum begehbar. Die Außen- und Diagonallinien des Quadrats können mit Kreppband oder einem Seil auf dem Boden markiert werden. In den Ecken sind die vier Begriffe auf Moderationskärtchen an Stellwände geheftet.

- → Die gesamte Gruppe geht mit dem Prozessberater zu allen vier Begriffen. Dort wird die Struktur des Quadrats vorgestellt.
- → Die Gruppe geht zum Ausgangswert (zum Beispiel Vertrauen) zurück und beginnt ein erstes Gespräch über dieses Thema. Moderationsfragen: Was ist Vertrauen? Welche Bedeutung hat Vertrauen für Sie? Welche konkreten Beispiele fallen Ihnen ein?
- → Meinungen und Assoziationen können auf Kärtchen oder Post-its notiert werden.
- → Der Prozessberater lädt ein, im Quadrat Stellung zu beziehen. Er tut dies mit einem Beispiel und erklärt den Mittelpunkt des Quadrats. Die Teilnehmer werden nun gebeten, sich im Quadrat zu positionieren (sich selbst, als Person oder als Unternehmen/Abteilung und so weiter).

Alternative: Nur ein Stellvertreter der Gruppe positioniert sich im Raum. Die Gruppe stellt für jede Frage den Stellvertreter an eine bestimmte Stelle im Quadrat. Die Einigung auf die genaue Position bringt die Gruppe ins Gespräch. Moderationsfragen sind:

- → Wo steht das Unternehmen oder die Abteilung beim Thema Konsequenz?
- → Welches Beispiel haben Sie vor Augen, wenn Sie sich (den Stellvertreter) hier positionieren?
- → Wo würden Sie gerne stehen, zum Beispiel in zwei Jahren?
- → Wo müsste Ihrer Meinung nach das Unternehmen, die Abteilung beziehungsweise die Gruppe stehen, damit Sie insgesamt noch erfolgreicher sind?
- → In welche Richtung müsste sich Ihrer Ansicht nach etwas verändern, wo stünden Sie dann? Machen Sie einen, zwei oder drei Schritte.
- → Was konkret müssten Sie, die Gruppe beziehungsweise das Unternehmen tun, damit Sie die ersten Schritte in diese Richtung machen können?

Variante: Entwicklungsquadrate werden von Kleingruppen selbst entwickelt. Ausgangspunkt kann *ein Wert* sein. Aber auch die erlebte Übertreibung oder der Gegensatz eines Wertes. Wird so begonnen, kann an der Frage gearbeitet werden, welche Stärke (positiver Grundwert) hinter dem gezeigten (Übertreibung) liegen könnte.

Leitaufgaben für die Arbeit in der Kleingruppe:

- → Suchen Sie sich in Ihrer Gruppe bitte zwei Werte aus.
- → Bauen Sie um diese Werte herum je ein Entwicklungsquadrat auf. (Was sind die positiven Geschwistertugenden? Wie heißen die abwertenden Extreme und konträren Werte?)
- → Bestimmen Sie die Stelle im Quadrat, an der Ihre Organisation derzeit steht.
- → Versuchen Sie zu bestimmen, wie der Entwicklungspfeil verlaufen müsste.
- → Konzipieren Sie einen ersten Schritt, der zu der gewünschten Entwicklung beitragen könnte.

Anmerkungen zur Wirkungsweise:

- → Lebendig und anschaulich.
- → Schnelle und direkte Kommunikation wird ermöglicht.
- → Gruppe kommt in Bewegung, und jeder wird beteiligt.
- → Veränderungen werden sichtbar.
- → Die Unterschiedlichkeit der Gruppe wird deutlich (Soziometrie).

7 Anlässe und Interventionen mit Gruppen

Anlässe und Interventionen sind Begriffe. Methoden, Design und Architekturen auch – jeder Begriff benötigt eine Definition, sonst kommt die Verführung zum Missverständnis. Verführen ist schön, missverstehen weniger, aber normal. Um nicht allzu viel zu verwirren, kann man versuchen, Worte zu definieren und zu erklären. Ob tatsächlich das gleiche Verständnis daraus erwächst, ist fraglich. Versuchen kann jedoch helfen. Hilfreich ist, diese am Anfang von Workshops oder auch sonstigen Gelegenheiten deutlich zu machen.

Architekturen: Veränderungsprozesse benötigen einen Plan, der aus verschiedenen Dramaturgien besteht, beispielsweise die Abfolge mehrerer Workshops nach einer bestimmten Abfolge, die ein bestimmtes Ziel verfolgen (Führungskräfteentwicklung). In diesem Buch finden sich in Kapitel 12 Beispiele für Architekturen von einzelnen Themen (s. S. 306 ff.).

Dramaturgien und Designs: Viele Methoden bilden beispielsweise ein Workshopdesign, eine Großveranstaltung. Dabei prägt der Charakter der Veranstaltung, welche Dramaturgie gewählt wird.

Methode: Methoden sind Interventionen, die den Prozess der Gruppe unterstützen sollen. Ein Beispiel wäre die Durchführung von kollegialer Fallberatung, um die aktuellen Themen zu reflektieren und abzugleichen.

Merkmale von Designs und Dramaturgien

Unter Designs und Dramaturgien verstehen wir Veranstaltungen für Gruppen. Schon die Entscheidung, dass eine solche Veranstaltung für eine Gruppe stattfinden wird, bildet eine Intervention – hier kommen Menschen zusammen, außerhalb ihres beruflichen Alltags, und befassen sich mit sich in einer anderen Art und Form.

Damit diese Andersartigkeit des Dialogs gelingt, wird jeder Workshop auf die Situation und die Kultur angepasst. Das Gelingen hängt entscheidend davon ab, ob der Veränderungsprozess aus einem Guss ist und Veranstaltungen aufeinander abgestimmt werden.

Um eine Veranstaltung erfolgreich zu planen, gilt es, den Rahmen genau zu beleuchten. Erfolgreich ist die Beleuchtung, wenn folgende Merkmale durchdacht und für die Planung berücksichtigt werden:

- → *Auftraggeber:* Das sind meist die Führungskräfte, die um Unterstützung bitten. Eine Person oder mehrere? Sind die aktiv oder passiv? Anwesend oder nicht? Diffus oder eindeutig?
- → *Thema:* Worum geht es bei der Veranstaltung? Wissenserwerb? Information? Sachthema erarbeiten? Erwerb spezifischer Kenntnisse? Entscheidung? Konfliktlösung? Teamentwicklung? Schnittstelle? Persönlichkeitsentwicklung? Selbsterfahrung? Integration?
- → *Charakter:* Welche Vorgaben gibt es? In welchem Kontext findet die Veranstaltung statt? Wie viel Einfluss haben die Teilnehmer auf die Entscheidung? Wie viel Dialog und Interaktion sind gewünscht? Je nachdem kann es ein Workshop, Laboratorium, Seminar, Training, eine Konferenz, Werkstatt oder Podiumsdiskussion sein
- → *Ziel:* Was soll am Ende dabei herauskommen? Information? Austausch? Reflexion? Entscheidung? Veränderung? Plan? Erfahrung? Wissen?
- → *Gruppe:* Wie groß? In welcher Zusammensetzung? Geschichte? Wer fehlt? Hierarchieübergreifend? Risiken? Chancen? Kultur? Freiwilligkeit oder Verpflichtung?
- → *Zeit:* Ist ausreichend Zeit da? Ausreichend oder unrealistisch? Chronos oder Ereigniszeit? Bei komplexen Fragen sollte mindestens ein Tag zur Verfügung stehen.
- → *Rolle Moderator:* Strukturierer? Wissensvermittler? Manipulator? Coach? Provokateur? Spielleiter? Therapeut? Blitzableiter? Berater? Überbringer? Methodenfuzzi?
- → *Raum:* Größe ausreichend? Keine Tische? Möbel? Licht? Technik? Medien?

Werden diese Merkmale für eine Ausgangssituation angeschaut, so kann ein Rahmen für die Veranstaltung gebastelt werden. Der Rahmen wird dann mit Methoden gefüllt. In den folgenden Abschnitten werden einige Workshopthemen und mögliche Vorgehensweisen.

Führungsbildung

Führung verändert! – Verändert Führung!

Führung macht den Unterschied. Technische Lösungen sind kopierbar, eine gute Führung nicht. Führungskultur und Führungspraxis werden in Zukunft für die Attraktivität eines Unternehmens immer wichtiger. Dabei stehen die Organisationen in einem Wettbewerb, wer die besten Mitarbeiter bekommen wird. Nicht nur das Ansehen leidet, der Geldbeutel auch, da schlechte Führung viel Geld kostet (Krankheit, Schlechtleistung, Missverständnisse, Zeitverlust). Wie Führung geschieht oder ob sie überhaupt geschieht, ist beliebig und gilt eher als Privatsache. Oftmals sind kein gemeinsames Führungsbild und kein zeitgemäßes Führungswissen vorhanden. Ist Führung Privatangelegenheit, führt dies dazu, dass darüber wenig bis gar nicht gesprochen, ja überhaupt nicht thematisiert wird. Weil Führung als privat gilt und jeder seinen eigenen individuellen Führungsstil gestaltet, wird es erschwert, darüber zu sprechen, zum Teil sogar tabuisiert. Man macht sich sonst persönlich angreifbar.

Wie kann trotzdem die Führungspraxis optimiert werden? Wie können die Reibungsverluste verringert werden?

Zielsicher ins Ziel

Die Definition von Führung ist vielfältig, und in der Literatur gibt es unzählige unterschiedliche Gesichtspunkte, wie man Führung beschreiben kann. Wie sieht jedoch die Praxis aus? Während die Literatur meistens den Beziehungsaspekt von Führung beachtet, spielt dieser in der Praxis eher eine untergeordnete Rolle. Hier trifft man vorrangig auf einen Führungsstil, der darauf gerichtet ist, den Alltag zu managen. Und der Alltag ist bestimmt durch Zielerreichung. Ziele werden von oben gesetzt und weiter in der Kaskade nach unten gegeben. Dieses Festlegen von Zielen wirkt aus Mitarbeitersicht unbefriedigend. Noch weniger motivierend ist es, wenn Spielräume in der Zielentwicklung angekündigt werden, diese aber tatsächlich gar nicht vorhanden sind.

Die ursprüngliche Idee des gemeinsamen Aushandelns von Zielen zwischen Führungskraft und Mitarbeitern wäre eine gute Lösung. Die Akzeptanz von Zielen würde auf eine breitere Basis gestellt werden. Die Mitarbeiter bei der Zielerreichung zu begleiten, sie zu unterstützen und das Werkzeug eher als Prozess zu betrachten, wie ist das möglich? Das setzt Vertrauen und Zutrauen voraus, das die Führungskraft gegenüber dem Mitarbeiter aufbauen muss. Sie können mehr Verantwortung übernehmen, sodass die Zielerreichung als eigene Sache erlebt wird und nicht als Idee der Führung.

Und was bedeuten eigentlich Ziele für ein Unternehmen? Niels Pfläging stellt in seinem Buch »Die 12 neuen Gesetze der Führung« (2009) die These auf, dass Unternehmen ohne Ziele vermutlich besser dran wären. »Management by Objectives« gründet auf der irrigen Annahme, dass Unternehmen statisch sind. Tue ich A, passiert B. Tatsächlich sind Unternehmen sehr komplex in einer noch komplexeren Umwelt. Deshalb sind nach Meinung Pflägings nur relative Ziele sinnvoll: »Ich will schneller und innovativer sein als der Wettbewerber.« Zu vergleichen mit einer Wetteransage, was auch nur begrenzt möglich ist. Planen in Organisationen heißt, Entscheidungen für die Zukunft zu treffen. Das ist genauso unmöglich, wie dem Wetter vorzuschreiben, wie es zu sein hat. Daher plädiert er für eine kurzfristige und intuitive Entscheidungsfindung.

Wer führt, der friert?

Die Stärkung des Führungsteams wird jedoch oftmals unterschätzt beziehungsweise reduziert. Ob ein Team erfolgreich arbeitet, hängt entscheidend mit der Führung zusammen. Dabei prägt die einzelne Führungskraft die eigene Mannschaft, jedoch ist das Bemühen eines Einzelnen eine nicht lösbare Herausforderung. Unten ist Not: Führungskonflikte treten auf unteren Ebenen am stärksten auf und kommen an ihre Grenzen der Belastbarkeit. Sie fühlen sich von oben alleine gelassen und nicht genügend unterstützt. Die zunehmende Multinationalität und Multikulturalität überfordert Basisführungskräfte. Ohne den schützenden Mantel der Führungsmannschaft friert der Körper und kühlt aus bis hin zur Starre.

Um dem Kältetod entgegenzuwirken, ist die Bildung einer Führungskoalition beziehungsweise die Optimierung der Führungspraxis notwendig. Führungsfokus begreift sich als Element für hierarchieübergreifendes Lernen, um die Führungskultur zu verändern. Dabei setzen sich alle Führungskräfte aus vertikal miteinander verbundenen Hierarchieebenen in einem Bereich, einer Abteilung oder einem Projekt mit dem Inhalt ihres Führungsauftrags und der Ausgestaltung ihrer Führungsaufgaben auseinander. Das kritische und kollegiale Auseinandersetzen über die bestehende Führungskultur auf der einen und die Erwartungen der einzelnen Menschen auf der anderen Seite hilft, einem gemeinsamen Bild von Führung näherzukommen. Die Analysen und Vereinbarungen über eine befriedigendere Aufgabenverteilung optimieren nicht nur die Zusammenarbeit – es entsteht eine Kultur des Dialogs und unterstützt die Miteinbeziehung aller Führungskräfte.

Messbare Führung? Ideal von Führung?

Alles wird gemessen, aber nicht die Führung: Es gibt Qualitätskriterien, um Führung zu messen. Gute Führungsarbeit ist selten Ziel in den Mitarbeitergesprächen – dort eher ein Thema der Bestätigung (»Es ist gut so!«), nicht nach Veränderung (»Wie könnte ich mich verbessern?«). Qualität der Führung steht kaum im Interesse – Führungsbildung ebenfalls nicht. Der Hintergrund ist nicht die fehlende Bereitschaft, sondern eher die Schwierigkeit, sich mit den Inhalten von Führungskompetenzen auseinanderzusetzen und Maßstäbe von Führungskriterien festzulegen.

Nach Robert R. Blake und Jane S. Mouton (1964) lässt sich die Führung von Beschäftigten in die beiden Kernbereiche Aufgabenorientierung und Mitarbeiterorientierung unterteilen. Das Modell ist zwar älteren Datums, jedoch immer wieder überzeugend: Aufgabenorientierung meint, die Effizienz und Produktivität der geführten Unternehmenseinheit zu gewährleisten. Dies geschieht über die Erledigung sachbezogener Aufgaben (zum Beispiel Planung und Akquisition). Mitarbeiterorientierung meint, auf die Belange der Beschäftigten einzugehen: Führen ist die Kunst, soziale Beziehungen zielgerichtet zu gestalten. Das gelingt mit einer Haltung von Wertschätzung, die daraus resultiert, dass der andere vertraut ist. Dafür ist ein Wissen darüber notwendig, was den anderen bewegt, was er tut, wo Stärken und Grenzen sind.

Ein ausgewogenes Verhältnis von Aufgaben- und Mitarbeiterorientierung auf hohem Niveau entspricht einem idealen Führungsverhalten. Letztere Orientierung findet meist keine hohe Priorisierung.

Schon seit den 1950er-Jahren stellten sich Forscher die Frage, wie sich Führungsverhalten messen lässt (Fleishman/Harris 1962). In zahlreichen Studien wurde zunehmend ein positiver Zusammenhang zwischen einem Führungsverhalten, das sich durch Rücksichtnahme und Wertschätzung charakterisieren lässt, und der Zufriedenheit der Mitarbeiter nachgewiesen (Leistungsstärke, Fluktuation).

Messen lässt sich gutes Führungsverhalten nur schwer, vielleicht am ehesten in der Qualität des Dialogs zwischen Mitarbeiter und Führungskraft. Wie kann Dialogqualität gemessen werden? Kommunikation ist nicht in der Form messbar wie ein physikalisches Phänomen. Hilfreich ist jedoch ein Blick in Gruppen, die Führungsverhalten bewerten sollen. Natürlich hat jeder Einzelne einen individuellen Blick auf das Verhalten, aber in Summe lässt sich ein Bild zusammentragen, das messbar ist. Pflegt die Führungskraft ihre Mitarbeiter? Gibt es einen respektvollen und wertschätzenden Umgang? Das können Kollegen und Mitarbeiter einschätzen und daher auch messen. Dabei wird das Wort »respektvoll« nicht als solches stehengelassen, sondern definiert und aufgesplittet in Verhaltensweisen: Wie äußert sich der respektvolle Umgang? Durch den Einsatz von Fragebogen kann Führungsverhalten diagnostiziert und können Führungskräfte dafür sensibilisiert werden, wie wichtig mitarbeiterorientiertes Führungsverhalten auch für die Arbeitsfähigkeit ihrer Beschäftigten ist. Mitarbeiterbefragungen können wirksame Hebel sein, um die Entwicklung von Organisationen langfristig zu beeinflussen. Das gelingt jedoch nur, wenn sie in einen strategischen Kommunikations- und Entwicklungsprozess des Unternehmens eingebettet sind. Entscheidend sind der Umgang mit und die Haltung zu den Ergebnissen und den Folgeprozessen: Sowohl auf der Ebene der Einzelperson (Coaching) als auch auf der Ebene der Teams und Bereiche wird so erst wirksam, was in der Befragung valide und reliabel erhoben worden ist. Eine solche Befragung ist aufwendig und auch unangenehm, aber hilfreich zur Messung von Qualität von Führung. Unangenehm für die Führungskräfte, da sie ihr vorher geprägtes – teilweise selbst entwickeltes – Führungsbild hinterfragen und mit den anderen abgleichen müssen. Ein kommunikativer und reflexiver Umgang innerhalb der Führungsmannschaft hilft: Führung ist dabei nicht nur betroffen, sondern beteiligt, die Mitarbeiter sind nicht nur Nachrichtenempfänger, sondern auch Sender und Gestalter, beispielsweise durch Fragen wie »Was können wir als Mitarbeiter dafür tun, dass die Zusammenarbeit sich verbessert?«.

Dramaturgie: Gebrauchsanleitung für das Führen

Kurzbeschreibung: Lernprogramm für zehn Standardsituationen.

Inhalte und Zielsetzung: Lösungen parat zu haben für schwierige Situationen, ist wünschenswert für Führungskräfte. Personennahes Arbeiten und Individualisierung schön und gut, bestimmte Situationen – sogenannte Standardsituationen – sind wiederkehrend. Ziel ist es, zehn für das Unternehmen typische Führungssituationen zu finden und im Workshop Lösungen dafür zu entwickeln. Die Situationen werden dann mit den Lösungen in einer »Gebrauchsanleitung« festgehalten, die den Führungskräften in schwierigen Situationen als Nachschlaghilfe dient.

Lernkonzept: Workshop.

Teilnehmer: Führungskräfte und Geführte.

Dauer: 1 Tag, danach Produktion.

Ressourcen: Produktion der Gebrauchsanleitungen.

Vorbereitung: Keine.

Ablauf: Typische schwierige Situationen des Führungsalltags werden herausgefiltert, beispielsweise in Kleingruppen. Im Workshop werden dazu Lösungen entwickelt und in einer Gebrausanleitung aufgeschrieben.
Die Leitfrage lautet: »Welche zehn Führungssituationen, Standardsituationen tauchen auf, und was sind die Lösungen dazu?« Das können zum Beispiel sein:

- → morgens zur Arbeit kommen,
- → Meetings (davor, danach),
- → Entscheidungen in Gruppen,
- → Verhalten in Einzelgesprächen.

Anmerkungen zur Wirkungsweise: Führungskräfte beschäftigen sich nicht mit der Ursachenbekämpfung ihres Handelns beziehungsweise Nichthandelns. Sie schreiben idealtypisch auf, wie sie mit ihren schwierigen Situationen umgehen. Verhalten kann so lösungsorientiert verändert werden, indem sie ihr Verhalten planen und später so agieren.

Methode: Fünf Szenen aus der Zukunft

Kurzbeschreibung: Zukunft konkret in Verhaltensweisen sichtbar machen.

Inhalte und Zielsetzung: Meist sind es die Führungskräfte, die ihre Vision oder ihre Ziele formulieren oder formuliert haben. In einem Workshop wird daran szenisch gearbeitet. Die Absichtserklärungen werden in diesem Fall nicht schriftlich in Worte gefasst, sondern in Szene gesetzt. Durch diese Inszenierung werden die Themen sichtbarer (anstelle der Absichtserklärungen), um die es geht. Attraktive und verständliche Bilder werden entwickelt durch Fragen wie:

- → Wenn die Ziele/Visionen umgesetzt sind, welche konkreten Situationen stellen Sie sich vor?
- → Stellen Sie sich vor, über Nacht ist ein Wunder geschehen: Wenn wir einen Film über das neue Verhalten/über die Veränderung drehen würden, was würden wir sehen, hören, erleben?
- → Was passiert konkret? Was tun die Personen?

Die Führungskräfte entwickeln diese Szenen gemeinsam. Gute Erfahrungen haben wir damit gemacht, wenn die Szenen beispielsweise bei einer Abendveranstaltung aufgeführt werden.

Lernkonzept: Workshop.

Teilnehmer: Führungskräfte.

Vorbereitung: Viel Platz ist notwendig für eine Bühne und die Theaterbestuhlung. Vorhang bauen mithilfe zweier Metaplanwände. Mögliche Zukunftssätze beziehungsweise die ausformulierte Vision groß ausgedruckt in den Raum legen oder hängen.

Ablauf: Zunächst erklärt der Prozessberater das Konzept des szenischen Arbeitens, warum Konkretheit für die Organisation für die Zukunft hilfreich ist – und dies soll sichtbar gemacht werden. Danach werden Kleingruppen gebeten, ihre Zukunftssätze oder Visionen zu besprechen und eine kleine Szene dazu zu erarbeiten. Ferner können alle Hilfsmittel genannt werden, die die Teilnehmer in Anspruch nehmen können. Wichtig ist, dass sie einen Titel für ihr Stück finden, das sie aufführen. Danach werden die fünf wesentlichen Themen herausgearbeitet – entweder entstehen neue Zukunftssätze oder die alten werden fokussiert.

Anmerkungen zur Wirkungsweise: Auf spielerische Art und Weise machen sich die Teilnehmer Gedanken um ihre Zukunft. Statt Angst vor der Zukunft kommt durch die erarbeiteten Szenen am Ende eine Lust auf die Zukunft oder mindestens Spaß heraus!
Je nachdem, worauf der Fokus liegen soll, werden die Szenen weiterbearbeitet. – Es kann sehr heiter und erfrischend wirken, die Szenen zu erarbeiten und weniger die Nachhaltigkeit im Blick zu haben. Möglich ist jedoch auch, die Gedanken und Haltungen stärker herausarbeiten zu lassen und die Szenen für das weitere Arbeiten danach festzuhalten (s. Varianten).

Variante 1: Gute Erfahrung haben wir mit Bildern gemacht. Die Führungskräfte erarbeiten Szenen, die von einem Künstler synchron oder im Nachhinein gezeichnet werden. Die wichtigen Aussagen sind auf den Bildern gut verständlich und können mit weiteren Menschen aus der Organisation besprochen und weiterbearbeitet werden.

Variante 2: Die Szenen können als Film gedreht werden (gegebenenfalls durch Schauspieler dargestellt). Einen Film zu drehen bedeutet Aufwand und bedarf eines kleinen Filmteams, die die gedrehten Szenen danach zusammenschneiden (auch wenn es aufwendig ist, so ist es hilfreich für weitere Menschen aus der Organisation, damit diese die Themen gut nachvollziehen können).

Methode: Kommunikationsspiele aufdecken

Kurzbeschreibung: »Spiele«, die Führungskräfte und Mitarbeiter spielen, erkennen, analysieren und verändern.

Inhalte und Zielsetzung: Wo Menschen längere Zeit miteinander zu tun haben, entwickeln sich Kommunikationsmuster. Solche Muster können als Spiele bezeichnet werden, weil sie bestimmten (Spiel-)Regeln unterliegen. Kommunikationsspiele haben drei charakteristische Eigenschaften:

- → Sie verdecken Absichten und Motive (zum Beispiel Rechtfertigung). Der Inhalt der Kommunikation ist nicht ihr Zweck, sie dient dem Verstecken der Absichten und Motive.
- → Sie haben für die »Spieler« einen verdeckten Nutzen (beispielsweise Vermeidung der Konfrontation mit eigenen Schwächen).
- → Sie kehren immer wieder und erhalten so einen Status quo.

Spiele funktionieren nur, solange sie nicht als Spiele entlarvt sind. Spiele weden entlarvt, indem die Regeln beschrieben werden und damit die Vorhersagbarkeit der Kommunikationssituation möglich wird.

Lernkonzept: Workshop.

Teilnehmer: Führungskräfte und/oder Mitarbeiter

Ablauf: Zunächst erklärt der Berater die Idee des Kommunikationsspiels und beschriebt Beispiele aus anderen Unternehmen. Im Anschluss sollen die Teilnehmer eigene Spiele entdecken, die in ihrem Unternehmen gespielt werden. In einer gemeinsamen Analysephase können die häufigsten, die fiesesten oder ähnliche Spiele identifiziert werden. Es können dann gemeinsam Spielunterbrecher gefunden werden.

Variante: Die »besten« Spiele des Unternehmens werden auf Spielkarten gedruckt und allen Führungskräften verteilt. Kommen sie in Spielsituationen, zücken sie ihre Karten ...

Beispiele für Kommunikationsspiele

Spiel 1: ***Habe ich dich endlich erwischt!***

Spielverlauf: Im Rahmen einer Präsentation oder eines Gesprächs fragt die Führungskräfte führende Führungskraft die unterstellte Führungskraft so lange und so tief im Detail, bis diese zugeben muss: »Das weiß ich nicht.« – Die unterstellte Führungskraft fühlt sich ertappt. Die Führungskraft reagiert darauf mit Unverständnis und vorwurfsvoll, im Sinne: Wären Sie eine gute Führungskraft, würden Sie das wissen.

Spielgewinn: Demonstration von Überlegenheit, Rechtfertigung der Führungsrolle über Sachwissen.

Konsequenz: Die betroffene unterstellte Führungskraft kümmert sich in Zukunft um alle Detailfragen und versucht, sich in allem auszukennen.

Das Spiel kann endlos fortgesetzt werden, weil die Anzahl von Details, die man nicht wissen kann, unendlich ist.

Auswirkung: Es etabliert sich ein Führungsbild, in dem eine gute Führungskraft nur eine solche ist, die über alles Bescheid weiß. Das führt zu viel Detailorientierung bei den Führungskräften. Oft zuungunsten einer Mitarbeiterorientierung. Es gilt die Prämisse: Es ist wichtiger, die Dinge richtig zu tun, als die richtigen Dinge zu tun.

Spiel 2: ***Wir sind Helden***

Spielverlauf: Führungskräfte spielen häufig Feuerwehr. Sie lassen Schwierigkeiten eskalieren und können dann zeigen, was für tolle Kerle sie sind. Spielbeteiligte sind Führungskräfte und Mitarbeiter. Die Mitarbeiter lösen Probleme nicht dort, wo sie auftauchen. Und sie lösen auch nicht, was sie selbst lösen könnten.

Spielgewinn: Management by Blaulicht bringt Sichtbarkeit und Identität (Rechtfertigung des Seins). Die Mitarbeiter sind Opfer und müssen gerettet werden.

Spiel 3: ***Du bist schuld!***

Spielverlauf: Bei Fehlern wird zunächst darauf geschaut: Wer war es? Die Konzentration beim Auftauchen von Fehlern geht eher auf das Wer als auf das Wie?
Die emotionale Anspannung endet, wenn derjenige identifiziert wurde, der sich nicht mehr gegen die Fehlerzuschreibung wehren kann.

Spielgewinn: Sündenböcke entlasten. Wer Fehler gut vermeiden oder vertuschen kann, ist der Beste. Wer nichts wagt, gewinnt.
Die vorsichtig Mittelmäßigen werden zur obersten Messlatte guten Managements.

Auswirkungen: Fehler werden nicht beseitigt. Es werden Fehlerkonten geführt. Auch für Abteilungen. Dadurch entstehen Rankings. Es etabliert sich der Glaube: Fehler liegen an Menschen, nicht an Strukturen.
Der permanente Druck, keine Fehler zu machen, erhält Angst im System. Es gibt ein Richtig und ein Falsch. Und je weiter man oben sitzt, desto besser wird gewusst, was ist.

Literaturtipp: Berne, E. (1970/2010): Spiele der Erwachsenen. Psychologie der menschlichen Beziehungen. 11. Auflage. Reinbek: Rowohlt.
In diesem nach wie vor aktuellen Klassiker der Transaktionsanalyse kommt Eric Berne den Spielen auf die Schliche.

Methode: Führung im Wandel der Zeit

Kurzbeschreibung: Soziodramatisches Gruppenspiel.

Inhalte und Zielsetzung: Die Gruppe setzt sich mit soziodramatischen Methoden mit dem Thema Führung auseinander. Eine tiefere Verständnisebene für das Thema wird somit ermöglicht.

Lernkonzept: Workshop.

Teilnehmer: 12–50 Personen.

Dauer: 1,5 Stunden.

Ressourcen: Genügend Platz für die Kleingruppenarbeit.

Vorbereitung: Keine.

Ablauf: Die Teilnehmer werden für die soziodramatische Gruppenaufgabe in Gruppen von jeweils vier bis sechs Personen aufgeteilt. Sie bekommen die Aufgabe in einer kurzen Stegreifszene dargestellt, wie eine moderne Führungskraft in den Jahren 1920, 1980 und 2015 aussah. Im Anschluss diskutiert die Gruppe darüber, wie sich die Anforderungen an eine Führungskraft verändert haben. Und wie sich Führung verändern muss, um zeitgemäß zu sein.

Variante: Die Aufgabe erfolgt wie oben beschrieben, nur für drei verschiedene Unternehmen oder Branchen.

Workshops

Workshops sind die häufigste Form gemeinsamen Arbeitens in Gruppen; sie sind effektiv, aber bei zu häufigem Genuss unbekömmlich. Gemeinsam Strategien zu entwickeln, Probleme zu lösen und voneinander lernen zu wollen, gelingt in moderierten Workshops am ehesten.

Workshop – Abläufe immer anders

Nicht jeder Workshop verläuft nach einer Dramaturgie, aber es gibt bestimmte Phasen, auf die ein Blick sich lohnt:

Exkurs: Vor- und Nachteile von Online-Workshops

Obwohl für virtuell arbeitende Teams erhebliche Ressourcen wie Zeit und Reisekosten eingespart werden können, hat diese Form des Workshops erhebliche Nachteile. Aus Sicht von Prozessberatern ist der Prozess der Teilnehmenden schwer nachvollziehbar und dadurch auch schwerer zu steuern. Unterschiede sowie kulturelle Gegebenheiten können über das technische Medium wenig verstanden werden, weil die nonverbale Kommunikationsebene fehlt, die auch über die Möglichkeit einer Videokonferenz nur in geringem Maße kompensiert werden kann. Gruppenarbeit bedarf eines direkten Austauschs. – Warum ist das so? Warum sind Telefonkonferenzen so anstrengend? Kommunikation braucht Eindeutigkeit. Der Austausch über nur ein Sinnesorgan – nämlich das Ohr – führt zur Einseitigkeit und genügt für das Verstehen des anderen nur eingeschränkt. Der fehlende Blickkontakt nimmt uns die Möglichkeit, den anderen zu beobachten und zu interpretieren, seine Emotionen und Einstellungen im Gesicht und Körper zu lesen. Wir sind daher damit beschäftigt, über die gesprochenen Worte den anderen zu verstehen, was anstrengender und schwieriger ist – und eher zu Missverständnissen führt.

→ Orientieren,
→ Auseinandersetzen,
→ Neues entwickeln,
→ Verbinden und Umsetzen.

Orientieren Wenn eine Gruppe sich bildet, braucht sie Orientierung, was und wie etwas passiert und wer die Gruppenteilnehmer sind. Inhalte der Orientierung sind die Erwartungen, Befürchtungen und Vorstellungen der Ziele der einzelnen Teilnehmer. Thema sind die Aufgaben und Funktionen, die jeder Teilnehmer in der Runde hat. Zu Anfang sind die Gruppenteilnehmer hilflos und auf die Unterstützung des Moderators angewiesen – die vielen Augen sind nach vorn gerichtet. Diese Phase wirkt wie ein Kribbeln in der Verliebtheitsphase, die Neugier zu haben, die anderen zu entdecken. Sollte sich dieses Gefühl beim Prozessberater nicht von alleine einstellen, so ist Nachhilfe geboten mit der Selbstfrage: »Was finde ich an der Gruppe liebens- und beachtenswert?« Die Beziehung zur Gruppe zu finden, ist wichtig, denn das ist der Schlüssel auch für die Offenheit in der Gruppe. Hierbei kann der Prozessberater dreierlei tun:

→ Informationen geben,
→ Klarheit repräsentieren,
→ Rolle definieren.

Gleichzeitig sind die Beobachtungen wichtig, um die Regeln und Gesetze der Gruppe zu verstehen. Regeln entwickeln sich schnell – dabei bilden sich Untergruppen, sogenannte Subsysteme. Diese Bildung der Subsysteme gilt es zu identifizieren: Welche Zuschreibungen gibt es? Was müssen die miteinander verhandeln? Welche neuen Subsysteme wären sinnvoll? Was hält die bestehenden zusammen? Sind die Beschreibungen funktional?

Sorgen muss sich der Prozessberater um eine offene Kommunikation in der Gruppe. Wo Offenheit gelebt wird, werden auch mutige Entscheidungen gewagt, was die Gruppe und die Organisation weiterbringt. Offenheit zu erlangen, ist nicht selbstverständlich und auch nicht einfach herbeizuführen – eine wichtige Grunderfahrung ist: Wo Gruppen sich bilden, entsteht Angst, zum Beispiel (nicht) mit der Gruppe zu verschmelzen. Das sind Phänomene, die auch der Prozessberater spürt und sein Verhalten prägen, gegebenenfalls verunsichern. In dieser Situation hilft es, auf die Metaebene zu gehen und herauszufinden, was geschehen muss, um in der Gruppe Sicherheit zu bekommen. Austausch von Erfahrungen und Enttäuschungen können eine Möglichkeit sein oder auch das Vorgeben von bestimmten Inhalten und Rahmen: Was wird passieren? Was wird nicht passieren?

Auseinandersetzen: Differenz vor Konsens Welche Unterschiede gibt es im Raum? In einem Workshop wird es zunehmend deutlich, welche Ideen und Pläne es gibt – meist fallen sie sehr verschieden aus. Unterschiede müssen vom Prozessberater erkannt und gedanklich unterteilt werden. Dabei können diese Untergruppen getrennt werden und ihre Positionen verdeutlichen. Es geht dabei um die sachlichen Inhalte; jedoch gilt es, auch darauf zu achten, ob Rollenunklarheiten vorhanden sind und wie das Thema hinter dem Thema heißt. Beispielsweise wird auf der sachlichen Ebene über ein Fachthema gestritten, ohne dass klar ist, wer für das Thema zuständig ist. Diese Art von Missverständnissen sollten aufgeklärt werden. Für die Teilnehmer wird diese Phase als schwierig und wie ein Kampf empfunden.

Als Berater sollte man ermutigen, die eigene Position zu vertreten und den Konflikt als Chance zu begreifen. Abwertungen sollte er aber abwehren und darauf achten, dass die Beziehungsebene der Teilnehmer nicht bis ins Mark erschüttert wird. Hilfreich ist, die einzelnen Positionen der Subsysteme zu wiederholen und dafür zu sorgen, dass ein gemeinsames Verständnis vom Konflikt entsteht: Dialogisieren anstelle von Debattieren. Gemeint ist damit, dass die beiden Interessen in eine Art von Verbindung treten müssen und nicht nur bei sich bleiben und eigentlich mit sich selbst reden. Jedes Interesse verkörpert ein Ideal – jeder Teilnehmer sieht die eigene Position schärfer und klarer und fühlt sich im Recht.

Das sollte von außen durchaus gewürdigt werden: Das Prinzip der Neutralität des Beraters wird ersetzt durch das Prinzip der Allparteilichkeit. Es ermöglicht und erlaubt größere Gestaltungsmöglichkeiten: Vom Moderator wird verlangt, die Parteien zu unterstützen, ihre Positionen und Anliegen verständlich zu machen und ihre wichtigen Anliegen zu verfolgen. Sollte eine Partei dabei mehr Unterstützung benötigen als andere, ist das kein Verstoß gegen das Prinzip der Allparteilichkeit.

Neues entwickeln »Wer immer nur das tut, was er immer schon getan hat, wird immer nur das erreichen, was er immer schon erreicht hat« (George Bernard Shaw). Den Reiz am Neuen gilt es zu wecken – durch die Förderung der Kreativität der Gruppe.

Wo liegt der Konsens? Was könnte man anders machen? Das gelingt nur, wenn man sich ein wenig in den anderen hineinversetzen kann und die eigenen Denkgewohnheiten ein Stück weit verlässt. Dafür werden die Subsysteme wieder gemischt und in den Austausch gebracht. Das Element der Verbindung der unterschiedlichen Ansätze und Meinungen steht im Vordergrund, um Neugier auf die andere Welt zu bekommen. Die Botschaft lautet: Handle stets so, dass die Möglichkeiten größer werden!

Was hemmt dabei den Ideenfluss? Was fördert? Wie wird die Kreativität entwickelt? Das ist eine schwierige Aufgabe und auch die herausforderndste für den Berater: Wie soll etwas in die Welt kommen, was noch nicht da ist? Als Fachberater würden Ratschläge helfen, als Prozessberater hilft nur das Vertrauen in die Personen vor Ort und in die eigene Fähigkeit, zum richtigen Zeitpunkt die richtigen Fragen zu stellen. Kreative Methoden, Metaphern, Rollenspiele und Zukunftsprojektionen, Wunderfragen, Ideenwerkstatt, Marktplatz können Hilfestellungen geben, eine allzu starre Anwendung von Methoden jedoch ist eher einschränkend für den Prozess.

Es geht beim Entdecken und Entwickeln nicht darum, krampfhaft an Neues zu denken, sondern eher um die Verknüpfung mit Bestehendem, daher auch die Durchmischung der Subsysteme. Durch das Andersbetrachten der Situation gelingt ein Um- und Neudenken. Hier kann es wirklich zu einem sogenannten Flow der Arbeitsweise kommen, da ein gegenseitiges Befruchten und »Ent-wickeln« von Ideen etwas nacktes Neues zum Vorschein bringen kann.

Verbinden und Umsetzen Die Stolpersteine (frei nach Konrad Lorenz) in der Kommunikation werden gerne übersehen:

→ Gedacht ist noch nicht gesagt.
→ Gesagt ist noch nicht gehört.
→ Gehört ist noch nicht verstanden.
→ Verstanden ist noch nicht einverstanden.
→ Einverstanden ist noch nicht umgesetzt.
→ Umgesetzt ist noch nicht beibehalten.

Dabei wird die Kommunikation vom Empfänger verstanden, und mit dem Schritt zum »Einverstandensein« wird oftmals deutlich, dass es viele Konstruktionen der Wirklichkeit gibt. Aber genau dort gilt es, genauer hinzuhören und zusammenzuführen.

Eine Bewegung von Menschen hört noch nicht mit dem Darüberreden auf, sondern benötigt ein Einigen in der Gruppe und in der Fortsetzung auch ein sichtbares Tun – mit anderen Worten: »Butter bei die Fische.« In dieser letzten Phase der Dramaturgie im Workshop ist es wichtig, darauf zu achten, dass das Gesprochene auch eine Wirkung in der alltäglichen Realität bekommt.

Dabei können Aktionspläne entworfen, Follow-ups beschlossen und das Handeln im »Hier und Jetzt« festgehalten werden. Ein Gefühl von »Veränderungen sind möglich« und Verantwortungsübernahme der Gruppenteilnehmer sind wertvoll für das

Abschließen des Workshops. Jeder kann dann mit einem Paket von Veränderungsideen und mutigen ersten Schritten nach Hause gehen. Der Prozessberater hat dabei im Hinterkopf, dass sich Systeme schwer verändern und selbstreferenziell das tun beziehungsweise dahin zurückkommen, was sie immer getan haben. In einer kleinen Denkschleife kann die Gruppe sich mit folgendem Gedankenexperiment »Handbuch der Selbstsabotage« beschäftigen: Was müsste die Gruppe tun, damit das Beschlossene nicht umgesetzt wird? Woran ist das ersichtlich? Wer wird das bemerken?

Wenn die Gruppe darauf Antworten findet und sich als Gestalter der Veränderungen annimmt, steht einem gelungenen Abschluss des Workshops nichts entgegen. Die Würdigung der wertvollen Arbeit durch den Prozessberater rundet es ab.

Besonders anders: Ideen für Workshops (Methoden und Dramaturgien)

Dramaturgie: Kartografie für alle (und alles)

Kurzbeschreibung: Visualisierungsmethode und Methode zur Entwicklung von Metaphern für Veränderungsprozesse.

Inhalte und Zielsetzung: Für einen Veränderungsprozess Methaphern und Visualisierungen finden.

Lernkonzept: Workshops, Großgruppenveranstaltung.

Teilnehmer: Beliebig.

Dauer: Mindestens 3 Stunden.

Ressourcen: DIN-A0-Landkarten ohne Beschriftung mit der Darstellung von Inseln, Flüssen, Meer, Seen, Bergen.

Vorbereitung: »Atlas der Erlebniswelten« von Jean Klare, Louise van Swaaij, Ilja Maso und Saskia Sombeek (2000) als Anregung nutzen.

Ablauf: Die Teilnehmer finden eine leere Landkarte (eine große oder mehrere kleine) im Raum vor. Aufgabe ist es, aus der leeren Landkarte eine Veränderungslandschaft zu gestalten. Ausgangspunkt ist der Veränderungsprozess (zum Beispiel in einer Abteilung) mit Vergangenheit, Gegenwart und Zukunft. Hürden und Untiefen stellen sich in den Weg, Meere, die noch unbekannt sind, und Wege, die zukünftig beschritten werden, sowie Tabuzonen, die man nie betreten sollte. Emotionen des Arbeitsumfelds werden dargestellt – mit sinnvollen Begriffen wird die Landschaft gefüllt, beispielsweise »Das Meer der Experimente«, »Fluss der guten Ideen«, »Gebirge der Gewohnheiten«, »Tal der Fehlerangst« ... So entsteht eine *Metaphernlandkarte* für die »Gefahren« und »Gelegenheiten«, die demjenigen begegnen, der sich in das Arbeitsumfeld begibt. Es können auch Wege entwickelt werden, zum Beispiel: »Erst wenn wir XY durchschritten haben, werden wir ZZ erreichen.«
Der Prozessberater unterstützt das Gespräch der Gruppe, um die Landkarte weiterzubefüllen. Dabei ist es wichtig, dass nicht alles bis ins Detail ausdiskutiert wird. Die Karte wird nur benutzt, um

Begriffe zu notieren und in Relation zu setzen. Im weitesten Sinne ist die Karte ein Mindmap, in dem Begriffe gesammelt und zueinander sichtbar in Beziehung gesetzt werden. Die Karte kann als Erinnerungsspeicher für Themengebiete, Problemfelder und Lösungsansätze dienen.

Beispiel für eine Landkarte: Eine Stadt steht als Metapher für eine Landkarte. Ein bestimmter Begriff gibt der Stadt einen Namen (Angstlingen, Balancedscore-City, Zukunftshausen), Stadtteile und Vororte können ebenfalls integriert werden. Die Landschaften, Seen, Flüsse und Gebirge um die Stadt herum werden mit Begriffen belegt, die mit dem Kernthema assoziiert sind (Fluss des Zutrauens, Angst-vor-Fehler-Gebirge und so weiter). Hindernisse und Blockaden werden durch Gebirge symbolisiert. Ein Gipfel kann aber ebenso die Metapher für ein Ziel sein. Wege können Lösungen andeuten, zum Beispiel der Weg der Konzentration (zur Hochebene des Wesentlichen), die Straße der Disziplin und Ähnliches. Flüsse und Seen stehen für Ressourcen, zum Beispiel der Fluss des Gesprächs oder der See der Leidenschaft. Die Meere stellen die Rahmenbedingungen dar, zum Beispiel das Meer der unzufriedenen Kunden oder das Meer des neuen Windes. Ein Hafen kann als Metapher für Kontaktstellen und Zusammenarbeit stehen.

Dramaturgie: Veränderungsdialog

Kurzbeschreibung: Aufzeigen von Komplexität und Konflikten eines Veränderungsprozesses.

Inhalte und Zielsetzung: Störungsfelder während eines Veränderungsprozesses können identifiziert und verändert werden.

Lernkonzept: Großgruppen-Workshop im Rahmen eines Veränderungsprozesses.

Teilnehmer: Großgruppe.

Dauer: Mindestens 2 Stunden.

Ressourcen: Genügend freier Raum, große Quadrate aus Karton, Stifte mit breiter Mine; mehrere Moderatoren.

Vorbereitung: Bereitstellung des Materials.

Ablauf:
Intervention im Plenum: Der Prozessberater verdeutlicht die Komplexität in Veränderungsprozessen, Widersprüche, Spannungen und Bipolaritäten sind die Normalität für Veränderungen. Werden diese als störend empfunden oder dem unklaren Veränderungsprozess zugeschrieben, nehmen sie die Motivation. Deshalb müssen Spannungen besprochen und normalisiert werden. Identifizierung ist nötig, was zur Komplexität des Prozesses dazugehört und wo es Steuerungsfehler gibt. Für die darauffolgende Arbeit in Kleingruppen sind Moderatoren notwendig.

Arbeit in Kleingruppen: In der zweiten Phase werden Fragen geklärt wie:
- → Sind die Spannungspole, wie sie als Beispiel genannt wurden, auch bei uns zu finden?
- → Welche sind die wichtigsten?

- Wie wirken sie sich aus?
- Welche Gründe machen wir dafür verantwortlich?
- Müssen wir die Spannung und/oder Widerspruch aushalten oder verringern?
- Wie können wir darauf reagieren?

Die Spannungspole werden schriftlich festgehalten (es eignen sich dafür große Quadrate aus Karton).

Austausch in mehreren Plena: Es werden Gruppen zusammengefasst, zum Beispiel zu 15er- oder 20er-Gruppen, die das Thema in drei parallel laufenden Plenarrunden besprechen.

Verarbeitung der Dialoge in Landkarten (s. »Dramaturgie: Kartografie für alle (und alles)«, S. 109 f.).

Dramaturgie: Stellung beziehen

Kurzbeschreibung: Soziometrische Verdeutlichung eines Veränderungsprozesses.

Inhalte und Zielsetzung: Störungsfelder während eines Veränderungsprozesses können identifiziert und verändert werden. Spannungen werden angesprochen.

Lernkonzept: Workshop.

Teilnehmer: Großgruppe.

Dauer: Mindestens 1 Stunde.

Ressourcen: Plakate mit vorher definierten Begriffspolen.

Vorbereitung: Genaue Auftragsklärung und Absprache der Hypothesen mit dem Auftraggeber. Jeder Begriff wird dann im Vorfeld definiert und auf ein Plakat gebracht. Ein wenig Aufwand, der sich aber lohnt.

Ablauf:
Intervention im Plenum: Prozessberater haben die Aufgabe, die schwierigen Themen der Gruppe zu finden. Die Gruppe erarbeitet die Widersprüche und Spannungen in Veränderungsprozessen. Der Zugang zur Erarbeitung der Widersprüche und Spannungen in Veränderungsprozessen bildet Begriffe, die das Thema repräsentieren, wie zum Beispiel:

- Sicherheitsdenken,
- freies Unternehmertum,
- Disziplin,
- zentrale Steuerung,
- Tradition.

Diese Begriffe müssen vorher in Gesprächen gefunden und definiert werden! Das sind sogenannte Hypothesen, die sich für den Prozessberater im Vorfeld herausgestellt haben. Jede Gruppe erhält einen Begriff zugeordnet oder sucht ihn sich aus. Die Begriffe sind als große Plakate verfügbar.

Arbeit in Kleingruppen: In den Kleingruppen werden Fragen bearbeitet wie:

- Welche Aspekte hat dieser Begriff?
- Wie sieht die entwertende Übertreibung aus (s. »Werte am Boden«, S. 93 ff.)?

→ Wie sieht unsere positive Seite aus?
→ Welcher Begriff steht unserem Spannungspol gegenüber?
→ Wenn wir uns gleich vorstellen und darstellen, was sagen wir? Wer ist unser Sprecher?

Dialog im Plenum: Die Sprecher der Begriffe führen einen Dialog im Plenum und werden von den Moderatoren interviewt. Einige Teilnehmer positionieren sich zu diesem Thema zwischen den Dialogpartnern. Dann soll die Frage diskutiert werden, wie man zur Lösung kommen kann.

Verarbeitung der Dialoge in Landkarten (s. »Dramaturgie: Kartografie für alle (und alles)«, S. 109 f.).

Methode: Den Anfang gestalten

Kurzbeschreibung: Erwärmung einer Gruppe, Gemeinsamkeiten entdecken, Alleinstellungsmerkmale sehen.

Inhalte und Zielsetzung: Diese Methode bietet ein Anfangen in einer Gruppe auf spielerische und kreative Weise. Neben Gemeinsamkeiten werden auch Alleinstellungsmerkmale und Kurioses aufgedeckt.

Lernkonzept: Workshops, Großgruppenveranstaltungen.

Dauer: 15 Minuten.

Ressourcen: Keine.

Ablauf: Der Moderator bittet die Gruppe aufzustehen und lädt sie zu einem anderen Anfang ein. In dieser ersten Runde geht es darum, sich näher kennenzulernen mit der Bitte, dass jemand in die Mitte des Kreises tritt und ein Merkmal, Thema oder Hobby benennt, das er denkt, mit den anderen zu teilen (zum Beispiel Anzahl der Geschwister, exotische Sprachen, Hobbys, ausübende oder ausgeübte Sportarten, besondere Ereignisse im Leben und so weiter.) Wichtig ist, als Moderator ein paar Beispiele zu sagen und den Anfang zu machen, indem ein Beispiel genannt wird. Sollten die Teilnehmer ihre Namen nicht kennen, so kann der Name vorangestellt werden: »Ich bin Mirja und habe zwei Kinder Teenie-Alter zu Hause.« Dann treten alle diejenigen in die Mitte, die das ebenfalls betrifft und wiederholen gegebenenfalls den Namen des Menschen im Kreis: »Hallo Mirja!«

Anmerkungen zur Wirkungsweise: Stehen und Bewegen am Anfang eines Workshops ermöglichen einen offeneren Austausch in einer Gruppe. Menschen bringen sich ein, öffnen sich von Anfang an und lernen die Namen kennen.

Variante: Der Moderator bittet die Teilnehmer nur die Themen zu nennen, wo sie denken, dass sie ein Alleinstellungsmerkmal in der Gruppe haben (zum Beispiel sieben Geschwister, eine elektrische Modelleisenbahn haben, viermal verheiratet, in Südamerika aufgewachsen, einen Salto springen können und so weiter). Möglich wäre auch, während der Ausübung die Frage zu wechseln.

Methode: Thesen leidenschaftlich vertreten

Kurzbeschreibung: Minidialogforum zu widersprüchlichen Thesen zu einem Thema.

Inhalte und Zielsetzung: Positionen werden herausgearbeitet und in offensiver Form vertreten. Themen werden emotionalisiert. Diese Methode funktioniert gut, wenn es Redner in der Gruppe gibt, die plakativ etwas zu sagen haben.

Lernkonzept: Workshop, Werkstatt.

Teilnehmer: Großgruppe.

Dauer: 1 Stunde.

Ressourcen: Keine, für die Variante zwei Megafone.

Vorbereitung: s. Ablauf.

Ablauf: In einer Art »Minidialogforum« erhalten jeweils zwei Redner unterschiedliche, zum Teil widersprüchliche Thesen zu einem Thema. Das Thema wird während des Workshops sichtbar und vom Berater aufgegriffen zur weiteren Besprechung. Für fünf Minuten soll ein heftiger Disput geführt werden, in dem die jeweilige These leidenschaftlich vertreten wird. Thesen können zum Beispiel lauten: »Zu viel Leidenschaft bei unseren Führungskräften wäre fatal!« Gegenthese: »Nur mit mehr Herzblut kommen wir aus der Misere!« These: »Leidenschaft heißt, dass Führungskräfte länger und mehr arbeiten als Mitarbeiter!« Gegenthese: »So wie wir aufgestellt sind, kann Leidenschaft gar nicht entstehen, weil keiner Verantwortung übernimmt!«
Die übrigen Teilnehmer sind Zuhörer. Sie können die Redner bewerten, zum Beispiel nach Leidenschaft, Wahrheit, Originalität und anderem mehr (möglich ist auch eine Pro- und Kontraabstimmung vor und nach der kurzen Debatte). Prozessberater einigen sich mit Rednern und Zuhörern auf einige Perlen der Debatten, auf eine Quintessenz. Diese Quintessenzen werden aufgeschrieben und in Kleingruppen weiterbearbeitet.

Variante: In einer lautstarken Variante findet das Gespräch im Freien mit Megafonen statt.

Methode: Magic Shop

Kurzbeschreibung: Methode aus dem Psychodrama, in der Eigenschaften oder Emotionen gehandelt und gekauft werden können.

Inhalte und Zielsetzung: Die Methode ermöglicht einen kreativen Austausch über Eigenschaften von Einzelnen und aktiviert Ressourcen, die in der Gruppe schlummern.

Lernkonzept: Workshop, Teamentwicklung.

Teilnehmer: 5–15 Personen.

Dauer: 2–3 Stunden.

Ressourcen: Keine.

Vorbereitung: Jeder Teilnehmer benötigt zwei 5-Euro-Scheine, Karten, Stifte, Metaplanwände, Tische.

Ablauf: Die Teilnehmer teilen sich in Kleingruppen auf (»Sucht euch Leute aus, mit denen ihr Pferde stellen würdet!«). Der Moderator gibt folgende Intervention: »Jede Gruppe hier ist ein kleiner Magic Shop. Ihre Aufgabe wird es sein, für jeden der hier Anwesenden – außer den Kollegen Ihres Zauberladens – eine Eigenschaft zu finden, die demjenigen zugutekäme. Von der Sie sagen würden, es wäre sinnvoll, wenn er sie besäße. Es kann auch eine Fähigkeit sein, die derjenige bereits besitzt und ausbauen sollte. Das wird die Eigenschaft sein, die sie demjenigen verkaufen wollen. Sie überlegen sich für ebenfalls für jeden eine Eigenschaft, von der Sie sagen würden, diese Eigenschaft hat er nicht nötig. Von der sollte er eher Abstand nehmen, weil er sie nicht braucht. Das wird die Eigenschaft sein, die er bei Ihnen recyceln kann. Die Eigenschaften, die Sie verkaufen und recyceln möchten, sollten persönlich auf die Person zugeschnitten und auch originell und realisierbar sein. Schreiben Sie für jede dieser Eigenschaften ein Kärtchen, auch für die Recycling-Eigenschaft – oder noch besser: Finden Sie einen symbolischen Gegenstand dafür.«
Die Teilnehmer haben nun eine Stunde Zeit (manchmal etwas mehr), um die Aufgabe zu erfüllen. Nach dieser Zeit kommen alle wieder zusammen, und jede Gruppe baut einen eigenen Magic Shop auf. Je schöner und origineller umso besser. Pinnwände eignen sich gut dafür.
Jetzt kommt das Geld ins Spiel. Der erste Kunde setzt sich nun in die Mitte und hört sich der Reihe nach von jedem Magic Shop eine flammende Verkaufsrede an, warum derjenige gerade diese Eigenschaft kaufen sollte. In der zweiten Runde kommen dann die Recycling-Eigenschaften an die Reihe. Erst nachdem der Kunde sich alles angehört hat, entscheidet er, was er wo kauft und begründet kurz seine Wahl. Die Eigenschaft die er für sich haben möchte, kostet fünf Euro, die Eigenschaft, die er recyceln will, ebenfalls. (Der Kunde kann jeweils nur eine Eigenschaft kaufen und nur eine recyceln. Es spielt keine Rolle, bei wem er kauft, ob er sich für beide Produkte aus einem Shop entscheidet oder ob er sein Geld aufteilt). In jedem Fall müssen zehn Euro über die Ladentheke gehen.
Alle Teilnehmer werden einmal zum Kunden. Es gibt dann tatsächlich Shopkeeper, die viel Geld einnehmen und andere die leer ausgehen.

Anmerkungen zur Wirkungsweise: Die Methode wird im Psychodrama angewandt. Im Psychodrama wird davon ausgegangen, dass jeder seine eigene Situation verbessern kann, indem Ressourcen aktiviert werden. Die eigenen Entwicklungsmöglichkeiten können so spielerisch entwickelt werden.

Methode: Fragen nach Skalen

Kurzbeschreibung: Skalenabfrage, um neues, verändertes oder gewünschtes Verhalten kennenzulernen.

Inhalte und Zielsetzung: Suche nach dem beobachtbaren Verhalten und konkret überlegen, wie eine Verhaltensänderung aussehen könnte, indem Verhaltensausnahmen ermittelt werden. Oder die Wunderfrage hilft zum Bewusstmachen von möglichen Verhaltensweisen.

Lernkonzept: Coaching, Ausbildung, Workshop, Führungsreise, Teamentwicklung.

Teilnehmer: 6–15 Personen.

Dauer: Ungefähr 1,5 Stunden.

Ressourcen: Kärtchen, auf die die Zahlen geschrieben sind.

Vorbereitung: Auf den Boden werden die Zahlen der Skala geschrieben (1, 5 und 10).

Ablauf: Der Prozessberater legt die Zahlen auf den Boden und stellt die Methode der Skalenabfrage vor. Dabei bittet er die Gruppenteilnehmer oder die einzelne Person, sich auf die Zahl zu stellen, die momentan für sie am meisten zutrifft. Folgende Fragen können dann gestellt werden: »Wie schätzen Sie auf einer Skala von eins bis zehn die Leidenschaft (der Person/der Gruppe) ein? Mut? Neugier? Wie lässt sich das am Verhalten beobachten?«
Diese Selbsteinschätzung wird dann nicht weiter untersucht, sondern mittels der Wunderfrage das erwünschte Verhalten offenbart. Die Wunderfrage lautet: »Stellen Sie sich vor, dass über Nacht ein Wunder geschehen ist und wir viel höhere Werte auf der Skala haben. Was wäre dann anders? Welches Verhalten würde wer dann zu wem zeigen? Wie sähe das Verhalten aus, wenn ich es filmen würde?« Je nachdem, wie die Anfangsskala aussieht, wird zunächst nach zwei Punkten mehr gefragt.

Variante: Das Verhalten wird in einem Kurzdrehbuch beschrieben. Zusätzlich könnte dieses Drehbuch der neuen Verhaltensweisen in der internen Firmenzeitung als Artikel veröffentlicht werden.

Anmerkungen zur Wirkungsweise: Hintergrund ist das lösungsorientierte Fragen, nicht nach den Ursachen, sondern nach der Funktionalität eines Verhaltens. Hat es also weiterhin einen Sinn, sich so zu verhalten, und hat es eine Funktion im System? Die Wunderfrage hilft dabei, ein neues Verhalten bildhaft zu machen.

Teamentwicklungen

Nicht immer wo Team drauf steht, ist auch Team drin

Der Begriff »Teamentwicklung« wird inflationär gebraucht. Bevor man eine Teamentwicklung macht, muss geschaut werden: Handelt es sich tatsächlich um ein Team beziehungsweise soll es eines werden? Teamentwicklungen sind nicht sinnvoll , wenn beispielsweise Arbeitsaufgaben anders verteilt oder alltägliche Themen moderiert werden sollen. Es gibt zwei Arten von Teamentwicklungen:

→ neu gebildete Teams, die für eine gewisse Zeit miteinander zu einer bestimmten Aufgabe arbeiten,
→ ständige Teams, die gemeinsam mit der Führungskraft verbunden sind.

Teamarbeit ist ein Arbeitsstil, mit dem ein Schatz an kollektiven Fähigkeiten und Kräften gehoben werden kann. Die Unternehmen müssen die Komplexität ihrer Aufgaben bewältigen, und das funktioniert erst dadurch, dass eine Kooperation zwischen den unterschiedlichen Bereichen zustande kommt. Organisationen gehen davon aus, dass im Team ein »Mehr« von Wissen und Leistung entsteht, das die Mitglieder für sich allein niemals fertigbringen würden. Im positiven Sinne vereinen sie ihre persönlichen Stärken im Team und schaffen Außergewöhnliches für das Ziel ihres Unternehmens.

Erfolgreiche Teamarbeit ist gekennzeichnet durch folgende Kriterien:

- → Es wird ein gemeinsames Ziel erarbeitet und vereinbart.
- → Die wesentlichen Aufgaben sind verteilt an diejenigen, die die erforderlichen Fähigkeiten dazu mitbringen.
- → Alle tragen Mitverantwortung für die Arbeitsergebnisse.
- → Die Teammitglieder unterstützen sich gegenseitig und sorgen für Kapazitätsausgleich.
- → Den anderen Teammitgliedern wird gut zugehört.
- → Die Rahmenbedingungen für alle sind geklärt.
- → Es gibt eine Steuerung/Führung, die als »Dienstleister« tätig wird und nicht die Macht ausübt.
- → Innerhalb und außerhalb des Teams werden Informationen ausgetauscht.
- → Die Teammitglieder sind flexibel im Einsatz, Denken und Handeln.
- → Konflikte werden gemeinsam ausgetragen, und mit anderen geäußerten Meinungen wird konstruktiv umgegangen.
- → Teamarbeit wird als Prozess verstanden, es wird darüber reflektiert und gegebenenfalls der Prozessverlauf korrigiert.

Neue Teams sind keine Selbstläufer

Neu gebildete Gruppen sich selbst zu überlassen – nach dem Motto: Die steuern und entwickeln sich schon selbst –, funktioniert in den seltensten Fällen. In jedem Unternehmen muss Gruppenarbeit von den Mitarbeitern sowie den Vorgesetzten erst gelernt werden. Ähnlich wie eine Führungskraft lernen muss zu führen, muss eine Gruppe lernen, wie sie sich führt und erfolgreich gemeinsam arbeiten kann.

Grenzen einer erfolgreichen Gruppenarbeit

Teams können sich mental festfahren, sodass sie nicht mehr in der Lage sind, miteinander zu sprechen und Lösungen zu erarbeiten, um sich selbst zu retten. Bei mangelnder Konfliktfähigkeit ist die Gefahr sehr groß, dass alle Teammitglieder sehr konform agieren. Ein weiterer Grund für eine Nichtzusammenarbeit sind die Erfahrungen. Denn: Gab es beispielsweise schon viele Frustrationen des Einzelnen mit Teamarbeit, so kann dies zur Ablehnung der Gruppe insgesamt führen.

Ein zu harmonischer Umgang miteinander führt nicht in die Höhen der Gruppenarbeit – erst durch Reibung und Unterschiedlichkeit wird Teamarbeit effektiv bezogen auf die Aufgabe. Hintergrund für diese Harmonie ist eine zu große Abhängigkeit des

Einzelnen vom Gruppengefühl. Beispielsweise das Gefühl, nicht abgelehnt werden zu wollen, birgt das Risiko, dass das Selbstbewusstsein des Einzelnen nicht ausreicht, die eigenen individuellen Ideen einzubringen. Zurückhaltung und Verstecken sind jedoch für ein Team nicht kreativ, und so kommt das Neue nicht in die Welt …

Team: Die Kunst der Verstellung

Kritik an Teamarbeit wird kaum gehört, dennoch ist nicht alles so rosig, wie es scheint. Außerhalb der hierarchischen Strukturen zu arbeiten, heißt auch, dass der Chef nicht dabei ist. Das führt dazu, dass Mitarbeiter sich anders untereinander verhalten. Dies kann zu einer Maskerade führen, dass Mitarbeiter sich untereinander etwas vorspielen: »Wie interessant!« »Was Sie sagen, ist sehr wertvoll!« »Wie können wir das besser machen?« Aufgesetzte Freundlichkeit oder harter Machtkampf sind Mitspieler bei Teamarbeit – beides birgt Schwierigkeiten für das Miteinander in Gruppen. Richard Sennett beschreibt in »Der flexible Mensch« (2006, S. 149 ff.) eindrücklich, dass Teamkonzepte in der Wirtschaft eher wenig mit Menschlichkeit zu tun haben. Es ist lediglich eine Fiktion, dass Angestellte nicht miteinander konkurrieren. Keine Führungskraft kann so brutal sein wie das Team. Der Druck von Kollegen soll die Arbeit des Managers tun, da in Gruppen Autorität verschwindet, denn niemand kann so direkt verantwortlich gemacht werden wie eine Führungskraft. Schwäche von Führung lässt sich so gut ausgleichen: Teamarbeit wird das Thema lösen. In der Teamarbeit wird jedoch eher mit Macht umgegangen und nicht mit Autorität, sodass ein höherer emotionaler Druck auf Mitarbeiter ausgeübt wird.

Was Teamentwicklung bewirken kann

Das Ziel von Teamarbeit ist, im Gruppenergebnis die Pluralität der Kompetenzen wiederzufinden. Um das kreative Potenzial zu nutzen, ist jeder Einzelne und jede Positionierung bedeutend. Der Prozessberater hilft, das Potenzial optimal zu nutzen. Wie ist dies möglich? Benötigt wird dafür ein Blick in den Gruppenprozess: Regeln und Rollen wie Zuschreibungen von Einfluss, Kompetenz und Sympathie werden in Gruppen schon zu Anfang schnell gebildet. Diese anfangs festgelegten Interaktionsmuster bestimmen die Arbeits- und Entscheidungsfähigkeit von Gruppen – und das bleibt. In einer Gruppe einen Rollenwechsel zu vollziehen, bedeutet Kraftanstrengung. Sich in der Rolle als Mitläufer in Gruppen durchzusetzen und die eigene Positionierung in den Vordergrund zu stellen – beispielsweise gegen den vermeintlich Einflussreichsten der Gruppe –, gelingt einerseits selten. Andererseits fühlt sich dieser Einflussreiche wiederum in seiner Rolle bestätigt und wird diese nicht verändern, da er befürchtet, dass es kein Ergebnis geben wird, wenn er nicht vorgibt. So bleibt alles, wie es ist.

Die Stabilität in den Kommunikationsbeziehungen beeinträchtigt die Informationsverarbeitung und Produktivität nachhaltig. Jeder Teilnehmer überprüft aus subjektiver Sicht, wie der Nutzen zum Aufwand steht. Ist die Bilanz negativ, so verlassen Einzelne physisch oder intellektuell die Gruppe.

Um die Stabilität der Verhaltenszuschreibungen und Rollen zu stören, braucht es Teamentwicklung. Die Routine der Gruppe begrenzt Veränderung, erst durch Perspektiven- und Rollenwechsel wächst die Kreativität. Dialogkultur entsteht, wenn Positionen und Festschreibungen hinterfragt werden. Handlungen und Ziele können so korrigiert und neu gedacht werden.

Was macht ein Prozessberater in der Teamentwicklung?

Es ist ein schönes Gefühl für alle, wenn ein Team nach einer schwierigen Phase gemeinsam erfolgreich arbeitet, sich ergänzt, sich wahrnimmt und respektiert. Damit dieser Zustand erreicht werden kann, ist es jedoch notwendig, Täler zu durchwandern. Solche Täler zeigen sich als Ungeduld Einzelner, in zähen Gesprächen, Wiederholungen bis hin zum Verweigern der Teamarbeit. Werden diese angesprochen – spätestens durch den Prozessberater –, gelangt man wieder in die Höhe.

Das Miteinandersprechen ist hier hilfreich: Eine Gruppe denkt, indem sie miteinander spricht – und das braucht Zeit und Geduld. Zeit für Gespräche außerhalb der sachlichen Themen und Geduld für die beschriebenen Kommunikationstäler. Prozessberater steuern bewusst und gezielt den Prozess des Miteinandersprechens. Gruppendiskussionen sind häufig darin gefangen, dass jeder versucht, dem anderen seine Meinung aufzudrängen, ohne dass die Positionen tatsächlich klar sind. Echte Unvereinbarkeit ist selten – viel häufiger sind Missverständnisse oder unausgesprochene Interessen. Gemeint sind die Hintergründe für das Verhalten, das Thema hinter dem Thema und den Motivationen. Diese herauszustellen bewirkt, dass neu und anders darüber nachgedacht wird. Eine Haltung zu erreichen, die nicht abgrenzt (»Ich versuche, euch zu überzeugen«), sondern das Voneinanderlernen zu lernen (»Ich verstehe eure Beweggründe nicht«), begünstigt diesen Vorgang.

Das wird als Teamentwicklung bezeichnet: Jede Gruppe hat ihren eigenen Charakter, ihre wiederkehrenden Muster und Regeln. In der Rolle des Prozessberaters gilt es, diese Verhaltensweisen einer Gruppe aufzudecken, zu analysieren und zu prüfen, ob dieses oder jenes Verhalten des Einzelnen weiter sinnvoll ist für die Zusammenarbeit im Team. Gruppen benötigen Zeit, etwa ein Viertel der Arbeitszeit für diese Klärungsprozesse.

Wichtig ist das Sprechen, doch wichtiger noch ist das Zuhören – hilfreich ist als Prozessberater, einzelne Teammitglieder zwischendurch zu fragen, was sie von dem anderen verstanden haben.

Als Prozessberater erlebt man eine Gruppe als quasifamiliäre Zusammensetzung. Die Enge des Zusammenseins bringt Themen und Konflikte mit sich, die auf einer

Arbeitsebene im Alltag nicht erfolgreich bearbeitet werden können. Eine Teamentwicklung ist Pause vom Alltäglichen und kann die Enge wieder weiten.

Methode: Stuhlkunst

Kurzbeschreibung: Kommunikation, Rollen.

Inhalte und Zielsetzung: Diese Übung dient dem Bewusstmachen von Kommunikationsmustern, Rollenverteilung, Führungsanspruch und Umgang mit Fehlern in einer Gruppe. Besonders für virtuelle Teams und deren Kommunikationsverhalten ist diese Methode hilfreich.

Lernkonzept: Teamentwicklung, Schnittstellen-Workshop.

Teilnehmer: 12 Personen (Alternative plus 2–3 Beobachter).

Dauer: Durchführung ungefähr eine halbe Stunde; Auswertung 1–2 Stunden.

Ressourcen: Zwei Metaplanwände zum Abtrennen, drei Stühle, eventuell eine Videokamera zur Unterstützung der Auswertung (Kunstwerk vorher/nachher) oder zumindest eine Polaroidkamera. Alternative zu den Ressourcen: Es werden noch zwei Beobachter benannt.

Vorbereitung: »Kunstwerk«, bestehend aus drei Stühlen, aufbauen und Raum mit Metaplänen in zwei Hälften teilen.

Ablauf: Gruppeneinteilung in drei Kleingruppen mit je drei bis vier Teilnehmern. Zwei Gruppen werden aus dem Raum geschickt, und die Übung wird mit Gruppe 1 vorbereitet: Diese baut ein Kunstwerk aus den bereitgestellten Materialien und denkt sich eine Geschichte zum Kunstwerk aus. Gruppe 1 prägt sich das Bild genau ein und berichtet Gruppe 2, wie das Kunstwerk aussieht und erzählt die Geschichte, sodass das Kunstwerk von der zweiten Gruppe hinter der Metaplanwand rekonstruiert werden kann. Wichtig ist, dass keine Zeichnungen oder schriftliche Dokumente erstellt werden dürfen.
Im weiteren Verlauf instruiert die zweite Gruppe die dritte Gruppe, wie die Stühle aufgebaut werden sollen, und erzählt die entsprechende Geschichte. Diese baut dann entsprechend den verstandenen Angaben hinter der Metaplanwand ihr Kunstwerk auf. Abschließend werden die Wände entfernt und geschaut, welche Gemeinsamkeiten und Unterschiede vorhanden sind.
Für virtuelle Teams kann die sprachliche Übermittlung der Informationen durch schriftliche oder telefonische Kommunikation ersetzt werden: Per SMS, Brief oder Telefongespräch werden die nachfolgenden Gruppen informiert (aber auch hier sind Zeichnungen nicht erlaubt!).

Variante: Beobachter einsetzen mit folgenden Fragen: Welche Gemeinsamkeiten und welche Unterschiede sind bei den Kunstwerken vorhanden? Wurden die Informationen wie bei einer Stillen Post immer mehr umgewandelt? Wie wurde kommuniziert? Was war hilfreich? Was nicht? Welche Informationen werden gegeben? Gab es nur Angaben zum Kunstwerk oder wurde der Gesamtzusammenhang erklärt? Wie wurde geführt? Von hinten oder direktiv von vorn? Über eine Rückkopplung? Gab es klare Anweisungen? Gab es Rückfragen? Ist die Kommunikation auch wechselseitig (Einweg-/Zweiwegkommunikation)?
Wie waren die Rollenverteilungen in der erklärenden und ausführenden Gruppe? Gab es Absprachen darüber? War der Ablauf der Übung insgesamt strukturiert oder unstrukturiert?

Anmerkungen zur Wirkungsweise: Reflektiert wird, wie Informationen verloren gehen können. Kommunikationsmuster können aufgedeckt werden. Wo liegen die Schwierigkeiten der Kommunikation? Was sind einfache Anzeichen von Führung? Fast alle Teilnehmer sind zu einem Zeitpunkt in der aktiven Rolle und zu einem anderen Zeitpunkt in der Beobachterrolle. Wie verschieden ist die Wahrnehmung aus diesen beiden Perspektiven? Reflexion über die gesammelten Erfahrungen.

Methode: Magic Bamboo

Kurzbeschreibung: Team/Zusammenarbeit, Stab gemeinsam ablegen.

Inhalte und Zielsetzung: Impulsübung in einem Workshop. Mit vertiefter Reflexion kann es als Teamentwicklungsinstrument oder als kreative Auflockerung eingesetzt werden.

Lernkonzept: Teamentwicklung.

Teilnehmer: 8–15 oder bis zu 100 Personen.

Dauer: 1 Stunde.

Ressourcen: Bambusstab oder aus Moderationspackpapier gerollter Stab.

Ablauf: Die Teilnehmer stellen sich mit dem Gesicht zueinander auf und bilden eine Gasse. Dabei stehen sie Schulter an Schulter, strecken ihre Arme aus mit den Handflächen nach oben, aber nur die Zeigefinger sind ausgestreckt. Die gegenüberstehenden Teilnehmer ordnen ihre Zeigefinger jeweils nach dem Reißverschlussprinzip an. Auf diesen waagerecht gehaltenen Zeigefingern (etwa auf Augenhöhe) legt der Prozessberater einen sehr leichten Stab ab. Er drückt etwas von oben und erklärt, dass das Ziel ist, den Stab auf den Boden abzulegen. Dabei ist es nicht erlaubt, den Stab festzuhalten, beispielsweise mithilfe eines eingehakten Fingers. Aber: Alle müssen einen ständigen Hautkontakt zum Stab halten.

Variante: Es können auch zwei Gruppen gegeneinander arbeiten. Oder es werden zwei bis drei Stäbe verwendet, die sich am Ende berühren sollen.

Anmerkungen zur Wirkungsweise: Vorsicht – die Methode ist sehr verbreitet und daher bekannt! Wenn sie jedoch noch nicht bekannt ist, dann sollten Sie sie unbedingt ausprobieren. Zuerst erscheint die Aufgabe für die Gruppe sehr leicht lösbar. Umso überraschender ist es dann für alle, dass der Stab sich nach oben bewegt. Spätestens wenn die ersten Teilnehmer den Stab nicht mehr erreichen können, entsteht Stress in der Gruppe, und oft folgt die Suche nach der Ursache oder dem Schuldigen.
Mögliche Fragen in der nachfolgenden Auswertung und Reflexion sind: Welche Atmosphäre hat sich in der Gruppe entwickelt, welche Auswirkung hatte dies auf die Lösung? Was war typisch an der Dynamik in der Gruppe und an der Lösungsstrategie? Welches ähnliche Verhalten kennen Sie im Unternehmen? Wer hatte gute Ideen, die auch umgesetzt wurden? Wer beansprucht Führung für sich? Was hat geholfen, und was war eher erschwerend bei der Lösung der Aufgabe? Was hat zum Erfolg beigetragen? Wenn wir in vergleichbaren Stresssituationen als Team sind, reagieren wir dort genauso? Was sind gute Handlungsalternativen?

Methode: Autoscooter

Kurzbeschreibung: Zusammenarbeit, gemeinsam ein Auto bilden.

Inhalte und Zielsetzung: Durch diese Übung können Bewegung, Vertrauen und Kooperation erfahrbar gemacht werden. Zudem werden die Auswirkungen von erschwerter Kommunikation deutlich.

Lernkonzept: Workshop, Teamentwicklung.

Teilnehmer: 8–40 Personen.

Dauer: 20–30 Minuten.

Ressourcen: Eventuell Musik oder Geräusche.

Vorbereitung: Bei der Spielanleitung den Sicherheitsaspekt betonen. Auf Hindernisse im Raum hinweisen.

Ablauf: Ein Autoscooter besteht aus jeweils drei bis vier Teilnehmern, die hintereinander stehen und bis auf die letzte Person ihre Augen geschlossen haben. Alle haben jeweils dem Vordermann die Hände auf die Schulter gelegt. Die hinterste Person – also die einzige, die sehen kann – lenkt den Autoscooter durch den Verkehr. Dabei bedeutet ein Druck auf die linke Schulter »links abbiegen«, ein Druck auf die rechte Schulter entsprechend »rechts abbiegen«. Leichtes Drücken auf die Schultern bedetuet Vorwärtsfahren, Ziehen an den Schultern Rückwärtsfahren. Nach zwei bis drei Minuten erfolgt ein Platzwechsel, bis jeder einmal von hinten gelenkt hat.

Variante 1: Eine CD mit Verkehrsgeräuschen oder passender Musik einspielen.

Variante 2: Draußen im Gelände durchführen.

Variante 3: Ein fahrzeugeigenes Kommunikationssystem ohne Sprache wird eingeführt. Jede Gruppe entwickelt ihr eigenes.

Anmerkungen zur Wirkungsweise: Bei dieser Übung wird deutlich, wie Informationen sich über die Schultern hinweg verändern oder verschieden interpretiert werden und zu anderen Ergebnissen führen. Anschließende Fragen können sein: Wie war die Durchführung? War es schwer, so weit im Vorfeld zu lenken? Wie wurde geführt?

Methode: Gruppenmetronom

Kurzbeschreibung: Zusammenarbeit, einen gemeinsamen Rhythmus finden.

Inhalte und Zielsetzung: Die Gruppe kann durch die Übung Konzentration, Empathie und Vertrauen entwickeln und sich austesten.

Lernkonzept: Workshop, Teamentwicklung.

Teilnehmer: 8–18 Personen.

Dauer: 5–10 Minuten.

Vorbereitung: Nach der ersten Bewegungssequenz kurz unterbrechen und eventuell die Handhaltung verändern.

Ablauf: Ziel ist es, sich zusammen als Gruppe zu bewegen, einen gemeinsamen Bewegungsrhythmus zu finden und Vertrauen aufzubauen. Alle Teilnehmer stehen im Kreis und halten sich an den Händen. Abwechselnd wird unter den Teilnehmern mit »1« und »2« durchgezählt. Auf ein Zeichen hin lehnen sich die Teilnehmer »1« mit ihrem Oberkörper langsam nach vorn, gleichzeitig bewegen sich die Teilnehmer »2« mit dem Oberkörper langsam nach hinten (die Füße bleiben auf der Stelle). Aus dieser Position heraus wird eine gegenläufige Bewegung angestrebt. Die Teilnehmer »1« bewegen sich jetzt mit dem Oberkörper in die Rückenlage, gleichzeitig bewegen sich die Teilnehmer »2« nach vorn in eine leichte Bauchlage. Die Teilnehmer halten sich also gegenseitig, und die Gruppe gelangt so in einen Zustand der Ausgewogenheit. Hat die Gruppe für diesen Bewegungsablauf ein Gefühl entwickelt, können die Wechsel schneller aufeinanderfolgen.

Variante 1: Die Hälfte der Gruppe schließt die Augen.

Variante 2: Die Gruppe teilt sich paarweise auf. Jeweils zu zweit lehnt man sich nach hinten oder geht in die Knie. Dabei ist ein Griff jeweils um das Handgelenk des Übungspartners am sichersten.

Anmerkungen zur Wirkungsweise: Kommunikations- und Verhaltensmuster sind für alle deutlich zu erkennen. Der Prozessberater sollte sich während der Übung nicht einmischen. Bei einigen Teilnehmern können Bedenken bezüglich ihrer körperlichen Fitness vorhanden sein. Sobald die Gruppe einen Rhythmus gefunden hat, macht es Spaß, flott hin- und herzuwechseln.

Methode: Szenenkette

Kurzbeschreibung: Zusammenarbeit und Improvisation.

Inhalte und Zielsetzung: Die Teilnehmer formieren aus sich eine Maschine. Ziel ist es, die Teilnehmer zu beleben. Die Übung dient auch dazu, das Beziehungsgeflecht und die Zusammenarbeit besser erkennen zu können.

Lernkonzept: Teamentwicklung.

Teilnehmer: 8–18 Personen.

Dauer: 10–15 Minuten.

Ablauf: Die Gruppe steht im Kreis, und das Ziel ist, eine Maschine aus allen Teilnehmern zu bauen. Eine Person beginnt in der Mitte, sie macht eine Bewegung und ein Geräusch. Die anderen Teilnehmer kommen nach und nach hinzu und schließen ihre Bewegungen und Geräusche an die bestehenden an. So entsteht ein Gesamtkörper.

Anmerkungen zur Wirkungsweise: Durch die verschiedenen Rollen kommt Spaß und Bewegung in die Gruppe. Ein kreatives Sichausprobieren wird möglich.

Methode: Handball Prozessoptimierung

Kurzbeschreibung: Zusammenarbeit, besonders an den Schnittstellen.

Inhalte und Zielsetzung: Durch diese Methode wird die Zusammenarbeit und Kommunikation gefördert und die Wichtigkeit von Kontakt in Form von Absprache und Planung zwischen den Schnittstellen bewusst gemacht.

Lernkonzept: Workshop, Teamentwicklung.

Teilnehmer: 8–15 Personen.

Dauer: Ungefähr 20 Minuten.

Ressourcen: Kleiner Ball.

Ablauf: Ziel ist es, dass alle Teilnehmer am Ende den Ball mit beiden Handflächen berührt haben. Dabei soll der Ball so schnell wie möglich vom Anfang bis zum Ende transportiert werden. Anfangs sitzen die Teilnehmer im offenen Stuhlkreis, und der Prozessberater stellt die Aufgabe als einen Kundenauftrag vor.
Die Teilnehmer bleiben in der Regel zunächst sitzen und versuchen, den Auftrag so zu lösen. Ist der erste, viel zu langsame Durchlauf fertig, fordert der Moderator die Gruppe auf, sich hinzustellen.
Dann bittet der Moderator die Gruppe, einen Koordinator zu bestimmen, der nun im Kreis steht und die ihm entgegengestreckten Hände mit dem Ball berührt. Der Koordinator läuft ein paar Runden mit dem Ball die Hände ab und versucht, schneller zu werden. Aber auch dieser Versuch wird als viel zu langsam bewertet.
Als weitere Variante stellen sich die Teilnehmer in einer Reihe auf (immer zwei Teilnehmer gegenüber). Alle Teilnehmer bilden mit ihren Händen eine schiefe Ebene (als Rutschbahn). Der Koordinator lässt den Ball am oberen Punkt der Ebene losrollen und die Teilnehmer müssen darauf achten, dass der Ball weiterrollt, alle Hände ihn berühren und er unterwegs nicht verloren geht.

Anmerkungen zur Wirkungsweise: Sobald ein Koordinator bestimmt ist, verhalten sich die Teilnehmer passiv und warten auf den Ballkontakt. Der gesamte Ablauf ist nicht mehr von Interesse, denn der Koordinator macht ja alles. Folglich ist kaum Kommunikation zwischen den Schnittstellen vorhanden. Am besten kann man dies beobachten, wenn die Teilnehmer in einer Reihe stehen. Alle warten auf die nächste Ballberührung. Bei diesem Abschnitt der Übung sind die Handflächen der Nachbarn eng aneinandergepresst. Sie sehen also auch beim Nachbarn, was dieser unternimmt, um den Ball im Rollen zu lassen. Trotzdem wird dies kaum beachtet oder darüber gesprochen.
In der Reflexion wird über passives Gruppenverhalten und aktives Mitgestalten gesprochen. Wie kann es zu einer Kommunikation zwischen den Schnittstellen kommen? Wenn es stattfand, was war dann der Auslöser? Wo lagen Erfolgsfaktoren?

Methode: Ätzender Fluss

Kurzbeschreibung: Zusammenarbeit, Auflockerung, Wettkampf.

Inhalte und Zielsetzung: Durch diese aktivierende Methode können Zusammenarbeit und Kommunikation über Bewegung erfahren werden.

Lernkonzept: Workshop, Teamentwicklung.

Teilnehmer: Kleingruppen mit je 5–7 Personen.

Dauer: 10–20 Minuten.

Ressourcen: Je Gruppe DIN-A4-Blätter (gleiche Anzahl wie Teilnehmer).

Vorbereitung: Einen imaginären Fluss markieren, fünf bis zehn Meter breit.

Ablauf: Ziel ist es, den gefährlichen Fluss als gesamte Gruppe zu überqueren. Jede Kleingruppe erhält pro Teilnehmer ein DIN-A4-Blatt, welche Schildkröten (magische Steine) symbolisieren. Mithilfe der Schildkröten soll der ätzende Fluss überquert werden. Die Teilnehmer können die Schildkröten dabei positionieren, wie sie wollen. Allerdings geht alles, was den Fluss berührt, unter – mit Ausnahme der Schildkröten. Das bedeutet: Mindestens einer der Teilnehmer muss Körperkontakt zu diesen halten. Dieser darf nicht unterbrochen werden, da die Schildkröten sonst wegschwimmen und somit verloren gehen (der Prozessberater nimmt sie weg).
Die Gruppe soll nun mit allen Teilnehmern unter Zuhilfenahme der Schildkröten an das andere Ufer kommen. Die Haltung des Prozessberaters wird sehr streng und wenig verhandlungsoffen sein. Wenn jedoch gar keine Aussicht auf Erfolg besteht, darf verhandelt werden, beispielsweise bekommt die Gruppe einige Blätter zurück; als Ausgleich sozusagen werden einem der Teilnehmer jedoch die Augen verbunden.

Variante 1: Anstelle von Papierblättern können auch Wasserkästen genutzt werden.

Variante 2: Eine Gruppe kann in zwei Gruppen geteilt werden. Bei der Einteilung betont der Prozessberater jedoch, dass alle Teilnehmer eine Gruppe sind mit dem Ziel, den Fluss zu überqueren. Meist ist eine Gruppe schneller als die andere, und vielfach hilft sie der zweiten Gruppe nicht, sondern denkt nur an sich.
Anschließend erfolgt die Reflexion über die Zusammenarbeit in den unterteilten Gruppen – wie schnell bilden sich neue Systeme in bestehenden?

Anmerkungen zur Wirkungsweise: Wird die Übung in der Teamentwicklung eingesetzt, kristallisieren sich sehr schnell Rollen heraus, die auch in der täglichen Zusammenarbeit »gespielt« werden. Wer bringt seine Ideen ein? Wer hält sich zurück? Wessen Vorschläge werden gehört? Wer steuert das Team? Auch wenn die Teilnehmer behaupten werden, dass sie sich in der Realität natürlich ganz anders verhalten, bietet die Übung einen Anknüpfungspunkt, um über die Zusammenarbeit im Team ins Gespräch zu kommen.

Methode: Die Wunder im Dunkeln

Kurzbeschreibung: Zusammenarbeit, Kooperation, Konzentration.

Inhalte und Zielsetzung: Die Zusammenarbeit, Kooperation und Fantasie werden geschult, indem zwei Teilnehmer zusammen blind ein Bild malen.
Lernkonzept: Workshop, Teamentwicklung.

Teilnehmer: 8–40 Personen.

Dauer: 5–10 Minuten.

Ressourcen: Faserschreiber, DIN-A4-Bogen.

Vorbereitung: Die Teilnehmer sitzen paarweise an Tischen.

Ablauf: Zwei Teilnehmer malen blind mit einem einzigen Stift an einem Bild. Das Thema steht fest, aber eine Absprache findet nicht statt. Mögliche Themen: Tannenbaum, Elefant, Schloss, Zeitungle-sen während des Frühstücks, das Seminarthema, Dschungel mit Tieren. Die Teilnehmer signieren die Bilder (blind) mit Namen, und anschließend werden die Bilder aufgehängt.

Variante: Beliebig zu erweitern und an Themen anzupassen.

Anmerkungen zur Wirkungsweise: Ohne Reden sind die Teilnehmer auf nonverbale Kommunikation angewiesen und müssen sich sehr konzentrieren. Die gegenseitige Wahrnehmung und (wortlose) Absprache bekommen eine höhere Wichtigkeit.

Methode: Quadratisch? Praktisch. Blind!

Kurzbeschreibung: Zusammenarbeit, Kooperation, Konzentration, Kommunikation.

Inhalte und Zielsetzung: Das Agieren mit verbundenen Augen fördert das Gemeinschaftsgefühl und macht bewusst, dass Kooperation und Absprache wichtig sind.

Lernkonzept: Workshop, Teamentwicklung.

Teilnehmer: 10–15 Personen.

Dauer: 15–20 Minuten.

Ressourcen: 6–10 m langes Seil, Augenbinden entsprechend der Teilnehmerzahl.

Vorbereitung: Die Teilnehmer stehen im Kreis und verbinden sich die Augen.

Ablauf: Die Teilnehmer stehen im Kreis und haben die Augen bereits verbunden. Der Prozessberater legt ihnen das Seil teilweise auch über Kreuz in die Hände. Nun folgt der Auftrag: »Legt das Seil in ein Viereck.« Die anschließende Reflexionsphase ist wichtiger als die Spielphase. Folgende Fragen können dabei helfen:

- → Wie hat sich die Gruppe anfangs organisiert?
- → Wer hat alles geführt?
- → Welche Führungsart wurde akzeptiert?
- → Gab es eine Planungs- und eine Ausführungsphase?
- → Gab es verborgene Gruppenregeln?
- → Wurde der Auftrag gelöst?
- → Wie zufrieden seid ihr mit dem Ergebnis?

Anmerkungen zur Wirkungsweise: Sobald sich jeder auf seinen Bereich konzentriert hat und korrekt Auskunft geben kann, wie das Seil verläuft, kann die gesamte Aufgabe erfüllt werden.

Methode: Funktionalität ist nicht alles

Kurzbeschreibung: Zusammenarbeit, Kreativität.

Inhalte und Zielsetzung: Eine Geschichte mit drei Gegenständen entwickeln.

Lernkonzept: Workshop, Teamentwicklung.

Teilnehmer: Kleingruppen zu je 3 Personen (9–25 Personen insgesamt).

Dauer: 15–20 Minuten.

Ressourcen: Im Raum befindliche Gegenstände.

Vorbereitung: Eventuell zusätzlich Gegenstände bereitlegen.

Ablauf: Drei Gegenstände werden von jeder Gruppe gewählt: herumliegende aus dem Raum, aus der eigenen Jacke oder von Passanten auf der Straße. Innerhalb von fünf bis zehn Minuten Beratungszeit soll nun jede Kleingruppe eine Kurzgeschichte erfinden, in der die Gegenstände vorkommen, jedoch nicht in ihrer ursprünglichen Funktion oder Bedeutung.
Alle Geschichten werden nacheinander vorgespielt. Dazu kann die Bereitschaft zur Darstellung verbessert werden, wenn mit den Stühlen ein Halbkreis in einer Ecke des Raumes gebildet wird, sodass ein »Bühnenraum« festgelegt ist.

Variante: Das Geschichtenformat wird vorgegeben: Märchen, Drama, Liebesgeschichte, Krimi, Dokumentation.

Anmerkungen zur Wirkungsweise: Stark auflockernde Wirkung; durch die kreative Zusammenarbeit können Geschichten entstehen, die noch lange weitererzählt werden.

Methode: Sacred Bundle des Teams

Kurzbeschreibung: Geschichte(n) eines Teams.

Inhalte und Zielsetzung: Die Geschichten der Gruppe finden und weiterschreiben.

Lernkonzept: Teamentwicklung, Werkstatt, Reise.

Teilnehmer: Kleingruppen zu je 3–4 Personen (das ganze Team).

Dauer: 1,5 Stunden.

Ressourcen: Flipchart (Titel der gefundenen Geschichten visualisieren).

Ablauf: Die Teilnehmer setzen sich zuerst in Kleingruppen zusammen und überlegen, welche Geschichten es von dem Team gibt. Welche werden über das Team erzählt? Danach werden die Geschichten der Kleingruppen gesammelt und im Plenum diskutiert. Folgende Fragen helfen dabei, die Geschichten zu finden:
Welche Geschichten hat das Team?
Was war unsere größte Herausforderung, die wir bewältigt haben?
Was sind unsere größten Stärken?
Als nächster Schritt wird wieder in Kleingruppen an folgender Aufgabe gearbeitet: Erfindet die beste Geschichte eures Teams. Dann kann die Geschichte wieder im Plenum erzählt werden oder in kleinen Vignetten (Einaktern) vorgespielt werden.

Variante 1: Eine Zukunftsprojektion spielen: Wenn wir alle Optionen, die wir haben, nutzen würden, dann ... Oder wie sähe unser Scheitern aus?

Variante 2: Mit zwei Teams: Die Geschichte wird jeweils der anderen Gruppe vorgespielt. Welche Szene war frei erfunden? Und welche ist die wahre Teamgeschichte?

Variante 3: Was wäre wenn? Die wichtigsten Entscheidungen, die das Team getroffen hat, werden nochmals durchgegangen. Welche Entscheidung war richtungsweisend für Geschichten? Würden die Entscheidungen anders fallen, was wäre dann aus dem Team geworden?

Variante 4: Wenn ein Wunder geschehen würde und sie über Nacht zu einem echten Team zusammengewachsen wären, wie würden sie dann zusammenarbeiten? Wann hat das Team die besten Zeiten erlebt? Was war da anders?

Anmerkungen zur Wirkungsweise: Es gilt, die Basisgeschichten des Teams zu finden, denn »Zukunft braucht Herkunft«. An diesen Basisgeschichten kann sich eine Fortschreibungsgeschichte anknüpfen oder am besten eine Sprungbrettgeschichte, die einen Erfolg weitererzählt. Es wird reflektiert, wo und bei wem hat das, was sich verändern soll, schon einmal funktioniert. Wann gab es Ausnahmen? Geschichten wirken, da sie der Gruppe ein gemeinsames mentales Bild geben. Eine bildhafte Geschichte hilft dabei, eine gemeinsame Grundlage zu schaffen, sodass über gemeinsame Ideen gesprochen wird.
Geschichten sind auch Diagnosetools für Kommunikations- oder Fehlerkultur.

Führungsfeedbacks

Führungskräfte wollen es wissen – oder manchmal auch nicht. Kybernetisch gesehen werden zwei psychische Systeme in Zusammenhang gesetzt, vor dem Hintergrund des Gesamtsystems – indem sie ihre Wahrnehmung voneinander kundtun. In allen Organisationen gibt es mittlerweile das Instrument »Feedback«, zumindest theoretisch in Visionssätzen und Leitbildern. Der kommunikative Austausch zwischen Führungskräften und Mitarbeitern über Führung ist wünschenswert, oft aber fehlen der Wille, dafür Zeit einzuräumen, und bisweilen auch die Kompetenz, diesen praktisch umzusetzen.

Es gehört zur professionellen Kommunikation in Unternehmen, dass Führungskräfte sich mit den Feedbacks der eigenen Mitarbeiter auseinandersetzen. Diese Auseinandersetzung mit dem Selbst- und Fremdbild ist die Grundlage für die eigene Entwicklung – zum Wohl der Persönlichkeit und der Organisation. Führung beginnt damit, sich häufiger, intensiver und systematischer mit der eigenen Person zu beschäftigen. Peter Drucker (1999) schreibt, dass sich Berufskarrieren besonders dann erfolgreich entwickeln, wenn Menschen ihre Stärken kennen und Chancen nutzen, diese Stärken auszuspielen. Für die Organisation und dabei speziell für das Team ist ein regelmäßiger Austausch über die Steuerung der Mitarbeiter wertvoll. So können zum Beispiel entstehende Missverständnisse frühzeitig geklärt werden. Systematischer Austausch lässt Führungskräfte aktiv ihre Rolle spüren und verbessert dort Verhalten, wo es nötig ist: im Zusammenspiel. Feedback wirkt wie Öl im Getriebe.

Sagen, was ist

Feedback ist ein Geschenk – so steht es geschrieben und wird so vermarktet. Schenken kann ein Ausdruck von Liebe und Zuneigung, ein altruistisches Handeln sein. Schenken kann auch verpflichten: Sozialer Druck kann auf dem Beschenkten lasten, dem Schenkenden ebenfalls einen Gefallen oder ein Geschenk schuldig zu sein.

In jedem Fall muss man sich für Geschenke bedanken – als höflicher Mensch. Was ist jedoch das Geschenk, wenn Feedback gegeben wird? Offene und ehrliche Meinung über das beobachtbare Verhalten, sodass für den Feedbacknehmer eine Chance besteht, blinde Flecken zu erkennen und Verhalten zu ändern. Fraglich ist, ob auch tatsächlich das Bedürfnis besteht, seine blinden Flecken wissen zu wollen. Und fraglich ist weiterhin, ob Mitarbeiter, die täglich in der Arbeitswelt »gefangen« sind, der Führungskraft wirklich ihre Beobachtungen mitteilen wollen. Daher wird meist aus dem offenen und ehrlichen Austausch ein rücksichtsvoller, anteilnehmender, harmonischer Austausch – böse formuliert eine Friede-Freude-Eierkuchen-Gesundbeterei.

Sagen, was ist – eine Utopie? Das Streben nach Offenheit und Transparenz als Wunsch des Prozessberaters soll nicht gestört werden. Jedoch hilft es Prozessberatern, wenn sie die Realität des »(noch) nicht sagen, was ist« anerkennen, es erleichtert ihre Arbeit. Fleckenlos braucht dieses Bild nicht zu sein; völlig einwandfrei ist nur die runde Null.

Einmal Feedback und zurück

Auch Berater sind immer Projektionsflächen für die Emotionen der Einzelnen in der Gruppe. Erinnert er mich an meinen Vater oder Chef? Schon finden Übertragungen statt, die nicht bewusst ablaufen. Schlimmer noch, wir können uns den gespeicherten Erfahrungen und Emotionen kaum entziehen!

In Gruppen haben Berater es oft mit Menschen zu tun, welche die Ursachen von Problemen und Fehlverhalten nicht bei sich, sondern bei den anderen suchen – und noch lieber bei demjenigen, der vor der Gruppe steht. Diesen Übertragungsprozess können Berater nicht beeinflussen – aber der Umgang damit kann gestaltet werden: Gefühlte Gefühle beim Berater können zurückgegeben werden (»Ich habe den Eindruck, Sie sind verzweifelt über diese Situation?«).

Am Ende wird häufig ein Feedback gegeben – was jedoch wird geäußert? Die Wirkung des Gegenübers oder die in der Gegenwart wirkende Übertragung des Feedbackgebers? Beide Wirkungsweisen enthalten eine Botschaft an das Gegenüber – diese Nachricht bedarf einer gewissen Verdauung. Auch Ängste und Verletzungen treten auf. In Beraterkreisen geben dann kollegialer Austausch und Reflexion die Möglichkeit, mit den aufkommenden Emotionen zurechtzukommen. Aber was machen Führungskräfte? Es gehört zu ihrem Geschäft und dem Einkommen, dass Gefühle strapaziert werden können. Getreu dem Motto: »Er hat sich das ja so ausgesucht.«

In asiatischen Ländern – aber ebenso in Frankreich, Italien und in der Schweiz – gilt es meist als unhöflich, dem anderen die eigene Wahrnehmung über ihn mitzuteilen. Unsere deutsche Art von Offenheit in Gesprächen wird dort nahezu als Tabu gesehen. Dahinter steckt wohl viel Respekt vor dem Gewordensein. Die Höflichkeit beziehungsweise das Desinteresse setzt die Oberflächlichkeit über die Offenheit. Dies ist ein spannendes Konzept vor dem Hintergrund, dass wir aus der Kommunikationswissenschaft wissen, dass in den wenigsten Fällen Kongruenz von Gesagtem und Gehörtem vorherrscht.

Das Phänomen in dieser Form erst einmal so stehengelassen: Warum sehen wir in unserem Kulturkreis Feedbackgeben und -nehmen als so ein wertvolles Instrument an? – Die Parteien nehmen sich Zeit und finden Worte, um dem anderen zu sagen, was sie denken und fühlen – über den anderen. Professionell miteinander zu kommunizieren, heißt, dass wir uns aktiv um ein angemessenes Verstehen bemühen. Ohne Feedback fantasieren wir etwas über den anderen, ohne die Realität zu überprüfen. Dabei wird es verletzend, wenn Feedback auf Eigenschaften und den Charakter ausgerichtet ist. Wenn gesagt wird »Du bist so«, hat das Gegenüber oftmals das Gefühl der Unzulänglichkeit und des Angriffs und kommt automatisch in eine Verteidigungs- und Rechtfertigungshaltung. Es ist schwer, lediglich das Verhalten in den Mittelpunkt zu stellen, aber es wirkt einfühlsamer und subjektiver: »Wenn Du das tust, habe ich dieses und jenes Gefühl.« Damit kann der Feedbacknehmer umgehen – sogar Führungskräfte. Haben Führungskräfte hinter der harten Schale auch einen weichen Kern, können Mitarbeiter sich diesen zunutze machen. Ein Feedback ist eine überlegte Intervention, um Verhalten beim Gegenüber zu stabilisieren oder zu ändern. Dabei stehen nicht die komplizierten Feedbackregeln im Vordergrund, sondern die Grundhaltung, mit Respekt dem anderen zu begegnen und ihn wahrzunehmen.

Führungsfeedback integriert

Führungskräfte wie Mitarbeiter vermeiden die direkte Rückmeldung. Aber weil es Organisationen wichtig ist, dass eine gute Zusammenarbeit stattfindet und nicht alles übervorsichtig und missverständlich kompliziert verlaufen soll, haben viele Organisationen sich systematisch mit dem Thema auseinandergesetzt.
Systematisch heißt, eine Architektur für die gesamte Organisation zu entwerfen, um einen Feedbackprozess für alle Führungskräfte anzustreben. Dazu braucht es ein gemeinsames Verständnis der Führungsmannschaft über die Notwendigkeit eines offenen Dialogs. Wichtig ist die Verständigung zwischen den Führungsebenen, das Thema Führung und Zusammenarbeit gemeinsam zu definieren und umzusetzen. Besonders gilt dies in Zeiten von Veränderungsprozessen: Offene Kommunikation leidet in der Regel, wenn in Phasen des Veränderungsprozesses Verunsicherungen, Ängste und Enttäuschungen überhandnehmen. Der (Wieder-)Aufbau einer professionellen Kommunikation in einem vertrauenden Kontext (dialogische Kommunikation, Feedbackkultur, Transparenz, Wertschätzung, Klarheit und so weiter) ist ein Schwerpunkt. Dazu gilt es, die Selbstverantwortung und Gestaltungskraft von Führungskräften auszubilden, zur Beteiligung zu ermutigen und sie schrittweise zu ermöglichen. Fühlen sich Führungskräfte in der Organisation stark und integriert, nehmen sie Feedback leichter an. Zentral dabei wird sein, dass es gelingt, alle Führungskräfte in den Prozess der Strategieentwicklung zu integrieren. Nach diesem Prozess der Stärkung der Führungskräfte kann ein Feedbackprozess mit den Mitarbeitern angeschoben werden.

Der Dialog über Führung beginnt mit einer schriftlichen Befragung, die sich mit dem Ist-Zustand der momentanen Führungskultur auseinandersetzen soll. Dabei hat sich als sehr wirksam herausgestellt, dass die Führungskräfte den Fragebogen selbst entwickeln. Gemeinsam beschreiben sie Führungsleitsätze, die für die momentane Führungssituation passend sind. Weniger ist dabei mehr. Wir kennen sie alle – die allgemeinen Leitsätze, bei denen keiner mehr weiß, was eigentlich damit gemeint ist. Mit Mut sollen die Sätze formuliert werden für eine Momentaufnahme – nicht für die Ewigkeit.

Daraus werden dann Fragen entwickelt, die sich auf das Verhalten der Führungskräfte beziehen. Die Einführung bedarf absoluter Freiwilligkeit und Anonymität, ansonsten wird das Prozedere zur Persiflage.

Inhalte des Fragebogens können sein:

- → Information und Kommunikation,
- → Motivation,
- → Kreativität und Innovation,

- → Mitarbeiterentwicklung,
- → persönliches Verhalten,
- → Teamarbeit,
- → Organisation,
- → Delegation und Mitwirkung,
- → Führen mit Zielen,
- → unternehmerisches Handeln.

Nach der Auswertung durch eine neutrale und externe Stelle werden die Ergebnisse in einer gemeinsamen Runde vorgestellt. Im Gespräch können Erfahrungen diskutiert und Vereinbarungen für die Zukunft getroffen werden. Das erste Gespräch in der Gruppe sollte unbedingt moderiert werden durch interne Prozessbegleiter beziehungsweise auch durch externe Moderatoren. Sie können dort steuern, wo es hakt. Zwei Entwicklungen gilt es zu vermeiden: Zustimmungsrunden und Vorwurfskreise.

Wenn alles stimmt, stimmt etwas nicht! – In allen Arbeitsbeziehungen finden wir Themen, die nicht rund laufen, sodass diese auch gefunden werden müssen. Des Weiteren sollten aufkommende Probleme im Workshop abgerundet werden, sodass die zukünftige Arbeitsbeziehung nicht gestört, sondern gestärkt aus dem Prozess geht. In manchen Prozessen ist ein Workshop ohne Führungskraft günstiger, weil Mitarbeiter dann offener über die Themen sprechen. Die Ergebnisse werden später der Führungskraft vorgestellt, Verständnisfragen geklärt, Themen diskutiert und Maßnahmen vereinbart.

Anstrebenswert ist die Übernahme des Führungsfeedbacks in die Regelkommunikation. Wiederkehrende Geschenke versüßen den Alltag!

Architektur: Führungsdialog

Kurzbeschreibung: Fragebogen, Teamgespräch, Führungsdialog.

Inhalte und Zielsetzung: Führungskraft und Mitarbeiter treten in den Dialog. Grundlage und Ausgangspunkt ist ein Fragebogen (Selbst- und Fremdbild) zum Thema Führung. Im weiteren Prozess finden Workshops statt, wo die Ergebnisse des Fragebogens besprochen und weitere konkrete Handlungsschritte festgelegt werden.

Lernkonzept: Führungsbildung.

Teilnehmer: Möglichst alle betroffenen Führungskräfte und Mitarbeiter.

Dauer: 3–4 Monate.

Ressourcen: Fragebogen erstellen.

Ablauf:
Kurzübersicht

- → Entscheidung der Organisation, dass ein Führungsdialog stattfinden soll. Betriebsrat frühzeitig einbinden.
- → Vorgespräch mit der Führungskraft.

- Information an die Mitarbeiter über Ziele und Ablauf. Verteilen der Fragebogen in den Abteilungsmeetings. Wichtig sind die schriftlichen Hinweise auf Freiwilligkeit und Geheimhaltungspflicht.
- Nach etwa einer Woche Auswertung der Fragebogen von externer Stelle.
- Der Führungskraft die Auswertung vorstellen und das Teamgespräch vorbereiten.
- Das Teamgespräch zwischen Führungskraft und Mitarbeiter wird moderiert.
- Im Anschluss findet ein Nachgespräch mit der Führungskraft hinsichtlich Interpretation und Umsetzung der Ergebnisse statt.
- Führungsdialog II kann sich vier bis sechs Wochen später daran anschließen.

Ablauf im Detail

Das Auftragsklärungsgespräch, dass ein solcher Führungsdialog durchgeführt werden soll, erfolgt mit dem oberen Management oder der Personalentwicklungsabteilung. Der Betriebsrat sollte bei der Befragung miteinbezogen werden, auch wenn die Führungskräfte sich freiwillig dazu entschließen. Zwar ist das nach dem BetrVG nicht vorgeschrieben (siehe §§~87, 94), ist aber aufgrund der erleichterten Durchführung und einer vermutlichen höheren Akzeptanz bei den Mitarbeitern zu empfehlen.
Im Vorgespräch wird mit jeder einzelnen Führungskraft abgeklärt, wann und mit welchen Teilnehmern der Führungsdialog stattfinden wird. Die Motivation für die Durchführung des Führungsdialogs wird von der Führungskraft erläutert. Ziele und Ablauf werden vorgestellt, ebenso der Moderator.
Die Fragebogen werden ausgeteilt und Fragen geklärt. Für die Rücksendung mit als »vertraulich« gekennzeichnetem Hauspostumschlag wird ein Datum gesetzt.
Anschließend erfolgt die Auswertung der Fragebogen. Die Ergebnisse werden mit der Führungskraft besprochen, und es wird darauf hingewiesen, dass die Ergebnisse keine absoluten Wahrheiten darstellen. Erst die Reaktion der Führungskraft abwarten, dann die Ergebnisse diskutieren und Themen für das Teamgespräch festlegen, die dort bearbeitet werden können.
Im Teamgespräch begrüßt die Führungskraft ihre Mitarbeiter und bedankt sich für die Mitwirkung (Ablauf im Detail s. Tabelle). Die Ziele des Workshops werden vom Moderator visualisiert. Die Auswertung wird vorgestellt – die Ergebnisse sollen das Gespräch anregen, können aber auch lediglich als Grundlage dienen. Zu klären ist: Welche Themen will die Führungskraft bearbeiten? Die Führungskraft verlässt den Raum, und der Moderator moderiert die Gruppenarbeit oder unterteilt die Gruppe in Kleingruppen.
Die Kleingruppen stellen ihre Ergebnisse der Führungskraft vor, klären Verständnisfragen. Nach der Diskussion werden konkrete Maßnahmen vereinbart. Im Blitzlicht kann die Gruppe reflektieren und ein Feedback geben mit dem Blick auf die Zielsetzungen des Workshops. Es folgen Schlussworte und Verabschiedung durch die Führungskraft.
Dann wird mit der Führungskraft abgeklärt: Was sind die prägenden Eindrücke für die Führungskraft? Was nimmt sie mit aus diesem Workshop? Der Moderator teilt seine Beobachtungen mit. Gemeinsam werden die nächsten notwendigen Schritte festgelegt.

Zur Vorbereitung auf das Teamgespräch mit der Führungskraft:

Die Auswertung wird unter folgenden Perspektiven angeschaut, und es werden Themen ausgesucht:

- Bei welchen Themen oder Fragestellungen ist Ihnen angesichts Ihrer speziellen Stellenanforderung eine gute Bewertung wichtig?
- Bei welchen dieser Themen oder Fragestellungen haben Sie keine gute Bewertung erhalten?

Aufgabenstellungen für die Gruppenarbeiten im Teamgespräch:

- Bitte beschreiben Sie zu jedem Thema/jeder Fragestellung beispielhafte Situationen aus der Vergangenheit, die Ihre Kritik, Ihre Fragen, Wahrnehmungen und wenn möglich Handlungsalternativen aufzeigen.

→ Sie können auch Beispiele aus anderen Themenbereichen nennen, die Ihnen für eine Verbesserung der Zusammenarbeit oder der Fortführung der guten Zusammenarbeit wichtig erscheinen.

Alternative Fragen:

→ Was fanden Sie gut? Was soll die Führungskraft so fortführen?
→ Was fanden Sie nicht überzeugend? Was soll die Führungskraft nicht so fortführen? Was soll die Führungskraft stattdessen machen?
→ Was soll die Führungskraft neu einführen?
→ Wo wünschen Sie sich eine Erklärung? Was haben Sie nicht verstanden?

Bitte sammeln Sie Punkte zu den einzelnen Fragestellungen und übertragen diese dann in die 3-W-Systematik (Wahrnehmung-Wirkung-Wunsch) und fragen Sie sich anschließend: Was kann Ihr Beitrag sein, um eine Verbesserung zu erreichen?
Im Detail sieht eine Agenda für das Teamgespräch wie folgt aus:

Ablauf Teamgespräch		
Was	Ziel	Wer
Begrüßung Zielsetzung	Verbesserung der Zusammenarbeit zwischen Führungskraft und Team	Führungskraft
Agenda Spielregeln		Moderator
Vorstellung der Fragebogenauswertung	Vergleich Fremdbild – Selbstbild Abweichungen herausstellen	Moderator
Stellungnahme der Führungskraft	Führungskraft äußert Wunsch, welche Themen die Gruppe unter der Überschrift »Konkrete Vorschläge zur Verbesserung« bearbeiten soll	Führungskraft
Abfrage	Welche Themen möchte die Gruppe bearbeiten?	Moderator
Beispiele finden	Thema: Besprechung *Wahrnehmung:* Sie überziehen häufig *Wirkung:* Terminkollision und Ärger *Wunsch:* Termine großzügiger planen Unser Beitrag: Wenn sich eine Überziehung andeutet, geben wir Hinweise	Moderator
Festlegung	Festlegung der zu bearbeitenden Themen	Moderator
Kleingruppenarbeit	ohne Führungskraft an den Themen arbeiten (s. Beispiel)	alle Teilnehmer
Vorstellen im Plenum	alle kennen die Verbesserungsvorschläge	alle Teilnehmer

Diskussion und Verabschiedung konkreter Maßnahmen	Umsetzung planen und erste Schritte festlegen (Dokumentation im Aktionsplan)	Moderator
Feedbackrunde	»Haben wir die uns vorgenommenen Ziele erreicht?« oder »Bitte füllen Sie jeder je eine Karte zu folgenden Fragen aus und übergeben sie anschließend Ihrem Chef (und sagen Sie noch ein paar Worte dazu): Was soll so bleiben, wie es ist? Was soll anders werden?«	Moderator
Schlussworte	Verabschiedung durch die Führungskraft	Führungskraft

Transition: Ein neuer Chef ist da!

Ein Positionswechsel der Führung bringt erfahrungsgemäß viele Hürden mit sich. In vielen Unternehmen findet man den Trend zu einer durchschnittlichen Verweildauer von nicht mehr als drei Jahren auf einer Position bei einer gleichzeitig wachsenden Breite der Einsatzmöglichkeiten von Standorten und Geschäftsbereichen – nachzulesen bei Hans-Christian Riekhof: »Strategien der Personalentwicklung« (2006). Führungswechsel ist damit ein ständiger Begleiter von Managern und damit auch ein wichtiges Feld der Prozessberatung.

Welche Hürden müssen übersprungen werden?

In der Organisation entsteht durch den Führungswechsel eine Dynamik, die zwei unterschiedliche Gefühle auslöst: Neugier und Unsicherheit. Neugier meint die Hoffnung auf den Neubeginn – darauf, was nun endlich besser werden kann. Unsicherheit kann sich bis zur Angst steigern, und zwar davor, dass Umstrukturierungen, Wechsel des Führungsstils und anderes mehr negative Auswirkungen haben und Mitarbeiter leiden müssen. Aus der Perspektive der Führungskräfte ist das Bewegen von Menschen und Organisation ebenfalls an viele Herausforderungen geknüpft, zum Beispiel, den Druck von oben auszuhalten und die eigene Persönlichkeit und Ideen in die Mannschaft zu bringen.

Entscheidend für einen gelingenden Übergang ist, dass zwischen der Führungskraft und den Mitarbeitern ein Dialog entsteht. Hierzu sind regelmäßige Sitzungen sinnvoll, die sich mit den fachlichen Herausforderungen beschäftigen. Die Erwartungen und Befürchtungen des Umfelds sind vielseitig; sie reichen vom »rettenden Engel«, über den/die »Supermann/-frau« bis zu »Mr. Big«.

Viele Wechselschwierigkeiten lassen sich vermeiden, wenn innerhalb der ersten vier Wochen der erste »Übergangsworkshop« durchgeführt wird. Er ist Anlass, um in ein Gespräch zu kommen über die Themen Führung, Kultur der Zusammenarbeit, über verdeckte Konflikte und Kränkungen. Er kann helfen, Unsicherheiten aufzulösen und damit die Basis für eine offene und von Vertrauen geprägte Beziehung zu den Mitarbeitern zu schaffen. Dies gelingt durch den Austausch der gegenseitigen Erwartungen und indem eine gemeinsame Art der Zusammenarbeit für die Zukunft erarbeitet wird. Darüber hinaus bietet ein Workshop der neuen Führungskraft die Gelegenheit, sich in besonderer Weise zu positionieren. Als Führungskraft gibt es automatisch ganz bestimmte Rechte. Alles darf neu definiert werden: Zeit, Materie und Raum.

Die Vorteile eines Transition-Workshops sind:

Für die Führungskraft	Für die Mitarbeiter
Sie lernt ihre neuen Mitarbeiter, deren Denk- und Arbeitsweise, deren Stärken und Schwächen kennen.	Sie entwickeln ein besseres Verständnis und Gefühl für den neuen Führungsstil.
Sie lernt die Organisation schnell kennen (Geschichte und Kultur).	Sie erfahren die neuen Inhalte und Aufgaben gemeinschaftlich, was ein Gemeinschaftserleben mit sich bringt.
Sie lernt, sich vor den Mitarbeitern zu positionieren.	Sie können ihre Wünsche und Empfehlungen mitteilen.
Alle gemeinsam werden über die Ziele und Aufgaben informiert (Zeitersparnis).	

Ein Kollege wird zum Vorgesetzten

Sofern eine Führungskraft die Abteilung wechselt oder ein neuer Mitarbeiter eingesetzt wird, entsteht eine neue Situation, mit der sich alle Führungskräfte und Mitarbeitende beziehungsweise Führungskräfte und alte Kollegen gleichermaßen auseinandersetzen müssen. Das »Spiel« beginnt von vorn, und eine neue Ausgestaltung der Beziehungen ist möglich. Schwierig und gleichzeitig spannend wird die Situation, wenn ein Kollege die Führungsposition ausfüllt: Eine Rollenveränderung ist schwieriger als die Bestimmung einer neuen Rolle. Gefühle der Nochkollegen wie Unverständnis und Neid (»Warum gerade der? Ist der wirklich die bessere Führungskraft?«) und Misstrauen (»Kann er das überhaupt?«) gilt es sichtbar zu machen und einen Umgang damit zu finden. Für die Führungskraft gilt es, hinzuschauen, in den offenen Austausch zu gehen und so zu zeigen, dass sich die Rolle verändert, die durchaus ausgefüllt werden kann. In den ersten 100 Tagen »Amtszeit« hat die Führungskraft die Möglichkeit, sich zu positionieren, Fehler zu machen, größere Veränderungen anzukündigen. Auch hierfür ist ein Transition-Workshop eine sinnvolle Möglichkeit.

Die neue Führungskraft muss hierzu den Spagat schaffen, auf der einen Seite die Beziehungsebene zu den Exkollegen aufrechtzuerhalten und gleichzeitig Abstand zu halten. Dies benötigt viel Kraft, wenn sich die Führungskraft nicht mehr als Mitglied des Teams fühlt beziehungsweise fühlen darf. Eine Illusion wäre es, sich so wie bisher als Mitarbeiter zu fühlen und zu denken, es habe sich ja nicht wirklich etwas verändert. Der Prozessberater sollte sich im Vorfeld eines Transition-Workshops genauer mit der Führungskraft darüber verständigen, welche neue Rolle für sie wichtig ist und welcher Führungsstil notwendig wäre.

Dramaturgie: Transition-Workshop

Kurzbeschreibung: Workshop aus dem Anlass: neue Führungskraft des Teams.

Inhalte und Zielsetzung: Vertieftes Kennenlernen, Abbau von Vorurteilen und Ängsten.

Lernkonzept: Workshop.

Teilnehmer: Team und Führungskraft.

Dauer: Ungefähr 1 Tag.

Ressourcen: Moderationsmaterialien (beispielsweise Metaplanwände, Flipchart, Karten).

Vorbereitung: Vorgespräch mit der Führungskraft.

Ablauf: Inhalte und Vorgehensweisen des Transition-Workshops können folgende sein:

→ *Vertieftes Kennenlernen:* Gespräche der Mitarbeiter und der Führungskraft – durch Fragen angeregt – über Beruf und Privates in Kleingruppen mit Überträgen ins Plenum (Was gefällt mir an meiner Arbeit? Was ist mir wichtig? Was mache ich, wenn ich nicht hier arbeite? Was meine Kollegen von mir noch nicht wussten ...).

→ *Gegenseitige Erwartungen offen besprechen:* Kleingruppen (Open Space) arbeiten an folgenden Fragen und berichten dann im Plenum:
  - Was der »Neue« wissen muss
  - Was wird ihm hier begegnen? Wie ist die Kultur der Zusammenarbeit? Welche »Tretminen« könnte man finden?
  - Woher kommen wir?
  - Was oder wer hat uns geprägt? Welche Führungsfiguren gab es hier? Wie haben die geprägt? Woran sind die gescheitert? Was machte sie erfolgreich?
  - Was tun wir? Was kommt auf uns zu?
  - Welche Sachthemen beschäftigen uns derzeit? Wer arbeitet woran? Welche Herausforderungen stellt das an uns? An unsere Führung? Was schätzen unsere Kunden an uns?

→ *Heißer Stuhl:* Diese Methode bietet die Möglichkeit, anonym Fragen (werden vorgelesen) an den neuen Chef zu stellen. Damit wird eine gute Voraussetzung geschaffen für Offenheit. Bei den Mitarbeitern können sich somit viele Unsicherheiten auflösen.

→ *Gemeinsam den Blick in die Zukunft richten:* Die Fragen können beispielsweise lauten: Was wünschen sich unsere Kunden von uns in Zukunft? Was bedeutet das für unsere Arbeit und für unsere Führung? Welche Themen sollten wir in Zukunft angehen, damit wir besser werden? Wie können wir unsere Zusammenarbeit verbessern?

Anmerkungen zur Wirkungsweise: Sorgen muss sich der Prozessberater um Vorbehalte und Ängste auf beiden Seiten. Er muss beobachten, ob sich beide Seiten verstehen und sich wirklich aufeinander einstellen. Das verlangt ein prozessorientiertes Arbeiten und ein Arbeiten an der Emotionalität in der Gruppe.

Großveranstaltungen

Bei mehr als 30 Teilnehmern sprechen wir von *Großgruppen*, wenn eine Face-to-Face-Kommunikation noch möglich ist, nicht aber das gemeinsame Arbeiten an einer Sache im Plenum. Das Prinzip ist einfach: »Das ganze System in einen Raum bringen« und an dem arbeiten oder lernen, was individuell für wichtig gehalten wird (Weisbord/Janoff, 2001, S. 86). Die Grundmuster dieser Verfahren sind ähnlich, die Namen verschieden: Open Space Technology, Real Time Strategic Change, Zukunftswerkstatt, Change- oder Führungswerkstatt.

Allen Methoden gemeinsam sind *wechselnde Gesprächs- und Lernkonstellationen*, Gruppen, die sich für ein Thema und eine Zeit lang finden, wieder auseinandergehen und sich neu zusammenstellen.

Voraussetzungen Große Räume, in denen man sich bewegen kann, sind unabdingbar. In mehreren Gruppen gleichzeitig müssen die Köpfe rauchen können, ohne dass alle im Nebel stehen. Auch braucht es Pinnwände, die den Gruppen ein wenig Privatheit verschaffen, aber gleichzeitig die Chance bieten, schnell mal beim Nachbarn reinschauen zu können. Manche sagen auch, die Kaffee-Ecken seien entscheidend …

Die Inhalte und Fragestellungen der Veranstaltung können dabei ganz unterschiedlich sein. Jedes Thema, das alle betreffen soll, ist ein Anlass für eine solche Konferenz der Mitmacher.

Bei Veränderungsprozessen in Unternehmen werden in solchen Großgruppen Visionen für die Zukunft der Organisation entwickelt, der Kompass wird auf Kundenorientierung eingestellt, oder es wird die Gretchenfrage jeder Organisation gestellt: Wie können wir das, was wir tun, noch besser tun?

Schwerpunkte Die Moderatoren erklären zu Beginn die Prinzipien und Ziele der Veranstaltung und animieren dazu, die Fragen anzusprechen und in Workshops zu bearbeiten, die für die Organisation bedeutsam sind. Aus der Gruppe kommen dann Vorschläge für Themen. Es werden »Überschriften« für Workshops formuliert und aufgelistet zusammengefasst und gegebenenfalls auf Zuruf neu formuliert. Dann geht es los: Die Themenstifter übernehmen in der Regel die Moderation ihres Themas. Man verteilt sich im großen Saal oder über mehrere Räume und arbeitet an den verschiedenen Themen gleichzeitig. Je nach Größe (von 30 bis 300 und mehr Teilnehmern) sind das zwischen fünf und 30 verschiedene Workshopgruppen.

Es brodelt und wabert. Manche Workshops müssten wegen Überfüllung schließen (was sie nicht dürfen), andere wollen Teilnehmer mit unlauteren Methoden locken (Süßspeisen sind sehr beliebt). Die Füße stimmen ab: Wenn ein Thema keinen Zulauf hat, hat es eben derzeit keine Bedeutsamkeit. Es gilt das Gesetz der Freiwilligkeit und der Möglichkeit des Kommens und Gehens. Teilnehmer verirren sich in den Themen, und zwischendurch sucht jeder Austausch und Impulse von den Kollegen. Um Chaos zu vermeiden, ist Planung notwendig – ein Dramaturgieplan für alle fünf Minuten des Tages. Die Anzahl der Menschen bedingt auch die Zusammenfassung der Ergebnisse aus den einzelnen Workshops. Denkbar sind zum Beispiel Fishbowl, Präsentationen einzelner Gruppen und Marktplatz.

Dramaturgie: Gebrauchsanweisung für Großgruppenveranstaltungen

Kurzbeschreibung: Gebrauchsanweisung für Großgruppenveranstaltungen.

Inhalte und Zielsetzung: Großgruppenveranstaltungen bringen eine große Anzahl von Teilnehmern ins Gespräch oder mit einem Thema in Kontakt. Je nach Zielsetzung kann es zum Beispiel um Veränderung, Dialog, Strategie, Kultur oder Ideenfindung gehen.

Lernkonzept: Großgruppenveranstaltung.

Teilnehmer: Mitarbeiter, Führungskräfte; 50 bis mehrere Hundert.

Dauer: 1–3 Tage.

Ressourcen: Raum/Saal in ausreichender Größe, je nach Methode (Bistro-)Tische, Moderationsmaterial, Technik, Bühne.

Vorbereitung: Siehe Ablauf.

Ablauf: Bei der Planung einer Großveranstaltung müssen einige zentrale Fragen beantwortet werden. Der folgende Leitfaden orientiert sich an den Ausführungen von Roswita Königswieser und Marion Keil (2008, S. 38 ff.).

- → *Auftraggeber und Ziele:* Wer ist der Auftraggeber? Was will der Auftraggeber mit der Veranstaltung? Was ist sein Ziel? Gibt es noch andere Ziele – von anderen?
- → *Intention:* Was soll nach der Veranstaltung anders sein? Wie sollten die Teilnehmer über die Veranstaltung denken und reden? Welche Geschichte sollten sie nachher erzählen?
- → *Teilnehmer:* Was will ein eingeladener Teilnehmer von der Veranstaltung? Was will er erleben? Wie will er sich fühlen? Was braucht er dazu?

Rahmenbedingungen und Prozess: Was war vorher (Prozess, Kontext, Vorgeschichte und anderes mehr)? Wo stehen die Gruppen zurzeit? Was kommt danach (Prozess, Planungen, Ziele)?
Wie groß soll der Anteil folgender Elemente in Prozent sein?

- → Botschaften (Ansprachen und Reden, Präsentationen, Interviews auf der Bühne),
- → Dialog (der Teilnehmer untereinander in Gruppen, der Gruppen miteinander auf der Bühne),
- → Event- und Unterhaltungselemente.

Jede dialogisch orientierte Großveranstaltung lässt sich in fünf Phasen gliedern. In jeder dieser Phasen geschieht etwas anderes, und somit werden unterschiedliche Orientierungsfragen und Methoden relevant. Im Folgenden werden die Phasen nur grob skizziert. Für eine detaillierte Darstellung verweisen wir den interessierten Leser auf das Buch »Das Feuer großer Gruppen« (Königswieser/Keil 2008).

- *Anfangsphase:* Die Veranstaltung beginnt, es werden Willkommensansprachen gehalten und die Rahmenbedingungen geklärt. Die Gruppe beginnt, sich kennenzulernen, den Raum zu erspüren und Erwartungen aufzubauen. Mögliche Orientierungsfragen in dieser Phase lauten: Wer ist alles da? Wie ist die Stimmung? Was wird uns erwarten? Was wird von mir verlangt, und was haben die mit uns vor?
  Als Methode in dieser Phase eignet sich alles, was die Aufmerksamkeit erhöht und die Neugier des Publikums weckt (zum Beispiel Rede, Inputfilm, Großgruppenübung, Suchspiele, Trommeln, Interviews ...).
- *Themenphase:* Jetzt wird das Thema platziert und der folgende Weg skizziert. Die Gruppe soll Orientierung und Wertschätzung erfahren. Zudem werden die Aufgaben für den Tag benannt. Mögliche Orientierungsfragen in dieser Phase lauten: Wo kommen wir her? Was haben wir schon erreicht? Welche Fragen oder Aufgaben liegen vor uns? Was sind unsere Chancen, wo gibt es Risiken? Was müssen wir heute gemeinsam tun?
  Methodisch eignen sich in dieser Phase zum Beispiel Interviews, Vorträge, Gesprächsrunden, Inputfilme und Businesstheater.
- *Resonanzphase:* Das Gehörte muss verarbeitet werden. Hierzu teilen sich die Teilnehmer in Kleingruppen auf und arbeiten an einer Aufgabe im kollegialen Austausch. Sie versuchen Lösungen zu finden, Themen zu vertiefen, neue Vorschläge zu machen und Beispiele zu generieren. Zentrale Orientierungsfragen lauten: Was ist unsere Meinung? Was ist unsere Erfahrung? Was ist unser Beitrag? Was muss sich ändern? Was müssen wir anders machen?
  Methodisch eignen sich Gruppenarbeit, Forumskonzepte, World Café, Fishbowl und Open-Space-Foren.
- *Zusammenführungsphase:* Es ist von großer Bedeutung, dass die Meinungen der verschiedenen Gruppen zusammengetragen werden. Außerdem sollten jetzt Antworten gegeben, Vorschläge gemacht und das Thema diskutiert werden. Zentral ist zudem die Ergebnissicherung. Hilfreiche Orientierungsfragen in dieser Phase sind: Welche Meinungen vertritt die Gruppe? Wo sind unsere Gemeinsamkeiten? Wo sind wir uns einig? Wo haben wir Differenzen und Unterschiede? Was sagt die Führung dazu?
  Methodisch eignen sich hier ein offener oder getakteter Marktplatz und verschiedene Präsentationsformen auf der Bühne (zum Beispiel alle Gruppen, ausgewählte Gruppen oder Interviews durch den Moderator).
- *Abschlussphase:* Diese Phase gilt dem Ausklang und der Aussicht auf das, was kommen wird. Die Geschehnisse des Tages werden strukturiert, zusammengefasst und gewürdigt. Der Gruppe wird Dank ausgesprochen und die Gemeinschaft noch einmal gespürt. Orientierungsfragen lauten: Was schließen wir daraus? Was sind unsere Aufgaben der Zukunft? Wo wollen wir hin? Was müssen wir dafür tun? Was ist unser Fazit?
  Methodisch eignen sich hier vor allem Aufgaben, die das Gruppengefühl noch einmal intensivieren.

Rahmenbedingungen: Die in der folgenden Grafik abgebildeten Faktoren sollten bei der Planung einer Großgruppenveranstaltung unbedingt beachtet werden (um unerwünschten Ärgernissen und Peinlichkeiten präventiv entgegenzutreten).

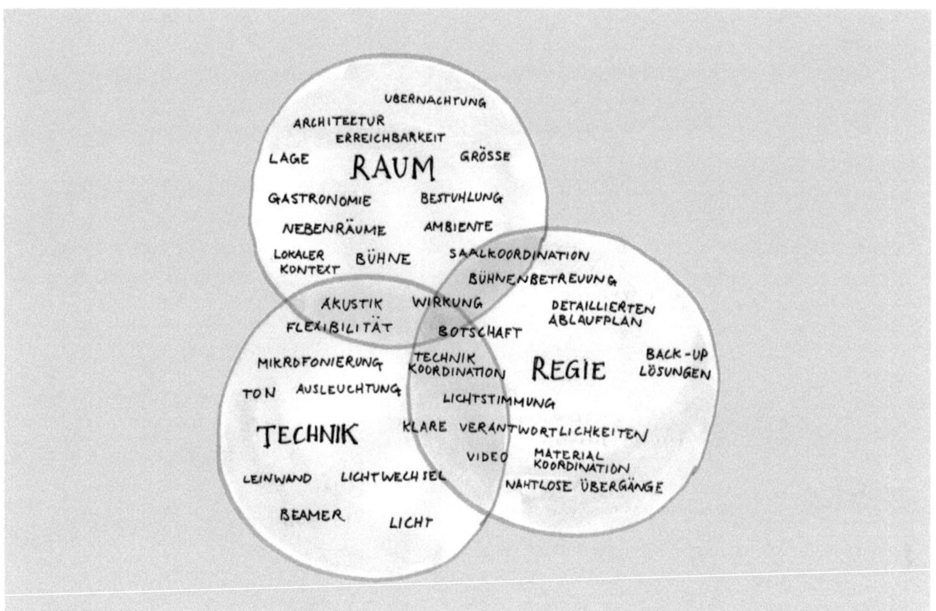

Im Folgenden beschreiben wir einige Methoden, die für den Einsatz in Großgruppen geeignet sind.

Methode: Marktplatz

Kurzbeschreibung: Parallel werden an verschiedenen Ständen Themen präsentiert.

Inhalte und Zielsetzung: Ein Marktplatz bietet die Möglichkeit, ohne PowerPoint-Folienschlachten sich gegenseitig Themen (zum Beispiel zum aktuellen Projektstand) vorzustellen. Es gibt verschiedene Stände (zum Beispiel Stellwände mit Postern), die im Raum verteilt sind. Die Stände werden besucht und die dortigen Präsentatoren befragt.

Lernkonzept: Werkstatt, Workshop.

Teilnehmer: 10–50 Personen.

Dauer: 2 Stunden.

Ressourcen: Metaplanwände, Poster.

Vorbereitung: Poster beziehungsweise Inhalte der Stände werden vorher angefertigt.

Ablauf: Im Gruppenraum werden Stellwände zu Ergebnispräsentationen aufgebaut. An jeder Wand steht eine Person, die das Thema verantwortet. Die Besucher schauen sich die Wände an und kommen ins Gespräch.

Varianten:
- → Zeitlimits für die Besuche angeben (beispielsweise das Ende mit einem Gong signalisieren).
- → Besucher können an den Ständen etwas kaufen.
- → Besucher können an den Ständen etwas bewerten.
- → Besucher können an den Ständen etwas verändern.
- → Besucher werden zu Präsentatoren, Präsentatoren zu Besuchern.

Anmerkungen zur Wirkungsweise: Marktplätze sind als Methode inzwischen sehr beliebt. Zu beliebt, um noch originell zu sein, aber wenn es schnell gehen muss, dann sind sie immer noch guter Standard, damit viele ins Gespräch kommen ...

Methode: Hast du schon mal gekifft?

Kurzbeschreibung: Kennenlernmethode.

Inhalte und Zielsetzung: Schnelles und lockeres Kennenlernen.

Lernkonzept: Großgruppenveranstaltung.

Teilnehmer: 20–100 Personen.

Dauer: 1,5 Stunden.

Ressourcen: Genügend Ausdrücke der Suchaufträge.

Vorbereitung: Suchaufträge formulieren.

Ablauf: Die Teilnehmer erhalten Suchaufträge wie etwa »Finde jemanden, der schon einmal Haschisch geraucht hat«. Auf einem ausgedruckten Vordruck können sie die Namen eintragen. Nach einer halben Stunde werden bestimmte Fragen »abgefragt«: beispielsweise die Personen, die Fremdsprachen sprechen können, sollen einen Satz in der Sprache aufsagen ...

Anmerkungen zur Wirkungsweise: Diese Methode macht Spaß und hilft den Teilnehmern, schnell Gemeinsamkeiten zu finden.

Finden Sie eine Person, die ...	Finden Sie zwei Personen, die ...	Finden Sie drei Personen, die ...
Pippi Langstrumpf nicht gelesen hat	mehr als drei Kinder haben	einen Witz erzählen können
Yoga macht	in der Schule sitzengeblieben sind	als Kind »Knight Rider« geschaut haben
Nachtwanderungen liebt	Angst vor Hunden haben	keinen Alkohol mögen

ein Golfturnier gewonnen hat	eine Lebensmittelunverträglichkeit haben	samstags ihr Auto waschen
schon einmal Hund gegessen hat	Hip-Hop-Texte auswendig können	regelmäßig die Tagesschau sehen
regelmäßig meditiert	Linkshänder sind	inlineskaten können
Querflöte spielen kann	eine Telenovela gucken	ein Gedicht aufsagen können
Steinbock ist	eine gefährliche Sportart ausüben	im Kino weinen müssen
nichts von »Apple« in ihrem Haushalt hat	nicht in Deutschland geboren sind	eine Großfamilie haben
Socken stricken kann	letztes Jahr in Italien Urlaub gemacht haben	sich früher in der Kirche engagiert haben
schon Punkte in Flensburg gesammelt hat	sich für Philosophie interessieren	ein Haustier besitzen
Rosamunde-Pilcher-Filme sieht	in ihrer Jugend mit dem Auto eine längere Reise unternommen haben	Onlinebanking machen
schon einmal Fallschirmgesprungen ist	Rosen züchten	gerne zu lauter Musik tanzen
schon einmal in der Wüste unterwegs war	einen Triathlon oder Marathon gemacht haben	im Verein Sport machen
noch keine Operation hatte	kein Rührei mögen	mit dem Fahrrad zur Arbeit kommen
schon einmal im Fernsehen war	Tofu mögen	ihr Auto verkauft haben
noch kein Loch im Zahn hat	dieses Jahr zu Hause Urlaub machen	eine Fremdsprache fließend können
gerade ein eigenes Haus baut oder kauft	Stofftaschentücher benutzen	schon einmal in Polen waren
früher Hasch geraucht hat		noch nie einen Knopf angenäht haben

Methode: Veränderungsaufträge

Kurzbeschreibung: Die Teilnehmer verändern sich, andere und ihre Umgebung.

Inhalte und Zielsetzung: Jeder setzt sich mit dem Thema Veränderung auseinander – passiv und aktiv. Veränderungsaufträge bringen die Teilnehmer dazu, etwas zu tun, was eine Herausforderung für sie sein kann oder einen Impuls für die Gruppe setzt.

Lernkonzept: Großgruppenveranstaltungen und Workshops zum Thema Veränderung.

Dauer: Über den gesamten Veranstaltungszeitraum.

Ressourcen: Für jeden Teilnehmer einen Auftrag in einem Briefumschlag (Variante: Moderationskarte – wenn es schnell gehen muss).

Vorbereitung: Veränderungsaufträge ausdenken und aufschreiben; Briefe oder Karten unter jedem Stuhl befestigen.

Ablauf: Nach der Eröffnung der Veranstaltung werden die Teilnehmer gebeten, unter den Stuhl, auf dem sie sitzen, zu schauen und ihren individuellen und geheimen Veränderungsauftrag zu lesen (»Bitte nicht dem Nachbarn zeigen!«). Alle werden nun aufgefordert, während der ganzen Dauer der Veranstaltung ihren Veränderungsauftrag auszuführen – ohne dass die anderen dies bemerken sollen. Gleichzeitig sollen die Teilnehmer beobachten, ob und was ihnen bei den anderen auffällt sowie was sich in ihrer Umgebung verändert. Relativ am Ende der Veranstaltung wird dann offengelegt, wer was gemacht hat oder auch nicht. Dabei ist spannend, erst die anderen zu fragen, was sie denken, was der Teilnehmer während der Veranstaltung verändert hat. Möglich ist in kleiner Runde eine Auswertung, warum die Umsetzung des einen oder anderen Auftrags schwerfiel oder warum sie gar nicht ausgeführt wurde.

Anmerkungen zur Wirkungsweise: Das Thema Veränderung wird in spielerischer Weise erfahrbar gemacht, gleichzeitig führt es zu einer Belebung der Gruppe. Es gibt der Gruppe die Möglichkeit, ihr Veränderungspotenzial zu erproben und über Grenzen zu gehen. Ferner sensibilisiert es die Teilnehmer, aufmerksam auf die anderen zu achten. Es ist auch schon vorgekommen, das sich bestimmte Verhaltensweisen während eines Workshops im Nachhinein nicht aufklären lassen: »War das nun die Ausführung eines Auftrags oder das wirkliche Verhalten des Teilnehmers?«

Beispiele für Veränderungsaufträge: Es können manche Aufträge zudem mehrfach vergeben werden.

- → Mache wahllos Komplimente.
- → Mache kleine Geschenke an zwei/fünf/zehn Teilnehmer.
- → Streue erfolgreich zwei Gerüchte.
- → Überrede zwei Personen, dir ihre Uhren zu geben.
- → Lass dir von zwei Personen ihre Handynummer geben.
- → Bringe zwei/fünf/zehn Menschen zum Lachen.
- → Erzähle zum Essen einen Witz, der nicht lustig ist.
- → Mache Yoga in einer Gruppenrunde.
- → Fordere zwei Menschen zum Joggen auf (oder wähle eine andere Sportart).
- → Bediene die Teilnehmer mit Kaffee und Tee.
- → Sorge für Frischluft.
- → Sage ganz häufig das Wort ...

- → Tausche mit jemandem ein Kleidungsstück.
- → Ziehe dich zweimal am Tag um.
- → Sammle Geld für einen guten Zweck.
- → Biete Süßigkeiten während der Workshops an.
- → Sorge dafür, dass an allen Tagen auf allen Flipcharts ein Spruch steht.
- → Mache an jedem Tag etwas, was du noch nie gemacht hast.
- → Halte eine kurze Rede während des Essens.
- → Widerspreche dem Moderator sechsmal.
- → Verschönere den Raum.
- → Stelle Blumen in die Mitte des Kreises.
- → Biete Süßigkeiten an.
- → Mach eine Dokumentation darüber, wie viele braunhaarige, schwarzhaarige, rothaarige, blondhaarige Menschen es gibt.
- → Halte bei jedem Mittagessen eine kurze Rede.
- → Übe mit drei dir unbekannten Teilnehmern einen deutschen Schlager ein.
- → Sammle 100 Euro für einen guten Zweck.
- → Protokolliere die verschiedenen Sockenfarben aller Teilnehmer und stelle eine Statistik (mit Verhältnisangaben) auf.
- → Benutze das Wort »Klatschmohn« so häufig wie möglich.
- → Sorge dafür, dass beim Samstagsfrühstück jeder ein kleines Sprüchlein auf seinem Teller liegen hat.
- → Sorge für klassische Musik während des Frühstücks.
- → Formuliere für drei Personen deiner Wahl ein Horoskop und überreiche es ihnen.
- → Helfe bei allen Mahlzeiten beim Servieren.

Methode: Pecha Kucha

Kurzbeschreibung: Wissensvermittlung.

Inhalte und Zielsetzung: Schnelle, prägnante und verständliche Wissensvermittlung mit PowerPoint.

Lernkonzept: Diaologforen.

Teilnehmer: 15–50 Personen.

Dauer: 6:40 Minuten Präsentationszeit (20 Folien zu je 20 Sekunden).

Ressourcen: PC, PowerPoint, Beamer, Leinwand.

Ablauf: Pecha Kucha bedeutet übersetzt so viel wie »wirres Geplauder« oder »Stimmengewirr«. Mittlerweile versteht man darunter aber auch die bizarrste Form einer »PowerPoint-Präsentation«. Gezeigt werden 20 Folien zu je 20 Sekunden in insgesamt 6:40 Minuten. Ein wahrer PowerPoint-Sport! Erfunden wurde die Methode von den beiden Architekten Astrid Klein und Mark Dytham und erstmals in Tokio vorgeführt. Sie wollten bei einer ihrer Präsentationen ein PowerPoint-Koma ihrer Zuhörerschaft vermeiden.
Im Unternehmenskontext kann Pecha Kucha zur schnellen Wissensvermittlung genutzt werden. Statt einschläfernde und ewig dauernde Folienschlachten hat jeder Redner wirklich nur 6:40 Minuten Zeit. Das Format nötigt dazu, prägnant und verständlich zu bleiben.

Schnittstellen

Schauen wir auf eine Organisation, dann sehen wir verschiedene Systeme – sogenannte Subsysteme. Jedes Subsystem hat dabei eine Funktion, einen Sinn, den es für die Organisation darstellt. Jedes System hat eine Umwelt: Auf diese Umwelt einzugehen, gelingt nicht immer. Jedes System hat eine eigene Logik und ein eigenes Verständnis von der Herangehensweise an Probleme. Und diese Drehung um sich selbst ist nicht mit pathologischem Autismus zu vergleichen, sondern systemisch gesehen normal. Tatsächlich funktioniert aber eine Organisation nicht, wenn jedes System sein eigenes Süppchen kocht – ein gemeinsames Menü muss entstehen. Schnittstellen müssen her, die ein Aufnehmen der Umwelt möglich machen. Wie ist das möglich, wenn die Tendenz von Systemen ist, sich mit sich selbst zu beschäftigen?

Aus beraterischer Sicht braucht es Energie in Form von Interventionen, die das System stören. Interventionen sind auf zwei Systemebenen möglich – auf der Ebene des sozialen Systems (Gruppe oder Organisation) und auf Ebene des psychischen Systems (Individuum oder Mensch). Ein solches Intervenieren ist meist dann notwendig, wenn einem Beobachter des Ganzen Folgendes auffällt:

- Umsatzeinbußen,
- Nichtfunktionieren von anderen Systemen,
- fehlende Zielerreichung oder
- Konflikte.

Von diesem Konstrukt ausgehend erscheint es notwendig, dass Ressourcen bereitgestellt werden müssen, um das Zusammenwirken von Systemen zu erreichen.

Formell ganz informell

Oftmals klappen die formalen Kommunikations- und Entscheidungswege. Eine gute Vernetzung der Mitarbeiter hilft, falls es Lücken in der formellen Struktur gibt. Formal werden Organisationspläne und Hierarchiestufen beschrieben, es kann aber keinen Überblick darüber geben, welcher Mitarbeiter mit wem tatsächlich kommuniziert und gut zusammenarbeitet. Diese informelle Ebene ist ebenfalls in Schnittstellen-Workshops elementar – den Wissenstransfer auf beiden Ebenen gilt es, in Schnittstellen-Workshops zu sehen und zu beachten.

Schnittstellen – eine Landschaft dazwischen

Eingebettete Schnittstellen steigern die Qualität der eigenen Arbeit und des Bereichs: Die gegenseitigen Erwartungen und die Bedingungen untereinander sind abgestimmt.

Um das zu erreichen, darf nicht nur im Ausnahmezustand »Krise« miteinander kommuniziert werden, sondern regelmäßig. Jeder Bereich hat eigene Landschaften: Beispielsweise sind Wiese und Wasser nicht ohne ein Dazwischen – sie sind verbunden durch Sand oder Matsch. Die Landschaften zwischen den Bereichen werden gepflegt durch Worte und Tun der Menschen. Am besten in regelmäßigen Treffen: In Schnittstellen-Workshops geht es darum, dass alle zusammenarbeitenden Bereiche zusammenkommen und Erwartungen aneinander abklären. Die Gruppe kann aus Teilnehmern verschiedener Hierarchiestufen zusammengesetzt sein. Die wichtigsten Fragen sind dabei:

→ Welches Bild habt ihr von uns?
→ Welches Bild denken wir, dass ihr von uns habt?
→ Was erwarten wir von euch?
→ Was können wir tun, dass ihr die Erwartungen erfüllen könnt?
→ Was können wir tun, damit ihr unsere Erwartungen erfüllen könnt?

Vorbereitung: Analysiere die Bereiche!

Besonderes Augenmerk des Prozessberaters gilt der Vorbereitung des Schnittstellen-Workshops. Ein Bereich lädt den anderen ein. Dieser übernimmt daher die Definition über den Kreis der Funktionen und Bereiche, die für seine Leistungserbringung entscheidend sind. Mit der Führungskraft sollte im Vorfeld an einer Umfeldanalyse gearbeitet werden: »Wie sieht die Beziehungslandschaft Ihres Bereichs zu dem anderen aus? Welche eigenen und fremden Erwartungen und Strategien sind damit verbunden?«

Konflikte allgegenwärtig bei Schnittstellen

Der alte Satz »Wenn alles stimmt, stimmt etwas nicht!« gilt in gesteigerter Form. Konflikte sind bei Schnittstellenverhandlungen vorprogrammiert: Konflikte sind emotionalisierte Unterschiedsverhandlungen. Unterschiede und Differenzen sind die Notwendigkeit für die Existenz des Systems: Wären die unterschiedlichen Systeme in gleicher Form mit Sinn und Funktion ausgestattet, so wäre eine weitere Trennung nicht nötig. Aufgrund ihrer Unterschiedlichkeit gibt es Konflikte: Je stärker der Sinn der Gruppe »angegriffen« wird, desto emotionaler wird auch die Verhandlung geschehen. Unterschiede müssen jedoch sichtbar gemacht werden, sodass – wie in allen Konflikten – eine Lösung aus der Sicht der Gesamtorganisation gefunden werden kann.

Rollen

Sind die Bereichsbilder im Allgemeinen geklärt, der Sinn und die Aufgaben beschrieben, wendet sich der Blick auf die Personen, die das tatsächlich umsetzen. Diese Rollenträger sind bestimmt durch die jeweilige Verantwortlichkeit. Wechsel der Verantwortung für den Prozess bedeutet Wechsel der Person. Jede Rolle hat Rechte, Pflichten und Kompetenzen – die gilt es herauszuarbeiten. Typische Konflikte treten auf bei:

Rollenüberlastung Meist können nicht alle Erwartungen erfüllt werden. Werden die gestellten Erwartungen nicht erfüllt beziehungsweise nicht prioritär wahrgenommen, so kann ein Gefühl der Vernachlässigung entstehen. Beziehungs- und Arbeitsebene werden dadurch gestört. Der Prozessberater hilft durch eine Darstellung der Komplexität der Erwartungen, um Verständnis für die Gesamtsituation zu erreichen. Bilder werden abgeglichen, und aus der Vogelperspektive wird konstruktiv für das Ganze gedacht und gehandelt.

Ungenaue Rollenbeschreibung Manche Schnittstellen bilden sich zunächst in der Praxis und werden nicht von oben gesetzt und nicht auf Papier aufgeschrieben. Aufgrund von Veränderungen oder auch unzureichenden Abklärungen sind die Erwartungen nicht auf beiden Seiten gleich. Rollenunklarheiten sind geeignete Konfliktträger – jeder konstruiert die eigene Wirklichkeit. Nur mit der Realität wird nicht gesprochen. Es bilden sich Fantasien, die in Workshops gut sichtbar gemacht werden sollten, am besten in 3-D.

Rollenkonflikt Wenn widersprüchliche Erwartungen an die Person gestellt werden, so entsteht ein Rollenkonflikt. Oftmals wird das erst sichtbar, wenn ein Überblick der Rollen ausgearbeitet wird. Beseitigt wird dieser durch Neudefinition oder Umdefinition der Rollenbeschreibung.

Methode: Bilder kommunizieren

Kurzbeschreibung: Schnittstellen-Workshop: Wie sehen wir euch?

Inhalte und Zielsetzung: Das Team lernt, welche Bilder ihre Kommunikation leiten.

Lernkonzept: Schnittstellen-Workshop, Teamentwicklung.

Teilnehmer: 15–20 Personen.

Dauer: 30 Minuten.

Ressourcen: Metaplankärtchen oder Flipchart.

Ablauf: Die Teilnehmer teilen sich nach Abteilung oder Teamzugehörigkeit auf. Getrennt voneinander entwickeln sie Bilder – ein Selbstbild aus fremder Sicht und ein Fremdbild.
Die wichtigsten Fragen sind dabei:

- → Welches Bild denken wir, dass ihr von uns habt?
- → Welches Bild haben wir von euch?

Nach der Gruppenarbeit werden die Gedanken auf Flipcharts oder Metaplankärtchen im Plenum präsentiert.

Variante 1: Zur Reflexion der Teilgruppenarbeit wird ein Fishbowl gemacht. Eine Gruppe hört im Innenkreis und die andere im Außenkreis zu und dann umgekehrt.

Variante 2: Metaphern, Sinnbilder finden und diese aufmalen oder in einer Szene vorspielen.

Anmerkungen zur Wirkungsweise: Die konstruierten Bilder bieten Raum für Spekulationen. Diese gilt es, sichtbar zu machen und mit der anderen Gruppe abzugleichen. Durch das Abgleichen und Austauschen kommen neue Bilder zum Vorschein. Alte Bilder werden durch neue – gemeinsam entwickelte – ersetzt.

Methode: Kampf der Vorurteile

Kurzbeschreibung: Schnittstellen-Workshop: Vorurteile im Schlagabtausch.

Inhalte und Zielsetzung: Die Teilnehmer sollen sich trauen, Vorurteile aufzudecken und ins Gespräch zu kommen.

Lernkonzept: Schnittstellen-Workshop, Teamentwicklung.

Teilnehmer: 15–20 Personen.

Dauer: 20–30 Minuten.

Ressourcen: Eventuell Metaplankarten.

Ablauf: Es werden zwei Gruppen gebildet, die sich aus den jeweiligen Bereichen ergeben. Jede Gruppe sammelt die schlimmsten Vorurteile über die andere Gruppe, die sie selbst haben und die im Umlauf sind. Dann setzen sich die beiden Gruppen in zwei Reihen gegenüber und der Schlagabtausch kann beginnen. Im Wechsel zwischen den Gruppen trägt jeder ein Vorurteil vor – dabei auf emotionale Ausdrucksweise achten. Es darf geschimpft werden!

Anmerkungen zur Wirkungsweise: Die vielen Vorurteile können die Stimmung der Gruppe stark aufladen. Aber durch die Fülle an Beschimpfungen von beiden Seiten wird schnell klar, welche der Vorurteile noch weiterhin von Interesse sind und weiter bearbeitet werden sollten und welche einfach beide Gruppen nerven. Übertreibung und Humor tun gut, um im Anschluss daran locker über die Wirkung auf die jeweils andere Gruppe zu sprechen zu kommen.

Methode: Erwartungen

Kurzbeschreibung: Schnittstellen-Workshop: gegenseitige Erwartungen.

Inhalte und Zielsetzung: Das Team lernt, wie ihre Erwartungen gezielte Reaktionen auslösen und schon kleine Veränderungen neue Verhaltensmuster erlauben.

Lernkonzept: Schnittstellen-Workshop, Teamentwicklung.

Teilnehmer: 15–20 Personen.

Dauer: 30 Minuten.

Ressourcen: Metaplankärtchen oder Flipchart.

Ablauf: Die Teilnehmer teilen sich nach Abteilung oder Teamzugehörigkeit auf. Getrennt voneinander machen sie sich Gedanken darüber, welche Erwartungen zwischen den beiden Gruppen vorhanden sind. Wichtig ist der Hinweis, dass die Erwartungen auch ganz konkret sein sollten. *Was* sind die Erwartungen, und *wie* können diese konkret erfüllt werden?

Die wichtigsten Fragen sind dabei: Was erwarten wir von euch? Was können wir tun, damit ihr unsere Erwartungen erfüllen könnt?

Variante 1: Fishbowl zur Reflexion.

Variante 2: Rochade der Metaplanwände: Die beschriebenen Erwartungen werden ausgetauscht, und die andere Gruppe kommentiert die einzelnen Erwartungen mit: a) ja oder b) ja, wenn ... oder c) nein, weil ...

Anmerkungen zur Wirkungsweise: Erst wenn Erwartungen ausgesprochen sind, kann auch an der Veränderung gearbeitet werden. Die Frage, ob ich selbst etwas tun kann, sodass die anderen meine Erwartungen erfüllen können, bringt hier eine neue Perspektive. Denn durch das eigene Verhalten kann eine erwartete, vorhergesagte Reaktion erst ausgelöst werden. Oft genügt eine kleine Verhaltensänderung, um eine völlig andere Reaktion beim Gegenüber zu erreichen.

Methode: Stakeholder-/Umfeldanalyse

Kurzbeschreibung: Visualisierung der Beziehungen einer einzelnen Person zu einem bestimmten Personenkreis.

Inhalte und Zielsetzung: Über eine Umfeldanalyse, ein Soziogramm können Zielgruppen und Kommunikationsarten sowie die passenden Kommunikationskanäle deutlich gemacht werden.

Lernkonzept: Teamentwicklung, Coaching, Schnittstellen-Workshop.

Teilnehmer: 1–15 Personen.

Dauer: Ungefähr 30 Minuten.

Ressourcen: Flipchart oder Tabelle, in die Abteilungen eingetragen werden können.

Ablauf: In Einzelarbeit werden alle wichtigen Bezugspersonen, Gruppen und Schnittstellen aufgeschrieben. Gestaltungsmöglichkeiten sind dabei:
- → emotionale Nähe und Distanz,
- → hierarchische Bedeutung (durch Größe, Farben, geometrische Formen),
- → Intensität (Dicke der Verbindung),
- → Art der Beziehung,
- → Störungen und Probleme.

Aus der Vielzahl der Bezugspersonen werden nun vom Gestalter die sieben ausgesucht, die für den Erfolg wichtig sind. In der Mitte wird ein Kreis bestimmt: Das ist der eigene Bereich. Darum herum befinden sich die sieben ausgesuchten Bezugsgruppen; je wichtiger sie sind, desto größer der gemalte Kreis um sie. Anschließend legt der Gestalter die Nähe zum Zentrum fest (emotionale Nähe und Distanz).
Nun bestimmt der Gestalter durch die Strichstärke die Häufigkeit der derzeitigen Kommunikation (hoch, mittel, gering). Und über Plus und Minus oder mit Blitzen kann die Qualität der Kommunikation gekennzeichnet werden.

Variante: Hilfreiche Fragen für die Führungskraft können sein:

- → Wo können Sie Rat, Entlastung, Expertise finden?
- → Wo stecken möglicherweise Ressourcen und Synergien?
- → Wo sollten Sie Kontakte und Beziehungen entwickeln, intensivieren oder neu gestalten?
- → Wo sollten Sie absehbare Erwartungen, Irritationen und Konflikten gegensteuern, indem Sie vorbeugend klären, abstimmen und vorwarnen?

Anmerkungen zur Wirkungsweise: Der Begriff »Stakeholder« kommt aus dem Englischen: »Stake« kann mit »Einsatz«, »Anteil« oder »Anspruch« übersetzt werden; »holder« mit »Eigentümer« oder »Besitzer«. Ein Stakeholder ist also jemand, dessen Einsatz auf dem Spiel steht und der ein Interesse an Wohl und Wehe dieses Einsatzes hat. Heutzutage wird Stakeholder im übertragenen Sinne verwendet für das soziale Umfeld einer Person. Es ist das Umfeld von Menschen, die ein Interesse am Verlauf oder Ergebnis eines Prozesses haben; dazu zählen auch scheinbar Unbeteiligte wie Kunden oder Mitarbeiter.

Methode: Es gibt einen Sieger – und was passiert dann? Tipps für Prozessberater

Kurzbeschreibung: Zusammenarbeit: Konkurrenz und Kommunikation.

Inhalte und Zielsetzung: Die Gruppe soll lernen, Ziele und Aufträge aufeinander abzustimmen.

Lernkonzept: Schnittstellen-Workshop, Teamentwicklung.

Teilnehmer: 3–4 Kleingruppen.

Dauer: 10–20 Minuten.

Ressourcen: Mehrere Stühle, Anleitung für jede Gruppe.

Vorbereitung: Zwei der Stühle im Raum auf der Unterseite markieren.

Ablauf: Nach der Einteilung in Kleingruppen bekommt jede Gruppe eine Aufgabe (s. unten), die sich auf die zwei markierten Stühle im Raum bezieht. Was die anderen für eine Aufgabe bekommen, bleibt unbekannt. Alle bekommen eine gemeinsame Spielanleitung:

- → Zuerst die Aufgabe in der Kleingruppe durchlesen, bevor sie beginnen.
- → Alle sind beteiligt.
- → Die Übung ist erst beendet, wenn die Aufgabe erledigt wurde.
- → Betonen: Es gibt *einen* Sieger.

Die Aufgaben für die Einzelgruppen lauten:

- → *Aufgabe für die erste Gruppe:* Bringen Sie die auf der Unterseite der Sitzfläche gekennzeichneten Stühle in eine Position Lehne an Lehne.
- → *Aufgabe für die zweite Gruppe:* Bringen Sie die auf der Unterseite der Sitzfläche gekennzeichneten Stühle in die Mitte des Raumes.
- → *Aufgabe für die dritte Gruppe:* Bringen Sie die auf der Unterseite der Sitzfläche gekennzeichneten Stühle in eine Position seitlich auf dem Boden liegend.
- → *Aufgabe für die vierte Gruppe:* Bilden Sie um die auf der Unterseite der Sitzfläche gekennzeichneten Stühle mit Ihrer Gruppe einen Kreis.

Anmerkungen zur Wirkungsweise: Anfangs kommt zwischen den Kleingruppen Konkurrenz auf. Aber es gibt nur einen Sieger, und das ist die Großgruppe. Nur wenn alle zusammenarbeiten, können die Aufgaben erledigt werden. Aber oft kommt erst Kommunikation zwischen den Gruppen auf, wenn sich Frustration breitmacht. In der anschließenden Reflexion kann man über die Erfahrungen während des Ablaufs sowie über Zusammenarbeit und Kommunikation sprechen. Es ist wichtig, darauf hinzuweisen, dass das Miteinanderreden, also das Abstimmen des Auftrags und der Vorgehensweise, allen hilft.

Methode: Ein Netzwerk aufspannen

Kurzbeschreibung: Konzentration.

Inhalte und Zielsetzung: Spielerisch können Arbeitsprozesse im Team optimiert werden.

Lernkonzept: Schnittstellen-Workshop, Teamentwicklung.

Teilnehmer: 10–20 Personen.

Dauer: 15–20 Minuten.

Ressourcen: 12 Tennisbälle, Uhr mit Sekundenzeiger oder Stoppuhr, Flipchart.

Vorbereitung: Bälle nummerieren.

Ablauf: Die Teilnehmer sitzen im offenen Stuhlkreis. Zuerst wirft der Berater einen Tennisball zum ersten Teilnehmer und fordert ihn auf, den Ball spontan an einen weiteren Teilnehmer zu werfen. Der Ball wird dann so lange weitergeworfen, bis ihn alle einmal berührt haben. Dabei ist es wichtig, dass sich jeder die Reihenfolge merkt, also von wem der Ball kam und an wen er ihn weitergeleitet hat. So wird der Ablauf reproduzierbar.
Im nächsten Schritt bekommt nun der erste Teilnehmer zwölf Bälle mit der Aufgabe, diese nach einem Startkommando in der gleichen Reihenfolge durchzureichen. Die Durchlaufzeit, bis der letzte Teilnehmer alle zwölf Bälle neben sich aufgereiht liegen hat, wird gemessen. Auf einem Flipchart wird die Durchlaufzeit aufgeschrieben.
Als dritter Schritt soll nun die Gruppe in der Hälfte der Zeit alle zwölf Bälle durchreichen. Folgende Regel wird betont: »Jeder berührt jeden Ball, und die Reihenfolge der Bälle und der Teilnehmer muss eingehalten werden.«
Im nächsten Schritt soll die Gruppe wiederum in der Hälfte der Zeit alle zwölf Bälle durchreichen. (Es folgen maximal fünf Durchläufe.)
Danach wird das Ergebnis im Plenum reflektiert.

Anmerkungen zur Wirkungsweise: Eine Optimierung findet nach und nach statt. Erst wenn die Teilnehmer sich nacheinander in die Reihenfolge setzen, wie die Bälle zuvor durchgereicht wurden, kann die Zeit stark verkürzt werden. In der Reflexion wird über Rollenverteilung gesprochen. Wer hatte gute Ideen? Von wem wurden die Ideen aufgegriffen, und welche wurden übergangen? Wer war außen vor? Wer hat Führung übernommen? Was waren kreative Ideen? Welche Schritte waren notwendig, um voranzukommen? Welche Art von Kommunikation hat geholfen? Was war der Schritt zum Erfolgsfaktor?

Erforschung (un-)bewusster innerer Landkarten: Wer sind wir eigentlich?

Verstehen, was war, um zu verstehen, was ist

Den Blick auf Vergangenes zu richten, klingt nach Vergangenheitsbewältigung und Psychoanalyse und scheint nur für private Belange und Bedürfnisse zu gelten. Dennoch wählen immer mehr Organisationen den Weg, sich mit der Geschichte ihres Unternehmens auseinanderzusetzen. Wenn eine »unaufgeräumte« Historie sich negativ auf die Gegenwart auswirkt, kann die Auseinandersetzung damit Veränderung bewirken – wie folgendes Fallbeispiel zeigt:

S. T. war seit Kurzem Führungskraft in einer Abteilung einer Versicherung. Die Abteilung war geprägt von einer merkwürdig niedergeschlagenen Stimmung. Es wurde viel geklagt, es gab einen hohen Krankenstand. Gegen den neuen Chef, obwohl sehr bemüht und freundlich, wurde offen rebelliert. Es herrschte viel Unzufriedenheit, für die es aber wenig verständliche Ursachen gab.
Das Beraterteam entschied sich für eine Abteilungsrekonstruktion. Dabei kamen erstaunliche Ereignisse zum Vorschein: Vier Jahre zuvor hatte die Abteilung einen

jungen beliebten Chef. Nachdem dieser in Urlaub gefahren war, kehrte er nicht mehr an seinen Arbeitsplatz zurück. Er war bei einem Autounfall tödlich verunglückt. Unglücklicherweise gab es auch schon in der Zeit vor dem Tod des beliebten Chefs häufige Wechsel in der Führung.
Nach dem Unfall waren die Mitarbeiter mit der Situation allein gelassen worden. Wirklich Abschied hatten sie nie genommen, Möglichkeit für Trauerarbeit gab es nicht. Die Neubesetzung der Führungsposition nahm über ein halbes Jahr in Anspruch. Danach gab es eine führungslose Zeit, die »ältesten Mitarbeiter« der Abteilung hatten informell die Führung übernommen. Sie waren es auch, die gegen die neue Leitung rebellierten.
Nachdem im Workshop diese Abteilungsbiografie nachgezeichnet worden war, nahm die Abteilung gemeinsam von dem Verstorbenen Abschied. Im Workshop konnten die einzelnen Teilnehmer der Gruppe mit dem Verstorbenen in einen imaginierten Dialog eintreten. In diesem nachgeholten Abschiedsgespräch konnten die Teilnehmer ihre Trauer, aber auch ihre Enttäuschung ausdrücken. Zutrauen und Vertrauen in die Führung waren verloren gegangen, was einem positiven Beziehungsaufbau zur neuen Führungskraft im Wege stand. Nachdem die Gruppe Trauerarbeit geleistet hatte, besserte sich die Situation im Team zusehends, und die neue Führungskraft wurde angenommen.

Ursprung in der Familienrekonstruktion

Die Methode der Unternehmensrekonstruktion wurde aus den Erfahrungen mit der Familienrekonstruktion entwickelt. In der Familienrekonstruktion wird der Stammbaum angeschaut, Bilder der Ahnen werden gesammelt und Familienmitglieder nach alten Geschichten und Familiengeheimnissen befragt. Anders formuliert ist es eine Methode, die Familienmitglieder in die Lage versetzt, eine neue Perspektive auf ihre Herkunftsfamilie zu gewinnen. Familienregeln, Spannungen, scheinbar unauflösliche Konflikte und Probleme erscheinen dabei in einem neuen Licht.

Die Familientherapie-Pionierin Virgina Satir entwickelte in den 1960er-Jahren die Technik der Familienrekonstruktion. Konkret hat innerhalb eines Gruppensettings jeder Teilnehmer die Möglichkeit, mithilfe von Rollenspiel oder Psychodrama wichtige Szenen seiner Familiengeschichte nachzuspielen. Das Satir-Modell ist ein Bemühen, innere Prozesse nach außen zu verlagern. Satir schreibt: »Als ich dem Prozess den Kontext hinzufügte, fing ich an, Menschen die Rollen der Mutter, des Vaters, der Geschwister und anderer signifikanter Personen innerhalb der drei Generationen der Ursprungsfamilie spielen zu lassen« (2007, S. 37 ff.). Die Rekonstruktion einer generationenübergreifenden Familiendynamik ist das Ziel, um einschneidende Ereignisse, besondere Beziehungen, aufgestaute Gefühle darzustellen. Nicht die realitätsgetreue Nachbildung ist wichtig, sondern das Bewusstmachen der eigenen inneren Konstruktion. So werden die inneren und äußeren Kämpfe und Konflikte sichtbar (Kaufmann

2000). In den verschiedenen Phasen der Familienrekonstruktion werden »Stars«, Mutter, Vater und andere in verschiedenen Szenen dargestellt. So kommen die zugrunde liegenden emotionalen Strukturen zutage.

Welche Bedeutung hat die Familienrekonstruktion für Unternehmen?

Vor dem Hintergrund der vielen Veränderungsprojekte, mit denen sich die Unternehmen auseinandersetzen, ist die Kommunikation und Mobilisierung der Führungskräfte und Mitarbeiter von zentraler Bedeutung. Die Erfahrung zeigt, dass viele der Veränderungsimpulse in Unternehmen nicht verstanden werden oder aber im Widerspruch zu internalisierten Werthaltungen der Mitarbeiter stehen. Dadurch werden die Ziele der Veränderung nicht erreicht. Es wird immer deutlicher; nur wenn eine Veränderung zu den inneren Werten, Haltungen und Hoffnungen der Führungskräfte und Mitarbeiter passt, wird sie auch umgesetzt und beibehalten. Ziel ist es daher, an bestehende Werte und Haltungen anzukoppeln, die in der Organisation vorherrschen. Die Geschichte hat die Personen (zum Beispiel Führungskraft, Mitarbeiter) wie die sozialen Systeme (zum Beispiel Gruppe, Organisation) geprägt und ihr Handeln beeinflusst. Steuern findet durch sinnhaftes Verhalten statt, das motivational von uns gesteuert ist und somit auch bewusst passiert. Es gibt jedoch auch ungewollte Effekte, die als Nebenwirkungen anderer Personen und sozialer Systeme benannt werden können. Durch dieses Einwirken innerhalb und außerhalb der Organisation findet ebenfalls eine Steuerung des Handelns statt; dazu gehören die Werte, Haltungen und Rituale, die schon vorhanden sind und wirken. Ursachen für diese Nebenwirkungen gilt es zu ergründen und zu erforschen.

Daher kann das Sichtbarmachen von vergangenen Situationen klärend und somit positiv sein. Wie im Anfangsfallbeispiel benannt, hat eine neue Führungskraft in einem Bereich kaum Möglichkeiten, sich zu bewähren und angenommen zu werden, wenn die Historie so präsent ist und der Tote theoretisch weiterlebt. Unbewusst verursachte Nebenwirkungen in der Kommunikation und in dem Verhalten können selbst dann entstehen, wenn Einzelpersonen sich dem Thema stellen, aber die Gesamtabteilung nicht. Es geistern somit Gedanken, Mythen und Rituale des »Alten« weiter, da innerhalb des Gesamtsystems keine Sprache und Handlungen gefunden wurden. Das Szenario noch weiter gedacht: Uralte Konflikte können über Generationen aufrechterhalten werden, ohne dass die Ursache überhaupt noch jemand kennt. Das System schlägt zurück! Vergleichbar mit einem sogenannten Burnout-Syndrom: Verleumde und vernachlässige ich meine inneren Signale, so reagiert der Körper mit seinen eigenen Methoden und legt mein körperliches System lahm. Werden Auswirkungen von vermeintlich abgehakten Themen nicht wahrgenommen und verarbeitet, machen sich diese in den unbewussten Emotionen breit, und Handeln wird durch diese unbewussten Strömungen beeinflusst.

Keine alten Grabenkämpfe

Es geht dabei nicht um eine psychoanalytische Deutung oder unendliche Grabenkämpfe in alten Geschichten, es geht um die Gestaltung der Gegenwart und Zukunft. Eine Veränderung ist dann möglich, wenn das Vergangene erkannt ist und neue Sichtweisen auf die Dinge möglich werden. Die Jetztzeit verstehen lernen – für Prozessberater hilft die Anteilnahme und auch die Entlastung einzelner Personen in der Workshoparbeit. Gemeint sind das aufmerksame Zuhören und das Verstehen der Situation und das Aufzeigen der inneren Zusammenhänge. Wie erleichternd ist es, als Führungskraft zu merken, dass sie gegen die nicht bewussten alten Geschichten keine Chance hat und dass die Ablehnung nicht an der eigenen Persönlichkeit liegt, sondern ihren Ursprung in einer Geschichte des Systems hat. Die Offenlegung solcher Themen hilft der Organisation und dem Einzelnen, ein neues Bild zu entwickeln und neue Geschichten zuzulassen. Im Fokus sind dabei:

- → bekannte und (noch) unbekannte Geschichten mit ihren Helden, Dramen, Erfolgen und Besonderheiten, die sich in jedem Unternehmen einmal ereignet haben und finden lassen,
- → Bilder und ihr Sinn und ihre Bedeutung, wie sie empfunden werden und wie man sie beurteilt,
- → die Entstehung der Abteilung beziehungsweise der Organisation,
- → die Außendarstellung und ihre Mythen (Wahrnehmung der anderen),
- → die Werte und Normen, die im Unternehmen kursieren (»Dauerbrenner«, Erklärungsmuster und so weiter).

Die gemeinsame Begegnung mit den Themen der Vergangenheit und kollektive Arbeit an der Beantwortung der Fragen, die sich daraus ergeben, sind die zentrale Arbeit in einem solchen Beratungsprozess. Durch die Auseinandersetzung mit der Unternehmensbiografie wird vieles verständlich und transparent – kurz gesagt: Die Gruppenmitglieder erhalten eine Antwort auf die Frage: »Wer sind wir eigentlich?«

Wann bietet sich diese Methode an?

Vielfältig ist der Weg zu einer Selbst- und Fremderkenntnis der Vergangenheit. Dabei hängt das Vorgehen von den zur Verfügung stehenden Informationen, vom Datenmaterial und von den Zielsetzungen ab. In diesen drei Kontexten kann eine Rekonstruktion stattfinden:

- → Standortbestimmung einer Einzelperson,
- → Teamhistorie,
- → Unternehmens- oder Abteilungsrekonstruktion.

Rekonstruktion bietet sich dann an, wenn der Berater beobachtet, dass es verschiedene Werte und Haltungen in der Organisation gibt, die ein unklares Bild ergeben und sich auf den Veränderungsprozess negativ auswirken. Das kann dann der Fall sein, wenn verschiedene Firmen in der Vergangenheit fusioniert wurden und weiter die alten unterschiedlichen Werte bestehen. Ziel der »Werteentwicklung« ist es nun, sowohl Positives des Bestehenden zu bestärken als auch die hinderlichen Aspekte zu beschreiben und umzudeuten. Ferner kann ein Anlass auch der Umstand sein, dass es viele neue Mitarbeiter gibt, die die Geschichte der Organisation wenig bis gar nicht kennen und ihnen daher eine Landkarte fehlt, wie sie sich verhalten können und dürfen. Auch virtuellen Teams kann so die Gelegenheit gegeben werden, eine Heimat zu finden – durch die Auseinandersetzung mit der Vergangenheit ergibt sich stets eine Verbrüderung mit der Gegenwart; und das Gestalten des Neuen bringt Verbundenheit und Eingliederung. Der Berater entscheidet in den meisten Fällen aus dem Bauch heraus, ob eine Rekonstruktion sinnvoll sein kann; nämlich dann, wenn sich eine Situation nicht so logisch anhört, Antworten und Erklärungsmuster fehlen oder auch starke Emotionen im Raum stehen (wie Tod, häufige Wechsel der Führungskräfte, Abspaltung von Subsystemen und anderes mehr).

Dramaturgie: Back to the Roots

Kurzbeschreibung: Führungsgeschichte(n), Chefbiografien, angelehnt an eine Methode aus der Familientherapie.

Inhalte und Zielsetzung: Auseinandersetzung mit Vergangenheit und Gegenwart der Organisationseinheit, um die Zukunft zu gestalten. Fragen nach Grenzen und Möglichkeiten, Zusammenarbeit, Veränderungskultur und Kraftquellen werden beantwortet.

Lernkonzept: Teamentwicklung, Führungsbildung.

Teilnehmer: 8–20 Personen.

Dauer: 4 Stunden bis 1 Tag, je nach Tiefe.

Ressourcen: Freier Raum mit genügend Platz, Stühle, keine Tische, Metaplanwände, Moderationsmaterial.

Ablauf: Zunächst werden Fragen gesammelt. Die Teilnehmer erarbeiten in Zweiergruppen Fragestellungen, die mithilfe einer Rekonstruktion beantwortet werden sollen. Die Fragen werden auf Karten geschrieben, gesammelt, in Cluster eingeteilt und von allen Teilnehmern priorisiert.

Anschließend erfolgt die *Rekonstruktionsarbeit*. Dazu werden Kleingruppen gebildet, die unterschiedliche Aufträge erhalten. Die Aufträge können Folgendes beinhalten: Ein Führungsstammbaum soll erarbeitet werden, in dem folgende Fragen beantwortet werden: Wie ist die Abteilung entstanden? Wer waren die Chefs? Warum wurden sie Chefs? Warum sind sie gegangen? Worin bestanden die Kompetenzen der Führungskräfte?

Anschließend werden die Beziehungen der Beteiligten untereinander anhand folgender Fragen besprochen: Wer arbeitet gut, wer nicht gut zusammen? Welchen Einfluss hat die Führung oberhalb der Organisationseinheit? Wie erging es neuen Mitarbeitern? Welche heimlichen Hierarchien existieren?
Im Anschluss daran werden parallele Chroniken geschrieben: Ereignissen und die Geschichten außerhalb des Unternehmens werden Ereignissen im Unternehmen gegenübergestellt (zum Beispiel außerhalb: 9/11-Anschlag, Internetblase platzt; im Unternehmen: Vorstandszuständigkeit für Risikosteuerung wird eingerichtet; in der Organisationseinheit: Eine eigene Abteilung für Risikomanagement wird gegründet). Die bedeutenden Ereignisse der Abteilung sollten auf jeden Fall enthalten sein.
Ein Stimmungsgraph wird gezeichnet: Die Stimmung der Abteilung im betrachteten Zeitfenster soll grafisch dargestellt werden, die dazugehörigen Ereignisse werden notiert.

Die Kleingruppen präsentieren ihre Ergebnisse im Plenum mit anschließender Diskussion.

»Dahinter schauen«: Der Berater erläutert, dass es meist hinter dem, was man sieht, weitere unausgesprochene Themen, Regeln, Mythen und Vermächtnisse gibt, die eine Organisationseinheit beeinflussen. Beispiele dafür sind: »Der hat nichts zu sagen, weil er auf dem Abstellgleis ist«, »Sparen, sparen, sparen«, »Wir sind eine Hochleistungsgruppe«, »Schuld ist doch nur die XYZ-Abteilung« Kernaussagen für die Abteilung werden thematisiert und sichtbar gemacht. Im weiteren Verlauf des Workshops wird an diesen Aussagen und gegebenenfalls deren Umdeutung gearbeitet.

Varianten: Abhängig von der Größe der Organisationseinheit und der Relevanz der Geschichte kann anstelle der Kleingruppenarbeit ebenso eine Arbeit im Plenum treten und bereits im Vorfeld durch Interviews Material zu den unterschiedlichen Aufgabenstellungen gesammelt werden. Bei einer Offline-Vorbereitung wäre es hilfreich, ein Fremdbild der Abteilung bei wesentlichen Stakeholdern zu erfragen.

Anmerkungen zur Wirkungsweise: Während der Rekonstruktion der Geschichte und der Hintergründe einer Organisationseinheit reflektiert die Organisationseinheit sich selbst. Schon dadurch entsteht eine Veränderung des Eigenbildes und der Dynamik in der Organisationseinheit. Nach der Rekonstruktion sollte die Organisationseinheit im Laufe des Workshops weiter an den erkannten Themen arbeiten.

Dramaturgie: Wer sind wir eigentlich und wenn ja, wie viele?

Kurzbeschreibung: Geschichte einer Organisation beziehungsweise Arbeit an der Teambiografie angelehnt an eine Methode aus der Familientherapie.

Inhalte und Zielsetzung: Klärung der Frage: »Wer sind wir eigentlich?«

Lernkonzept: Teamentwicklung, Workshop.

Teilnehmer: 10–20 Personen.

Dauer: Mindestens 1 Tag.

Ressourcen: Raum mit genügend Stühlen, ohne Tische; gegebenenfalls Fotos von früheren Führungskräften.

Ablauf: Eine Unternehmensrekonstruktion macht die Geschichten über die Geschichte eines Unternehmens sichtbar. Metaphern, Tabus, Rollen- und Generationsmuster, die im Laufe der Zeit entstanden und gewachsen sind, werden von den Teilnehmern erforscht. Hierzu gibt es eine Reihe von Methoden und kein einheitliches Rezept, wie man vorzugehen hat. Es gibt viele mögliche Wege für eine Unternehmensrekonstruktion. Das Vorgehen hängt vom verfügbaren Datenmaterial und von den Zielsetzungen ab. Geht es um die Standortbestimmung einer Einzelperson oder die Analyse der Ressourcen einer ganzen Abteilung oder um die Geschichtsrekonstruktion eines gesamten Unternehmens? Im Folgenden wird eine Auswahl an Themen und Methoden vorgestellt.

Auftragskonkretisierung und Erarbeiten eines Fragenkatalogs

Am Anfang stehen die Auftragskonkretisierung und das Erarbeiten eines Fragenkatalogs mit Fragen, die durch die Unternehmensrekonstruktion beantwortet werden sollen. Für die Methode der Rekonstruktion ist es sinnvoll, dass die Einzelnen nicht Antworten auf bestehende Fragen geben, sondern auch die Fragen selbst erarbeiten. Hintergrund ist die Selbsterforschung des eigenen Bereichs, sich selbst Neugier zu verschaffen und den Teil festzulegen, der für jeden von Interesse ist. Für manche Unternehmen eignet es sich auch, ein paar Fragen vorzugeben:

- → Welche Auswirkungen der Firmengeschichte hat die Organisation besonders geprägt? Wo ist es sichtbar?
- → Wie kann man die spezifische Kultur unserer Zusammenarbeit beschreiben? Wie ist sie entstanden?
- → Wie ist unsere Führungskultur entstanden?
- → Können wir ein typisches Muster von Kommunikation und Konflikten erkennen? War das schon immer so? Wann hat es angefangen?
- → Woher kommt Kraft? Woher kommt Bewegung?
- → Mit welchen Träumen, Idealen und Illusionen sind wir angetreten? Und welche leben wir?

Die Auseinandersetzung mit der Vergangenheit kann von Personen aus unterschiedlichen Abteilungen, mit unterschiedlichen Aufgabenbereichen und mit unterschiedlicher Zugehörigkeit vorbereitet werden. Im Anschluss daran bilden sich Zweiergruppen, die sich über ihre zuvor erarbeiteten Fragen austauschen und weiterentwickeln. Dyadenmäßig wird im nächsten Schritt eine kleine neue Arbeitsgruppe gebildet, in der gemeinsam die Fragen formuliert werden, die als Leitfragen für die Unternehmensrekonstruktion bearbeitet werden. Eine Differenzierung erfolgt durch Clusterbildung und Abgleich mit den anderen Arbeitsgruppen.

Geschichte der Führung

In Interviews mit ehemaligen Führungskräften und deren Mitarbeitern entwickeln die Teilnehmer ein Bild der prägenden Figuren des Unternehmens beziehungsweise der Abteilung. Im Mittelpunkt stehen Fragen, welche Führungskultur und welcher Führungsstil in der Vergangenheit herrschte, welche Person sich dahinter verbirgt (privat und beruflich) und wie die Gegenwart davon (noch) bestimmt ist.

Zur Visualisierung eignet sich ein Zeitstrahl oder eine ähnliche Linie mit den Fragen: Wie war der Anfang? Wer hat die Abteilung geprägt? Welche Führungskräfte arbeiteten wann in welcher Position? Woher kamen sie? Wie waren sie? Warum ist derjenige ausgeschieden? Welche Kompetenzen hatten sie?

Methoden: Nachforschungen in der Personalabteilung, Interviews Sammeln von Fotos.

Beziehungslandschaft
Wer kann mit wem gut? Wer hat die (heimliche) Macht in der Organisation? Wo und zwischen wem sind Konflikte? Solche Fragen können selten in aller Deutlichkeit offen gefragt und ausdiskutiert werden. Doch haben solche Rivalitäten oder Spannungen zwischen Funktionsträgern oder Bereichen eines Unternehmens große Auswirkungen – erst recht, wenn eine lange Geschichte vorausgeht. Daher empfiehlt es sich, in der Analyse zunächst im kleinen Umkreis damit zu beginnen und sich die Beziehungen im Allgemeinen anzuschauen:

- → Mitarbeiter – Mitarbeiter,
- → Führungskraft – Mitarbeiter,
- → Führungskraft der Führungskraft – Mitarbeiter,
- → Unternehmenssynopse.

Relevante Fragen könnten hier sein:

- → Welche Personen und Teile der Organisationen leisten Besonderes? War das schon immer so?
- → Welche heimlichen Hierarchien gab (und gibt) es in der Abteilung?
- → Wie haben sich die einzelnen Abteilungen verändert? Warum?
- → Welche Aufgaben- und Rollenträger fallen auf? Wer kooperiert gut, und wo treten Schwierigkeiten auf?
- → Was irritiert Sie bei der Personalbesetzung? Was hat sie in der Vergangenheit gewundert?
- → Was geschah mit neuen Mitarbeitern? Wie wurden sie eingearbeitet? Was wurde aus ihnen?

Methoden: Interviews, Aufstellungen, Soziogramme.

Kontextanalyse
Ereignisse der Zeitgeschichte (Krieg, Rezession) nehmen oder nahmen Einfluss auf das Unternehmen. Ereignisse, die das gesamte Unternehmen (Fusionen, Internationalisierung, neue Produkte) betreffen, nehmen oder nahmen Einfluss auf einzelne Abteilungen und ihre Mitarbeiter. In der Kontextanalyse werden die Ereignisse in Beziehung zueinander gesetzt, und es wird ihre Wechselwirkung beschrieben.
Ereignisse der Abteilung (oder des Unternehmens): Was wird in der Abteilung als bedeutsam erlebt? Welche bedeutsamen Ereignisse gab es in der Abteilung? Zum Beispiel neue Aufgabenbereiche, Aufstocken der Mitarbeiterzahl, neue Kompetenzen, Weggehen bedeutsamer Mitarbeiter und anderes mehr.
Methoden: Interviews, Chroniken.

Mythen, Märchen, Sensationen
Mythen in Systemen sind Wirklichkeitsverzerrungen, die von allen dank der Funktion geteilt werden, friedliche Inseln der Übereinstimmung zu schaffen und die Stabilität und den Zusammenhalt zu gewährleisten. Solche Mythen können sein:

- → Leistungsmythen vermitteln das Bild einer Hochleistungstruppe.
- → Entschuldigungsmythen sind Zuschreibungen, die dazu dienen, bestimmte Defizite der Abteilung zu erklären (Pünktlichkeit, Qualität). Meist sind es Nachbarabteilungen, die die Sündenbockrollen übernehmen.
- → Führer- und Rettermythen verklären Führungskräfte aus vergangenen Zeiten.

Mythen können allerdings auch Kraftfelder sein. Wenn im Rahmen einer Unternehmensrekonstruktion eine Revitalisierung des Mythos gelingt, sind Mythen Motivatoren.

Geheimnisse, Vermächtnisse, Loyalitäten
Geheimnisse sind Fakten, die mit Schuld und Angst besetzt sind und tabuisiert werden. – »..., dass der auf der Position nichts zu sagen hat, weil er zum Abschuss freigegeben ist.«

Vermächtnisse sind »heimliche« Aufträge von Führungskräften oder anderen maßgeblichen Mitarbeitern, die an die nächste Generation weitergegeben werden. Aber auch Idealisierungen von Lösungsmustern oder Personen gehören dazu. Loyalitäten sind Verpflichtungen, denen Einzelne oder die ganze Abteilung gerecht werden müssen. Es gibt ein etabliertes Prinzip von Geben und Nehmen, über das ein inneres Kontobuch geführt wird.
Methoden: Deckellupfen in der Gerüchteküche, freies Assoziieren im Sinne des »Wahr ist bei uns ...«, Interviews mit Ehemaligen.

Regeln, Rollen, Aufgaben
Eine Regel ist eine Aussage darüber, was die meisten Mitglieder einer Abteilung als erwünschtes beziehungsweise unerwünschtes Verhalten ansehen. Sie können sich auf Arbeitsinhalte und -stile beziehen, aber auch auf die Gestaltung von internen oder externen Beziehungen. Solche Regeln bestehen aus:

- → der Regel selbst,
- → der Gegenregel,
- → der Regel über Einschränkungen und Ausnahmen,
- → der Regel über die Konsequenzen des Regelbruchs,
- → Ausführungsbestimmungen.

Methoden: Interviews mit Nachbarabteilungen, Analyse kognitiver Modelle, Befragungen von Beratern und Mitarbeitern.

Rolle und Aufgaben
Über die Rolle wird bestimmt, in welcher Weise eine Person eine bestimmte Aufgabe wahrzunehmen hat. Es gibt rollenkonformes Verhalten und das Gegenteil. Rollenerwartungen entstehen aus Zuschreibungen über die Ursachen der wahrgenommenen Erfolge beziehungsweise Misserfolge der Vorgänger in der Rolle.
Methode: Befragungen, Rollenanalyse

Methode: Familienbefragung

Kurzbeschreibung: Nicht die Mitarbeiter werden befragt, sondern die Familie.

Inhalte und Zielsetzung: Die Familie des Mitarbeiters wird mittels eines Fragebogens befragt. Wie denkt die Familie über verschiedene Themen des Arbeitslebens des Mitarbeiters (Organisation, Team, Führungskraft)? Familienbefragungen sollen nicht aushorchen und das private Bild des Mitarbeiters veröffentlichen. Tatsächlich ist jedoch die Frage, warum Familien aus der Arbeitswelt ausgeschlossen bleiben müssen. Die Vernetzung des Familien- und Arbeitslebens könnte neue Kräfte mobilisieren – wachsendes Interesse und Verständnis für die Organisation könnten entstehen. Ebenso bilden andersherum die Antworten der Familie eine Grundlage für weitergehende Diskussionen und Veränderungsvorschläge.

Lernkonzept: Führungsalltag.

Teilnehmer: Familienmitglieder der Mitarbeiter.

Dauer: Mit Vorlauf mehrere Wochen.

Ressourcen: Fragebogen.

Vorbereitung: Vorbereitungsworkshops für Fragen.

Ablauf: Fragen könnten sein: Unter welchen Belastungen leidet der Mitarbeiter? Wie zufrieden wirkt er bezüglich der Zusammenarbeit mit Führungskräften und Kollegen? Welche Wünsche hat er? Wie könnte die Familie den Mitarbeiter beziehungsweise die Organisation mehr unterstützen?

Anmerkungen zur Wirkungsweise: Vorsicht gefährlich, weil noch nicht ausprobiert beziehungsweise noch keine Kenntnis der Wirkung.

Methode: Partnerrat

Kurzbeschreibung: Die Partner entscheiden anstelle der Manager.

Inhalte und Zielsetzung: Herausfordernd ist es für Manager, sich in Entscheidungen zurückzuhalten und in bestimmten Themen nicht selbst zu entscheiden, sondern entscheiden zu lassen. Meist werden Entscheidungsvorgänge überlagert von Macht- und Politikgeschehen. Eine »nackte« (ohne Beeinflussung durch Individualinteressen) Entscheidung für die Organisation und deren Themen ist schwer möglich. Geeignet sind hier die Partner – sie bekommen die alltäglichen Schmerzen und Freuden mit und wissen meist mehr über die Hintergründe und Machtverhältnisse im Unternehmen als die Führungskräfte selbst. Warum sollen diese Kräfte des Verborgenen nicht auch genutzt werden? Soll heißen, dass die Wissenshüter ein Sprachrohr bekommen und einmal anders auf die Fragestellungen schauen. Die Partner sollen Entscheidungen treffen für die Organisation.

Lernkonzept: Führungsalltag.

Teilnehmer: Partner des Topmanagements.

Dauer: 1 Sitzung im Jahr.

Ressourcen: Partner.

Vorbereitung: Die Kultur muss dafür bereit sein ...

Ablauf: Einmal im Jahr tritt nicht das Management-Board zusammen, sondern deren Partner – mit aller Beschlusskraft.

Methode: Zeit im Raum – Timeline

Kurzbeschreibung: Bedeutsame Erlebnisse eines gemeinsamen Prozesses reflektieren.

Inhalte und Zielsetzung: Zeit im Raum nutzen wir für den Abschluss eines längerfristigen Arbeitsprozesses (Ausbildung, Projekt). Die Zeitreisenden können gemeinsam reflektieren, welchen Erfahrungen sie welche Bedeutungen geben wollen.

Lernkonzept: Workshopreihen, Ausbildung, Lernreise.

Teilnehmer: 1–15 Personen.

Dauer: 1,5 Stunden.

Ressourcen: Ein rotes und ein blaues Seil, Moderationskärtchen.

Vorbereitung: Seile in den Raum legen und gegebenenfalls »Meilensteine« auf Kärtchen schreiben und danebenlegen. Dieser Schritt kann auch gemeinsam mit den Teilnehmern gemacht werden.

Ablauf: Mit einem Seil (blau) wird der kontinuierliche Zeitprozess dargestellt. Ein anderes Seil (rot) wird danebengelegt. Es »schlägt aus« zu den Zeitpunkten, als die Teilnehmer bewegende Erlebnisse oder wichtige Entwicklungssprünge erlebt haben. Monate oder andere Datenmeilensteine auf Moderationskarten dienen der Orientierung am Seil.
Die Teilnehmer gehen die Timeline entlang, denken und fühlen über Situationen nach. Im Anschluss schreibt jeder für sich im Stillen diese Erfahrungen auf.
Am Ende gibt es einen Austausch der Eindrücke in der großen Gruppe.

Variante: Die Methode kann auch im Einzelcoaching verwendet werden. Dabei geht der Coachee die Seile ab und denkt laut.

8 Beste Kontexte

Das Spannende daran ist das Spannende darin – wir beschreiben Veranstaltungen, die Inhalt und Form gleichermaßen berücksichtigen und deshalb gelingen. »Form follows function« ist das Motto, um der Gruppe ein entsprechendes Umfeld des Lernens zu ermöglichen. Es gibt kein Konzept von der Stange, Auf- und Vorbereitung der Umstände, in denen gearbeitet wird, sind zentral zu beobachten. Grundmuster helfen jedoch, den Rahmen zu definieren für Ansprüche, Ort, Thema und Menschen. Neue Definitionen sind für die Inhalte nötig – die werden dann geboren, wenn mit dem Beginnen der Planung an der Neuausrichtung einer neuen Haltung gearbeitet wird. Das gelingt durch das Verstehen der Notwendigkeit der Veranstaltung.

Axiome für beste Kontexte sind:

- → Mobilisieren der Teilnehmer – keine Bildungsveranstaltung (»Musik von vorn«),
- → individuelles Lernen durch Schaffung von Freiräumen,
- → keine Wiederholung von gleichen Workshops,
- → Reflexion von Gehörtem (der Empfänger bestimmt die Kommunikation),
- → Spaß und Entspannung integrieren,
- → nichts dem Zufall überlassen – gute Organisation des Ablaufs und des Ortes,
- → Wechsel von Input und Selbstgestaltung,
- → Dialog, Dialog, Dialog …

Passagement Factory

»Passagement« meint die Form der Unterstützung und Begleitung von Übergangssituationen im Management von Organisationen auf struktureller, funktionaler, kultureller und persönlicher Ebene. Die Passagement Factory ist der Ort, an dem Passagement ganz konkret »gemacht« wird:

- → Eine Passagement Factory steht für eine neue Struktur in der Organisation. Statt stundenlanger Frontbeschallung beim alljährlichen Führungskräftetreffen treten die Menschen der Organisation miteinander in Dialog, begegnen sich.
- → In einer Passagement Factory treffen verschiedenste Funktionen des Unternehmens aufeinander – und vor allem die Menschen die dahinterstehen. In den Workshopphasen ist so der Boden für Vernetzung bereitet.

- → Die Passagement Factory ist schon ein Ausdruck einer möglichen neuen Kultur im Unternehmen. Wie in der Passagement Factory gelernt, reflektiert und gearbeitet wird, ist der erste Schritt in Richtung einer Dialogkultur.
- → Nicht zuletzt bietet die Passagement Factory Raum für persönliches Lernen. In den Workshops werden prozessorientiert die Themen der Teilnehmer aufgegriffen.

Dramaturgie: Passagement Factory

Kurzbeschreibung: Werkstattkonzepte zu bestimmten Metathemen.

Inhalte und Zielsetzung: Werkstätten sind Arbeits- und Lernkontexte für Großgruppen, bei denen bestimmte Zielgruppen einer Organisation in einem relevanten Themenfeld unterschiedliche Lern- und Veränderungserfahrungen machen sollen. Das Werkstattthema orientiert sich dabei an den Entwicklungsfeldern der Organisation (Führung, Veränderung, Vision, Werte, Kultur, Strategie und so weiter) und ist meist eingebettet in eine langfristige Organisationsentwicklung. Werkstattkonzepte vereinigen viele verschiedene Facetten:

- → Individuelles Lernen wird mit der Dynamisierung der Organisation in Veränderungsprojekten verbunden.
- → Themen werden vertieft vermittelt mit einem hohen Transfererfolg in funktionale Einheiten oder Teams.
- → Ein für die Organisation relevantes Thema wird aus dem großen »Grundrauschen« aller anderen Themen herauskristallisiert.
- → Wichtige Botschaften werden an die Organisation gekoppelt und Leidenschaft und Motivation erzeugt.

Lernkonzept: Großgruppenveranstaltung.

Teilnehmer: 40–400 Personen.

Dauer: 2–3 Tage.

Ressourcen: Genügend Materialien für die jeweiligen Stationen, passende Räumlichkeiten, ausreichend Moderatoren und Berater.

Vorbereitung: Vorgespräche mit dem Auftraggeber, Vorbereitung der Stationen, Auseinandersetzung mit der relevanten Fragestellung.

Ablauf: In einer Werkstatt werden verschiedene Kurse zu einem Themenkomplex angeboten. Die Auswahl der Kurse ist frei, und jeder erstellt seinen eigenen Lernplan. Ein besonderer Aspekt der Werkstatt ist, dass Interne (Mitarbeiter, Führungskräfte) zu Experten gemacht werden und nicht nur externe Trainer das Konzept durchführen. So gewinnt der Begriff »Lernende Organisation« eine zusätzliche Dimension, weil sie entdeckt, welche Potenziale in ihr schlummern und Lernen voneinander tatsächlich möglich wird. Die »Laientrainer« machen die Erfahrung, dass sie ein Thema besonders gut durchdringen, indem sie es anderen beibringen. Sie werden in der Vorbereitung und manchmal in der Durchführung durch die erfahrenen Externen unterstützt. Sie schlüpfen in eine neue Rolle und verändern gewohnte Interaktionen. So entsteht eine neue Dynamik im Unternehmen.

Eine Werkstatt dauert zwei bis drei Tage. In dieser Zeit wechseln sich Plenumsveranstaltungen und angebotene Workshops ab, manchmal laufen sie auch parallel. Diese Form des Lernens erzeugt Spaß, Buntheit, Selbstreflexion, Gespräche, Orientierung, Gemeinsamkeit, Individualität und meist ein wenig Schlafdefizit.
Zu Beginn ist es ein guter Impuls für die Teilnehmer, darüber nachzudenken, mit welcher Frage zum Thema sie sich eigentlich intensiver beschäftigen wollen. Eigene Lernprojekte der Teilnehmer – ganz individuelle Fragestellungen zum Thema – können so wirksam bearbeitet werden.
Eine Werkstatt zum Thema Führung könnte zum Beispiel folgende Elemente enthalten:

Workshops
Wie führe ich meine Familie? Wichtige Führungsfiguren in der Geschichte unseres Unternehmens! Shared Leadership – Wie Mitarbeiter sich selbst führen! Was wollte ich schon immer von meinen Mitarbeitern wissen, habe ich mich aber nie getraut zu fragen?

Plenumsrunden
Zehn Thesen aus der Sicht Betroffener über unsere Führungskultur! Talkshow: Ein Bergsteiger, ein Fußballtrainer, ein Schafhirte und eine pensionierte Führungskraft diskutieren mit Führungskräften aus dem Unternehmen über ihre Erfolge und Misserfolge! Aus dem Handbuch der Selbstsabotage: Warum das alles bei uns überhaupt nicht geht und wie wir nichts verändern werden!

Nachtprogramm
Wie Pippi Langstrumpf Feedback gibt (und andere Kindergeschichten über das Führen)! Liedership – wir singen, bis wir ein Team sind!

Bei der Wahl der Kurstitel sollte beachtet werden, dass sie anregend oder ironisch sind und neugierig machen. Dabei sind die Kursthemen übergreifend, aber themenzentriert. Es entsteht ein Gefühl der Themenfülle, bei der man am liebsten nichts verpassen möchte. Das animiert Gespräche zwischen den Kursen über das Versäumte und erhöht die Lerndichte. Die Workshopkomposition entspricht dem Prinzip der Ganzheitlichkeit: Alle Sinne werden berührt, alle Zugänge geöffnet.
Der Unterschied einer Werkstatt zu einem Standardseminar liegt darin, dass die dynamische Abfolge von individuellem und gemeinsamem Lernen neue Erfahrungen erzeugt und den sofortigen Realitätsabgleich ermöglicht. Das Plenum wird zum Resonanzraum für das Gelernte. So wird individuelles Lernen in kleinen Gruppen mit Großgruppenformen verbunden. Die Vorteile beider Lernformen ergänzen einander.
Werkstätten haben schnelle Rhythmen und verbinden sie mit Muße; sie verlangen einerseits Eile, bieten andererseits aber auch die Chance der Entschleunigung. Und sie öffnen Innovationsfelder: In den Abend- und Nachtveranstaltungen wird mit dem Lernen selbst und der Kultur des Lernens experimentiert. Ernst und Freude, Spiel und Beobachtung, Kontemplation und Aktion, kreative Begegnungen mit Kultur oder Ursprünglichkeit wechseln sich ab.
Der Vorteil für eine Organisation besteht darin, dass Werkstätten eine konstruktive Lern- und Bildungskultur aktivieren, intensivieren, vitalisieren und somit Dynamik in die Organisation bringen. Werkstätten schaffen Identität, stärken die Zusammengehörigkeit und tragen innovative Impulse in das Unternehmen.

Variante 1: Familienwerkstatt: Weil jeder Manager auch Teil eines Familiensystems ist, kommt die Familie gleich mit zur Werkstatt. Die Idee der Systemiker ist, dass eine kleine Veränderung irgendwo im System große Auswirkungen haben kann. Lernt die Tochter in einem Workshop dazu, beeinflusst das auch den Vater – und umgekehrt.

Ein weiterer Effekt ist der, dass die Familie die Lebenswelt »Arbeit« des Vaters oder der Mutter kennenlernt – was macht der Papa oder die Mama eigentlich den ganzen Tag?

Variante 2: Werkstattkonzepte für Teams: An dieser Werkstatt nehmen ausschließlich Teams teil, die auch normalerweise zusammenarbeiten. Alle Angebote und Kurse werden jeweils von ganzen Teams belegt. Die Idee dabei ist, dass sich die Teams gemeinsam qualifizieren und so die Möglichkeit für Teamentwicklung, -beratung und -vergleiche haben. Dabei sind folgende Themen denkbar:

- → Teamcheck (verschiedene Tests und Fragebogen, zum Beispiel zu emotionaler Intelligenz),
- → Lernwelt »Gruppen«,
- → Teamcoaching (Supervision zu aktuellen Themen),
- → Teamentwicklung (Abteilungsrekonstruktion, Teamentwicklungsplan),
- → Teamvergleich (Wettbewerb mit anderen Teams),
- → Lernweltthema: Gruppen.

Methode: Spontaneitätstest

Kurzbeschreibung: Bewährung in herausfordernden Situationen.

Inhalte und Zielsetzung: Diese Methode stammt aus dem Psychodrama. Ziel ist es, in alten Situationen, neu dargestellt, neu zu reagieren, also kreativ auf alte Sachen zu reagieren. Die Grundidee dahinter lautet: »Ich bin der Schöpfer meiner Selbst.«
Reisekonzepte oder Seminardesigns wie das »Hotel Surprise« sind an diese Idee angelehnt. Die Menschen erfahren sich neu in den jeweiligen Situationen und machen eine Erfahrung, die sie nie vergessen werden. So gesehen ist der Spontaneitätstest ein sehr personennahes Feedback.

Lernkonzept: Workshop, Reise.

Teilnehmer: 5–15 Personen.

Dauer: Wichtig bei der Planung: Die gleiche Zeit einräumen für die Reflexion wie für die Aktionen selbst.

Vorbereitung: Die Gruppe sollte sich kennen und Vertrauen aufgebaut haben.

Ablauf: Der Spontaneitätstest arbeitet im Prinzip mit den Grundängsten der Menschen:

- → Angst vor Chaos,
- → Angst vor Nähe,
- → Angst vor Ordnung,
- → Angst vor Isolation.

Ziel ist es, die Schwäche beziehungsweise die Angst beim anderen zu bemerken und ihn einer Situation auszusetzen, in der er mit dieser konfrontiert ist.
Die Gruppe teilt sich in Kleingruppen zu je drei Personen auf. Jede der Kleingruppen ist dann für eine andere Dreiergruppe »verantwortlich«. Die Kleingruppe überlegt sich für die jeweiligen Mitglieder der anderen Dreiergruppe einen Spontaneitätstest – ein »Angst-Setting« (für jede der Personen). Hier wird der Feedbackcharakter besonders deutlich: Wie gut kenne ich die Person? Wie erlebe ich sie? Wo sehe ich noch Entwicklungspotenzial bei ihr?

Im Anschluss daran kommen die Kleingruppen im großen Stuhlkreis wieder zusammen. Eine Person beginnt zu erzählen und stellt anonymisiert den Spontaneitätstest vor, zum Beispiel: »Unser Protagonist kommt in den Raum und trifft auf eine Gruppe, die im Stuhlkreis sitzt. Alle Personen ignorieren unseren Protagonisten komplett. Er kann machen und sagen, was er will: Die Gruppe nimmt ihn nicht in den Kreis auf ...« Nach der Erzählung fragt sich jeder in der Gruppe: »Fühl ich mich von dieser Geschichte angesprochen?« – Wer spürt, dass sein Puls hochgeht, meldet sich. Es folgt die Auflösung für welche Person die Situation gedacht war. Der Ablauf geht weiter, bis alle Spontaneitätstests vorgestellt wurden und jede Person ihr »Feedback« gehört hat.

Variante: Die gesamte Gruppe überlegt sich für ein Gruppenmitglied einen Test (die Person verlässt währenddessen den Raum) und führt diesen dann mit ihr aus. Diese Übung ist für den gesamten Gruppenprozess heilsam, weil überlegt wird: Wie gehen wir eigentlich mit der Person um? Was sagt das über uns als Gruppe aus? Welches Thema steckt noch hinter dem Angstthema der Person?

Eigene (Lern-)Welten kennenlernen – Wissensmanagement oder Lernwelten?

Lernen entwickelt sich – das Lernen lernen

Der Begriff »Lernen« wird immer wieder neu definiert – Lernen entwickelt sich: Das Wort ist Programm.

Eine Definition von Lernen ist beschrieben als Wissensvermittlung und Abspeichern von Informationen: Die Schüler hören zu, und der Lehrer lehrt. Dieses Bild hat sich gehalten und kann auch als »Osterhasenpädagogik« bezeichnet werden: Der Lehrer weiß die Lösungen und versteckt die Antworten wie Ostereier, die die Schüler suchen müssen. In den Organisationen heißt diese Art des Lernens heute Trainings und Schulungen: Führungskräfte schicken ihre Mitarbeiter auf Seminare, wo sie sich zu bestimmten Themen (»Wie kommuniziere ich richtig?«) Wissen aneignen können.

Dieses Gleichmaß an kollektiver Wissensvermittlung bleibt, für die Einzelnen und die Organisation ändert sich wenig. Wie kann jedoch Lernen stattfinden und Veränderung gleich mit? Lernen heißt Veränderung machen: Das Lernen ist gleichzusetzen mit Wahrnehmung und Bewertung der Umwelt und passiert eher beiläufig. Aufgrund von Erfahrungen und neu gewonnenen Einsichten ist Lernen aus psychologischer Sicht ein Prozess hin zu einem veränderten Verhalten, Denken und Fühlen.

Das Gehirn ist so komplex, dass wir es mit unserem Gehirn nur in Ansätzen verstehen können. Jedoch bleibt das Gelernte am ehesten im Kopf, wenn es auch emotional verstanden wird. Es wird spannend, wenn ein Umfeld geschaffen wird, in dem alle Sinne angesprochen werden und ganzheitliches Lernen stattfindet. Sich auf verschiedenen Ebenen mit sich und der Umwelt auseinanderzusetzen, ist oftmals so intensiv, dass sich der danebenstehende Prozessberater überflüssig vorkommt.

Der Gedanke der Trainer »Ich muss dem Einzelnen etwas bieten, er muss durch mich lernen!« ist ein schöner Gedanke, jedoch wird das Ziel verfehlt. Wie oft fragen sich Berater: »Bin ich mein Geld heute wert gewesen?« Und oftmals wird das an ihrem Redeanteil (= Quantität) gemessen. Es bedarf einiger Anstrengung und Übung, sich aus bestimmten Lernprozessen herauszuhalten und einfach zu beobachten und im Nachgang eher die Reflexion zu übernehmen. Nur den Rahmen vorzugeben und dort in kleinen Dosen zu unterstützen, wo es Hilfe braucht.

Beginne mit: nicht die Lernenden ändern, sondern das Lernen Was ist dann die Aufgabe – der Beitrag – von Prozessberatern beim Thema Lernen? Hilfreich ist es, eine Haltung zu entwickeln, die es ermöglicht, alte Verhaltensmuster einer Person, einer Gruppe oder einer Organisation aufzubrechen und Strukturen des Arbeitens zu verändern. Aber womit fängt man an? Meist gibt es in Organisationen kein Bewusstsein darüber, was Lernen im Sinne der Veränderung bedeutet, und Erklärungen sind mühsam. Daher empfiehlt es sich, wirkungsvolle Lerndesigns zu entwickeln, um mit der Methode oder Dramaturgie die Lernenden gleich auf seine Seite zu ziehen. Gemeint ist, Betroffene zu Beteiligten zu machen und eine Atmosphäre und ein Umfeld zu schaffen, wo jeder sich selbst und den anderen wahrnimmt und neue Erkenntnisse sammelt. Man will Neugier wecken.

LernWelten: Lernen in einer anderen Welt Eine besondere Lernform, die besonders viel Neugier weckt, ist die LernWelt: Sie ist wie eine Art Minifreizeitpark – nur für den Kopf.

In der LernWelt wird ein Thema in Einzelarbeit besonders intensiv behandelt und auf vielfältigste Art und Weise erlebbar gemacht. Mit allen Sinnen nähert sich der Besucher dem Thema, entdeckt unbegrenzte Lernmöglichkeiten und gestaltet seinen Lernprozess höchst individuell. Dahinter stecken Prinzipien der selbstorganisierten Didaktik, Methoden des Event Learning und Erfahrungen aus der Museumspädagogik. Das individuelle Lernen findet in themenbezogenen »Erfahrungsräumen« statt (die sich alle in einem großen Raum befinden können): An verschiedenen Stationen werden bestimmte Lernangebote zu bestimmten Themen aufgebaut. In jeder Lernecke erwartet den Lernenden somit ein neues (Lern-)Abenteuer.

Lernen soll wieder (oder zum ersten Mal) Spaß machen! Mit der LernWelt wird primär das Ziel verfolgt, dass die Lernenden Gefallen finden an einer neuen Art des Lernens und dabei auch noch Spaß haben. Dem Lernen soll der Lerncharakter genommen werden, sodass es viel mehr auf spielerische Art geschieht. Dass dies nicht in grauen Seminarräumen und mit Herzchen bemalten Flipcharts geschehen kann, ist heute (fast) jedem Berater und Personalentwickler klar. Es wird nun auch für Erwachsenenlernen gefordert, dass das Lernen mit allen Sinnen geschieht (nicht nur pädagogische, sondern auch neurologische Studien legen dies nahe). So kann ein vertieftes Auseinandersetzen mit dem Thema ermöglicht werden, was sich zusätzlich durch Nachhaltigkeit des Gelernten und bessere Transfermöglichkeiten auszeichnet.

Der Lernende wird außerdem während seines Prozesses begleitet: individuell für sich und im Reflexionsprozess mit anderen. Und was Lernende – und Organisatoren – zusätzlich erfreut: Es werden Ressourcen gespart! Das Lernen in der LernWelt ist besonders effizient, dadurch dass sich jeder Besucher sein Lern-Event selbst gestaltet und sich somit auf den Punkt mit seinen Themen (und nicht mit irgendwelchen fremdbestimmten Inhalten) auseinandersetzen kann. Lediglich kreative Ideen für die Elemente sind nötig.

Wie eine LernWelt in der Praxis aussehen kann: Erfahrungsbericht eines LernWelt-Besuchers

»Aufgrund diverser Vorfälle und Befindlichkeiten in unserer Führungsmannschaft wollten wir uns dem Thema Mut auf eine neue Art und Weise nähern. Dabei war klar, dass wir nicht von irgendwelchen Brücken an einem Seil hängend springen und auch nicht in einer Wüste ausgesetzt werden wollten. Die Lösung, die uns die Personalabteilung bot, war eine LernWelt …

Ohne zu wissen was uns erwartet, traf sich unser Team am Tag des Events in einem kleinen Seminarraum. Wir saßen alle im Kreis, zusammen mit mehreren ›Guides‹. Von ihnen erhielten wir lediglich die Information, dass sich im Nebenraum eine LernWelt befindet, auf die wir uns jetzt einstimmen würden. Hierzu bekam jeder zunächst eine Liste von Fragen: ›Wer war in Ihrem Leben ein besonders mutiger Mensch?‹ ›Welche Eigenschaften hatte diese Person noch?‹ ›Auf einer Skala von eins bis zehn: Wie schätzen Sie die Ausprägung von Mut bei Ihnen persönlich ein?‹ Im anschließenden Gruppengespräch fokussierte sich jeder Einzelne von uns – mithilfe der Guides – auf eine oder mehrere persönliche Fragen, auf die er in der LernWelt eine Antwort finden wollte. Meine Fragen kreisten um Themen wie: ›Was ist Mut eigentlich?‹ ›Bin ich mutig?‹ ›Wie kann ich die Angst vor Konflikten verlieren?‹ ›Wie kann ich als Führungskraft meinen Mitarbeitern helfen, die Angst vor Konflikten zu verlieren?‹ ›Wie kann ich meine Mitarbeiter mutiger machen?‹ ›Wie kann ich meinen Kindern für ihr Leben Mut mitgeben?‹ Erst nach dieser Erwärmung betraten wir zusammen mit den Guides die LernWelt.

Sie sah ein wenig so aus wie ein spannender Museumsraum. Der große Raum war voll von verschiedenen Stationen und spannend aussehenden Lernecken. Mein persönlicher Coach, der mir während des gesamten Aufenthalts in der LernWelt zur Verfügung stand, wies mich in die verschiedenen Lernecken ein. Somit war ich bereit für meine Entdeckungstour, bei der ich Tiefe, Dauer und Reihenfolge selbst bestimmen durfte. Die Narrenfreiheit weckte aber auch ein Gefühl von Unsicherheit (›Weiß ich überhaupt, welche Lernimpulse ich brauche?!‹), weshalb ich sehr froh war, dass ich einen persönlichen Coach hatte, der auch Empfehlungen aussprach.

Als Erstes zog es mich zu einem kleinen Zelt, das in der Mitte des Raumes aufgebaut war. Der Guide gab mir eine Taschenlampe, und damit ausgestattet krabbelte ich in das ›Fragenmuseum‹: Mit dem Licht meiner Taschenlampe entdeckte ich, dass die Zeltdecke und -wände über und über voll waren mit Fragen, Aphorismen, Gedichten und Zitaten zum Thema Mut. Dazu spielte ausgewählte Musik. Ich genoss die ruhige Atmosphäre, legte mich auf den Rücken und bemerkte, wie ich anfing, mich sofort auf eine sehr intensive Art und Weise mit dem Thema auseinanderzusetzen. Ich gewann einen neuen Zugang zu meinen zuvor gestellten Fragen. Als ich das Zelt wieder verließ, wartete mein Guide schon auf mich. Ich konnte ihm kurz meine Erlebnisse schildern, woraufhin er mir empfahl, in die Coachingecke zu gehen.

Der Coach saß in einer abgeschirmten Ecke. In einem persönlichen Gespräch half er mir, einige der Einsichten aus dem Zitatezelt zu vertiefen und neue Perspektiven zu entwickeln. Seine Ratschläge halfen mir sehr, den nächsten Schritt meiner LernWelt-Reise zu machen.

Es zog es mich nun zum ›Malatelier‹. Nach dem Lesen und Sprechen in den vorangegangenen Stationen, hatte ich jetzt Lust, kreativ zu werden. Eine Staffelei und Farben luden dazu ein, Themen zu visualisieren. Dies stellte eine ganz neue Herangehensweise für mich dar. Ich wusste zunächst gar nicht, was ich davon halten und wie ich den ersten Pinselstrich setzen sollte. Als ich schon wieder gehen wollte, gab mir mein Guide den Impuls, die Augen zu schließen und dem Pinsel die Führung zu überlassen … das Ergebnis erstaunte mich und lehrte mich viel darüber, was Mut mit Loslassen zu tun hat.

Ich ließ mich weitertreiben (mittlerweile ließ der Druck nach, die Stationen ›perfekt‹ abzuarbeiten, und ich merkte, dass jede Station große Erkenntnisgewinne barg) und kam schließlich zum ›Mutbrot‹. Hier wurde mir erklärt, dass die alten Griechen schon wussten, dass Thymian Mut macht. Vor den großen Schlachten rochen die Krieger an dem Kraut. Für mich gab es ein Thymianbutterbrot, mit dem ich mir etwas Mut anessen durfte. So gestärkt traute ich mich nun in das LernTheater.

Im LernTheater ging es zur Sache. In einem Interview erörterte der ›Regisseur‹ gemeinsam mit mir mein Thema beziehungsweise meinen Lernwunsch: Die Angst vor Konflikten und wie ich diese verlieren könnte. Dann wurde ich von der Bühne gebeten, und eine kleine Gruppe von Rollenspieler begann aus dem Stegreif eine passende Szene zu improvisieren, in die ich dann integriert wurde und mich echt bewähren musste! Ich hatte schon in anderen Trainings Rollenspiele gemacht, aber dieser Spontaneitätstest übertraf alles! Er half mir, tiefen Einblick in mein Verhalten zu gewinnen, und das darauffolgende Gespräch mit meinem Guide offenbarte mir meine dahinterliegenden mentalen Modelle.

So vollgepackt mit neuen Eindrücken und Erkenntnissen wollte ich in die Schreibstube. Hier fand ich die unterschiedlichsten Schreibmaterialien und Briefpapiere, um das Wichtigste niederzuschreiben. Ein Kollege erzählte mir später, er hätte dort, auf Empfehlung des Guides, einen Brief an eine imaginierte Person zum Thema geschrieben. Und die Wirkung wäre sehr befreiend gewesen.

Die letzte Station auf meiner Reise durch die LernWelt war »die Wand der 1.000 Bücher«: Eine Leseecke mit unendlich vielen Büchern und Texten. Etwas ermattet von all den Eindrücken bat ich meinen Guide, mir ein passendes Buch auszusuchen. Das Beste war: Er las mir daraus sogar vor. Das war für mich der perfekte Abschluss eines einmaligen Lernereignisses.

Ich hatte es nicht geschafft, alle Stationen der LernWelt zu besuchen, wie die ›E-LernWelt‹ (Internetzugang mit einer abgestimmten Liste von Weblinks); das ›Lern-Kino‹ wo ein unterhaltsamer Zusammenschnitt von Filmszenen zum Thema dargeboten und die Wahrnehmung auf bestimmte Sequenzen fokussiert wurde; oder das ›LernTV‹, wo man Kamerafeedback bekommen konnte.

Aber nach vier – wie im Flug vergangenen – Stunden mussten wir die LernWelt wieder verlassen.

In dem kleinen Raum, in dem das Event am Morgen gestartet war, konnten wir uns nun über unsere Erfahrungen austauschen (während meines Aufenthalts in der LernWelt habe ich so gut wie gar nichts von meinen Kollegen mitbekommen). Und gemeinsam mit den Guides wurden nun die Antworten auf die zuvor formulierten Fragen und der Transfer des Erlebten besprochen.«

LernWelt on the Job

Eine andere Möglichkeit, die Vorteile der LernWelt zu nutzen, ist die »LernWelt on the Job«. Auch hier wird ein bestimmtes Thema in den Mittelpunkt gestellt und intensiv bearbeitet. Allerdings findet dies nicht in Form eines Eintagesseminars statt, sondern in direkter Verknüpfung mit dem Berufsalltag. Verteilt über drei Tage wird in der Praxis für die Praxis gelernt. Eine kleine Gruppe (etwa acht Teilnehmer) besucht jeden Tag drei bis vier Stunden (abwechselnd vormittags und nachmittags) die LernWelt. Das dort Gelernte wird direkt auf ihre Arbeitssituation übertragen, was maximalen Transfer gewährleistet. In der LernWelt selbst kann gelesen, gefilmt, gefeedbacked, Neues gewagt, Schauspielunterricht genommen und vieles mehr gemacht werden (s. S. 178 f.).

Bei der Planung der LernWelt sollte berücksichtigt werden, dass genügend Guides zur Verfügung stehen, die die Teilnehmer individuell auf ihrer LernWelt-Expedition begleiten.

Dramaturgie: LernWelt

Kurzbeschreibung: Mischung aus Event Learning und Museumspädagogik, um ein bestimmtes Thema von verschiedenen Perspektiven zu beleuchten.

Inhalte und Zielsetzung: Die LernWelt besteht aus einem großen Raum, wirkt wie eine Synthese aus erlebnisorientiertem Museum und Minifreizeitpark mit unterschiedlichen Angeboten, die zur Auseinandersetzung mit jeweils einer Facette eines Themas einladen. Es werden so anregende Lernerfahrungen ermöglicht zu speziellen Themen, zum Beispiel Mut, Disziplin, Angst.

Ziele sind: Spaß an einer neuen Art des Lernens, Lernen mit allen Sinnen, vertieftes Auseinandersetzen mit dem Thema, gecoachtes sowie individuelles Lernen, selbstorganisiertes Lernen und hohe Effizienz.

Lernkonzept: Großgruppenveranstaltung, Werkstatt.

Teilnehmer: Maximal 8 Personen pro Durchlauf.

Dauer: Jeweils 4 Stunden, mehrere Durchläufe.

Ressourcen: Ein großer Raum, diverse Materialen für die Stationen.

Vorbereitung: LernWelten sehen aus wie spannende Museumsräume, voll von einladenden Lernangeboten. Die LernWelt besteht aus einem großen Raum, der in mehrere Lernstationen (LernRäume) aufgeteilt ist. An jeder Station gibt es unterschiedliche didaktische Möglichkeiten, sich mit seiner persönlichen Lernfrage zu beschäftigen. Die Materialien und der Raum werden sorgfältig vorbereitet. Die LernWelt-Coaches müssen zuvor geschult werden.

Ablauf: Eine kleine Gruppe wird durch Guides begleitet. Vor dem Betreten der LernWelt erarbeitet jeder Teilnehmer eine konkrete und persönliche Fragestellung zum Thema, auf die er eine Antwort möchte. Dabei hilft ein Kurzfragebogen zur thematischen Einstimmung und zur persönlichen Fokussierung.
Während des Aufenthalts in der LernWelt steht der persönliche Coach zur Verfügung, gibt Empfehlungen und weist in die LernRäume ein. Die Teilnehmer gehen auf eine Art Entdeckungstour, bestimmen Tiefe, Dauer und Reihenfolge der einzelnen Sequenzen und besprechen sich je nach Bedarf mit einem Coach.
Manche Stationen haben einen speziellen Coach, andere brauchen lediglich die Anregung durch den Coach, und die Teilnehmer agieren ansonsten selbstständig. Die Coachs sind miteinander in einem ständigen Kontakt und sorgen somit für einen jeweils passenden und angemessenen Ablauf.
Am Ende der LernWelt trifft sich die Gruppe, reflektiert den Prozess und bespricht die Antworten der Teilnehmer.

Folgende Stationen haben sich zur Schaffung einer anregenden Lernumgebung bewährt:

- → *Die Wand der 1.000 Bücher:* Eine Leseecke bietet Texte und Bücher. Die Moderatoren geben Lesetipps oder lesen vor.
- → *LernKino:* Ein Zusammenschnitt von Filmszenen zum Thema gibt einen unterhaltsamen Zugang. Unterstützt wird das Lernen anhand von Filmbeispielen mit Kommentaren, die die Wahrnehmung auf bestimmte Sequenzen fokussieren.
- → *Meditationsecke:* Der Besucher findet ausgesuchte Musik und Aphorismen zum Thema.
- → *Schreibstube:* Unterschiedliche Schreibmaterialien, Briefpapier und Anreize zum Thema laden ein zum Schreiben eines Briefes an sich selbst oder an eine imaginierte Person, eines Textes zum Thema, eines Gedichts oder Erstellen einer Collage.
- → *Coachingecke:* In einer abgeschirmten Ecke besteht die Möglichkeit, im persönlichen Coaching eine Perspektive zu entwickeln, Einsichten zu vertiefen oder Rat zu holen.
- → *Malatelier:* Eine Staffelei und Farben laden ein zum Malen, zum Visualisieren eines Themas.
- → *LernTV:* Hier besteht die Möglichkeit zum Kamerafeedback. Teilnehmer können sich mit einer Videokamera in einer Interaktion oder einem Gespräch aufnehmen.

- *Fragenmuseum:* Fragen- und Zitatensammlungen werden zum assoziativen Lernen genutzt. Bilder, Gedichte, Musik, Plastiken und Tiefeninterviews sind ebenfalls möglich.
- *Stegreifbühne:* Hier werden Szenen gespielt, in der sich LernWelt-Besucher bewähren können. Je nach Lernwunsch steht ein Rollenspieler zur Verfügung, der Szenen aus dem Stegreif improvisiert und den Besucher in die Szene integriert. Der Besucher kann sich so Szenen einrichten, in denen er sich gerne bewähren möchte.
- *Spaß und Spontaneität:* LernWelt-Besucher werden mit Aufgaben, Experimenten und Herausforderungen konfrontiert. Beispiel: Lernen mit Thymianbrot. Schon die alten Griechen wussten, dass Thymian Mut macht. Vor der Schlacht rochen die Krieger an dem Kraut. In einer LernWelt zum Thema Mut könnten sich die Teilnehmer sogar zum Beispiel mit einem Thymianbutterbrot stärken und sich so ein wenig Mut anessen.
- *E-LernWelt:* Eine abgestimmte Liste von Webadressen eröffnet das Thema auch den Webliebhabern.

Variante: Die LernWelt kann auch auf die Arbeitswelt übertragen werden, zum Beispiel zum Thema in Gruppen überzeugen (Meetings werden beispielsweise beobachtet und reflektiert).

Anmerkungen zur Wirkungsweise: Die Kombination von Begleitung, Zeit und Rahmen machen das Ganze zum Spiel. Die Besucher lassen sich somit gerne auf das Abenteuer ein.
Die Besucher lernen mehr über sich selbst. Und sie lernen, sich gegenseitig zu unterstützen. Sie machen außerdem die Erfahrung, viele verschiedene Medien in einem Prozess zu nutzen.

Dramaturgie: Maßgeschneiderte Lehr- und Lerndramen

Kurzbeschreibung: Theaterstücke zu einem bestimmten Metathema wie beispielsweise »Zorn« mit starkem interaktiven Anteil

Inhalte und Zielsetzung: Ein »Lehrstück« wird für einen Teilnehmer maßgeschneidert entwickelt. Dabei ist er auch in der Darstellung aktiv eingebunden. Methodisch ist das »Lehrstück« zwischen Unternehmenstheater und Psychodrama/Soziodrama anzusiedeln.

Lernkonzept: Führungswerkstatt, Workshops, Großgruppenveranstaltung.

Teilnehmer: 3–10 Personen auf der Bühne und so viele Zuschauer wie möglich.

Dauer: 1 Tag.

Ablauf: In einem Workshop werden morgens Themen beziehungsweise »Lernfelder« der Teilnehmer gesammelt und abends dazu »Lehrstücke« im Stegreif inszeniert. Die Lehrstücke beinhalten eine Botschaft, wie eine Lösung aussehen könnte. Der Themengeber kann selbst auf die Bühne gehen und mit den verschiedenen Lösungsmöglichkeiten experimentieren.

Variante 1: Spontaneitätstests: Die Gruppe sucht jeweils für einen Teilnehmer eine Aufgabe aus, bei deren Ausführung er sicherlich ins Schwitzen kommt. Es ist also eine Aufgabe im Lernfeld des Teilnehmers. Jede Person geht einmal aus dem Raum, während die Gruppe einen Test für sie aussucht. Im Anschluss werden die Tests vorgetragen. Derjenige, der sich angesprochen fühlt, meldet sich. Meist geht der Puls des richtigen Teilnehmers deutlich in die Höhe. Ausführen kann man dann ein bis zwei Spontaneitätstests wie im Stehgreiftheater.

Variante 2: Soziodrama: Eine bekannt gewordene Methode ist die »Lebendige Zeitung« in Morenos Stegreiftheater (1925). Mit dem Publikum wurden Zeitungsmeldungen inszeniert, um Identifikation und Auseinandersetzung zu ermöglichen. Sie gilt als der erste Versuch einer politischen Erwachsenenbildung unter Verwendung von Gruppenmethoden (Petzold 1982).

Variante 3: Soziodramatische Lehrstücke: In einem Lehrstück wird ein Lernender (Protagonist) in ein vorgegebenes Szenario gestellt, das er sich zuvor selbst als Lernfeld gewählt hat. In experimentellen Theatersequenzen wird die Möglichkeit gegeben, das Thema genauer zu untersuchen und zu verstehen.

Anmerkungen zur Wirkungsweise: Die Lehrstücke geben dem Teilnehmer die Möglichkeit, verschiedene Szenen und Sequenzen seines Lernfelds auszutesten. Die Szene wird im »Hier und Jetzt«, also in der Gegenwart, gespielt, sodass ein Zugang zu stimmigen Gefühlen geschaffen wird.
Der Lernende (Protagonist) gewinnt an Souveränität und zeigt sich selbst in seiner Perspektiverweiterung, indem er das eigene gelungene Lehrstück an anderer Stelle vor einem interessierten Publikum noch einmal vorspielt. Den neu erworbenen Zugewinn zu wiederholen, kann das Vertrauen in die gewonnenen Erkenntnisse festigen.

Literaturtipp: Uwe Reineck (2006): Psychodrama – Vorhang auf und Bühne frei! Schönste aller Therapien. In: Meier-Gantenbein, K. F./Späth, T.: Handbuch Bildung, Training und Beratung. Zehn Konzepte der professionellen Erwachsenenbildung. Weinheim und Basel: Beltz, S. 188–219.
In diesem Kapitel werden neben anderen Psychodramaanwendungen auch die Lehr- und Lerndramen ausführlich behandelt.

Methode: Coaching-Café

Kurzbeschreibung: Coaches stehen im Café zur Verfügung.

Lernkonzept: Werkstatt, Lernreise, Workshop.

Teilnehmer: 5–20 Personen.

Dauer: Halber Tag.

Ressourcen: Räumlichkeiten, die einem Café entsprechen (inklusive Tische, Stühle, Speisen und Getränke, Bedienung ...). Es kann natürlich auch ein echtes Café (nach Absprache) genutzt werden.

Ablauf: Fünf Coaches sitzen in einem Café. Jeder an einem eigenen Tisch. Für die Gruppe gibt es ein übergeordnetes Thema (zum Beispiel Führung). Die Teilnehmer können das Gespräch mit den

Coaches suchen und dabei entscheiden, ob sie allein bleiben wollen. Öffnen sie den Tisch, können sich auch andere Teilnehmer dazusetzen.

Variante Open-Coaching-Café: An jedem der (nummerierten) Tische ist ein Mikrofon aufgestellt. Die Gespräche werden an jeden anderen Tisch live übertragen. Die Coaches können so überall zuhören und sich auch überall bei Bedarf dazuschalten.

Methode: Do-it-yourself-LernWelt

Kurzbeschreibung: Eine LernWelt aufbauen – von den Teilnehmern selbst gestalten lassen.

Lernkonzept: Werkstatt, Lernreise, Workshop, Großgruppenveranstaltung.

Teilnehmer: 20–50 Personen.

Dauer: 3 Stunden.

Ressourcen: Mehrere Räume oder Inseln in einem großen Raum, diverse Materialien für die Stationen.

Vorbereitung: Keine.

Ablauf: Die LernWelt besteht aus einem großen Raum beziehungsweise mehreren Räumen, der/die in unterschiedliche Lernstationen (Lerninseln) aufgeteilt ist/sind. Jede LernWelt hat eine Überschrift (zum Beispiel Mut, Kommunikation, Veränderung ...), die im Vorfeld überlegt wurde. Die Besonderheit dieser LernWelt ist, dass sich die Gruppe in Kleingruppen aufteilt und jeweils selbst eine Lerninsel gestaltet: Was sollen die Kollegen zu diesem Thema lernen?
Sie bekommen eine Stunde Zeit, sich eine Lernerfahrung für die anderen auszudenken und die Lerninsel aufzubauen. Erst danach kommt die Gruppe wieder zusammen: Jeder Teilnehmer wird gebeten, sich zum Thema Gedanken zu machen mit der Frage: »Was brauche ich/mit welcher Fragestellung gehe ich in die Lernwelt?«
Danach stellt jede Gruppe kurz ihre Station vor und erklärt deren Standort. Für zwei Stunden gibt es die Möglichkeit, sich der persönlichen Fragestellung diesem Thema zu nähern, gewonnene Erkenntnisse zu vertiefen oder auszudrücken.

Anmerkungen zur Wirkungsweise: Aktivierend ist es für die Teilnehmer, sich eine Lernerfahrung auszudenken, spielerisch ist meist die Umsetzung. Themen können von Kollegen noch einmal anders angenommen werden.

Reality Encounter

Die Realität macht den besten Kontext. Lernen im gewohnten Kontext erleichtert die Übertragung beziehungsweise übt für den Ernstfall. Wenn die Lernsituationen für die Teilnehmer zu weit weg vom Alltag gestaltet werden, kommt es auch eher zur Ablehnung eines veränderten Verhaltens. »Hier kann das Verhalten sinnvoll sein, aber in meinem Arbeitsumfeld ist alles anders und so nicht umsetzbar.« Diese Ja-aber-Spiele sind bekannt und eher Ausdruck von Unsicherheit und Ängsten vor einer neuen Herausforderung.

Das Schwierige, aber auch Spannendere ist, Situationen und Aufgaben für Gruppen zu finden, die anders sind, aber dennoch nicht so weit weg vom Alltag.

»Form follows function« ist hier das Motto, um der Gruppe ein entsprechendes Umfeld des Lernens zu ermöglichen. Ist beispielweise das Thema des Bereichs »das Führungsverhalten der Führungsmannschaft reflektieren«, sollte ein Kontext gesucht werden, wo Führung ausgeübt und sichtbar gemacht wird.

Hilfreiche Fragen für das Finden von Kontexten sind:

- → Wie lässt sich individuelles Lernen mit der Dynamisierung der Organisation in Veränderungsprojekten verbinden?
- → Wie lässt sich ein Thema (welches?) vertieft vermitteln und gleichzeitig in funktionale Einheiten oder Teams transferieren?
- → Wie gelingt es, mit einem Thema wichtige Botschaften an die Organisation zu koppeln und dabei Motivation und Leidenschaft zu erzeugen?

Dramaturgie: Hotel Surprise

Kurzbeschreibung: Teilnehmer managen ein Hotel.

Inhalte und Zielsetzung: Bewältigen von ungewohnten Situationen, individuelles Verhalten und Teamverhalten unter Stress, Spaß an der Herausforderung und dem realitätsnahen Gruppenexperiment.

Lernkonzept: Reality Encounter.

Teilnehmer: 6–15 Personen.

Dauer: 1,5–3 Tage.

Ressourcen und Vorbereitung: Es ist eine detaillierte Vorbereitung erforderlich, und abhängig von den Lerneinheiten sind auch viele Ressourcen erforderlich. Die wichtigste davon ist sicher das entsprechend kooperative Hotel inklusive dessen Management. Für diese Veranstaltung sind mehrere volle Vorbereitungstage, verteilt über mehrere Wochen, einzuplanen.

Ablauf: Eine Methode, die direkt Eingang in die Qualifizierung von Führungskräften gefunden hat, ist das »Hotel Surprise«. Dabei handelt es sich um ein Seminar, zu dem sich die Teilnehmer in einem gewöhnlichen Hotel treffen. Jedoch findet das Seminar keineswegs wie vorangekündigt statt, da plötzlich Hotelleitung und Teile des Personals unter gewichtigen (freilich: fingierten) Gründen das Haus verlassen müssen. Zuvor bitten sie die Teilnehmer (die unter gutem Zureden des Beraters die Herausforderung annehmen), das Management des Hotels für 24 Stunden zu übernehmen, also auch die Rezeption und Versorgung der anderen Gäste. Die unvorhergesehene Situation wirkt auf die Seminarteilnehmer verblüffend echt, inklusive etlicher (präparierter) Szenarien mit den vermeintlichen »Gästen« (in deren Rolle unter anderen Schauspieler schlüpfen).
Hotel Surprise gehört zu einer Reihe von Angeboten aus dem Reality Field Training, worunter wir unternehmensorientierte Inszenierungen verstehen: erweiterte Bühnen, auf denen personenbezogen gelernt wird, sich in herausfordernden Situationen zu bewähren beziehungsweise zu entwickeln. Salopp formuliert: Es handelt sich um ein »Social outdoor Ttraining«, das »indoor« durchgeführt wird. Hotel Surprise ist dabei von einer klassischen Psychodramamethode inspiriert, dem sogenannten Spontaneitätstest: Die Gruppe denkt sich für einen Protagonisten eine Situation aus, die für ihn eine Herausforderung darstellt, in der er sich bewähren muss. Die Übungen aus dem Reality Field Training wurden entwickelt, um Teams eine neue Geschichte zu geben, sie vor völlig neue Situationen zu stellen, auf die sie angemessen reagieren müssen. Aus den so gemachten Erfahrungen schöpfen sie neue Handlungsmodelle für ihre Alltagsrealität.
Die Teilnehmer werden unvorbereitet in eine schwierige Situation versetzt, die das Team und die Einzelnen fordern. Die Übernahme des Hotelmanagements für 24 Stunden (und – je nach Teamgröße – auch Küchenjobs oder andere Arbeiten) impliziert eine Vielzahl von Führungsaufgaben, die soziale Kompetenz, gesunden Menschenverstand und Fingerspitzengefühl erfordern. Auch wenn der Simulationscharakter der Situation schon bald durchschaut wird (manchmal aber auch nicht, es tauchen immer wieder Zweifel auf: Ist es vielleicht doch wahr?), so bleibt die Notwendigkeit, die zahlreichen Aufgaben gemeinsam zu meistern, permanent zu entscheiden und immer komplexer werdende Situationen in kurzer Zeit kollektiv zu lösen.
Während dieser 24 Stunden begleitet der Teamberater die Gruppe, gibt Feedback und stellt den Transfer in die Führungspraxis sicher. Der Transfer geschieht auf zwei Ebenen:

- → *Verhalten:* Der Berater ermutigt die Gruppe immer wieder dazu, das Hotel Surprise im wahrsten Sinne des Wortes als Verhaltensspielraum zu nutzen und in der »echten« Situation mit sich zu experimentieren.
- → *Erfahrung:* Dem Team wird mit dem Hotel Surprise eine Krise geschenkt, an der es wachsen kann.

So entsteht eine gemeinsame Herausforderung, ein sozialpsychologisches Abenteuer, das man am Ende gemeinsam durchgestanden hat.

Anmerkungen zur Wirkungsweise: Jede durchlebte Situation erzeugt ein emotionales Erfahrungsbild unabhängig davon, ob sie real oder inszeniert ist. Die Emotionalität ist die gleiche. Die Teilnehmer lernen daher hier mehr als in vielen theoretischen Seminaren, in denen die Umsetzung in die Praxis meist zu kurz kommt. Zudem entsteht eine enorme Gruppendynamik in den stressigen Situationen, die das Team auch für schwierige reale ungewohnte Situationen vorbereitet.

Dramaturgie: Dorf trifft Manager

Kurzbeschreibung: Verantwortung für ein Dorf übernehmen – vom Opfer der Umstände, hin zum Schöpfer der Zustände.

Inhalte und Zielsetzung: Im Sinne eines sozialen Abenteuers geschieht etwas Neues; Manager können sich in sozialen Situationen mit hoher Komplexität erleben und bewähren. Es geschieht eine Umkehr im Denken, Wissen, Wollen und Können. Haltung und Verhalten verändern sich: weg von Misstrauen, hin zu mehr Zutrauen; mehr Führen statt lediglich Ausführen; weniger lokale Rationalität, sondern mehr integrierte Identität. Ein tieferes Verständnis für Start-ups wird gewonnen.

Lernkonzept: Reise.

Teilnehmer: Maximal 15 Personen.

Dauer: 1–3 Tage.

Ressourcen: Ein williges Dorf ...

Ablauf: Die Arbeit während des Reality Encounter geschieht auf vier Ebenen:
- → Erstens wird gemeinsam gelernt anhand von aktuellen konkreten Führungsaufgaben (Fallarbeit).
- → Zweitens werden persönliche Verhaltensziele entwickelt und umgesetzt (Coaching).
- → Drittens wird fehlendes methodisches Wissen ergänzt (Input).
- → Viertens werden die bisherigen Geschichten und Metaphern verändert (Dialog).

Der Erfolg der Intervention wird auf mehreren Ebenen messbar gemacht. So werden zum Beispiel die Fähigkeiten, Entscheidungen zu treffen und Verantwortung zu übernehmen, zunehmen und dabei bewusster und klarer sein. Soziale Beziehungen werden zielgerichteter gestaltet, Kommunizieren und Führen gehen leichter Hand in Hand. Außerdem traut der Manager sich und anderen mehr zu.
Ein Dorf und ein Unternehmen haben mehr Gemeinsamkeiten, als man anfangs vermuten mag. So lassen sich zum Beispiel die unterschiedlichen Logiken und Sichten der Organisationsteile wiederfinden: Begrenzte Rationalität, Interdependenz und Legitimität, Dynamik und Stabilität, Unvorhersehbarkeit und Komplexität sowie Interessen spielen eine Rolle. Auch im Dorf geschieht wie in einem Unternehmen ein Interessenhandel, bei dem unterschiedliche Interessen von Menschen zum Tragen kommen: Karriere, Profilierung, Aufgabe und Motivationen. Ebenso wie auf ein Unternehmen wirken auf ein Dorf Kraftfelder von außen: Markt, Politik, Konzerne und das Land.

Im konkreten Fall könnte ein Reality Encounter wie folgt ablaufen: Am ersten Tag erhalten die Manager die Aufgabe, in einem ihnen zugewiesenen Suchfeld (Öffentliche Hand, Soziales, Fremdenverkehr und Gewerbe/Dienstleistung) eine konkrete, noch verdeckte, Einnahmequelle zur Realisierung eines definierten Projekts zu finden. Aufgabe ist es, etwas Neues zu schaffen – und das nicht durch Einsparung und Sponsoring. Hierzu sollen sie den Ist-Zustand beschreiben, eine Stärken-Schwächen-Analyse erstellen und neue Wege und Ideen kreieren. Zusätzlich werden folgende Nebenjobs erledigt: mit einer Sofortbildkamera Fotos aufnehmen von »ihrem Weg«, eine Person aus dem Suchfeld zur Präsentation mitbringen und einen Paten finden, der das Projekt gegebenenfalls weiterführt. Das Projekt wird außerdem dem Bürgermeister vorgestellt – eine sorgfältige Vor-

bereitung einer Präsentation ist notwendig. Am Nachmittag des Tages finden sich die Gruppen im Plenum zusammen, um zu reflektieren, wie der Prozess vonstattengeht. Jeder Gruppe ist ein Coach zugewiesen. Die einzelnen Gruppen besprechen sich mit ihrem Coach, und vorhandene Ideen werden zum kooperativen Abgleich mit den anderen Teams vernetzt.
Am zweiten Tag werden die Projekte dem Bürgermeister vorgestellt. Zusätzlich treffen sich die Coaching-Gruppen und verabreden sich mit ihrem Coach für den weiteren Lernprozess. Die Gruppe sollte außerdem mit ihrem Projektpaten weiterhin Kontakt halten (Telefonnummern austauschen).
Zuletzt ist es wichtig, den Gesamtprozess zu reflektieren und die zentralen Themen besprechbar zu machen: Was passierte in der ersten Phase nach der Aufgabenstellung? Wer war Wortführer? Welche Rollen wurden sichtbar? Wer kam nicht zu Wort und warum? Wie entwickelte sich die Phase von der ersten Orientierung zur Planung und zur Realisierung? Wer hat was gemacht? Wie lief die Organisation in der Gruppe (Kommunikation, Aufgabenteilung, Infofluss, Delegation ...)? Wie ging die Gruppe mit Unklarheiten, Missverständnissen und unterschiedlicher Meinung um? Wie wurde die Idee der Schnittstellen zu anderen Gruppen angedacht, realisiert und erlebt? Wie ist die Gruppe mit ihrem Resultat zufrieden (wie kam es zustande), wie mit dem Gesamtresultat für die Gemeinde?

Anmerkungen zur Wirkungsweise: Wozu soll das Ganze dienen? Vor allem dient diese Dramaturgie dazu, sich in sozialen Situationen mit hoher Komplexität zu erleben und zu bewähren. Es findet eine professionelle Perspektivenerweiterung durch eine Kontrasterfahrung statt. Denn ein Unternehmen ist ein soziales System, ist wie eine Gemeinde oder ein Dorf. Anstatt in einem Seminarraum gemütlich über diese Facette zu reflektieren, findet bei diesem Lerndesign das Training on the Job statt. Die Manager lernen, ihren Fokus festzulegen und Solidarität mit der Gesamtorganisation zu entwickeln. Außerdem bauen sie ihre Fähigkeit aus, (unangenehme) Entscheidungen konsequent zu vertreten und sauber auszuführen sowie konsequent Hoffnung zu vermitteln. Dabei sind sie sowohl passiv und aktiv; sie erleben das Ertragen und Gestalten.
Sinnvolle Inputs auf dem Weg sind: Führungsmethoden (Delegation und so weiter), Organisationen verstehen (neue mentale Modelle) und Menschen bewegen (Psychologie für Führungskräfte).

Dramaturgie: Lernreisen

Kurzbeschreibung: Reisen statt Seminar.

Inhalte und Zielsetzung: Das Konzept der Lernreise bietet den Raum für neue Formen von Lernen und Persönlichkeitsentwicklung in Unternehmen. Es werden bewusst Lernorte abseits der gewohnten Arbeitswelt gewählt: Es steht nicht die Vermittlung von eins zu eins umsetzbarem Fachwissen im Vordergrund, sondern das zugrunde liegende Prinzip hinter dem Thema. Die Teilnehmer einer Reise müssen sich immer wieder in realen Situationen »beweisen«. Die Gruppe bekommt so die Möglichkeit, die Reise als Verhaltensspielraum zu nutzen und in der echten Situation mit sich zu experimentieren. Erkenntnis, Emotion und Handeln werden methodisch miteinander verknüpft; sowohl was gelernt als auch wie gelernt wird, spielt damit eine Rolle.

Lernkonzept: Lernreise.

Teilnehmer: 5–15 Personen.

Dauer: 1–2 Tage.

Ressourcen: Begleitung durch mindestens zwei Berater und optional ein Reflecting-Team, um den Lernprozess »on the road« reflektieren und den Überblick über den Reiseverlauf behalten zu können (nächste Stationen, Route, Experten, Verpflegung und so weiter).

Vorbereitung: Exakter Ablaufplan, vorbereitete Stationen, Koordination der Experten.

Ablauf: Lernreisen sind voll von einladenden Lernangeboten, mit unterschiedlichen Zugängen: Herausfordernde Situationen und Austausch mit anderen Menschen wechseln sich mit Ruhe- und Reflexionsphasen ab. Der gesamte Reiseplan ist den Teilnehmern nicht bekannt – im Höchstfall die nächste Station. Orte und Settings werden unter Berücksichtigung des Gruppenprofils (Größe, Zusammensetzung, Vorerfahrungen und anderes mehr) ausgesucht.
Bei der Wahl der Orte gilt das Prinzip der »guten Passung«. Das bedeutet: Jeder Ort hat ein Thema, und jedes Thema bekommt einen Ort. Auf der Lernreise müssen die Orte möglichst unterschiedlich sein, die Abfolge muss kontrastreich und vielfältig sein.

Übersicht möglicher Lernorte

Lernort	Geografischer Ort	Lernziel/Thematik	Methode/Inhalte
Hauptschule	Schule in der Nähe des Unternehmens	→ Lernerfahrungen in Gruppen → Reflexion eigener Vorerfahrungen	→ Begegnung mit einer Hauptschulklasse/BVJ-Klasse → gemeinsame Bearbeitung eines Themas → Arbeit mit der Klasse über die Klasse
Kloster	Kloster in der Nähe des Unternehmens	→ Steuerung einer Klostergemeinschaft → Bedeutung von Grundsätzen im Gruppenverhalten	→ Experteninterview mit dem Abt/der Führung → Reflexion eigener Verhaltensgrundsätze → Erarbeitung traditioneller Gruppensteuerungsmuster
Fußgängerzone	Fußgängerzone	→ Reflexion des Themas: Charisma, Ausstrahlung, Wirkung → Weiterentwicklung eigener Persönlichkeitsaspekte	→ Menschen in der Fußgängerzone um Unterschriften für ein gemeinnütziges Projekt bitten → Menschen zu einem gemeinsamen Moment der Stille überzeugen

Diskothek	Szene-Diskothek	→ Gruppendynamik und nonverbale Kommunikation → Auseinandersetzung mit der sogenannten »Jugendgeneration« als gesellschaftliche Gruppe	→ Besuch der Technoszene-Diskothek → mit zwei Besuchern ein Gespräch zum Thema »Einsamkeit« führen
Fahrstuhl	Fahrstuhl in einem Hochhaus	→ Reflexion des Themas Nähe und Distanz → Vorabschätzung und Bearbeitung eigener Reaktionsmuster	→ verschiedene Verhaltensformen im Aufzug erproben: um Geld bitten, einen Witz erzählen, einen Job suchen, jemandem etwas anbieten und anderes mehr
Stadion	Fußball- oder Eishockeystadion	→ Reflexion des Themas Identifikation und Abgrenzung → Transfer von Massenphänomenen	→ Interviews mit Fans über Motive des Stadionbesuchs durchführen → Befragung des Sicherheitsdienstes, der Stadionpolizei zum Umgang mit Paniksituationen
Zugabteil	Zugabteil im Regionalzug	→ Gruppenidentität, Inklusion, Exklusion → Reflexion und Entwicklung persönlicher Verhaltensweisen	→ verschiedene Arbeitsaufträge: Wechseln des Platzes, Ansprechen, Zeichnen von Menschen im Abteil → verschiedentliches Ansprechen von Menschen in unterschiedlich voll besetzten Zugabteilen
Kindergarten	Kindergarten/ Kinderhort	→ Reflexion und Weiterentwicklung eigener nichtkognitiver Gruppensteuerungsfähigkeiten → Umgang mit interkulturellen Gruppen	→ Führen einer multinationalen Kindergruppe mit dem Ziel, ein gemeinsames »Kunstwerk« zu bauen

Industrie-betrieb	Fertigungshalle eines Industrie-betriebs	→ Vor-/Nachteile von Gruppenfertigung	→ eigener Arbeitseinsatz am Fließband → Interview mit Kaizen-Experten
Gerichts-hof	Gericht	→ Machtverhalten und Machtgestaltung → Gesetzmäßigkeiten und Entwicklung	→ Interview mit Bundes-richter oder anderen Richtern
Kloster	Kloster	→ Steuerung über Sinn → Kontemplation	→ Meditation → Interview mit dem Abt
Hospiz	Hospiz	→ Sinn → Leistungsdruck	→ Interview mit Hospiz-expertin
Senioren-WG	Senioren-WG und Umgebung	→ Sinn → neue Perspektiven → Kooperation unter neuen Bedingungen	→ Vorlesen am Abend → Gespräch (mit Schwer-hörigen) → Spaziergang im Ge-spräch
Fußgän-gerzone (Schuhe putzen)	Fußgängerzone	→ Demut → Gespräch mit Fremden → Kundenorientierung	→ Schuhe putzen ohne Bezahlung → Schuhe putzen mit Be-zahlung → Kundengespräche füh-ren lernen
Nacht-wache	Nachtwache ei-ner Institution, Kirche, Unter-nehmen	→ Effizienz → Geduld und Motiva-tion	→ selbst Nachtwache sein
Trommeln (Rhyth-mus der Zeit)	Zusammen-trommeln	→ gemeinsames Werk → auf den anderen achten → Rhythmus der Kooperation	→ eigene Stücke → Stücke, die mit anderen zusammengehen
Galerie-konzept	Stiftung Kunst und Recht Tü-bingen Workshoport: anpassbar	→ Kreativität → Bilder einer Ausstel-lung zu einem Thema → Abstraktion als Erfah-rung	→ Linien-Workshop – nicht nur als Formge-bung, sondern als Form selbst

Maß-schneiderei	Maßschneiderei Hemden / Schuhe	→ Kundenorientierung → Prozess und Produktdenken → Feedback	→ Experteninterview → Gelingensfaktoren der Kundenbeziehung und -orientierung
Bücher-lesung	überall	→ Nadolny: »Entdeckung der Langsamkeit« → thematische und formelle Aspekte → Zuhören und Aushalten	→ gegenseitiges Vorlesen: planen und (nachts) durchhalten

Variante 1: Reisekonzept für Familien: Nicht nur die Manager gehen auf Lernreise, sondern ihre ganze Familie. Das Familiensystem wird so miteinbezogen.

Variante 2: Reisekonzept für Einzelpersonen: Im Rahmen eines Einzelcoachings erlebt ein einzelner Teilnehmer verschiedene Stationen – passend zu seinen Themen.

Anmerkungen zur Wirkungsweise: Das Lernen in Seminaren geschieht fast ausschließlich in Gruppen. Vertieftes Auseinandersetzen mit der Thematik ist fast nicht möglich. Alles Wissen muss auf ein Flipchart passen, und die Vermittlung ist so ausgerichtet, dass es jeder versteht. Die Problematik des kollektiven Zwanges zum Mittelmaß, den mancher schon aus der Schule kennt, wird übertragen. Die Idee hinter einer Lernreise dagegen ist, dass sich die Reiseteilnehmer noch lange nach der Veranstaltung an die besonderen Erlebnisse der Reise und ihre damit verbundene persönliche Lernerfahrung erinnern.

Literaturtipp: Reineck, U./Küppers, A./Benten, F. v./Buckel, C. (2010): Werkzeugkiste: Lernreisen. OrganisationsEntwicklung, 4, S. 89–93.
In diesem Artikel werden zunächst theoretische Hintergründe und mögliche Anwendungsfelder von Lernreisen erläutert. Anschließend werden die Planungsschritte von der Ideensammlung über die Auswahl der Settings bis hin zur minutiösen Entwicklung eines Ort- und Zeitschemas beschrieben. Die Autoren legen besonderen Wert auf die »Fallstricke« der Methode, wie beispielsweise die Versuchung zu viel in die Lernreise packen zu wollen.

Geißlinger, H./Raab, S. (2007): Strategische Inszenierung. Heidelberg: Carl-Auer.
In diesem Buch erläutern die Autoren die Handlungskonzepte hinter aufsehenerregenden Aktionen. Anhand von Projektberichten beschreiben sie methodisches Instrumentarium zur Initiierung und Steuerung von Veränderungsprozessen.

Methode: Das Geschenk der Fremdheit

Kurzbeschreibung: Feedback bekommen.

Inhalte und Zielsetzung: Die Teilnehmer lernen, welche Projektionen die Gruppe auslöst und wie ein klares Feedback gegeben wird.

Lernkonzept: Lernreise, Schnittstellen-Workshop.

Teilnehmer: Teilnehmerzahl kann ganz unterschiedlich sein.

Dauer: 30 Minuten.

Vorbereitung: Experten aus einem anderen Arbeitsumfeld einladen für ein Interview (beispielsweise Führungskräfte aus anderen Unternehmen; Menschen, die im Non-Profit-Bereich arbeiten).

Ablauf: Ein Interview mit einem Experten wird vor der ganzen Gruppe durchgeführt. Die Teilnehmer können sich frei mit Fragen einbringen. Die Fragen gehen in die Richtung »Was kann ich von dem Experten für meinen Arbeitsbereich lernen?« (zum Beispiel Führung eines Orchesterdirigenten). Zum Abschluss gibt der Experte der Gruppe Feedback: Welchen Eindruck hatte er von den Teilnehmern? Welche Projektionen haben sie bei ihm ausgelöst (zum Beispiel IT-Experten mit hohem Fachverständnis, aber Problemen bei Führungsfragen)?

Variante 1: Berufsgruppen mit Menschenbezug (Schule, Kinderhort) haben eine besondere Wirkung mit der Rolle des Feedbackgebers. Erzieherinnen oder Lehrerinnen haben beispielsweise große Erfahrung in der Steuerung von Gruppen und Einflussnahme auf Menschen. Welches Feedback geben sie Führungskräften, die diese Aufgaben auch haben – nur in einem völlig anderem Umfeld?

Variante 2: Nach dem Besuch und Lernen in einem Kinderzirkus geben Kinder ihr klares Feedback über Zusammenarbeit und Motivation. Die Teilnehmer bekommen von den Kindern Künststücke und akrobatische Übungen beigebracht. Die normale Rollenverteilung zwischen Kindern und Erwachsenen dreht sich so um: Wie haben sich die Erwachsenen beim Lernen angestellt? Wie ließen sie sich führen?

Variante 3: Die Teilnehmer halten eine kurze Präsentation alleine vor der Gruppe und ernennen drei andere Teilnehmer, die ihnen im Anschluss ein Feedback auf ihre Wirkung geben sollen. Wie wirke ich auf andere? Was wird wahrgenommen?

Anmerkungen zur Wirkungsweise: Das Geschenk der Fremdheit ist, dass anderes wahrgenommen wird, als wenn die Gruppe sich selbst beobachten würde. Wie ist die Außenwirkung? Es ist wichtig, seine eigene Außenwirkung zu kennen. Welche Projektionen löse ich aus, und wie kann ich diese Kompetenzzuschreibung nutzen?
Floskeln wie »Feedback sollte stets wertschätzend und respektvoll sein« sind kritisch zu betrachten, da solche Aussagen für jeden etwas anderes bedeuten können und so das Feedback nicht unbedingt klarer formuliert wird. Wichtig ist ein konkretes Feedback zu geben und zu bekommen. Eine Hilfe kann sein, um möglichst konkret zu werden, das Motto zu verfolgen: »Wie könnte ich das Gesagte filmen?«

Dramaturgie: Das Lernhaus

Kurzbeschreibung: Ein Haus als Lernort, in jedem Raum eine typische Situation zu einem Thema.

Inhalte und Zielsetzung: Die schwierigen sozialen Situationen, mit denen sich Führungskräfte konfrontiert sehen, werden erlebbar und bewältigbar.

Lernkonzept: Werkstatt, Lernreise.

Teilnehmer: 6–10 Personen.

Dauer: 1 Tag.

Ressourcen: Rollenspieler/Schauspieler, Drehbuch, Räumlichkeiten.

Vorbereitung: Erstellung eines Drehbuchs für die Situationen und Einweisung der Schauspieler.

Ablauf: Ein Haus wird zum Lernort: Es gibt zehn Räume, und in jedem dieser Räume gibt es eine typische Situation, in der sich die Führungskraft beweisen muss. Die Situation wird durch Rollenspieler lebendig. Mit der Dramaturgie »Gebrauchsanleitung für das Führen« (s. S. 104) lassen sich die relevanten Situationen definieren.

9 You never work alone – digitale Prozessberatung

Wenn es stimmt, dass in der Zukunft alles anders werden soll (man darf beruhigt sein, das war auch schon so, als wir noch Zukunft waren ...), dann werden wir uns mit einem anderen Kommunikationsverhalten auseinandersetzen müssen. Schon heute verneigen sich alle im Stehen, Sitzen und oft auch beim Gehen vor ihrem Smartphone und kommunizieren. Die, die sich mit der Zukunft auskennen, erwarten mehr Kommunikation mittels Medien und Digitalisierung von allem, was digitalisiert werden kann.

Auch Beratungsunternehmen arbeiten an der Digitalisierung ihrer Produkte. Das dürfte bei Expertenberatungen leichter fallen als bei den Beratern, für die der Beziehungsaufbau zu Menschen zentral ist.

Dennoch darf man annehmen, dass Prozessberatung zunehmend medienvermittelt geschehen wird. Berater werden nicht mehr vor Ort sein müssen, weil es die Kunden ebenfalls nicht sind. Die Schwelle, schnelle beraterische Interventionen, die bisher nur im direkten Kontakt geschahen, nun auch online zu nutzen, wird sinken. Und wohl in dem Verhältnis, wie die Zahl der Digital Natives steigt.

Coachings, Teamberatungen, Teamentwicklungen, Workshops, Trainings, Meetings, Change-Kommunikationen werden digital. Unternehmen experimentieren damit, einfache Moderationen – zum Beispiel standardisierte Folgeworkshops von Mitarbeiterbefragungen – computergestützt durchzuführen. Das Team folgt den Interventionen des Moderationsprogramms.

Denkt man sich solche Trends weiter, könnten intelligente Beratungsprogramme mit Gruppen komplexe Workshop- oder Organisationsentwicklungsdesigns durchführen, die in Abhängigkeit vom Ergebnis oder Prozess agieren. So diffizil dürfte die »Wenn-dann-Logik« von Prozess und Intervention nicht sein, dass sie nicht auch von einem netten Beraterprogramm bewerkstelligt werden könnte.

Will man die Bilder von prozessorientierten Beraterrobotern nicht zu naturalistisch malen und darf man vermuten, dass nach dem digitalen Hype etwas Vernünftiges übrigbleibt, taucht dennoch die spannende Frage auf, wie es gelingen kann, analog gewachsene Formate einem smarten Kommunikationsverhalten anzupassen. Drei Beobachtungen wollen wir anführen, die wir als Entwicklungstrends deuten könnten und auf die wir in unserer Rolle als Prozessberater digital reagiert haben.

Digitale Vernetzung Viele Teams in Unternehmen vernetzen sich zunehmend digital. Interne Kommunikationsplattformen, Short Messages und Varianten davon gehören mittlerweile zum Berufsalltag. Sie helfen bei der Bereitstellung von Informationen oder schnellen Abstimmungsfragen.

Agile Arbeitsformen Agile Arbeitsformen verflachen Hierarchien noch mehr. Die direkte Führungsarbeit des mittleren Managements wird weniger oder fällt ganz aus. Selbstführung wird bedeutsamer und Führungsspannen (allerdings ohne praktizierte Führung) werden wieder größer.

Passagement Permanente Transformation (Passagement) wird zur Baseline des Arbeitslebens. Mehr Eigenverantwortlichkeit in agilen Strukturen braucht mehr Austausch und Einbeziehung der Akteure. Autonome Arbeitsstile agiler Teams erhöhen den Bedarf an Dialog.

Wir nehmen wahr, dass sich parallel zu den beschriebenen Entwicklungen auch die Erwartung der Kunden an die Prozessberater verändern. Und das bedeutet: permanente Erreichbarkeit und Reaktionsfähigkeit.

Unser Beratungsunternehmen beispielsweise hat eine App entwickelt, um solchen neuen Kommunikationsanforderungen zu begegnen. In Verbindung mit innovativen Techniken wurde eine Kommunikationsplattform geschaffen, die neuen professionellen Dialogdesigns in Lern- und Veränderungsprozessen gerecht wird.

Dabei machen wir die Erfahrung, dass eine App schneller und bedienfreundlicher ist als viele andere interne Kommunikationsplattformen. Organisationen entwickeln neben ihrer Unternehmenskultur auch eine »Smart Culture«. Auch in der digitalen Kultur drücken sich Werte und Haltungen aus.

10 Gruppensituationen, Methoden und Interventionen

Lampenfieberroutinen: Schon wieder anfangen

Am Anfang ist die Projektion. Anfänge managen ist Projektionsmanagement. Projektion bedeutet, etwas von sich auf andere zu werfen. Teilnehmer entwerfen ein Bild des Prozessberaters und nehmen die alten Farben, was sonst? Was sehen sie voneinander? Was wirft der Berater auf die Gruppe?

Diesen Moment des Anfangens anzuhalten und zu genießen, wäre ein schöner Anfang.

> »Schauen Sie sich um und nehmen Sie in sich auf, was Sie sehen. Wie sehen Sie die anderen Menschen? Wer fällt Ihnen auf und warum? Wer erinnert Sie an jemanden und an wen? Wer interessiert Sie, und wer lässt Sie kalt? Welche Gefühle löst wer bei Ihnen aus?«

Darüber nachdenken zu lassen, ist schön. Darüber gleich reden zu lassen, wäre wagemutig. Es aufschreiben zu lassen, anonym und am Ende (des Anfangs) vorzulesen, ist bezaubernd.

Wirkliches Feedback gäbe es eigentlich nur am Anfang. Abenteuerfeedback. One-Minute-Feedback. Auf den ersten Eindruck zählen. Das aber traut sich keiner.

Erwartungen entstehen aus der Verarbeitung von Erfahrungen. Zu viele Erfahrungen töten Neugier. Erfahrung macht dumm. Weil sie Erfahrenes erwarten lässt und den Blick ausrichtet. Zu denken, schon alles erlebt zu haben, und so zu handeln, bewirkt genau das und gibt recht: Alles ist schon erlebt. Ohne Erwartung aber geht es nicht.

Wenn Berater als Erstes Erwartungen abfragen, weil sie das so gelernt haben, sagen alte Workshophasen, dass sie genau das erwartet haben: Erwartungsabfragen. Spannend an einer solchen Abfrage wäre nur, ob einer noch etwas von sich erwartet oder alles nur von dem da vorn. Neugierde wäre ein gutes Gefühl für den Anfang – bei allen. Die Diva Neugier braucht die alte Schwester Sicherheit.

Neugier braucht Sicherheit. Sicherheit braucht keine Neugier. Zwischen den beiden geht der Kampf. Die ganze Zeit. Am Anfang braucht es die Sicherheit. Wie gibt man die? Natürlich am besten, indem man einen Rahmen vorgibt: Wer? Wann? Wie? Wo? Wie lange? Im Grunde sind es Banalitäten. Jeder sollte in der Gruppe etwas sagen. Seine Stimme gehört haben. Wie klinge ich in der Gruppe? Wie höre ich mich an?

Neugier könnte schlafen, ohne geweckt zu werden. Um sie zu wecken, braucht es den Mut, etwas zeigen zu wollen. Etwas zu bieten zu haben. Am besten: sich.

»Ich lerne jeden Tag dazu« – dieser Satz ist der größte Irrtum aller über 15. Lernen ist da nicht mehr Tabula rasa, die gedeckt wird. Gedecktes abzuräumen, Tische zu putzen und vielleicht neu zu decken. Neues Geschirr, anderes Essen? Fasten? Vor dem Lernen heißt es dann erst einmal: Altes befragen. Prüfen. Etwas behalten, etwas wegwerfen. Das macht keiner wirklich gerne. Dann erst wäre Platz für das Umlernen. Davon hat man am Anfang keine Ahnung.

Lebenslang lernen sollen alle müssen. Wenn sie mit der Zeit gehen wollen, damit sie nicht mit der Zeit gehen müssen. Starr wird Flexibilität gefordert. Alle warten auf die Skills, die ihnen eine Bresche schlagen in den Dschungel ihrer Unübersichtlichkeiten.

Ist die Gruppe untereinander bekannt und der Berater neu, steht der Prozessberater im Mittelpunkt und wird verglichen. Dann ist Anfangsmanagement immer auch Angstmanagement. Wer sich mit Organisationen und ihren Veränderungen beschäftigt (und das tun alle Prozessberater), wandelt durch die Veränderungsruinen: begonnene Projekte. Nie beendet. Die Gruppe brennt darauf, den Neuen mit den alten Überzeugungen vertraut zu machen: Dass es nicht geht. Dass es so ist. Dass sie es nicht sind und dass er es nicht ändern wird. Wenn er klug ist, gibt er ihnen recht. Er wird es nicht ändern. Sie werden es ändern, wenn überhaupt.

Besser vielleicht gemeinsam durch die Ruinen zu spazieren. Sich etwas zeigen zu lassen. Ins Museum der Kränkungen zu gehen, die alten Schlachtfelder zu inspizieren. Und in der ganzen Zeit sammeln sich die E-Mails im Posteingang bei allen. Langeweile ist zu spüren, wie die Zeit verrinnt. Ein ausgestorbenes Gefühl. An ihre Stelle tritt der rasende Stillstand. Beim Sitzen in der Gruppe zu denken, alles wird versäumt und wo man sonst noch überall dabei sein müsste. Wer mit Gruppen arbeitet, kennt ADHS. Die Aufmerksamkeitsdefizit-/Hyperaktivitätsstörung aller, die Aufmerksamkeit aufteilen müssen, überall hin.

Wenn aber der Kaffee im Hotel am Morgen schlecht war, ist aller Anfang schwer …

Standards für das Anfangen

Fragen sind Fenster zum anderen. Fragen zeigen: Hier ist noch nicht alles gesagt. Neugier ist erwünscht. Interesse aneinander zählt. Kurze Fragen und Antworten beleuchten die Vielfalt der Gruppe. Fragen entstehen aus echter Neugier. Fehlt die Neugier (vielleicht wegen des Kaffees), dann helfen vielleicht die folgenden Fragen, sie zu wekken? Beispiele für Fragen sind:

- → Wer hat wichtige Arbeit auf dem Schreibtisch zurückgelassen?
- → Wer Ihrer Chefs hat im Vorfeld Interesse für diesen Workshop gezeigt?
- → Wer von Ihnen hat im letzten Jahr an einem Workshop teilgenommen?
- → Wer von Ihnen hat mindestens ein Ziel mitgebracht, das er hier erreichen will?

Sprechen Sie offen über Ihre Ziele und Absichten Skizzieren Sie in der ersten Sitzung Ihre eigenen Ziele, die Sie mit dem Workshop verbinden. Wenn der Workshop zum Beispiel das Ziel hat, Teams arbeitsfähiger zu machen, Konflikte zu bearbeiten, Ziele zu diskutieren und so weiter, dann könnten Sie sagen:

> »Ich habe mich darauf eingestellt, diesem Team zu helfen, dass es zusammenwachsen, Vertrauen entwickeln und eine gemeinsame Vision entdecken kann, aber ich lege auch Wert darauf, dass ich die Ziele kennenlerne, die es selbst hat. Ich stehe voll und ganz zur Verfügung, die Ziele dieses Teams zu unterstützen.«

Formulieren Sie alles so, dass die Teilnehmer merken, dass das Wichtigste die Mitarbeit des Teams im Prozess ist. Lassen Sie deutlich werden, dass Sie nur Globalziele haben, die von den Teilnehmern konkretisiert werden müssen.

Beachten Sie alle Fragen Das gilt auch für die unausgesprochenen Fragen. Zum Beispiel:

- → Kann ich mit Vertraulichkeit rechnen?
- → Kann ich sicher sein, dass ich mich nicht blamiere?
- → Lohnt sich die Zeitinvestition?

Wenn jemand die Hand hebt, dann zeigen Sie, dass Sie es bemerkt haben (»Gestatten Sie mir, dass ich in drei Minuten darauf zurückkomme?«). Übersehen Sie niemanden! Reagieren Sie auch auf körperliche Signale, die ausdrücken, dass jemand etwas sagen will. Vermitteln Sie, dass Störungen Vorrang haben und die Person wichtiger ist als die Sache.

Lassen Sie Teilnehmer Verantwortung übernehmen und betonen Sie die Selbstverantwortlichkeit der Teilnehmer: Machen Sie nicht alles selbst. Fangen Sie so früh wie möglich an, sich auch stellenweise zurückzuziehen. Lassen Sie Gespräche laufen, lassen Sie die Teilnehmer reflektieren, über das Team, den Prozess und so weiter.

Bringen Sie Gefühle ins Spiel: Gefühle sind ein wichtiges Diagnoseinstrument für Gruppen. Langeweile, Unruhe, Aggression, Neugier beispielweise sind wichtige Indikatoren für den Gruppenprozess. Reden Sie von Ihren Gefühlen, um die Teilnehmer zu animieren, auch von sich zu sprechen.

Seien Sie fürsorglich mit den Teilnehmern, ohne für das Thema die Gesamtverantwortung zu übernehmen Meistens erleben Menschen in Unternehmen wenig Fürsorge. Wenn sie spüren, dass Sie unaufdringlich und selbstverständlich eine gewisse Fürsorglichkeit praktizieren, machen Sie Sympathiepunkte. Zum Beispiel:

→ Achten Sie auf ausreichend Sauerstoff im Raum (Fenster).
→ Sorgen Sie für ein passendes Entree bei Teilnehmern, die zu spät kommen.
→ Achten Sie darauf, dass die Teilnehmer »gut« mit sich und miteinander umgehen.

Methode: Poster und Karten

Kurzbeschreibung: Kennenlernmethode.

Inhalte und Zielsetzung: Gestaltung eines persönlichen Plakats. Jeder Teilnehmer bekommt ein »Profil«.

Lernkonzept: Workshop.

Teilnehmer: 10–15 Personen.

Dauer: 3 Stunden.

Ressourcen: Flipchartpapier, Metaplanwände, Stifte, Polaroidkamera.

Vorbereitung: Keine.

Ablauf: Auf einem Flipchartpapier stellen Sie sich mithilfe von Stiften Karten und Farben selbst vor. Zum Beispiel einen visualisierten Lebenslauf mit Bildern, Symbolen, Selbstporträt ...

Variante: Zur Begrüßung werden die Teilnehmer mit einer Polaroidkamera fotografiert. Auf einer großen Metaplanwand werden folgende Spalten eingeteilt:
→ Polaroidbild,
→ Name,
→ in der Abteilung tätig als,
→ Erwartungshaltung,
→ momentane Stimmung.
Nun können sich die Teilnehmer auf dem Poster einen Platz suchen und die entsprechenden Spalten ausfüllen. So haben die anderen Teilnehmer die Möglichkeit, Gesicht, Namen und Tätigkeit in der Abteilung zu verbinden.

Anmerkungen zur Wirkungsweise: Nicht mehr originell, erfüllt aber seinen Zweck.

Methode: Soziometrische Aufstellung

Kurzbeschreibung: Kennenlernmethode.

Inhalte und Zielsetzung: Gruppenmitglieder sortieren sich nach bestimmten Merkmalen zum schnellen Kennenlernen der Gruppe und Auffinden von Gemeinsamkeiten: Kennenlernen Einzelner, Wahrnehmung der Gruppenmitglieder, Namenlernen, Aktivierung durch etwas Bewegung.

Lernkonzept: Workshop, Teamentwicklung, Werkstatt, Lernreise ...

Teilnehmer: 8–40 Personen.

Dauer: 10–15 Minuten.

Ressourcen: Freier Raum; Stühle und Tische aus dem Weg räumen.

Vorbereitung: Eventuell Fragen überlegen, ansonsten spontan.

Ablauf: Der Berater gibt ein Merkmal vor, und dementsprechend stellen sich die Teilnehmer in einer Reihe auf beziehungsweise verteilen sich im Raum.

- → Beispiel 1: Geburtsjahr. Die Reihe beginnt dann zum Beispiel mit 1954 und endet vielleicht mit 1984. Der Berater fragt das Ergebnis kurz ab, anschließend wird die Reihe nach einem anderen Merkmal (zum Beispiel Anfangsbuchstabe vom Vornamen, Schulabschluss, Abteilung) umgebildet.
- → Beispiel 2: Die Gruppe stellt sich auf einer imaginären Deutschlandkarte nach ihrer Herkunft auf.

Es bietet sich an, mehrere Merkmale abzufragen, allerdings sollte man diese Methode auch nicht überstrapazieren.

Variante: Gewagte Hypothesen bekommen eine Stelle im Raum (linke, rechte Ecke und so weiter). Die Gruppenmitglieder ordnen sich soziometrisch zu, wo sie zustimmen. Weitere Merkmale: Anzahl der Berufsjahre, Anzahl Haustiere, Anzahl Kinder, weit entferntester Urlaubsort, Anzahl E-Mails pro Tag, Anzahl Apps auf dem Smartphone und so weiter.

Anmerkungen zur Wirkungsweise: Die Methode eignet sich für große oder spielungewohnte Gruppen zur Auflockerung.

Methode: Vorstellungsquiz

Kurzbeschreibung: Kennenlernmethode.

Inhalte und Zielsetzung: Durch Erraten, welche Informationen zu einer Person gehören, lernt sich eine Gruppe schnell und auf lustige Art und Weise kennen.

Lernkonzept: Workshop, Teamentwicklung.

Teilnehmer: 10–40 Personen.

Dauer: Ungefähr 30 Minuten.

Ressourcen: Moderationskarten, Stifte, genügend Raum, Stuhlkreis, keine Tische.

Vorbereitung: Keine.

Ablauf: Jeder Teilnehmer wird gebeten, auf einer Karte Stichpunkte zu seiner Person (Abenteuer, »Wann war das letzte/erste Mal, dass ich etwas gemacht habe?«, Werdegang, Hobbys, Familie, besondere Talente) aufzuschreiben. Im Anschluss sammelt der Berater alle Karten ein, mischt sie und verteilt sie wieder in der Gruppe. Die Teilnehmer lesen dann nacheinander ihre jeweilige Karte vor, und die Gruppe rätselt, zu welcher Person im Kreis diese Angaben passen könnten.

Methode: Blitzlicht

Kurzbeschreibung: Jeder in der Gruppe sagt kurz etwas.

Inhalte und Zielsetzung: In einer kurzen Runde kann jeder Teilnehmer zu Wort kommen, um zu reflektieren, ein Feedback zu geben oder Erwartungen und Befindlichkeiten mitzuteilen.

Lernkonzept: Workshop, Teamentwicklung, Reise.

Teilnehmer: In kleinen und größeren Runden möglich.

Dauer: Etwa 30 Minuten je nach Gruppengröße.

Vorbereitung: Sitzkreis und Konzentration.

Ablauf: Der Gruppe wird erklärt, dass jede Person ein kurzes Statement zu einer bestimmten Frage abgeben kann. Die verschiedenen Beiträge werden jeweils nicht kommentiert. Nur der Berater befragt die Personen. Das Blitzlicht kann zur letzten Phase angewandt werden oder um Befindlichkeiten, Erwartungen, Reflexion und Feedback abzufragen. Die Fragen können lauten:
→ Wie möchte ich gerne weiterarbeiten?
→ Welche Erkenntnis nehme ich aus der letzten Übung mit?
→ Wie bin ich hier heute Morgen angekommen?

Variante 1: Die Teilnehmer können sich über diese kurze prägnante Methode auch aus der Gruppe ein Feedback geben lassen.

Variante 2: Ablaufvarianten: Reihum oder mit Ball zuwerfen.

Variante 3: Jede Person zündet ein Streichholz an und kann so lange reden, bis dieses abgebrannt ist. Ganz nach dem Motto »Ein Blitzlicht ist kein Flutlicht« wird so die Zeit vorgegeben.

Anmerkungen zur Wirkungsweise: Durch das Blitzlicht kann jeder Teilnehmer kurz zu Wort kommen und zeigt sich somit in der Gruppe. Alle Personen werden auf diese Weise integriert. Der Berater bekommt über diese Methode einen kurzen Einblick und Orientierung, wo sich die Gruppe gerade befindet.

Methode: Gruppenrahmen

Kurzbeschreibung: Kennenlernmethode.

Inhalte und Zielsetzung: Eine Gruppe stellt sich gemeinsam vor, indem Unterschiede und Gemeinsamkeiten der Gruppe aufgezeigt werden.

Lernkonzept: Workshop, Teamentwicklung.

Teilnehmer: 8–40 Personen.
Dauer: 15 Minuten.

Ressourcen: Flipchart, Metaplantafeln, Stifte.

Vorbereitung: Kleingruppen bilden mit drei bis fünf Teilnehmern.

Ablauf: Die Kleingruppen teilen ein Flipchart in mehrere Felder wie folgt ein: In der Mitte ist ein Rahmen (Quadrat), in dem die Gemeinsamkeiten der Teilgruppe eingetragen werden. Um den Rahmen der Gemeinsamkeiten herum werden dann die persönlichen Felder mit den Einzigartigkeiten eines jeden Gruppenmitglieds gemalt. Die Flipcharts werden anschließend im Plenum präsentiert und aufgehängt.

Anmerkungen zur Wirkungsweise: Ähnlichkeiten und Gemeinsamkeiten schaffen Sympathie. Was die Menschen einzigartig macht, ist oft das, was die anderen Teilnehmer noch nicht voneinander wissen. Ein neues Bild von der Gruppe kann geschaffen werden.

Methode: Fragen per Post-its

Kurzbeschreibung: Kennenlernmethode.

Inhalte und Zielsetzung: Die Gruppe lernt sich mithilfe von Eigenschaftskarten und Fragen am Körper kennen.

Lernkonzept: Workshop, Teamentwicklung.

Teilnehmer: 8–40 Personen.

Dauer: Bis zu 30 Minuten.

Ressourcen: Faserschreiber, genügend Karten und mehrere Rollen Klebeband oder Post-its.

Vorbereitung: Material bereitlegen.

Ablauf: Alle Teilnehmer schreiben auf die Vorderseite der Karten beziehungsweise auf Post-its ein Stichwort oder eine Frage und kleben diese dann verdeckt überall an ihrem Körper an. Nach dieser Vorbereitung (mit stimmungsvoller Musik im Hintergrund) gehen die Teilnehmer aufeinander zu und fragen, ob sie diese oder jene Karte umdrehen dürfen. Sie lesen die Karte und plaudern über die Antworten. Dieses Lesen und Plaudern wird mit mehreren Teilnehmern gemacht.
Ein paar mögliche Fragen oder Stichworte:

- Was soll auf dem Seminar auf keinen Fall passieren?
- Was möchte ich hier nicht erleben?
- Meine beste Eigenschaft!
- Wie wäre ich als Baustoff?
- Welches Getränk wäre ich?
- In welchem Land möchte ich in meinem nächsten Leben geboren werden?
- Was soll später nach mir benannt werden?
- Mein Vorbild, meine zwei Vorbilder.
- Worüber ich mich zuletzt geärgert habe.

Nach der Übung kann im Plenum darüber gesprochen werden, wie die Übung empfunden wurde. Was wurde erlebt?

Anmerkungen zur Wirkungsweise: Diese Übung wirkt stark auflockernd. Die Teilnehmer kommen zu einem intensiven Austausch. Der Prozessberater kann mithilfe dieser Übung sehen, wie offen die Gruppe aufeinander zu geht und miteinander redet.

Methode: Wer lügt denn hier?

Kurzbeschreibung: Kennenlernmethode.

Inhalte und Zielsetzung: Partner interviewen sich und stellen sich gegenseitig vor.

Lernkonzept: Workshop.

Teilnehmer: 8–40 Personen.

Dauer: 5–10 Minuten.

Ressourcen: Faserschreiber, DIN-A4-Bogen.

Ablauf: Es werden Zweiergruppen gebildet, die sich zu vier festgelegten Themen (Beruf, Erwartungen, Lieblingsessen, Hobby) interviewen. Pro Person wird auf einem Plakat die Antwort stichwortartig festgehalten, wobei eine der Antworten erlogen ist. Außerdem porträtieren sich die Teilnehmer gegenseitig. Nach 20 Minuten stellen sich die Partner gegenseitig im Plenum vor. Die Antworten des Partners werden vorgetragen, und das Plakat wird aufgehängt. Welche der Informationen nun gelogen ist, sollen die beiden Sitznachbarn der jeweils vorgestellten Personen raten. Die Präsentation sollte moderiert werden, um einzelne Themen hervorzuheben und Rückfragen zu steuern. Die Plakate können dann während der gesamten Veranstaltung hängen bleiben. Wichtig: Bei mehr als 14 Teilnehmern sollte die Präsentation geteilt und auf zwei Zeitpunkte gelegt werden, da sonst die Konzentration nachlässt.

Variante: Die Auswahl der vier Themen kann auf das Seminarthema hinweisen.

Anmerkungen zur Wirkungsweise: Da eine Angabe gelogen ist, wird die Konzentration der Teilnehmer beim Vortrag erhöht. Fantasie und Kreativität sind gefragt.

Methode: Begrüßungsrituale mit Körperkontakt

Kurzbeschreibung: Begrüßen auf verschiedene Art und Weise.

Inhalte und Zielsetzung: Aufwärmen, wach werden und kennenlernen. Sich in verschiedene Körperhaltungen und damit verbundene Stimmungen hineinversetzen.

Lernkonzept: Workshop, Reise, Teamentwicklung.

Teilnehmer: Keine Beschränkung.

Dauer: Ungefähr 15 Minuten.

Ressourcen: Genügend freier Raum, ohne Tische und Stühle.

Vorbereitung: Keine.

Ablauf: Die Teilnehmer werden eingeladen, frei im Raum umherzugehen. Dann stellt der Berater die erste Aufgabe: »Bitte begrüßen Sie sich mit Ihrem Namen, wenn Sie sich beim Gehen begegnen, aber aus der Haltung eines Hochstaplers heraus.« Der Berater macht mit und demonstriert, wie die Übung aussehen soll. Darauf folgen weitere Haltungen. Das können zum Beispiel sein: ein Bettler, ein Nachrichtensprecher, der Präsident der USA, Angela Merkel, Romeo und Julia. Diese Methode eignet sich, um Namen schneller zu lernen. Außerdem machen die Teilnehmer die Erfahrung, welchen Einfluss ihre innere und äußere Haltung auf ihre Stimme und Stimmung haben.

Variante: Zur Aktivierung der Teilnehmer eignet sich folgendes Begrüßungsritual: Die Teilnehmer gehen frei im Raum umher, bis der Berater sie auffordert, sich mit dem kleinen Finger der linken Hand zu begrüßen. Darauf folgt die Begrüßung mit der rechten Schulter, mit dem linken Knie, mit der Fußsohle und so weiter.

Anmerkungen zur Wirkungsweise: Diese Übung macht vor allem Spaß und lockert die Stimmung.

Warum Gruppen triviale Maschinen sind

Das schönste mentale Modell des radikal-konstruktivistischen Altmeisters Heinz von Foerster (1911–2002) war das der trivialen Maschine. Mit der Metapher von trivialer und nontrivialer Maschine erläuterte er den Unterschied zwischen lebenden und technischen Systemen. (Wer selbst damit arbeiten will, sollte sich die CD »2 × 2 = grün« anhören und den Vortrag auswendig lernen. Bei aller Nontrivialität: Gruppen verstehen das Modell und lachen immer …; vgl. von Foerster 1999).

Eine triviale Maschine ist durch eine eindeutige Beziehung zwischen ihrem Input (Stimulus, Ursache) und ihrem Output (Reaktion, Wirkung) charakterisiert. Diese invariante Beziehung ist »die Maschine« …

> »Das Amüsante an nichttrivialen Maschinen ist, dass schon eine Maschine mit ganz wenigen inneren Zuständen, das heißt eine Maschine mit ganz wenigen Möglichkeiten der Operation, so sein kann, dass die Anzahl der verschiedenen Maschinen, die man mit diesen Operationen bauen kann, so groß ist, dass, wenn man zur Zeit des Urknalls des Universums angefangen hätte, mit ihnen zu experimentieren, und man jede Mikrosekunde eine solche Maschine berechnet hätte, man heute immer noch keine Ahnung hätte, wie diese Maschine funktioniert« (von Foerster 2002, S. 177).

Die Unterscheidung zwischen den beiden Maschinen soll deutlich machen, dass technische Systeme vorhersehbar und lebendige Systeme unvorhersehbar sind.

Unternehmen und Organisationen sind Trivialisierungsaggregate. Es gibt interne Strukturen, Prozesse und Regeln, damit am Ende etwas dabei herauskommt, was draußen jemand haben will und dafür bezahlt. Prozessberater werden eingeladen, um dort, wo nicht das herauskommt, was herauskommen soll, dafür zu sorgen, dass das herauskommt, was herauskommen soll. Eine triviale Zielsetzung.

Prozessberater sind vom Paradoxon überzeugt, dass Organisationen ihre triviale Zielsetzung dann am besten erfüllen, wenn sie intern nicht übermäßig trivial sind: Wenn Menschen auf alte Probleme neu reagieren. Mangelnde Anpassung des Unternehmens an die Außenwelt entsteht, wenn die internen Muster der Menschen und der Organisation so starr geworden sind, dass sie auf den Wandel im Außen nicht mehr flexibel reagieren. Ein triviales Versprechen der Organisationsentwicklung lautet daher: Wir machen aus euch nontriviale Maschinen in einer nontrivialen (lernenden) Organisation.

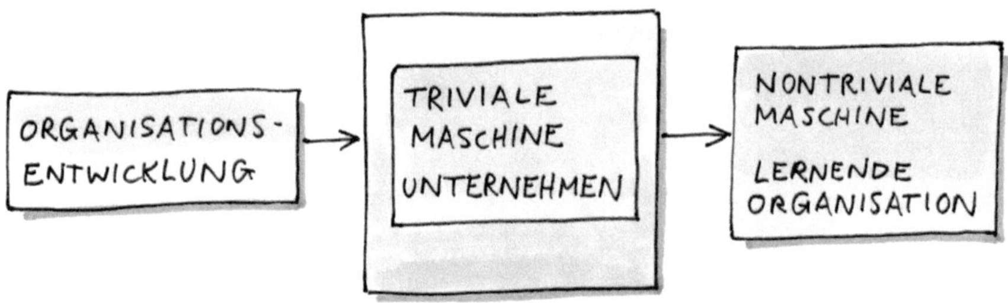

Nun gibt es den Verdacht, dass eine Organisation gar nicht mehr arbeiten könnte (und sie nicht funktionieren würde), wenn sie sich als nontriviale Maschine verhielte. Unbegründet scheint das nicht zu sein, wenn man bedenkt, dass es eher darum geht, dass triviales Verhalten erweitert werden soll um den Aspekt des Nontrivialen. Das Unternehmen hält sich einen Vorgarten der Nichttrivialität, in dem die Pflänzchen gedeihen sollen. So aber wie Unternehmen aufgebaut sind, wird es nicht mehr als ein Vorgarten werden können …

Bessere Einsichten erzielt man mit einem einfachen Rollenmodell. Rolle kann verstanden werden aus zwei Teilen: die Erwartungen von außen und die eigene Persönlichkeit. Das *Man* betrifft das Verhalten, von dem der Rollenträger denkt, es sei so erwartet, und verhält sich dementsprechend. Das Eigene wäre der Aspekt des Verhaltens, von dem der Rollenträger denkt, es sei seine Individualität.

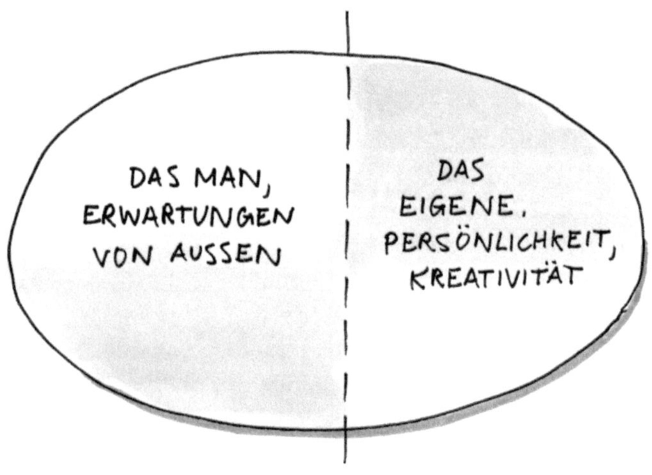

Je öffentlicher der Raum, desto mehr sind Menschen gewohnt, sich im Bereich des Man zu verhalten. Sich im öffentlichen Raum persönlich zu verhalten, ist bei den meisten mit Scham und Angst besetzt: die Scham, sich zu zeigen, und die Angst, eine Kränkung zu erfahren durch Ablehnung oder Peinlichkeit.

Die Einladung der Organisationen, sich und ihre Menschen zu entwickeln, heißt übertragen auf das Rollenmodell, die Grenzlinie nach links zu verschieben.

War es früher wichtig, seine Funktion in der Hierarchie zu erfüllen, dabei darauf zu achten, dass die Regeln eingehalten werden, so existiert heute das Bild vom kreativen Mitdenker mit unternehmerischer Leidenschaft, der sich aber dennoch an die Konzernräson hält. Das Bild vom kundenorientierten Mitarbeiter, der unternehmerisch denkt, ist jedoch paradox. Wären Mitarbeiter Unternehmer, wären sie nicht Mitarbeiter, sondern Unternehmer.

In der Regel ist es falsch, in Unternehmen kundenorientiert zu handeln; man muss wissen, was intern gefragt ist, also cheforientiert sein. Das Ausleben von Unternehmertumverhalten in Mitarbeiterpositionen wird jedoch häufig in Seminaren verbreitet. Solche Verhaltenslügen erzeugen genau das Gegenteil von dem, was beabsichtigt ist. Mitarbeiter sitzen und hören solche Trainersätze und fühlen die Falschheit. Sie sind bestätigt in ihren Einsichten: Was im Seminar erzählt wird, ist nicht praxistauglich. – Mir wird etwas anderes erzählt, als ich denke ... Dennoch: Die paradoxe Einladung bleibt!

Unternehmen müssen von ihren Mitarbeitern erwarten, raus aus der Ecke der Trivialität zu kommen und sich in den Boxring der Kontingenz zu wagen.

Wie in einer guten Küche: Heutzutage sind die Konserven (Convenience Food) immerhin so gut geworden, dass sie nicht ganz einfach von echter frischer Ware zu unterscheiden sind. Vielleicht ist die kreative regionale Küche, die immer frisch kocht und mit wechselnden Menüs bezaubert, eine Überforderung. Weg vom Bratwurststand der Trivialitäten? Das muss doch gehen. Prozessorientierte Moderation ist der Versuch, Menschen in Unternehmen aus der Trivialitätsfalle zu befreien.

Um mehr über die eigene Nontrivialität/Trivialität zu erfahren, ist es lohnenswert, sich sowohl mit dem »Man« als auch mit dem »Eigenen« zu beschäftigen. Jakob Levy Moreno hat dafür zwei verschiedene Verfahren entwickelt. Er geht davon aus, dass jeder Mensch aus einer Vielzahl von Rollen, die er spielt, besteht. Im Psychodrama stehen individuelle Rollenkomponenten im Vordergrund, im Soziodrama kollektive (Sternberg/Garcia 2000). Ein Soziodrama im Unternehmenskontext lässt sich wie folgt gestalten.

Methode: Organisation hautnah

Kurzbeschreibung: Soziodrama zur Funktionsweise einer Organisation.

Inhalte und Zielsetzung: Im Soziodrama treten die verschiedenen Rollen (zum Beispiel Gruppen, Institutionen, Themen, Aspekte) einer Organisation in Interaktion. Die Teilnehmer erleben im Spiel sehr anschaulich, wie eine Organisation funktioniert.

Lernkonzept: Workshop, Teamentwicklung, Großgruppe.

Teilnehmer: 20–50 Personen.

Dauer: 1,5 bis 3 Stunden.

Ressourcen: Genügend freier Raum, ohne Tische und Stühle.

Vorbereitung: Keine.

Ablauf: Der Ablauf ist in drei Phasen gegliedert. Bei der »Erwärmung« geht es darum, sich kognitiv und emotional auf das Thema einzustimmen. In der »Aktionsphase« wird das Szenario von allen Teilnehmern als Rollenspieler erkundet. Im Sharing berichten die Teilnehmer von ihren Erlebnissen während des Spiels.

Erwärmung:
Die Teilnehmer gehen in Kleingruppen zu drei bis sechs Personen zusammen. Im Brainstorming überlegen sie in etwa zehn Minuten, welche relevanten Gruppen/Institutionen, Aspekte und Themen es im Unternehmen und im Unternehmensumfeld gibt. Beispiele dafür sind die Mitarbeiter, Führungskräfte, Kunden, der Betriebsrat, aber auch die Unternehmenskultur, das Gewinnstreben, die Wirtschaftskrise, die Politik, die Gesellschaft und vieles mehr.
Im Plenum stellt jede Gruppe ihre Ergebnisse vor. Gemeinsam wird entschieden, welche Gruppen und Themen im anschließenden Spiel auf die Bühne geholt werden.

Aktionsphase:
Die Teilnehmer teilen nach Belieben die in der Erwärmung ausgewählten Rollen zu. Eine Gruppe wie der Betriebsrat kann dabei von ein oder mehreren Personen gespielt werden.
Jetzt beginnt die eigentliche Spielphase. Die Teilnehmer treten in ihren Rollen miteinander in Interaktion. Automatisch bilden sich Grüppchen, entstehen Diskussionen und kristallisieren sich Sympathien heraus. Beispielsweise könnten sich Führungskräfte und Betriebsräte schlecht verstehen, die Unternehmenskultur und die Mitarbeiter dagegen gut.
Nachdem das Spiel ungefähr zehn Minuten gelaufen ist, kann es entweder beendet oder mit entsprechenden Leitfragen oder Anweisungen des Beraters in eine andere Richtung geleitet werden. Solche Leitfragen oder Anweisungen könnten sein:

- → Bisher haben Sie die Jetztsituation des Unternehmens dargestellt. Wie sieht es in zehn Jahren aus (alternativ: vor zehn Jahren)?
- → Die Wirtschaftskrise (oder jede beliebige andere Rolle auf der Bühne) verliert an Bedeutung, was bedeutet das für alle anderen?
- → Wie könnten Sie Ihre Rolle anders ausfüllen, welche Veränderungsimpulse haben Sie?

→ Versuchen Sie mit den Rollen auf der Bühne in Kontakt zu kommen, mit denen Sie sich am wenigsten verstehen!

Der Prozessberater kann die Dynamik des Spiels durch den Einsatz von psychodramatischen Handlungstechniken beeinflussen:

→ *»Freeze«:* Der Berater bittet alle Rollenspieler in der Position zu verharren, in der sie gerade sind. Fragen an Einzelne oder an alle können sein: In welcher Konstellation befinden Sie sich gerade? Wen mögen Sie, wen nicht? Was möchten Sie jetzt tun?
→ *»Doppeln«:* Um bestimmte Elemente des Spiels zu spiegeln und zu verstärken, stellt sich der Berater hinter (oder neben) einzelne Rollenspieler und imitiert ihre Körperhaltung und das, was sie sagen.
→ *»Kollektiver Rollentausch«:* Der Berater hält das Spiel an und bittet alle Rollenspieler, reihum die Rollen zu wechseln; zum Beispiel spielt ein Teilnehmer dann nicht mehr einen Mitarbeiter, sondern den Betriebsrat. Anschließend beginnt das Spiel von Neuem – aus anderer Perspektive.

***Sharing*:** Nach dem Spiel findet das Sharing – das Teilen von Erlebtem – auf unterschiedlichen Ebenen statt (je nach Zeit oder Zielsetzung können einzelne Ebenen auch ausgelassen werden:

→ »Rollenfeedback«: Was haben die Teilnehmer in ihren Rollen auf der Bühne erlebt?
→ »Persönliches Sharing«: Welche persönlichen Themen wurden im Spiel angesprochen (zum Beispiel eigene Konflikterfahrung als Mitarbeiter mit dem Chef)?
→ »Thematisches Sharing«: Welche Erkenntnisse über die Zusammenhänge in der Organisation kamen auf?
→ »Prozess-Sharing«: Diese Form des Sharings ist in erster Linie für Ausbildungsgruppen gedacht: Wie war der Ablauf des Spiels? Wie hat der Berater geleitet?

Anmerkungen zur Wirkungsweise: Im Gegensatz zum Psychodrama liegt beim Soziodrama der Schwerpunkt nicht auf persönlichen Erfahrungen des Einzelnen. Es werden keine realen Situationen nachgespielt, und Ziel ist es auch nicht, Lösungen für individuelle Problemsituationen zu erreichen. Vielmehr liegen die Gruppe und ihr kollektives Wissen im Fokus. Dieser »Wissensaustausch« findet allerdings nicht im Gespräch, sondern in direkter Interaktion untereinander statt. Natürlich klingen im Spiel auch persönliche Themen an. Ihre Bearbeitung findet allerdings in einem anderen Setting, zum Beispiel im Psychodrama, statt.

Soziodramen haben gegenüber (Struktur-)Aufstellungen den Vorteil, dass Informationen über Konstellationen, Abstoßung/Anziehung und Nähe/Distanz um einen Interaktionsaspekt erweitert werden: Beziehungsgeflechte sind nie statisch, sie bestehen immer auch aus Rollen, die miteinander in Interaktion treten. Auf diese Weise erleben Teilnehmer im Soziodrama sehr dynamisch und am eigenen Leib, wie ein (nontriviales) System funktioniert.

Literaturtipp: Wiener, R. (2001): Soziodrama praktisch. Soziale Kompetenz szenisch vermitteln. München: inScenario.

In seiner Einführung ins Soziodrama gibt Ron Wiener eine gute Anleitung für die Durchführung von Soziodramen, weist darauf hin, auf was ein Leiter achten muss, und bietet einige Anwendungsbeispiele für verschiedene Kontexte.

Interview mit einer Führungskraft

Unart in manchen Unternehmen ist es geworden, Workshops durchzuführen, ohne dass klar wird, wer hier überhaupt *was* erreichen möchte. Führungskräfte sind es gewohnt zu delegieren, und das ist gut so. Aber: Prozessberater, die Workshops moderieren, haben kein Anliegen. Dennoch wird gerne versucht, das Workshopanliegen an sie zu delegieren. Gruppe und Führungskraft sind dann in der Regel ganz relaxt, und der Einzige, der schwitzt, ist der Prozessberater.

Wenn Prozessberater die Workshops eröffnen sollen (und das sollen sie oft), dann entsteht Verwirrung bei den Teilnehmern. Anliegen haben sollten die, die zu Workshops einladen, und das sind die Führungskräfte und die Auftraggeber. Das wird nur dann deutlich, wenn sie dieses Anliegen auch formulieren. Dazu dient die folgende Methode. Zwei Drittel aller Workshops beginnen wir mit dieser Methode und zeigen damit, wer hier was möchte.

Direkte Führungskräfte sollten ebenfalls an Workshops teilnehmen. Was hätten sie Besseres zu tun, als gemeinsam mit ihrer Mannschaft an Themen zu arbeiten, die alle betreffen? Gäbe es nur eine Leitlinie für Führungskräfte, wäre es diese: »Sorge dafür, dass deine Mitarbeiter optimal arbeiten können. Räume alle Hindernisse, die ihre Produktivität einschränken, aus dem Weg. Mit aller Konsequenz.«

Bereits im Contracting-Gespräch werden die Auftraggeber auf diesen Beginn vorbereitet, fast alle lassen sich darauf ein. Die Fragen und Themen werden grob umrissen, aber nicht im Detail abgesprochen. Die Leitlinie ist die Zeitachse: Woher kommen wir? Wo stehen wir jetzt? Wohin soll es gehen?

Das Gespräch vor der Gruppe soll ein Gespräch sein und kein Verhör. Zwischen Antwort und der nächsten Frage sollten mindestens drei Sekunden vergehen (21, 22, 23 …). Schaffen es beide, im Interview Tacheles zu reden, hat auch der Workshop gute Chancen auf Erfolg. Schlimmstenfalls aber wird alles zum Puddingnagelkurs, weil man sich im Vorgespräch verhört hat. Für Führungskräfte, die keine Position beziehen, kein echtes Anliegen haben und es auch mit prozessberaterischer Hilfe nicht schaffen, auf irgendeinen Punkt zu kommen, ist das Interview nicht das Passende. Da hätten dann lieber alle geschwiegen.

Methode: Interview mit einer Führungskraft

Kurzbeschreibung: Interview im Rahmen eines Workshops.

Inhalte und Zielsetzung: Um für mehr Transparenz und Angstabbau zu sorgen, wird eine Führungskraft vor ihren Mitarbeitern offen interviewt.

Lernkonzept: Workshop.

Teilnehmer: Führungskraft mit ihren Mitarbeitern.

Dauer: 1,5 Stunden.

Ablauf: Vor Beginn des Interviews sollte der Führungskraft ein Kompliment ausgesprochen werden, dass sie bereit ist, sich auf diese Situation einzulassen. Dies zollt ihr Wertschätzung und wirkt eventueller Nervosität entgegen. Es sollte auch betont werden, dass sie dem Workshop durch das Interview besonderes Gewicht verleiht und das Lernen der Teilnehmer maßgeblich unterstützt.
Die Fragen, die während des Interviews gestellt werden, müssen natürlich auf jeden speziellen Fall maßgeschneidert werden. Die folgenden Fragen können als Richtschnur verstanden werden. Allgemein empfiehlt es sich, die Fragen des Interviews nach einer zeitlichen Struktur zu gliedern:

- Vergangenheit: Was war?
- Gegenwart: Was ist? Welche Prozesse und Veränderungen gibt es zurzeit?
- Zukunft: Auf was muss sich das Unternehmen einstellen? Welche Fähigkeiten brauchen die Mitarbeiter dafür?

Die Fragen lassen sich in verschiedene Bereiche gliedern, die alle angeschnitten werden sollten:

- die Abteilung, das Team, die Firma ...,
- das Umfeld, die Kunden,
- die Mitarbeiter,
- der Abschluss des Interviews.

Beispielfragen, die die Abteilung, das Team beziehungsweise die Firma betreffen:

- Welchen Anlass hat dieser Workshop?
- Was lässt sich über die jüngste Geschichte Ihrer Abteilung beziehungsweise Ihrer Arbeit erzählen?
- Welchen Herausforderungen müssen sich Ihre Abteilung und die Mitarbeiter gegenwärtig stellen?
- Was ist der Unterschied zwischen dieser und den anderen Abteilungen?
- Welchen persönlichen Ausblick haben Sie für die Abteilung, das Team, das Unternehmen?
- Was sind Ihre Kriterien für eine positive Entwicklung?

Beispielfragen: Umfeld und Kunden

- Welche Veränderungen gibt es zurzeit beim Kunden?
- Wie sehen die Kunden Ihrer Ansicht nach Ihre Abteilung, das Team?
- Wie soll der Kunde in Zukunft die Mitarbeiter erleben, damit der Workshop als erfolgreich bezeichnet werden kann?

Beispielfragen: Mitarbeiter

- Welche Stärken und Schwächen sehen Sie zurzeit bei Ihren Mitarbeitern?
- Welchen Führungstyp hätten Sie gerne in Ihrem Unternehmen?
- Welche signifikanten Veränderungen kommen auf die Mitarbeiter zu?
- Was erwarten Sie von Ihren Mitarbeitern?
- Wie würden Sie die Streitkultur der Mitarbeiter beschreiben?
- Wie entscheidungsmutig würden Sie das System beschreiben?
- Wird Feedback unter den Mitarbeitern gegeben?
- Womit müssen Sie in Ihrem Unternehmen aufhören, und womit müssen Sie neu anfangen?
- Was glauben Sie, wie die Mitarbeiter Ihren persönlichen Führungsstil einschätzen?

- → Wie werden die Führungsinstrumente Anerkennung und Kritik in Ihrem Hause benutzt?
- → Von wem erhalten eigentlich Sie Anerkennung?
- → Woher nehmen Sie die Kraft für Ihr Engagement und die Initiativen?

Der Abschluss:
Es sollte auf jeden Fall mit der Führungskraft geklärt werden, ob es noch weitere Themen gibt, die angesprochen werden sollten. Es folgen ein Kompliment und Dank des Beraters für die Offenheit der Führungskraft.
Ohne dass es in eine Diskussion ausufert, sollte noch eine kurze Runde mit persönlichen Reaktionen der Teilnehmer gemacht werden.
Im Anschluss an den ersten Teil mit Interview und Blitzlichtrunde werden die Teilnehmer in Kleingruppen aufgeteilt (ungefähr fünf Teilnehmer). Hier diskutieren sie folgende Fragen:

- → Worin stimmen wir überein?
- → Was hat mich irritiert?
- → Was hat gefehlt?

Danach präsentiert jede Kleingruppe ihre Antworten. Der Berater fragt dabei die Führungskraft: »Wo fühlen Sie sich richtig verstanden? Wo nicht?«

Unterm Teppich kehren

Wären Konflikte offen, wären sie zunächst nur Verhandlungen über Unterschiede. Ohne diese Auseinandersetzung bleibt alles gleichermaßen gültig. Gruppen, die so etwas vermeiden, fühlen sich auch so an: langweilig, ermüdend, energielos. Alle halten die Deckel auf ihren Emotionstöpfchen, und nichts dringt nach außen. Nichts Gutes und nichts Schlechtes. Unterschiede, die nicht verhandelt werden, rauben Energie. Es bedarf eines permanenten Krafteinsatzes, eine Soll-Ist-Spannung auszugleichen, die sich zeigen will. Der Unterdrückungskampf hinterlässt Spuren: Tabus, Zynismus und Lethargie.

In allen Arbeitsbeziehungen kommt es zu Irritationen und Frustrationen und damit auch zu Verwerfungen. Denn: Wenn alles stimmt, stimmt etwas nicht. In der alten Metapher vom schwarzen Rabattmarkenbuch wird es deutlich: Jeder führt über seine Mitmenschen ein solches Buch. Enttäuschungen oder Kränkungen werden darin als Rabattmarken eingeklebt. In der Regel wird das Buch dicker und dicker. Je dicker das Buch, desto vergifteter die Beziehung. Manche lösen alle Rabattmarken mit einem Mal ein … Da will man dann lieber nicht dabei sein. – Gute Kommunikationstrainer empfehlen daher, das Buch nicht zu dick werden zu lassen, damit der Handel noch zu händeln ist.

Konflikte machen Angst, weil sie die Differenz in den Vordergrund stellen; der Konsens aber ist der Ort des guten Gefühls. Verhandlungen über Unterschiede zu vermeiden heißt stillstehen oder – positiv gesprochen – stabil bleiben. Das ist manchmal richtig, wenn eine Konzentration der Kräfte notwendig ist. Es ist allerdings sträflich, wenn das (böse) Außen die innere Stabilität garantieren soll.

Personen und Organisationen haben ähnliche Strategien zur Spannungsvermeidung: Wird das *Ist* schöner geredet, als es ist, wird der Abstand zum *Soll* geringer. Regelmäßig also wird dann die rosarote Brille geputzt. Wird das *Soll* kleingeredet, wird man träge und zufrieden; allerlei Drogen für Menschen und Organisationen können helfen, das *Soll*, das manchmal für innere Unruhe sorgen könnte, klein zu halten.

Unterschiede tatsächlich zu besprechen, wäre mehr als nur etwas zu reparieren. Konflikte bieten die Chance zur Weiterentwicklung: für Person und Organisation. Nur wo These und Antithese sich zeigen dürfen, traut sich auch das Innovative aus dem Versteck. »Wir können sagen, was ist«, wäre das größte Kompliment für Unternehmenskulturschaffende.

Hierarchien wurden erfunden, um Konflikte zu vermeiden. Sie sind Konfliktlösemaschinen. »Oben sticht Unten« heißt das Prinzip. Dort, wo schnelle Entscheidung notwendig wird und/oder Komplexität überschaubar ist, sind Hierarchien die Königin aller Organisationsprinzipien.

Es ist gut, wenn die Feuerwehr am Brandherd nicht zunächst einen hierarchiefreien Diskurs pflegt, sondern anfängt zu löschen.

Hierarchien folgen der Logik: Die Weisheit sitzt oben, und das ist die Legitimation ihrer Macht. Deshalb wird Zweifel dort verborgen, mit der Zeit sogar vergessen. Der vertikale Konflikt erübrigt sich und ist tabu. Die, die dazwischen sitzen, wissen, das Oben zu pflegen und das Unten zu steuern. Sie fungieren als Filter für Realitäten: Sie pointieren das, was von oben kommt, dort, wo es opportun erscheint, und selektieren das, was von unten nach oben dringt. Die Horizontale wird geregelt durch Ab-Teilung. Die Verantwortung ist aufgeteilt und endet an der Grenze des Abgeteilten. Alles andere ist verbotene Nichteinmischung. Der zugeteilte Bereich der Verantwortung braucht nicht den Individuellen, sondern den Konventionellen. Der nicht überlegt, ob er die richtigen Dinge tut, sondern darauf aus ist, die Dinge richtig zu tun. Geradlinigkeit und Schnelligkeit der Hierarchie haben ihren Preis: Nur wenige bestimmen, worum es geht, was wirklich und wichtig ist. Die Weisheit der vielen fällt unten durch. In einfachen Kontexten oder Verteilermärkten reicht das aus. Nicht jedoch, wo die Welt komplizierter wird und Anpassung und Flexibilität überlebenswichtig sind. Wenn das Richtige und das Falsche nicht eindeutig sind oder sich ganz hinter postmoderner Wirklichkeiteninflation verborgen halten, braucht es den Dialog, der zum Ziel hat, die Komplexität des Außen innen abzubilden.

Solche Organisation brauchen nicht mehr die Oben-unten-Disziplin, die Hierarchie, sondern die Selbstdisziplin des Zuhörens, des Verstehenwollens. Wer sagen kann: »Solange einer eine andere Meinung hat, kann ich von ihm lernen«, der hat seine Ungeduld und Rechthaberei überwunden.

Prozessberater ermutigen hier, unterschiedliche Positionen zu artikulieren, zu variieren und nebeneinander bestehen zu lassen. Auf diese Weise kann eine vielschichtige, tiefere Wirklichkeitssicht erreicht werden.

Die Arbeit an der Fähigkeit zu realistischen Wirklichkeitsmodellen, die der Komplexität angemessen sind, bietet einen Erfolg versprechenden Ansatz in Zeiten der

Globalisierung. Deren beschleunigter Veränderungsdynamik bei gleichzeitig großer Stabilitätsreduzierung kann mit den Ergebnissen einer gelungenen Konfliktmoderation wesentlich flexibler begegnet werden.

Konfliktlösungsprozesse sind zeitaufwendig und kosten viel Energie. Jedoch bieten sich am Ende, sachbezogen wie psychologisch, neue Perspektiven, die weitaus nachhaltiger sind, als Konflikte bloß zu vermeiden oder zu verschweigen, voreilige Kompromisse anzustreben oder Strategien einseitig durchzusetzen. Konflikte als das zu begreifen, was sie ja auch sind: als echte Chance für Innovationen, angemessene Problemlösungen und verbesserte Kooperation.

Methode: Ich bin dann mal weg

Kurzbeschreibung: Konfrontationsmethode, die Gruppe definiert Auftrag neu, während der Berater rausgeht.

Inhalte und Zielsetzung: Feedback, die Wahrheit ans Licht holen, eine offenere Gesprächskultur etablieren, Gruppendynamik. Es soll nicht um das Was gehen (Inhalt), sondern das Wie (zum Beispiel: Wie gehen wir miteinander um? Wie reden wir miteinander?).

Lernkonzept: Workshop.

Teilnehmer: 4–15 Personen.

Dauer: Situationsabhängig.

Ressourcen: Flipchart.

Vorbereitung: Den folgenden Text am besten auswendig lernen.

Ablauf: Wenn sich Berater mit Gruppen in schwierigen Situationen befinden und gängige Interventionsformen bereits erschöpft sind, hilft meist dieses letzte Mittel der Konfrontation: Der Berater verlässt den Raum. Ratsam für Berater ist dieses Vorgehen meist, wenn die Workshopgruppe eben das nicht tut, was sie soll: an sich arbeiten.
Vor dem Hinausgehen sollte er aber in etwa Folgendes sagen (Ein Teil des folgenden Textes kann auch ans Flipchart geschrieben werden.):

> »Mir imponiert die Gruppe damit, dass sie es immer schafft, Konflikte so zuhandhaben, dass es nach Einvernehmen aussieht. Die Gruppe scheint die Fähigkeit zu besitzen, Informationen und Erwartungen an Einzelne immer so auszudrücken, dass jeder dafür oder dagegen sein kann und sich nicht angesprochen fühlt.
> Mir imponiert die Gruppe damit, dass sie ihre Beziehungen untereinander und zu mir nicht durch die Äußerungen unterschiedlicher Ansichten, Wünsche und Sichten gefährdet. Das erspart allen eine intensivere Klärung, bewahrt das bestehende Gleichgewicht und sieht nach Übereinstimmung und Harmonie aus. Ich möchte Sie bitten, darüber gemeinsam nachzudenken und zu klären, wie Sie im weiteren Verlauf des Workshops mit diesem Verhalten umgehen wollen. Ich, in meiner Rolle als Ihr Berater, befinde mich im Dilemma, wenn wir weiterhin die

Form der Unverbindlichkeit pflegen, wie sie üblicherweise in einem ICE-Großraumabteil vorkommt; dann gefährden Sie Ihre Art und Weise der Beziehungskultur, die Sie in diesem Workshop – und möglicherweise auch sonst – praktizieren, nicht.
Gleichzeitig vermute ich, dass Sie sich nicht wirklich mit Ihrer Führungsarbeit auseinandersetzen und wir dadurch keinen nachhaltigen Lernerfolg erreichen. Zugleich möchte ich Sie davor warnen, diese Verhaltensweisen unreflektiert und schnell zu verändern. Schnelle Änderung könnte die beschriebenen positiven Effekte umkehren. Konflikte träten hervor und könnten Ihre Beziehungen auf eine neue Basis stellen. Der Preis für die Vermeidung dieses Risikos liegt darin, dass Chancen und Synergieeffekte aus klärenden Konflikten nicht realisiert werden.
Nachdem Sie sich darüber jetzt gleich ausgetauscht haben werden, können Sie mich wieder in den Raum bitten. Ich sitze vor der Tür. Bevor Sie mich aber wieder hereinholen, möchte ich Sie bitten, den Auftrag, den Sie an mich und an sich selbst haben, am Flipchart hier niederzuschreiben.« – Der Berater verlässt den Raum.

Es wird dann eine intensive Diskussion geben, nach deren Abschluss man den Berater in der Regel wieder in den Raum zurückbittet. Erfahrungsgemäß kann das bis zu zwei Stunden dauern. Manchmal ist alles schon nach 20 Minuten erledigt.

Anmerkungen zur Wirkungsweise: Diese mutige Intervention hat meist zur Folge, dass eine neue Bedingung für die Möglichkeit geschaffen wird, den Kommunikationsstil der Gruppe zu verändern. Die Streitachse Berater–Gruppe wird aufgegeben, und es entstehen neue Dialogbeziehungen. Die Heftigkeit der Intervention sorgt dafür, dass die Gruppe sich tatsächlich Gedanken über ihr Verhalten machen wird. In den allermeisten Fällen findet die Gruppe den Mut, tatsächlich in neuer Weise miteinander auch unterschwellige Konflikte zu besprechen. Übrigens: Diese Intervention lässt sich nur ein einziges Mal in einer Gruppe anwenden. Häufiger haben es sich die Autoren noch nicht getraut.

Methode: Tacheles im Open Staff

Kurzbeschreibung: Impuls geben.

Inhalte und Zielsetzung: Wenn Prozessberater in einer Gruppe dysfunktionales Verhalten feststellen, hilft manchmal Konfrontieren der Gruppe.
Konfrontationen sind Feedbacks durch die Prozessberater, bei denen auch Gefühle wie Ärger und Enttäuschung formuliert werden, die aus dem Verhalten der Gruppe entstehen. Solche Verhaltensweisen sind zum Beispiel unverbindliches Kommunizieren in der Gruppe, mangelnde Offenheit, Vereinfachungen von Ursache-Wirkungs-Zusammenhängen durch einfache Schuldzuschreibungen, Groupthink und Jammern.
Prozessberater öffnen durch Konfrontation einen Konflikt mit der Gruppe und hoffen darauf, dass die Teilnehmer in der anschließenden Reflexion beginnen, die Position des Prozessberaters zu übernehmen.

Lernkonzept: Workshop, Reise.

Teilnehmer: 5–15 Personen.

Dauer: 30 Minuten bis 1,5 Stunden.

Ressourcen: Freier Raum, Stuhlkreis, keine Tische.

Vorbereitung: Keine.

Ablauf: Die Berater sind idealerweise zu zweit. Sie setzen sich zusammen und beginnen ein Gespräch über die Gruppe vor der Gruppe. Hierbei schildern sie ihre individuellen Wahrnehmungen; dabei darf das Gespräch durchaus kontrovers sein. Außerdem formulieren sie Thesen über die Gruppe, zum Beispiel:
- welche Konflikte (offen oder verdeckt) es gibt,
- weshalb Schwierigkeiten verneint werden,
- welche Personen die Gruppe dominieren,
- wer eher untertaucht und sich nicht zu Wort meldet.

Nach dem Gespräch der Berater schließt die Gruppe ihren Stuhlkreis (die Berater bleiben außerhalb) und spricht über das soeben Gehörte.

Variante: Wenn nur ein Prozessberater mit der Gruppe arbeitet, bietet es sich an, die Thesen und Überlegungen über die Gruppe ans Flipchart zu schreiben. Der Prozessberater gibt dann Feedback, indem er den Text vorliest und kommentiert. Danach redet die Gruppe im Stuhlkreis über das Gehörte.

Methode: Landkarten entwickeln

Kurzbeschreibung: Fantasielandkarten füllen.

Inhalte und Zielsetzung: Die Teilnehmer bekommen großflächige Fantasielandkarten als Vorlage. Darauf können sie Städte, Straßen, Berge und anderes mehr einzeichnen, die als Metapher für ihre aktuelle Situation in der Organisation stehen. Und sie geben diesen Namen. Solche Namen könnten sein: Meer der Unzufriedenheiten, Widerstandsberge, Konfliktwüste und so weiter.

Lernkonzept: Workshop.

Teilnehmer: 15–50 Personen.

Dauer: 3–5 Stunden.

Ressourcen: Eine große Landkarte für jede Arbeitsgruppe.

Ablauf: In Kleingruppen finden sich die Teilnehmer zusammen und beschreiben ihre Landkarte der Veränderung. In der gemeinsamen Präsentation der Landkarten werden subjektive und gemeinsame Sichtweisen deutlich.

Anmerkungen zur Wirkungsweise: Schwierigkeiten in der Zusammenarbeit können visualisiert und somit nicht mehr unter den Teppich gekehrt werden. Auch die Zusammenhänge und Zuständigkeiten werden beim »Ausmalen« bewusster.

Langeweile und Aufregung: Beratergefühle als Spiegel der Gruppe

Spiegelphänomene sind vergleichbar mit den Übertragungs- und Gegenübertragungssituationen, wie sie auch in der Psychoanalyse genutzt werden. In der Übertragung interpretiert und versteht der Therapeut den Patienten. Im klassischen Setting der Psychoanalyse »unsichtbarer Therapeut hinter der Couch« entstehen schnell und einfach Übertragungen. Gefühls- und Beziehungsinhalte aus früheren Beziehungen werden in der aktuellen Situation auf den Therapeuten projiziert. Beklagt sich beispielsweise der Analysand, er fühle sich vom Analytiker zu wenig ernst genommen, so wird das der Analytiker als Übertragungsphänomen interpretieren.

Psychoanalytiker gehen in der Regel davon aus, dass die Beziehungsgestaltung zwischen Therapeut und Klient immer auf solchen Übertragungsphänomenen basiert. Was sollten die armen Patienten sonst auch tun? In einer eher unnatürlichen Kommunikationssituation, in der nur eine Stimme zu hören ist, bleibt dem Patienten möglicherweise gar nichts anderes übrig, als die Stimme des Therapeuten mit einer spannenden Figur aus der Vergangenheit zu verbinden.

Gegenübertragung bedeutet eine Möglichkeit für den Analytiker, durch Selbstbeobachtung der eigenen Gefühle gegenüber dem Patienten zu verstehen, welche Gefühle diesem entgegengebracht werden.

Entwickelt der Analytiker das Gefühl, seinen Analysanden beschützen zu wollen, so wird er das interpretieren als Reaktion auf ein unbewusstes Beziehungsangebot des Patienten an ihn. Gegenübertragung ist also immer eine Re-Aktion auf die Beziehungsangebote des Patienten. Damit eine Gegenübertragung eine Reaktion und keine Aktion darstellt, ist es notwendig, dass ein Therapeut seine persönlichen Themen kennt und bearbeitet hat. Das gibt den Analytikern einen klaren Blick, macht sie aber auch ein wenig langweilig …

Erfahrungen aus der Gruppenpsychotherapie zeigen, dass Gefühle und Stimmungen, die bei Einzelnen in der Gruppe oder auch beim Leiter auftauchen, neben einer biografischen Dimension stets eine gegenwärtige Dimension repräsentieren. Sie zeigen einen emotionalen Zustandsaspekt der Gruppe. Sensitivität des Prozessberaters für solche Stimmungen führen zu dieser verborgenen Informationsquelle. Zu unterscheiden, welche Gefühle des Beraters einen Aspekt der Gruppensituation repräsentieren und welche mit dem schlechten Kaffee im Hotel zu tun haben, wäre sowieso unmöglich, weil beides untrennbar scheint (schlechter Kaffee = schwierige Gruppe).

Gefühle oder Stimmungen, die es zu verstehen lohnt, können sein: Unsicherheit, Bedrohung, Langeweile, Anstrengung, Flow, Harmonie, Missverstehen, Scham und so weiter. Solche Stimmungen als Spiegelphänomene wahrzunehmen bedeutet, sie als einen Ausdruck, als eine Lage der Gruppe zu interpretieren. Die vom Berater gefühlte Hemmung beispielsweise, der Gruppe Feedback zu geben, ist ein Hinweis auf die mangelnde Offenheit der Gruppe. Die gefühlte Bedrohung wird zum Zeichen verdeckter Aggressionen.

Die angemessene Interpretation dieser Gefühle ist die eine Kunst; sie für den Gruppenprozess nutzbar zu machen, die andere.

In der Rückmeldung an die Gruppe zeigt sich dann die Sicherheit der Selbstbeobachtung. Feedback über Gefühle, die ein Tabu der Gruppe berühren, oder Stimmungslagen, die nicht bewusst sind, werden in der Regel nicht nur dankbar aufgenommen, sondern lösen Verwirrung und Ablehnung aus. Bleibt der Prozessberater klar in seiner Position, gewinnt er häufig Teilnehmer der Gruppe, die neugierig anfangen, das Gefühlsleben der Gruppe mit zu erforschen.

Methode: Play-Feed-Back

Kurzbeschreibung: Methode, um Sachverhalte, Themen oder Stimmungen greifbar zu machen.

Inhalte und Zielsetzung: Statt Themen und Stimmungen in Worte zu fassen, werden sie vorgespielt.

Lernkonzept: Workshop, Lernreise, Großgruppenveranstaltung.

Teilnehmer: 10–50 Personen.

Dauer: 1,5 Stunden.

Ressourcen: Kreativität und Spontaneität.

Ablauf: Wie in einem Playback- oder Stegreiftheater nehmen die Prozessberater die Stimmung oder die Themen der Gruppe auf und spiegeln sie mit kurzen gespielten Sequenzen wider. Auch die Körpersprache kann hier – leicht übertrieben – gespiegelt werden. Statt darüber zu sprechen und damit ungewollt Information zu verlieren, bekommt die Gruppe unverfälscht zu sehen, was los ist.

Zauberfragen für alle Situationen

> »Manche sagen, Fragen sind besser als Antworten,
> aber fragen ist auch einfacher.
> Oder glauben Sie, dass jemand wie Günther Jauch
> mit Antworten so populär geworden wäre?«
> (Funny van Dannen, »Kleine geile Firmen«)

Zauberfragen

Fragen im Beratungskontext sollen Denken provozieren und dann vielleicht auch Antworten. Damit bewährte Antwortfiguren vermieden werden, sollten Fragen so formuliert werden, dass sie auf andere Bedeutungen deuten. Denn: Alte Antworten aktivieren die immer gleichen Begründungsschleifen. Neue Fragen dagegen generieren neue Antworten. Verhalten ist abhängig von der Interpretation einer Situation. Eine neue Antwort konstruiert eine neue Interpretation einer Situation, weil sie durch andere Perspektiven andere Zusammenhänge sichtbar macht. Neue Perspektiven verändern den Blick auf die eigene Rolle und die Rolle des anderen. Wenn Verhalten von der Interpretation einer Situation abhängig ist und die Interpretation von der Perspektive, verändern neue Perspektiven Verhalten. Neue Antworten sind neue Perspektiven. Neues Verhalten in alten Situationen ist eine Lösung.

Probleme sind die Folgen von Ursachen, so das gängige mentale Modell. Klassische Fragen fragen nach Ursachen und verfestigen in der Regel so bekannte Attributionen.

Diese Ursache liegt vor der Wirkung, also in der Vergangenheit. Ein Problemursachengespräch wird deshalb vor allem um die Vergangenheit kreisen. Dieser Weg ist nicht schlecht, und wenn er hilft, dann ist er richtig. Lösungsorientiertes Denken heißt dagegen, die Auflösung des Problems nicht in der Ursache zu suchen, sondern in der Frage, wie sich die Zukunft verändern lässt.

Wenn Menschen Schwierigkeiten haben, versuchen sie normalerweise, diese zu beheben (oder durch Prozessberater beheben zu lassen). Bei Schwierigkeiten versuchen Menschen Lösungen. Meistens funktionieren die. Aus der Schwierigkeit wird erst dann ein Problem, wenn die Lösung nicht funktioniert. Ganz problematisch werden Probleme dann, wenn Lösungsversuche scheitern und die alten Lösungsversuche immer wieder neu angewandt werden. Wenn Lösungen nicht funktionieren, werden selten neue Lösungen versucht, sondern immer ein Mehr derselben Lösung. Manchmal führt das dazu, dass ein Problem stabilisiert oder sogar verstärkt wird. Wenn Lösungen Probleme nicht lösen und dennoch immer wieder angewandt werden, sind sie keine Lösungen mehr, sondern Teil des Problems. Es sind dann Lösungsprobleme. Lösungen werden vor allem dann zu Lösungsproblemen, wenn die Überzeugung vorherrscht, die versuchte Lösung sei die einzige Möglichkeit, das Problem aus der Welt zu schaffen.

> Ein Beispiel zur Verdeutlichung: Mein Sohn (= Schwierigkeit 1) räumt sein Zimmer (= Schwierigkeit 2) nicht auf (= Problem). Ich (= auch nicht einfach, ehemals Sohn eines Vaters) ermahne ihn, das zu tun (= Lösungsversuch, wird schnell zum Problem). Er räumt sein Zimmer noch immer nicht auf … (= sehr problematisches Problem). Ich ermahne ihn erneut (Lösungsversuch wird zum Teil eines sehr komplexen Problemlösungsversuchskomplexes) … – Lösungsideen zweiter Ordnung bitte vertraulich an den Verlag.

Methode: Hinter Fragen

Kurzbeschreibung: Durch Fragen können Einzelne oder Gruppen sich konfrontieren und zu (Selbst-) Gesprächen anregen lassen.

Inhalte und Zielsetzung: So unterschiedlich wie die Fragen in diesem Abschnitt sind, so unterschiedlich sind die Antworten, die man auf sie bekommt. Die Fragen können einzeln oder geballt im Workshop oder im Alltag vielfältig eingesetzt werden. Fragen aus folgenden Bereichen sind denkbar:

- → Beste Fragen öffnen die Denkräume und trainieren den Möglichkeitssinn.
- → Fragen über die Organisation rücken den Kontext, in dem Menschen arbeiten, in den Fokus.
- → Fragen an die direkte Führungskraft drehen sich zum Beispiel um die Abteilung aus Sicht der Führung.
- → Fragen nach Lösungen zielen darauf ab, dass Lösungen oft Teil des Problems sind.

- Lösungsfragen dagegen generieren neue Lösungsansätze.
- Fragen nach dem Verhalten machen Veränderungen greifbar.
- Fragen nach Strukturen hinter Problemen suchen nach der Logik eines Problems.
- Fragen nach Beziehungen berücksichtigen die soziale Komponente bei Problemen.
- Fragen nach Zahlen oder Skalenfragen helfen dabei, sich, sein Verhalten oder bestimmte Themen einzuordnen.
- Rollentauschfragen erzeugen Antworten aus einer anderen Rolle heraus (zum Beispiel andere Personen oder aus Sicht des Problems).
- Verschlimmerungsfragen helfen, das Problemmuster durch Übertreibung herauszuarbeiten.
- Kreative Fragen fragen nach radikalen Veränderungen.
- Wunderfragen in Variationen helfen dem Möglichkeitssinn auf die Sprünge.

Lernkonzept: Workshop, LernWelt, Lernreise, Führungsalltag.

Teilnehmer: Einer bis viele.

Dauer: 1 Stunde bis ein Leben.

Vorbereitung: Fragen auf Post-its oder Ähnliches.

Ablauf: Mehrere Optionen sind möglich: Die folgenden Fragen können tatsächlich bearbeitet werden oder wiederum dazu dienen, neue eigene Fragen zu generieren. Es können in Kleingruppen Fragen aus dem Fragenkatalog ausgewählt werden, die dann in der Großgruppe bearbeitet werden. Eine beliebte Möglichkeit ist das Fragenmuseum (s. S. 179). In einem Raum werden alle Fragen in verschiedener Weise ausgestellt. Die Teilnehmer spazieren durch das Museum und lassen sich inspirieren.

Beste Fragen

Gute Fragen sind nicht immer die zirkulären, auch die geradlinigen Fragen trainieren den Möglichkeitssinn und öffnen Denkräume. Fragen Sie, hinterfragen Sie sich, wenden Sie Ihren Möglichkeitssinn auf sich selbst an – setzen Sie sich mithilfe der Fragen auseinander, und setzen Sie sich danach neu zusammen ... Wirklich zu fragen, heißt, sich zu fragen, andere zu fragen, infrage zu stellen, dabei neugierig zu bleiben und sich verunsichern zu lassen. Gute Fragen brauchen keine Antworten.
Eine Liste der Fragen könnte wie folgt aussehen (inspiriert sind die Fragen von Max Frischs Fragebogen und durch das Leben):

- Was ist Glück?
- Was brauchen Sie, um glücklich zu sein?
- Warum sind Sie es nicht?
- Was ist das Gegenteil von Glück?
- Welcher Satz passt auf Sie: »Jeder ist seines Glückes Schmied«, »Das Glück hilft dem Tüchtigen«, »Der dümmste Bauer erntet die größten Kartoffeln«, »Glücklich ist, wer vergisst, was doch nicht zu ändern ist« oder »Geld macht nicht glücklich«?
- Kennen Sie das Gefühl der Demut?
- Wann hatten Sie das Gefühl zuletzt?
- Wozu, glauben Sie, ist das Gefühl da?
- Wie könnten Sie das anderen vermitteln?
- Was können Sie gut?

- → Sind sie stolz genug darauf?
- → Was wollen Sie können?
- → Warum?
- → Bis zu welchem Alter würden Sie eine neue Sprache lernen?
- → Angenommen, Sie sind Gott ...
- → Ist das eine schöne Vorstellung für Sie?
- → Was würden Sie am Prototyp Mensch verändern?
- → Würden Sie die Menschen vorher fragen?
- → Wenn die Menschen verändern könnten, sollten sie es selbst tun?
- → Wenn es einen Gott gibt, warum hat er die Menschen so erschaffen?
- → Leben Sie gottgefällig?
- → Was müssten Sie ändern, um so zu leben?
- → Mögen Sie Fragen?
- → Warum nicht?
- → Antworten oder fragen Sie lieber?
- → Angenommen, Sie haben drei Fragen frei, wen würden Sie was fragen?
- → Was wäre für Sie anders, wenn Sie die Antworten wüssten?
- → Welche Frage wäre Ihnen besonders unangenehm?
- → Welche Frage möchten Sie von wem gerne gestellt bekommen?
- → Wie oft fragen Sie sich etwas?
- → Woher bekommen Sie die Antworten?
- → Woher könnten die Antworten noch kommen?
- → Was wollen Sie an sich verändern?
- → Warum haben Sie das bisher noch nicht getan?
- → Sind diese Veränderungen wichtig oder dringend?
- → Wen würden Sie gerne verändern?
- → Wer würde Sie gerne verändern?
- → Haben Sie sich jemals wirklich verändert?
- → Was ist schwieriger: bleiben, wie man ist, oder sich verändern?
- → Wann würden Sie sich aufgeben?
- → Warum?
- → Wann würden Sie andere aufgeben?
- → Wäre das gerecht?
- → Haben Sie schon einmal Menschen aufgegeben?
- → Waren Sie schon ganz ohne Hoffnung?
- → Wie lange?
- → Geben Sie mehr oder brauchen Sie mehr Hoffnung?
- → Woher?
- → Welche Ihrer Eigenschaften ist nützlich für Hoffnung?
- → Kennen Sie Menschen, die ohne Hoffnung leben?
- → Mögen Sie diese Menschen?
- → Haben Unternehmen Hoffnungen?
- → Wie oft lügen Sie?
- → Wer ist daran schuld?
- → Können Sie sich gut selbst belügen?
- → Woher wissen Sie das?
- → Gebrauchen Sie Notlügen gegen sich selbst?
- → Belügen Sie mehr das Kind in sich oder mehr den Erwachsenen?

- → Was wäre, wenn Sie nicht lügen würden?
- → Was glauben Sie, was tun die anderen?
- → Schadet oder nützt das Verhalten?
- → Möchten Sie irgendwann einmal alles aufdecken?
- → Wenn ja, und dann?
- → Haben Sie Gefühle?
- → Wie oft?
- → Was tun Sie damit?
- → Wenn es eine ungefährliche Droge gäbe, die Sie Gefühle intensiver erleben ließe, wann würden Sie die nehmen?
- → Wie wichtig nehmen Sie Ihre Gefühle?
- → Wozu sind Gefühle da?
- → Gibt es ein Gefühl, das Sie kennen und von dem Sie vermuten, dass es nur ganz wenige andere Menschen auch haben?
- → Halten Sie sich für einen besonderen Menschen?
- → Wenn ja: Wie viele, glauben Sie, gibt es davon?
- → Wenn nein: Welchen Menschen halten Sie für einen besonderen?
- → Haben Sie eine Moral?
- → Hat sich Ihre Moral verändert in den letzten Jahren?
- → Was denken Sie über Ihre moralischen Vorstellungen von früher?
- → Wer hat Ihre Moral verändert?
- → Glauben Sie, Ihre Moral wird sich weiterhin ändern?
- → Finden Sie das gut?
- → Hätten Sie gerne mehr oder weniger Skrupel?
- → Wozu?
- → Von wem haben Sie lügen gelernt?

Fragen an Menschen über ihre Organisation

- → Wann und mit welcher Idee wurde die Abteilung gegründet?
- → Wenn man Ihre Firma heute noch einmal ganz neu aufbauen würde, wäre die Abteilung noch dabei?
- → Wie anders würde man sie zuschneiden?
- → Wenn die Abteilung ein Kind wäre, wer wäre der Vater, wer wäre die Mutter?
- → Wenn die Abteilung ein(e) Prominenter, Krankheit, Hobby, Gebäude, Auto, Blume, Tier, Mensch, Gemälde, Landschaft, Lied und so weiter wäre, was beziehungsweise wer wäre sie dann?
- → Wenn die Abteilung wie ein Mensch sprechen könnte, welche Botschaft, Bitte, Anforderung hätte sie dann an ihre Führungskräfte?
- → Welches Lied wäre die passende Abteilungshymne?
- → Wen würden Sie ins Coaching schicken?
- → Wer braucht Coaching in der Abteilung?
- → Welches Motto hätte die Abteilung als Mensch?
- → Wenn man der Abteilung ein tolles Weihnachtsgeschenk mache wollte, was wäre das?
- → Wenn es der Abteilung schlecht geht, welche Symptome entwickelt sie dann?
- → Wer ist der schlimmste Feind der Abteilung?
- → In welchem Lebensalter ist die Abteilung (Baby, Kleinkind, Schulalter, Pubertät, ..., Greisenalter)?
- → Wer würde es als Erstes merken, wenn die Abteilung nicht mehr da wäre?
- → Was würde geschehen, wenn man die Abteilung um das Doppelte vergrößern würde?
- → Wenn man sie halbieren würde?

- → Wenn man die Abteilung mit einer anderen zusammenlegen müsste, mit welcher Abteilung sollte man das tun, um sie stärker zu machen?
- → Wie könnte man die Abteilung schwächen?
- → Wenn die Abteilung sich als GmbH ausgründen würde, würde sie überleben?
- → Trotz welcher Verhaltensweise?
- → Was wird in 50 Jahren von der Abteilung übrig bleiben?
- → Was wird sie tun?
- → Was nicht?
- → Wenn Sie unumschränkte Macht hätten, was würden Sie tun?
- → Wenn man Ihren CEO fragen würde, was er über die Abteilung denkt, was würde er sagen, wenn er nicht lügen würde?
- → Wenn man Kunden erklären würde, wozu sie da ist und was sie kostet. Würden Kunden sagen »Ja, die brauchen wir«?
- → Welche prägenden (Führungs-)Figuren gab es in der Abteilung?
- → Wofür standen sie?
- → Was ist deren Botschaft gewesen?
- → Welche Geschichten werden über diese Figuren erzählt?
- → Was würden sie erzählen, wenn man sie heute interviewen würde?
- → Was würden diese alten Führungskräfte in der Abteilung verändern, wenn man sie jetzt holen würde?
- → Welche informellen Leitfiguren, Originale gibt, gab es?
- → Warum haben Sie jetzt gerade den Finger in der Nase?
- → Wo hätten Sie ihn lieber?
- → Wer hat in der Abteilung (auch noch) die Hosen an?
- → Wer hat sie dauernd aus?
- → Welche Führungsfiguren scheitern?
- → Wie müssten sie sein?
- → Wenn man nur eine einzige Geschichte erzählen dürfte, um die Abteilung zu charakterisieren, welche wäre das?
- → Was haben Sie bisher verschwiegen?
- → Welche Fragen sollte man über diese Abteilung noch stellen?

Fragen an die direkte Führungskraft

- → Wie haben Sie die Abteilung geprägt?
- → Wie hat die Abteilung Sie geprägt?
- → Was würde Ihre Frau beziehungsweise Ihr Mann auf diese Frage antworten?
- → Welche Höhen und Tiefen gab es in der Abteilung?
- → Wie ist man aus der Krise wieder rausgekommen?
- → Was also ist die Stärke der Abteilung?
- → Was sind die Herausforderungen der Zukunft für diese Abteilung?
- → Was sind die Risiken und Nebenwirkungen der Abteilung?
- → Welche No-gos gibt es?
- → Wie lauten die ungeschriebenen Gesetze?
- → Welche Leichen liegen im Keller?

Lösungen machen es schlimmer

- → Welche Lösungen wurden schon versucht?
- → Welche Lösungen noch nicht?

- Gibt es Lösungen, die verboten sind?
- Angenommen, Lösungsversuche stabilisieren ein Problem, wie wäre das in ihrem Fall?
- Wenn Sie diese Lösungsversuche kategorisieren würden, in welche Kategorie würden sie gehören (typisch für uns, mutig, Vorurteile werden bestätigt ...)?
- Welche Lösungskategorien wurden noch nicht versucht?
- Wenn Sie ein ganz anderer wären, welche Lösung würden Sie dann wählen?
- Wenn das Problem unlösbar ist, warum nehmen Sie dann nicht ein anderes?

Lösungsfragen
- Problemverhalten entsteht manchmal aus der Überzeugung, dass die aktuell probierte Lösung die einzige ist. Oft genügt schon eine kleine Veränderung im Verhalten oder in der Wahrnehmung, um eine grundsätzliche Veränderung zu erzeugen. Angenommen, Sie dominieren in der Auseinandersetzung ausnahmsweise nicht, sondern geben klein bei, was wäre dann?
- Manchmal lösen sich Probleme durch Aussitzen. Manchmal dadurch, dass man in einem ganz anderen Problembereich etwas ändert und dann Auswirkungen indirekt wirken. Was könnte das bei Ihnen sein?

Verhalten kann man sehen und hören
- Gespräche werden konkret, wenn bei Lösungsthemen nicht Komparative beschworen, sondern Verhalten beschrieben werden. Wie sieht das problematische Verhalten in der Abteilung aus? Was tun die Personen, wenn sie das Verhalten zeigen?
- Was meinen Sie damit, es solle besser werden? Wenn wir hier einen Film drehen wollten, und es wäre besser, was könnten wir drehen? Beschreiben Sie die Situation.
- Welche Situation würde Ihr Gegenüber, das Sie als problematisch erleben, filmen, um zu beschreiben, wie die Lösung aussehen könnte?

Strukturen und Probleme hinter den Problemen
Menschen verhalten sich systemlogisch. In ihrem Verhalten richten sie sich danach aus, was die Organisation tatsächlich von ihnen erwartet beziehungsweise was sie denken, was von ihnen erwartet wird. Das ist nicht immer das, was in den internen Selbstdarstellungen der Organisation geschrieben steht.
- Angenommen, Sie könnten denken, die Menschen verhielten sich vernünftig, so wie sie sich derzeit verhalten (und sie seien nicht verlogen und faul, wie es Ihnen gerade erscheint). Nach welcher Vernunft, in welcher Logik handeln da die Menschen?
- Angenommen, das Problem ist eine Krankheit. Wäre es die Ursache oder das Symptom?

Beziehungen
Sachprobleme entwickeln sich immer zu Beziehungsproblemen, Beziehungsprobleme zeigen sich immer in den Sachen.
- Was meint eigentlich Ihr Mann beziehungsweise Ihre Frau zu der ganzen Sache?
- Angenommen, die Probleme werden aufrechterhalten, auch weil jemand einen Gewinn daraus zieht. Wer würde hier welchen Gewinn haben?
- Wer ist über das Problem mit wem wie verknüpft? Können Sie das einmal aufzeichnen?
- Wer stabilisiert das Problem mit welchem Verhalten? Gibt es jemanden, der möchte, dass es so bleibt, wie es jetzt ist?
- Wer leidet am meisten unter dem Problem?
- Wer ist am meisten an einer Lösung interessiert?
- Gibt es Probleme zwischen den beiden Konfliktparteien, weil sie so verschieden oder weil sie sich so ähnlich sind?

- Was genau ist der Unterschied in den Positionen?
- Ist man sich in den Zielen einig, streitet aber über den Weg?
- Wie viel Geld kostet sie dieser Streit?
- Wenn die Beteiligten gut miteinander auskämen, wie würden sie dann das Problem angehen?
- Auf wen hören die Beteiligten, und was müsste derjenige dann sagen, damit das Problem ein Ende hat?

Fragen nach Zahlen
Skalen ermöglichen Differenzierung. Dabei wird der subjektiv gesehen erreichbare Optimalzustand mit 10 Punkten bewertet und der schlechteste, der je erlebt wurde, mit 0. Manche Autoren empfehlen für die Arbeit in deutschen Kontexten die Ausweitung der Skala auf –10. Wir empfehlen zusätzlich beim Einsatz der Skala in Gesprächen mit Ingenieuren die Differenzierung in Dezimalwerten (Wie geht es denn so? Minusvierzehnkommaacht!).

- Wie ist die Situation jetzt gerade?
- Wie war sie vor den Lösungsversuchen?
- Welche Lösungen haben ein wenig geholfen? Welche weniger?
- Könnte es sein, dass sich die Lage bessert, ohne dass Sie das bemerken?
- Wie wäre es, wenn Sie einen oder zwei Punkte auf der Skala höher wären?
- Wie schaffen Sie es, dass das Problem nicht schlimmer wird?

Rollen tauschen mit Personen
Rollentausch ist eine Technik aus dem Psychodrama. A wird gebeten, in die Rolle eines Antagonisten (B) der problematischen Situation zu schlüpfen und aus dessen Perspektive zu erzählen. Dann heißt es: »Schlüpfen Sie doch einfach einmal in die Rolle Ihres Chefs (Kollegen, Kunden), indem Sie sich auf diesen Stuhl setzen.« A ist nun in der Rolle von B:

- Wie sehen Sie das Problem?
- Was denken Sie über A? Was müsste A tun, damit es besser beziehungsweise schlimmer wird?

Rolle tauschen mit dem Problem

- Würden Sie bitte in die Rolle des Problems schlüpfen?
- Sind Sie schon länger da?
- Sind Sie ein alter Bekannter? Für wen?
- Wenn Sie weg wären, wer käme als Nächstes?

Aus dem Handbuch der Selbstsabotage
Hier folgen zum Beispiel Verschlimmerungsfragen. Sie haben den Zweck, aus Opfern Täter zu machen. Die Logik ist einfach, wahrscheinlich falsch, aber sehr hilfreich (das allein zählt): Die meisten Menschen erleben sich als Opfer eines Problems. Sie sollten sich – um etwas zu ändern – als (Mit-) Verursacher sehen können. Wenn jemand sich so sehen kann, ist Veränderung möglich. Wer also ein Problem verschlimmern kann, kann es auch verringern:

- Was könnten Sie tun, um das Problem zu stabilisieren oder zu verschlimmern?
- Wie könnten Sie den Konflikt weiter eskalieren lassen?

Kreative Fragen
Radikales Denken ist selten. Zumindest bei denen, die sich Prozessberater leisten können. Zwei Fragen, die Angst machen:

- Welche Ihrer Ideen würde alles verändern?
- Welche Ihrer Ideen macht Ihnen Angst (weil sie gut ist)?

Variationen der Wunderfrage
Die Wunderfrage hat in der Beraterszene schon eine große Karriere hinter sich. Sie verwundert die Befragten inzwischen kaum mehr, stellt aber den Frager vor die Herausforderung, mit der Antwort irgendetwas tun zu müssen. (Würde ein Wunder geschehen und ...) Prozessberatung würde funktionieren, das Problem wäre also verschwunden, was würden die Beteiligten dann tun? Womit wären sie beschäftigt? Wenn Sie das Problem für zwei Wochen ignorieren würden, was wäre dann?

Variante: »Finden Sie hundert Fragen, die zu Ihnen passen« oder »Finden Sie hundert Fragen, deren Antworten dieses Unternehmen verändern würden«.

Anmerkungen zur Wirkungsweise: Fragen können musterbrechend sein, wenn sie zugelassen werden. Sie können Umleitungen sein für eingefahrene Hirnbahnen und anregen, häufiger einmal neue Wege zu versuchen.

Gute Gruppen sind selbst gemacht

Fühlen sich Menschen in Gruppen wohl, führen sie das auf den freundlichen Charakter der anderen Menschen in der Gruppe zurück. Das ist eine gut gemeinte Interpretation, wenn Sympathie und Offenheit den Einzelnen der zufälligen Auswahl an besonderen Individuen zugeschrieben werden, und manchmal kann das durchaus die Ursache sein. Eine gute Moderation aber verlässt sich nicht auf den Zufall, sondern erhöht die Chancen, dass Menschen die anderen Menschen in der Gruppe gut finden.

Direkte Kommunikation untereinander, möglichst viel und oft, und die Erfahrung, dass der Kontakt sich lohnt, sind die zwei notwendigen Bedingungen.

Im realen Leben entstehen gute Beziehungen in der räumlichen Nähe und im gleichen sozialen Milieu. In Gruppen ist das ebenso. Eine gute Moderation schafft daher häufig Gelegenheit für Gespräche der Gruppenteilnehmer untereinander. Vergisst der Prozessberater, sich darum zu kümmern, und bemüht sich nicht bewusst und aktiv um den Austausch, dann sitzen die Leute zusammen, die in der Regel immer zusammensitzen, und reden das, was sie immer reden. Prozessberater, die Gruppen bauen, sorgen dafür, dass die Gruppe in Kleingruppen und Dyaden bei allen Gelegenheiten durchmischt werden. Wenn Menschen in Gruppen neu sind, haben sie die Tendenz, Gemeinsamkeiten zu suchen; lässt man sie einfach miteinander reden, dann finden sie die auch. Diese Gemeinsamkeiten schaffen die Sicherheit, in die Gruppe zu passen, und sind die Basis, dass später auch Unterschiede zugelassen werden können. Werden durch den Kontakt allerdings Vorurteile bestätigt, nimmt die Ablehnung noch zu.

Menschen brauchen das Gefühl, dass eine Gruppe sich für sie lohnt. In der Regel bedeutet das, dass sie das Gefühl haben, Informationen zu erhalten, die sie sonst nicht bekommen, oder mit Menschen zusammenzutreffen, die für sie attraktiv sind. Mit der Häufigkeit des Kontakts steigt die Chance, dass eine Beziehung oder Gruppe attraktiver wird, weil mehr Vertrauen und Zutrauen entstehen.

Vor dem Beginn einer Zusammenarbeit in der Gruppe ist es sinnvoll, darüber zu reden, wie zusammengearbeitet werden kann. Je nach Größe und Aufgabenschwierigkeit benötigen Gruppen bis zu einem Fünftel der Arbeitszeit für so einen Klärungsprozess. Dabei empfiehlt es sich, dass solche Strategieentscheidungen im Konsens getroffen werden. Mehrheitsabstimmungen teilen Gruppen. Sind einhellige Entscheidungen nicht möglich, sollten zeitlich begrenzte Kompromisse geschlossen werden. Reflexionsschleifen überprüfen, ob die bisherigen Vorgehensweisen zielführend waren. Müssen Gruppen Entscheidungen treffen, sollten sie grundsätzlich dabei moderiert werden. Nützlich sind Methoden, die den Entscheidungsprozess zunächst verlangsamen, zum Beispiel durch Visualisierung, und die Konsequenzen der Alternativen prognostizieren. Es ist sinnvoll, wenn Gruppen, die unter Druck standen und nach einer ersten Entscheidung zu einer Lösung gekommen sind, einen zweiten Anlauf wagen.

Um generell die Gruppenarbeit zu verbessern, empfiehlt es sich, Schwierigkeiten zu thematisieren und Verfahrensweisen und Strukturen eigenverantwortlich verändern zu lassen. Erfahrungen zeigen, dass bestimmte Regeln sinnvoll sind, wenn sie im Verlauf eines Gruppenprozesses eingeführt und erklärt werden. Eine solche Regel ist zum Beispiel: »Sprich kürzer und direkt, äußere deine Interessen und begründe Fragen.«

Methode: PowerPoint-Karaoke

Kurzbeschreibung: Wissensvermittlung – Wissen in der Gruppe teilen.

Inhalte und Zielsetzung: Wissen ist in einer Gruppe oft schon vorhanden, und wenn es nicht da ist, kann die Gruppe sich kreativ etwas ausdenken, was der Berater durch weitre Vorschläge ergänzen kann.

Lernkonzept: Workshop.

Teilnehmer: 5–20 Personen.

Dauer: 1 Stunde.

Ressourcen: PowerPoint-Folien oder selbstgemalte Plakate.

Vorbereitung: Themen auf Folien erarbeiten oder selbst malen und im Raum aufhängen.

Ablauf: Der Berater stellt das Thema vor (Veränderung, Kommunikation, Führung und so weiter) und bittet die Teilnehmer, sich zu dem Plakat zu stellen, wo er denkt, dass er etwas dazu sagen kann. Es muss jedoch nicht sein, dass er das Thema kennt. Er kann sich auch gern zu einem Plakat etwas ausdenken. Möglich ist zudem, sich einem Thema gemeinsam zu widmen und Teilbereiche untereinander aufzuteilen. Danach stellen die Teilnehmer das Thema vor und die Gruppe beziehungsweise der Berater ergänzt.

Anmerkungen zur Wirkungsweise: Input von vorn ist meist langweilig. Mit dieser Methode nimmt die Gruppe die eigene Kompetenz wahr und ergänzt ihr Wissen untereinander. Kreativität wird angeregt, sich bei unbekannten Themen etwas auszudenken. Wissenslücken der Gruppe werden wahrgenommen.

Variante: Wer ein digitales Tablet bei sich hat, kann sich in kleiner Runde (bis zu acht Teilnehmer) in den Kreis setzen und Folien zeigen. Die Gruppe trägt ihr Wissen gemeinsam zusammen: »Wem fällt zu dieser Folie etwas ein?« – Der Foliensatz kann auch im Nachhinein an alle Teilnehmenden verschickt werden.

Methode: 007-Sequenz – offene Spionage

Kurzbeschreibung: Großgruppe teilen und Kleingruppen bilden.

Inhalte und Zielsetzung: Lebendige Bearbeitung eines Themas, Aufgreifen von Impulsen aus der Gruppe und Förderung des Gruppenpotenzials, Förderung von Eigeninitiative. Die Bildung von Kleingruppen, Dyaden oder Triaden hilft der Gruppe, in einen produktiven Arbeitsmodus zu kommen.

Lernkonzept: Workshop.

Teilnehmer: 10–30 Personen.

Dauer: Maximal 1,5–2 Stunden.

Ressourcen: Genügend freier Raum, keine Tische.

Vorbereitung: Formulierung einer passenden Fragestellung.

Ablauf: Zunächst wird die Fragestellung der Gesamtgruppe mitgeteilt. Die Beantwortung erfolgt dann in Einzelarbeit. Anschließend werden Triaden gebildet, und die Teilnehmer tauschen sich über die Antworten aus. Der nächste Schritt ist die Einigung auf gemeinsame Schwerpunkte in der Kleingruppe. Dann werden »Spione« aus jeder Kleingruppe in die anderen Gruppen entsendet, um deren Schwerpunkte herauszufinden. Der Bericht der »Spione« erfolgt dann wieder in der eigenen Kleingruppe, die darüber diskutiert. Die Ergebnispräsentation dieser Diskussionen wird schließlichim Plenum durchgeführt.

Auftragsklärungsgespräche und andere Lügen

Auftragsklärungsgespräche halten Kunden bei Laune, bis die Arbeit beginnen kann. Natürlich muss gesprochen werden, natürlich braucht es Vorbereitung; es wird gefragt, und es wird geantwortet.

Zugegeben, das Anliegen dessen, der bezahlt, ist nicht ganz unwichtig, und das Gespräch darüber ist ein Anfang, und vielleicht gibt es keine Alternative. Nach so einem Gespräch aber weiß man in der Regel mehr über die mentalen Modelle des Auftraggebers als über den Auftrag. Der entsteht erst in der Arbeit. In diesem Gespräch beginnt die Projektion des Kunden auf den Berater. Manche nennen das Vertrauen. Prozessberater verkaufen keine Produkte, sie verkaufen Zeit. Ihre Zeit. Sie verkaufen sich. Wenn Kunden Prozessberater kaufen, kaufen sie den Menschen, das Produkt ist zu schwammig.

Auftraggeber holen Prozessberater häufig mit einer konkreten Lösungsidee. Erfahrungsgemäß ist diese dann ein Teil des Problems. Dabei versuchen sie, Probleme häufig mit demselben Denken zu lösen, mit dem sie entstanden sind. Wer aber aus einem Gespräch mit einem Kunden den Raum verlässt und alles so ausführt, wie es sich der Auftraggeber wünscht, berät nicht, sondern vollstreckt.

Was es aber braucht, ist ein laufendes Gespräch, eine immer wiederkehrende Reflexion zwischen Arbeitsphasen, in denen sich der Auftrag und die Problemsicht ändern. Dann werden aus Führungsstandardseminaren Führungsdialoge in der Vertikalen und aus Schnittstellen-Workshops neue Abteilungszuschnitte.

Zum ähnlichen Standardinstrumentarium vieler Berater gehören auch die Diagnoseinterviews mit Einzelnen. Häufig sind sie ein Teil des Problems. Im vertrauten Zweiergespräch zwischen Berater und Interviewten wird er in all die flottierenden Heimlichkeiten und Verschwörungen eingeweiht. Wem aber nützt es, mit all den Geschichten abgefüllt und den Einschätzungen aufgeladen zu werden, die sich über Jahre im System angesammelt haben? Unzählige Beratungsstunden werden mit solchen Gesprächen verbracht. Danach werden Unternehmensdiagnosen erstellt. Weil man das Verfahren vom Arzt kennt und die Metapher auch für Beratung akzeptiert ist, wird das Prozedere bezahlt.

Ihren Höhepunkt findet die verwaltete Sprachlosigkeit dann in der unternehmensweiten Mitarbeiterbefragung. Wenn all die Sprachlosen, die sonst kein Gehör finden, mit Papier und Stift ausgerüstet, zur großen Abrechnung eingeladen werden. Das ist wie Muttertag, an dem der armen Frau der Staubsauger sogar ans Bett gebracht wird.

Wir halten es für günstiger, wenn Menschen in den Organisationen in den Dialog gehen und sich gemeinsam über die Schritte klar werden, die sie gehen mögen. Organisationen versteht man, indem man sie verändert.

Verändern ist die Diagnose. Die Diagnose verändert. Der Weg entsteht beim Gehen. In den Workshops selbst entstehen dann die Hypothesen und Bilder, an denen gearbeitet wird.

Ein paar Fragen für den ersten Small Talk finden sich dennoch in der folgenden Methodenbeschreibung.

Methode: Auftragsklärungsgespräch

Kurzbeschreibung: Gespräch mit dem Auftraggeber zur Vorbereitung einer Veranstaltung.

Inhalte und Zielsetzung: Die richtigen Fragen an den Auftraggeber stellen, um eine Veranstaltung vorzubereiten.

Lernkonzept: Vor Workshop, Teamentwicklung, Werkstatt, Lernreise, Großgruppenveranstaltung ...

Teilnehmer: 1–2 Personen.

Dauer: 0,5–3 Stunden.

Ablauf: Im ersten Schritt des Auftragsklärungsgesprächs lässt sich der Prozessberater das Problem (Ist-Situation) beschreiben. Dabei sollen das Kernproblem, seine direkten Folgen und die letzte Konsequenz herausgearbeitet werden. Folgende Leitfragen unterstützen den Prozess:
Was ist schon gelaufen?
Was haben Sie bisher bereits geschafft?
Wer ist beteiligt?
Wer hat nach der Problemlösung Vorteile oder Nachteile?

Im nächsten Schritt wird der Soll-Zustand beziehungsweise das Ziel erläutert. Der Auftraggeber soll beschreiben, was sein Wunsch ist, was also wie werden soll. Folgende Leitfragen unterstützen den Prozess:
Was wollen Sie erreichen?
Was wollen Sie vermeiden?
Was könnte zur Zielerreichung notwendig sein? (Ihr Anteil)
Woran können Sie bemerken, dass das Ziel erreicht ist?
Was müssen Sie mit der Zielerreichung in Kauf nehmen/aufgeben?
Was also ist das Risiko/der Preis?
Was passiert, wenn nichts passiert?

Wichtig bei der Klärung des Auftrags ist natürlich auch die Frage nach den Mitteln und Ressourcen. Folgende Fragen sollten gestellt werden:
- Welche Mittel und Ressoucen stehen zur Verfügung?
- In welcher Kapazität?
- Wie ist der Zugriff beziehungsweise die Gestaltung?

Zum Schluss wird das Controlling des Prozesses geklärt:
- Rückmeldungen und Reviews?
- Welches Zeitraster (Meilensteine)?
- Wer berichtet wann an wen (Berichte)?

Zusätzlich bietet es sich an, dass der Prozessbegleiter die folgenden Fragen im Hinterkopf hat:

Zweck, Motive, Anlass, Hintergründe
- Wer hatte den Impuls, wie ist er entstanden?
- Was hat dazu veranlasst, was ist der Auslöser?
- Wie lautet das Thema (Erzeugnis, Workshopform, Dauer, Priorität und anderes mehr)?
- Wie lautet der Auftrag?
- Was ist das Thema hinter dem Thema?
- Wer ist Auftraggeber?
- Wer hat Nutzen vom Workshop?
- Wie wichtig ist eine Lösung des Problems oder der Situation?
- Wer ist Beteiligter, wer ist Betroffener (Opfer, Täter, Schlichter, Vertuscher, ...)?
- Ist jemand parallel tätig beziehungsweise ist etwas geplant?

Zielsetzung
- Was erwartet der Auftraggeber von dem Prozess?
- Welche offiziellen und/oder welche inoffiziellen Ziele sind bekannt?
- Gibt es explizite Nichtziele?
- Woran wird der Erfolg, der Verlauf, die Wirkung ... gemessen?
- Ist die Ausgangslage messbar?
- Wer beurteilt die Zielerreichung (Betroffene, Auftraggeber ...)?

Effekt
- Wie hoch ist der Erfolgsdruck?
- Wie groß ist die Ungeduld?
- Was passiert bei einem Scheitern?
- Was passiert, wenn nichts passiert?

Mittel, Organisation
- Wer ist in welcher Rolle verantwortlich?
- Wer ist Ansprechpartner, Coach, Unterstützer, Promotor ...?
- Wie sind die Randbedingungen, Budgets, Ressourcen, Zeit ...?
- Wird Geld für Sofortmaßnahmen benötigt?
- Wie viel?
- Wer stellt den Auftrag aus?
- Welche Auswirkungen sind auf wen zu erwarten?
- Welche Bereiche oder Abteilungen sind tangiert?
- Wer gibt Hintergrundwissen?

Reflecting-Teams überall (Maibowle und Fishbowl)

Reflektierende Chöre

In klassischen Tragödien tritt der Chor auf und ist mit dem Protagonisten im Dialog. Er warnt und mahnt den Helden, greift das Gegenthema auf und reflektiert die Handlungen. Manchmal, denkt man, wäre so eine Chorbegleitung auch im Alltag ganz gut. Woody Allen hat das in dem Film »Geliebte Aphrodite« einmal durchdacht.

Entstanden ist die Methode in der Familientherapie. Die Mailänder Pioniere dieser Therapie begannen, Familien, die in der Therapie waren, während der Sitzung hinter der Scheibe zu beobachten und dann hinter der Scheibe über die Familie zu reden und sich dabei von der Familie beobachten zu lassen. Die Mailänder Zuschauer waren noch echte Experten, die mit der Idee, objektiv die Probleme der Familie einschätzen zu können, an die Sache rangingen.

Der Norweger Tom Anderson machte aus den Experten gleichberechtigte Partner, die im gleichen Raum sitzend, in gegenüberliegen Ecken zwar, Gespräche über Gespräche führten. Diese sequenziellen Gespräche unterschiedlicher Gruppen ermöglichten neue Zusammenhänge und Veränderungen von Zuschreibungen.

Sachverhalte als Probleme zu beschreiben sind eine Möglichkeit, etwas zu beschreiben. Wenn Beschreibungen dazu führen, dass man nicht mehr weiterweiß, sind es Problembeschreibungen. Problembeschreibungen sind problematisch, weil sie manchmal ihre Beschreiber gefangen halten. Damit sie diese wieder loslassen, braucht es andere Beschreibungen, die passen.

Ein Gespräch über Beschreibungen und Zuschreibungen kann zu neuen Beschreibungen und Zuschreibungen führen, die eine andere Sicht der Dinge erzeugen, wenn die, die das Problem beschreiben, ein wenig flexibel sind und neue Beschreibungen zulassen. Neue Beschreibungen und Zuschreibungen sind meist die Voraussetzung für neue Lösungen. Damit die, die wieder flexibler werden wollen, es auch werden können, ist es gut, wenn sie in diesen Gesprächen ihre Integrität bewahren können.

Flexibler werden heißt, andere Bilder über eine Situation zulassen können. Es gibt mehr Bilder einer Situation, als man sieht – »ungemachte Bilder« hat Tom Anderson sie genannt. Integrität bewahren heißt, die Bilder, die man vorher hatte, nicht abgewertet zu wissen, sondern den alten Bildern bei ihrem langsamen Wegdriften zusehen zu können und ihnen vielleicht auch ein wenig wehmütig nachwinken zu dürfen. Man muss diesem Perspektivwechsel seine Bedrohlichkeit nehmen. Es ist bedrohlich, das, was man immer gedacht hat, aufzugeben und dadurch vor eine neue Situation gestellt zu werden, die anderes Handeln erfordert.

Settings, die Flexibilität ermöglichen und neue Beschreibungen zulassen, sind Settings, in denen die Dialogpartner nicht direkt miteinander ins Gespräch gehen, sondern sich gegenseitig beim Gespräch lauschen.

Sich gegenseitig beim Lauschen zusehen zu können, ohne sich direkt zu beobachten, ermöglicht denen, die beim Entwickeln anderer Bilder helfen wollen, wahrzunehmen, wie gut neue Bilder angenommen werden können.

Viele Methoden der Prozessberatung unterbrechen das direkte Aktions- und Reaktionsmuster klassischer Interaktion und verändern durch andere Formen auch den Inhalt.

Methode: Reflecting-Team

Kurzbeschreibung: Gespräch über das Gespräch einer Gruppe.

Inhalte und Zielsetzung: Durch die Reflexion sollen möglichst viele neue Deutungen, Lösungsentwürfe, Ideen und Perspektiven entwickelt werden. Störungen werden besprechbar.

Lernkonzept: Workshop, Teamentwicklung, Reise.

Teilnehmer: Maximal 20 Personen.

Dauer: Mehrmals zehnminütige Sequenzen.

Ressourcen: Mindestens zwei Personen für das Reflecting-Team.

Ablauf: Das Reflecting-Team begleitet eine Gruppe von Menschen (auf Reisen, Teamentwicklungen, Teamsitzungen und anderem mehr) und gibt Feedback: Die Teilnehmer des Reflecting-Teams hören der Gruppe, die sie beobachten, schweigend zu und gehen auch untereinander nicht ins Gespräch. Während sie die Gruppe beobachten, hören sie auf ihren inneren Dialog, in dem sie sich fragen, wie sie die Problembeschreibungen verstehen und wie sie sie anders, neu oder ergänzend beschreiben und verstehen könnten.
In der Phase des Gesprächs über das Gespräch reden die Mitglieder des Reflecting-Teams über ihre Gedanken, Beschreibungen und Gefühle zu den Beobachtungen. Jede Äußerung im Reflecting-Team sollte sich auf die Ereignisse in der Gruppe beziehen. Die Mitglieder des Reflecting-Teams tauschen ihre differenten Auffassungen mit, lassen sich vom anderen zu weiteren Ideen anregen, ohne jedoch der Tendenz nachzugeben, zu einer gemeinsamen Meinung zu finden.
Das Reflecting-Team nimmt keinen direkten Kontakt zur Gruppe auf. Jedes Ansprechen oder Anschauen wird vermieden. Die Gruppe kann so zuhören, ohne sich aufgefordert zu fühlen, direkt reagieren zu müssen. Die Teilnehmer der Gruppe können ihrerseits einen inneren Dialog führen, in dem sie das Gesagte vor dem Hintergrund ihrer eigenen Beschreibungen bedenken können.
Die Reflexionen des Reflecting-Teams sollen zur bisherigen Problemsicht passend ungewöhnlich sein und eine Differenz erzeugen, die in die bisherige Sicht der Dinge noch integrierbar ist. Die Mischung von Bestätigung und Differenz erzeugt eine positive Spannung, die Bewegungen auslöst.

Methode: Fishbowl

Kurzbeschreibung: Stimmung innerhalb einer Gruppe erfassen.

Inhalte und Zielsetzung: Die Stimmung innerhalb einer Gruppe genau erfassen und eventuell Konflikte in der Gruppe aufzeigen. Stellung nehmen, diskutieren, Meinung mitteilen.

Lernkonzept: Workshop, Teamentwicklung, Werkstatt, Lernreise, Großgruppenveranstaltung.

Teilnehmer: 8–40 Personen.

Dauer: Maximal 1 Stunde.

Ressourcen: Genügend freier Raum und Stühle (9–12 Teilnehmer: 3 Stühle, 12–16 Teilnehmer: 4 Stühle, 17–30 Teilnehmer: 5 Stühle, Großgruppendesigns: bis zu 8 Stühle).

Ablauf: Der Berater stellt Stühle in die Mitte des Raumes, sodass zwei Stuhlkreise, Innenkreis und Außenkreis, entstehen. Während des Fishbowl gilt die Regel: Nur im Innenkreis wird gesprochen. Der Außenkreis schweigt, hört und sieht zu.
Der Innenkreis bleibt während des Gesprächs miteinander in Blickkontakt, der Außenkreis wird ignoriert. Wer aus dem Außenkreis etwas sagen möchte, geht in den Innenkreis. Dabei kann der Wechsel vom Außenkreis in den Innenkreis über zwei Varianten entstehen.

- *Sanfte Variante:* Ein Stuhl wird immer frei gelassen. Wer etwas zu sagen hat, setzt sich auf diesen Stuhl, woraufhin einer den Innenkreis verlassen muss.
- *Aggressivere Variante:* Wer vom Außenkreis in den Innenkreis möchte, um etwas zu sagen, der legt demjenigen aus dem Innenkreis die Hand auf die Schulter, von dem er denkt, er könne gehen.

Variante: Das Ganze kann im Dunkeln stattfinden, was die Offenheit und Aufregung noch weiter anregt.

Anmerkungen zur Wirkungsweise: Bewusst wechselnde Rollen zwischen Zuhörern und Diskussionsteilnehmern. Teilnehmer, die ihren Beitrag geleistet haben, werden automatisch mit Argumententrägern ausgetauscht. Der Diskussionsteilnehmerkreis ist überschaubar. Es entsteht Bewegung in der Diskussion. Das Setting gibt auch aggressiven Impulsen Raum, sich zu zeigen.

Methode: W-Maschine

Kurzbeschreibung: Kombination aus Reflecting-Team und sokratischem Dialog.

Inhalte und Zielsetzung: Nur durch Fragen wird das verschüttete Wissen einer Person über ihre Ressourcen, Themen und Antworten aufgedeckt. Klärung, Klarheit, Perspektivenwechsel und Themen aus unterschiedlichen Blickwinkeln betrachten.

Lernkonzept: Workshop, Lernreise, Coaching.

Teilnehmer: 1 Person.

Dauer: 0,5–1 Stunde.

Ressourcen: Drei oder mehr Berater beziehungsweise Frager.

Ablauf: Die W-Maschine wird zu dritt oder zu viert durchgeführt, um möglichst viele Perspektiven zu involvieren. Sie ist angelehnt an den sokratischen Dialog. Es werden bei der W-Maschine nur Fragen gestellt; es gibt keine Interpretationen, Diskussionen oder Dialoge! Die Frager nehmen dabei eine naive Grundhaltung ein und hinterfragen kritisch mentale Glaubenssätze. Durch die entstehende Irritation beim Befragten über das Setting wird Raum für Neues geschaffen.
Es gibt zwei Ausgangssituationen: Entweder kommt der Befragte mit einer bestimmten Frage – dann wird die Frage genauer beleuchtet und geschaut, ob eventuell noch etwas anderes dahin-

tersteckt (Thema hinter dem Thema beziehungsweise Frage hinter der Frage). Oder der Befragte hat keine Frage beziehungsweise kein Thema – dann wird versucht die Frage beziehungsweise das Thema herauszuarbeiten.
In der W-Maschine wird im ersten Schritt das Thema aufgemacht, um es dann in den weiteren Schritten zu fokussieren.
Zu Beginn stellt sich die W-Maschine kurz vor: »Wir werden dir nun ein paar Fragen stellen. Du bestimmst, wo es langgeht – wir folgen dir nur und begleiten dich durch unsere Fragen (Passagement). Es soll keine Prüfung sein!«
Einstiegsfragen: Was ist überhaupt da? Was bringt der Befragte mit? (Der Befragte wird dort abgeholt, wo er steht.)
Der weitere Verlauf gliedert sich in mehrere Phasen.

Erste Phase:
Fragen stellen (aufmachen) (etwa 10 Minuten).

Zweite Phase:
Reflecting-Team: Welche Emotionen nehme ich wahr? Welche Eindrücke habe ich gewonnen? Was lösen der Befragte und das Gesagte bei mir aus? Welche Widerstände nehme ich wahr? ... Der Befragte hat die Möglichkeit, während des Reflecting-Teams mitzuschreiben, um wichtige Dinge festzuhalten (Frage: »Was klingelt bei dir?« beziehungsweise »Was spricht dich an?«) (5 –10 Minuten).

Dritte Phase:
Weitere Fragen stellen – wenn möglich, mehr fokussieren; die Person ist wahrscheinlich durch die Rückmeldungen des Reflecting-Teams schon auf bestimmte Aspekte des Themas fokussiert, was nun aufgegriffen werden kann (10–15 Minuten).

Abschluss:
→ Erstens: Fragen wie »Was nimmst du mit?« beziehungsweise »Was ist jetzt anders?«.
→ Zweitens: »Brauchst du noch etwas?«

Insgesamt dauert ein Durchlauf ungefähr eine halbe Stunde. Je nach Bedarf kann diese verlängert werden.
Eventuell kann ein Nachhaltigkeitscheck angeboten werden: »Welchen der Punkte möchtest du noch einmal anschauen?« »Was willst du umsetzen?« »Sollen wir dich noch einmal dazu befragen?« »Wann?«

Variante: Die W-Maschine kann auch mit Gruppen durchgeführt werden.

Anmerkungen zur Wirkungsweise: Auf folgende Dinge sollte geachtet werden.
→ Wörter und Bilder aufgreifen.
→ Nach Definitionen fragen.
→ W-Fragen eignen sich am besten.
→ Wenig Bewertungen und Hypothesen reinbringen, Hypothesen haben im Reflecting-Team Platz.
→ Hinter jedem Thema, hinter jeder Frage steckt eine Angst und ein Bedürfnis. Wenn dies auftaucht, danach fragen.
→ Zu jedem Thema gibt es auch ein Gegenthema.
→ »Maschine« in W-Maschine nicht zu wörtlich nehmen.

Methode: Maibowle

Kurzbeschreibung: Varianten des Fishbowl.

Inhalte und Zielsetzung: Kreative Varianten des klassischen Fishbowl.

Lernkonzept: Ausbildung, Workshop, Teamentwicklung.

Teilnehmer: 10–25 Personen.

Dauer: 1,5 Stunden.

Vorbereitung: Die Stühle in einen Innen- und Außenkreis stellen (etwa ein Drittel der Teilnehmerzahl innen).

Ablauf:
Fishbowl: Das Gespräch findet nur innen statt. Der Außenkreis hört zu.
Maibowle: Der Leiter ist mit im Innenkreis und regt die Diskussion an, oder zwei Leiter sind innen und machen Open Staff (sie reden zusammen vor der Gruppe über die Gruppe).

Variante 1: *Fishbowl:* Ein Stuhl bleibt immer frei, die Diskussionsteilnehmer wechseln und entscheiden selbst, wer den Stuhl verlässt. Eine weitere Variante ist, dass alle Stühle im Innenkreis besetzt sind. Wer in den Kreis reingehen möchte, legt demjenigen die Hand auf.
Maibowle: Als Variante findet ein Dialog mit der Außengruppe statt.

Variante 2: *Englisches Parlament:* Nonverbale kommentierende Lautäußerungen sind möglich (ohhh, ahhh, buuuh).

Variante 3: Die Teilnehmer bekommen *rote und gelbe Karten* und kommentieren den Stand der Diskussion.

Variante 4: *Rollen werden vorher vergeben:* Bestimmte Positionen, die vertreten sind, die man vertreten könnte oder die von Personengruppen vertreten werden könnten, die nicht im Raum sind (Kunden, Betriebsrat, Ehepartner), werden vorher an Diskussionsteilnehmer vergeben.

Variante 5: *Delegierte:* In jeweiligen Subgruppen wird das Gespräch des inneren Kreises durchgesprochen. Jeweils der Delegierte für den inneren Kreis vertritt die Meinung der Subgruppe im Innenkreis des Fishbowl, und die anderen Gruppenmitglieder bilden den Außenkreis.

Variante 6: *Kontext ändern:* Eine Fishbowl als Zukunftsprojektion (in zehn Jahren) oder als Rückblick führen. Eine Fishbowl kann auch im Rollentausch geführt werden, ohne dass vorher klar ist, wer das ist (Willy Brandt, der Chef, meine Frau, Batman).

Anmerkungen zur Wirkungsweise: Der Dialog wird auch räumlich fokussiert. Durch verschiedene Rollenübernahmen und Rollentausch entsteht eine bunte Gesprächsdynamik.

Organisationsaufstellungen ohne Moral

Alle stehen an, denn alle wollen sich aufstellen lassen. Wie das funktioniert und was da funktioniert, ist denen, bei denen es funktioniert egal. Wenn viel ansteht, stellt man sich nicht an. Ein Faszinosum ist: Es wird mit mir getan. Es geschieht mir, und es geschieht schnell, und man versteht nicht, warum es geschieht. Warum haben die Aufgestellten genau die Gefühle, die der Aufsteller bei den Originalen der Stellvertreter vermutet? Woher wissen die das? Wären hier die Verschwörungstheoretiker aktiv, käme sicher raus: Alles ist mit allen abgesprochen!

Die Methode der Aufstellung ist alt und kommt aus Morenos Psychodrama. Sie heißt Standbild oder Skulpturarbeit. Nur dort gibt es noch den Unterschied: Der Protagonist zeigt im Rollentausch mit den Hilfs-Ichs, was er meint, wie er die Welt sieht,

und setzt sich mit seinen Introjekten auseinander. Das alte Protagonisten-Bonmots »Mein Vater ist ja ganz okay, nur meine Introjekte von ihm sind unmöglich« sagt alles, was die Methode ausmacht: Eine innere Welt wird auf der Bühne inszeniert.

Aufstellungsarbeit haben sich die Esoteriker unter den Nagel gerissen, weil sie so schön bezaubert und alles einfach macht. Meist muss der Protagonist sich nur wundern, was da alles geschieht und wie es ihm geschieht. Der Aufstellungsleiter hat dann noch die passende Moral und weiß, was gut und richtig ist. Die meisten folgen, weil sie es nicht mehr wissen. In der Prozessberatung hilft das Aufstellen von Standbildern in der Supervision und bei der Fallarbeit; ganz ohne Besserwissertum, wird da gearbeitet und versucht, Lösungen zu finden, die passen.

Methode: Skulpturen

Kurzbeschreibung: Ein Thema, ein Problem oder Ähnliches wird mit Personen aufgestellt.

Inhalte und Zielsetzung: Aufstellungstechnik, um Strukturen eines Systems aufzuzeigen; dabei kann eine Person oder eine Gruppe im Vordergrund stehen.

Lernkonzept: Workshop, Großgruppenveranstaltung (dann in Kleingruppen).

Teilnehmer: 5–15 Personen pro Skulptur.

Dauer: Mindestens 1,5 Stunden.

Ressourcen: Keine.

Vorbereitung: Keine.

Ablauf: Es gibt verschiedene Wege eine Skulptur zu bauen:
- → Die Gruppe kann sich selbst zu einer Skulptur stellen (»Sie haben ein Bild von der Gruppe im Kopf – stellen Sie es hier auf die Bühne«).
- → Wie ein Bildhauer, der eine Skulptur oder ein Denkmal baut, stellt eine Person aus der Gruppe ihre subjektive Wahrnehmung von der anwesenden Gruppe dar. Dabei werden die bedeutsamen Personen eines Systems ohne Worte so im Raum aufgestellt, dass sich eine aus seiner Sicht stimmige Repräsentation der Beziehungen ergibt. Leitfrage: Wie können Sie die Beziehungen gestalterisch in einer Skulptur ausdrücken?
- → Eine Person bearbeitet im Rahmen einer Supervision ein System außerhalb der Gruppe, das heißt, die Skulptur muss nicht aus den aktuellen Gruppenmitgliedern bestehen.

Der Berater sollte dem Gestalter eine Reihe unterstützender Fragen während des Prozesses stellen. Folgende Leitfragen haben sich als nützlich erwiesen:
- → Was machen …? (Personen, Subsysteme)
- → Was denken die über jene? (Beziehungen, Interdependenzen)
- → Wer gehört noch dazu?
- → Fehlt noch etwas?

Im Folgenden werden einige Gestaltungsprinzipien vorgeschlagen. Der »Bildhauer« sollte ermutigt werden, all diese Grundelemente zu verwenden, auszuprobieren und zu verändern, bis er oder sie zufrieden ist:

- Räumlicher Abstand als Symbol für emotionale Nähe: Wer steht wem wie nah?
- Oben und unten als Symbol der hierarchischen Strukturierung im tatsächlichen Organigramm oder in Bezug auf den Einfluss im System: Wer setzt sich am stärksten durch, steht vielleicht gar auf einem Podest (Stuhl oder Ähnliches)? Wer sitzt nur auf dem Stuhl?
- Mimik und Gestik als Ausdruck differenzierter Systemstrukturen: Wer fasst wen an? Wer schaut wohin? Wer steht eventuell gebeugt und mit geballten Fäusten? Wer hat offene Hände? Wer rüttelt heimlich am Fuß des »auf dem Podest« stehenden Mitglieds?

Wenn eine Skulptur steht, gibt es verschiedene Möglichkeiten der weiteren Arbeit.

- Im Rahmen einer Supervision kann der Gestalter sein dargestelltes Bild jeweils im Rollentausch mit den einzelnen Figuren erkunden.
- Im Rahmen einer Aufstellung der real vorhandenen Gruppe ergänzen die Rückmeldungen der anderen Beteiligten über ihre Eindrücke und Gefühle, über Stimmigkeit und Unstimmigkeit das Bild, das dann entweder entsprechend verändert werden kann oder als Bild für eine der vielen möglichen Perspektiven auf ein System steht und zunächst nicht verändert wird.

Zuvor sollten alle Teilnehmer aufgefordert werden, in der Position zu verharren und die damit verbundenen Empfindungen wahrzunehmen. Die angegebenen Gefühle, Änderungswünsche und Alternativskulpturen können dann Gegenstand einer intensiven Auseinandersetzung sein. Hier bieten sich eine Reihe von Fragen an:

- Was ist es für ein Gefühl, in dieser Position zu sein? Passt es zu dem Gefühl, das der oder die Betreffende in diesem Team hat?
- Wussten Sie, dass Herr X das System so sieht?
- Stimmen Sie mit dem Bild überein?
- Was möchten Sie verändern?

Anmerkungen zur Wirkungsweise: Die Skulptur gehört zu den ausdrucksorientierten Verfahren in der Beratung, bei der bedeutsame Beziehungen oder Strukturen aufgestellt werden. So können psychische und soziale Modelle eines Systems zutage gebracht werden, die Denken und Tun beeinflussen.
Die Methode ist zugleich personennah und gruppenorientiert. Alle Beteiligten erhalten Einblick in einen Teil der Organisation. So findet eine symbolische Repräsentation statt, die nur mit Sprache nicht gelungen wäre.

Methode: Teamstellung mit Figuren (Teambrett)

Kurzbeschreibung: Soziometrische Version eines Schachbretts, bei der Teamstrukturen aufgezeigt werden können.

Inhalte und Zielsetzung: Aufstellungsmethoden helfen, die Wahrnehmung zu verändern. Sie arbeiten auf der Tiefenstruktur und decken informelle Regeln und Systeme auf, nach denen (unbewusst) agiert wird.

Lernkonzept: Workshop, Teamentwicklung.

Teilnehmer: 5–15 Personen.

Dauer: Mindestens 1 Stunde.

Ressourcen: Holzklötze, Tierfiguren, Puppen, Mensch-ärgere-dich-nicht-Figuren.

Ablauf: Ein System wird von einem Protagonisten mithilfe von Figürchen oder Ähnlichem gestellt. Hier kommen keine Personen zum Einsatz, da die Komplexität des Systems mit Holzklötzen in verschiedenen Größen, mit unterschiedlichen Steinen, mit Figuren, Puppen oder Mensch-ärgere-dich-nicht-Figuren dargestellt wird. Es geht darum, die Gefühle und Gedanken der Teilnehmenden besprechbar zu machen und durch Veränderungen in der Aufstellung einer Lösung des Problems näherzukommen.
Die Figuren werden auf dem Brett aufgestellt. Dabei werden die Beziehungen zueinander durch die Abstände, Größen und Blickrichtungen dargestellt. Durch die unterschiedlichen geometrischen Formen können zum Beispiel unterschiedliche Personengruppen (Abteilungsleiter, Sachbearbeiter) dargestellt werden. Ist der Gestalter fertig, werden die anwesenden Gruppenmitglieder nach ihrem Empfinden zu der Darstellung befragt (zum Beispiel: Wussten Sie, dass Herr X das System so sieht? Stimmen Sie mit dem Bild überein? Was möchten Sie verändern?).

Arbeiten an der Soziometrie – Gruppen sind keine Menschen

Systemtheoretisch werden soziale Systeme (zum Beispiel Gruppen) und psychische Systeme (Menschen) unterschieden. Will man Gruppen verstehen, werden sie als eigene Einheit betrachtet, für die psychische Systeme nur einen Teil der Umwelt darstellen. Das ermöglicht, Aussagen über Gruppengesetze zu machen, die unabhängig von der Persönlichkeit der Gruppenteilnehmer sind.

Konformität und Dissonanz

Meinungen und Überzeugungen werden beeinflusst von Einzelnen oder von Gruppen, an denen Menschen teilnehmen, in denen sie Mitglied sein oder an denen sie sich orientieren wollen.

Die Gruppe fühlt sich nicht gefährdet, wenn die Äußerungen Einzelner grundsätzlich mit den mentalen Modellen der Mehrheit übereinstimmen. Meinungsunterschiede bei Nebensächlichkeiten sowie nützliche oder widerlegbare abweichende Informationen gefährden die Zugehörigkeit nicht. Ist die Gruppe dem Andersdenkenden wichtig oder hat er keine Alternative, versucht er, seine Meinung der der Gruppe anzunähern oder auch die Gruppe zu beeinflussen.

Die Gruppe kann ein Interesse daran haben, die Person, die auf ihrer abweichenden Meinung beharrt, auszustoßen, um handlungsfähig zu bleiben (Uniformitätsdruck).

Wenn es keine objektiven Maßstäbe gibt und man sich noch keine feste Meinung gebildet hat, orientieren sich die meisten Menschen an den Personen, die ihnen ähnlich sind, die sie für kompetent halten oder zu denen sie gehören möchten.

Treten jedoch bei wesentlichen Fragen größere Meinungsunterschiede auf, führt das zu Dynamik. Innerhalb einer Person oder einer Gruppe kann eine sogenannte kognitive Dissonanz entstehen. Ein unangenehmer Spannungszustand, weil zwei Überzeugungen unvereinbar scheinen. Das beschriebene Phänomen wurde zum ersten Mal bei einer Glaubensgemeinschaft untersucht. Bestandteil des Glaubenssystems dieser Sekte war der zu einem bestimmten Zeitpunkt hereinbrechende Weltuntergang. Als dieser nicht eintrat, lösten die Sektenmitglieder die Spannung zwischen den beiden Überzeugungen (»Der Weltuntergang kommt« versus »Die Gruppe hat den rechten Glauben«) und erfanden eine plausible Erklärung (»Eben weil wir als Gruppe so gläubig waren, wurden alle verschont«). Solche Prozeduren festigen die Kohäsion einer Gruppe ungemein (Slater 2005, S. 153 ff.).

Verhalten, Attraktivität und Abhängigkeit

Die psychologische Austauschtheorie gibt Hinweise, wie attraktiv jemand eine Gruppe findet und warum er in ihr bleibt. Jedes Verhalten wird durch die erwarteten oder bereits erlebten Konsequenzen bedingt. Belohntes Verhalten wird wiederholt, bestraftes Verhalten nimmt ab. Der Gewinn (Belohnungen minus Kosten), den eine Person in einer Gruppe erhält, kann über den Parameter Zufriedenheit beziehungsweise Unzufriedenheit mit der Gruppe abgefragt werden.

Gruppen, in denen Personen bleiben oder bleiben müssen, obwohl sie nicht attraktiv sind oder weil keine Alternative vorhanden ist (Familie, Schulklasse, Berufsgruppe), werden als Zwangsgruppen bezeichnet.

Prinzipiell müssen Menschen immer wieder zwei Grundbedürfnisse miteinander ausbalancieren: Autonomie und Interdependenz oder Wirksamkeit und Bezogenheit, das heißt die Motivation, Einfluss zu nehmen und dazuzugehören.

Ein Individuum vergleicht die in einer Beziehung erhaltenen Gewinne aber auch mit vorhandenen Alternativen, also mit anderen Gruppen, die ihm offenstehen, und mit seinen früheren Erfahrungen über bereits eingetretene Gewinne.

Eine Person ist von einer Gruppe abhängig, wenn die in ihr erhaltenen Gewinne über denen aus möglichen Alternativen liegen, wenn es demnach im Augenblick keine andere Gruppierung gibt, in der die Person mehr erhalten könnte. Eine Beziehung ist dann attraktiv, wenn die Ergebnisse über dem gleichen Vergleichsniveau liegen, wenn somit die Person mehr gewinnt, als sie eigentlich erwartete.

Abhängigkeit führt zu Normenkonformität, einer eher äußeren handlungsmäßigen Anpassung an die Erwartungen und Verhaltensweisen der Gruppe. Attraktivität führt zu Einstellungskonformität, also auch zu einer inneren Übernahme der Gruppennormen.

Attraktivität: Welche Personen erhalten positive Zuschreibungen?

Zunächst muss die Chance für Kommunikation gegeben sein. Das bedeutet: Ein potenzieller Freund/Partner oder eine mögliche Gruppe muss zunächst ins Blickfeld einer Person treten. Zwei basale Bedingungen dafür sind physische Nähe und die Erwartung, der Kontakt werde lohnend sein.

Freundschaften und Partnerschaften entstehen in der Regel in der nächsten räumlichen Nähe und im gleichen sozialen Milieu. Mit der Häufigkeit des Kontakts steigt die Chance, dass eine Beziehung oder Gruppe attraktiver wird, allerdings nur dann, wenn der Kontakt lohnend bleibt und keine bessere Alternative in Sicht ist. Werden durch den Kontakt Vorurteile bestätigt, dann nimmt die Ablehnung der anderen noch zu.

Manche Menschen bleiben für längere Zeit oder dauerhaft attraktiv. In intimen Beziehungen, Partnerschaften und Freundschaften sind es spezifische Verhaltensweisen in bestimmten Phasen des Kontakts, die zur Aufrechterhaltung oder zum Abbruch führen: Zu Beginn fühlen sich die meisten Menschen zu äußerlich ähnlich attraktiven Menschen hingezogen. Wichtig für das Gefühl der Sympathie ist dabei die aufeinander abgestimmte Zunahme an Selbstoffenbarung und Ähnlichkeit der Einstellungen zu wichtigen anderen Personen und Fragen. Bedeutsam ist das Gefühl, richtig wahrgenommen zu werden, auch bei den nicht so wünschenswerten Seiten. Schließlich verbindet nicht so sehr das Ausmaß an positiver Kommunikation als die Nichteskalation von negativem Verhalten.

In aufgabenorientierten Gruppen sind die Mitglieder eher zufrieden, wenn sie sich gegenseitig helfen, wenn jeder arbeitsteilig zur Zielerreichung beiträgt und sich die Mitglieder unter anderem auch deshalb attraktiv finden.

Zufriedenheit entsteht bei der Bestätigung der eigenen Selbst- und Weltkonstruktionen. Dadurch fühlen sich Menschen als denkende, fühlende und handelnde Person anerkannt und gewinnen Sicherheit für ihr weiteres Handeln. Wenn sie einen sinnvollen Beitrag leisten können, erleben sie, dass sie Einfluss nehmen können. Auch dies erhöht das psychische Wohlbefinden (gelegentlich sogar das physische).

Die Macht der Minderheit

Normalerweise ist die Mehrheit einer Gruppe in der Lage, die Minderheit zu konformem Verhalten zu veranlassen. Interessant ist die Frage, unter welchen Umständen Minderheiten Mehrheiten beeinflussen können.

In einem klassischen Experiment der Sozialpsychologie stellten Serge Moscovici, E. Lage und M. Naffrechoux 1969 einer Mehrheit von vier Personen eine Minderheit von zwei scheinbaren Versuchsteilnehmern gegenüber (in Wirklichkeit handelte es sich um Mitarbeiter der Versuchsleiter).

Beispiel: Allen Teilnehmern wurden blaue Dias (in verschiedenen Ausprägungen und Schattierungen, aber immer blau) gezeigt. Die Minderheit behauptete durchgehend gemeinsam, die blauen Farbdias seien grün. Die Frage war: Unter welchen Umständen und wie oft gelingt es der Minderheit, die Mehrheit zur Änderung ihrer Meinung zu beeinflussen.
8,42 Prozent der Versuchspersonen bezeichneten die Dias als grün. 32 Prozent gaben zumindest einmal an, Grün gesehen zu haben.
In den modifizierten Fortführungen des Experimentes wurden Bedingungen extrahiert, unter denen Minderheiten besonders einflussreich sein können. Dazu sollten Minderheiten konstant bei ihrer Meinung bleiben. Wenn sie als vielseitig erscheinen und ihr Verhaltensstil flexibel, aber entschieden ist, wenn sie es schaffen, ein Mitglied der Mehrheit zu überzeugen, und wenn die Mehrheit ihre abweichende Meinung nicht wegerklären kann, sondern sie zum gründlicheren Nachdenken gebracht wird, dann ist das eine gute Basis, um Mehrheiten zu beeinflussen.

Selbst wenn eine Minderheit zunächst keine öffentlich geäußerte Meinungsänderung bewirkt, so kann innerlich empfundener Zweifel bei der Mehrheit langfristig zu einem Umdenken führen. Minderheiten, die ernst genommen werden, können bei der Mehrheit eine gründlichere Informationsverarbeitung veranlassen.

Gruppenstruktur und Soziometrie

Soziometrie ist der Sammelbegriff für Techniken, mit denen die emotionale Struktur einer Gruppe (also das, was die Mitglieder einer Gruppe über die jeweils anderen fühlen und denken) analysiert werden kann. Dies geschieht auf der Grundlage gegenseitiger Wahlen der Gruppenmitglieder.

Für das Ergebnis des soziometrischen Tests sind zwei Elemente entscheidend:

→ die vorgeschriebene Art der Wahlen (schriftlich oder per Handauflegen) sowie
→ das Kriterium, nach dem gewählt wird.

Die resultierende Struktur ist Funktion des jeweiligen Kriteriums. Ein Soziogramm ist eine grafische Darstellung dieser Gruppenbeziehungen. Jede Gruppe bildet unausgesprochene Regeln aus, um Ordnungen zu finden, die die enorme Zahl der möglichen Interaktionen und der Beziehungen strukturiert.

Treffen zwei Menschen zusammen, ergibt sich eine zweiköpfige Beziehung von A zu B. Berücksichtigt man auch die Perspektivität der Beziehung, so sind es bereits zwei Perspektiven einer Interaktion, die verschieden sein können: die von A zu B und die von B zu A.

Treffen vier Menschen zusammen, so gibt es ohne die Berücksichtigung der gegenseitigen Perspektivität sechs mögliche Zweierbeziehungen, vier Dreierbeziehungen und eine Viererbeziehung. Bei zehn Personen steigt die Zahl der Beziehungskombinationen auf 1.014.

Zahl der Individuen	Zweiköpfige Beziehungen A,B,C A→B, A→C, B→C	Alle möglichen Beziehungen A→B, B→C, A→C, A→B→C
2	1	1
3	3	4
4	6	11
5	10	26
6	15	57
7	21	120
8	28	247
9	36	502
10	45	1.014
	$x = \frac{n(n-1)}{2}$	

Gruppen reduzieren diese Komplexität über die Entwicklung von Strukturen. Diese Formationen beschreiben unterschiedliche Frequenzen in der Interaktion und ungleiche Verteilungen von Sympathie, Kompetenzvermutung und Einflussgestattung. Sie bleiben meist verdeckt, man spricht nicht darüber.

Diese Gruppenstrukturen wandeln und stabilisieren sich im Verlauf der Gruppe immer wieder. Diese Dynamik der Zuschreibungen von Kompetenz, Einfluss, Sympathie und Ablehnung beeinflusst Arbeits- und Entscheidungsfähigkeiten. Sie bestimmt nachhaltig die Meinungsbildung in der Gruppe.

Die Möglichkeit, innerhalb einer Gruppe Komplexität durch Struktur zu reduzieren, riskiert jedoch auch die Vielfalt der Perspektiven. Wenn diese Strukturen tabu sind, die Rigidität der Gruppennormen hoch und Unterschiede nicht verhandelt werden, besteht die Gefährdung durch Einfalt. Weil Vielfalt der Gruppe jedoch zugeschrieben ist, gewinnt das kollektive Ein-Verständnis an Bedeutung. Das Individuum ist sich sicher, richtig zu liegen, wenn es sich im Einklang mit der Gruppe weiß. Der emotionale Einklang mit der Gruppe ist jedoch oft die Ursache des Einverständnisses und nicht seine Folge.

Strukturen in Gruppen können in Soziogrammen analysiert und bearbeitet werden. Soziogramme sind grafische Abbildungen des Wahlverhaltens einer Gruppe in Bezug auf einen bedeutsamen Aspekt der Dynamik. Wahlkriterien können beispielsweise sein:

→ Mit wem arbeiten Sie gern zusammen? (Sympathie, Kompetenz)
→ Wem in dieser Gruppe gestatten Sie Einfluss auf Entscheidungen?

Soziometrische Konfigurationen, wie sie häufig auftreten:

Das Paar: A und B wählen sich gegenseitig.

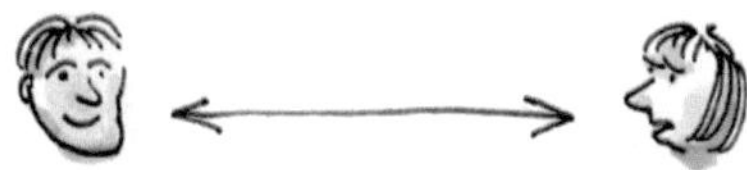

Das Dreieck: A, B und C wählen sich gegenseitig.

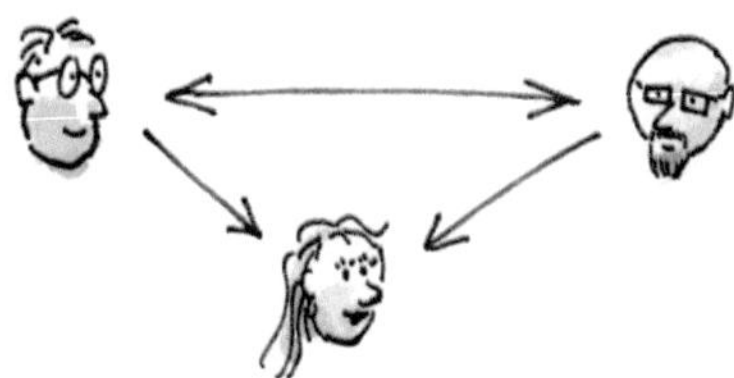

Die Kette: A➔B➔C.

Der Stern: Eine Person wird sehr häufig gewählt, die sich untereinander nur wenig wählen.

Die Clique: Einige Personen wählen sich untereinander sehr häufig, nicht jedoch andere Gruppenmitglieder. Die typische Clique wird von der übrigen Gruppe kaum gewählt.

Der Star: Eine oft gewählte Person, der Mittelpunkt eines Sterns, das heißt eventuell die beliebteste, mächtigste, kompetenteste Person.

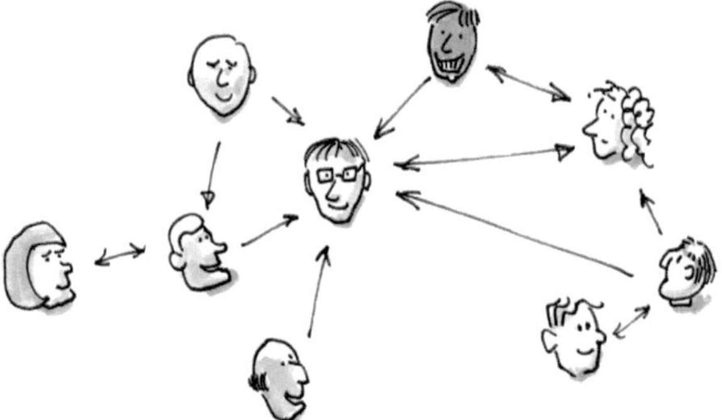

Der Isolierte: Eine Person, die keine Wahlen empfängt und selbst auch niemanden wählt.

Der Vergessene: Eine Person, die zwar andere wählt, aber selbst von niemandem gewählt wird.

Der Star der Ablehnung: Eine Person, die nur Ablehnung empfängt.

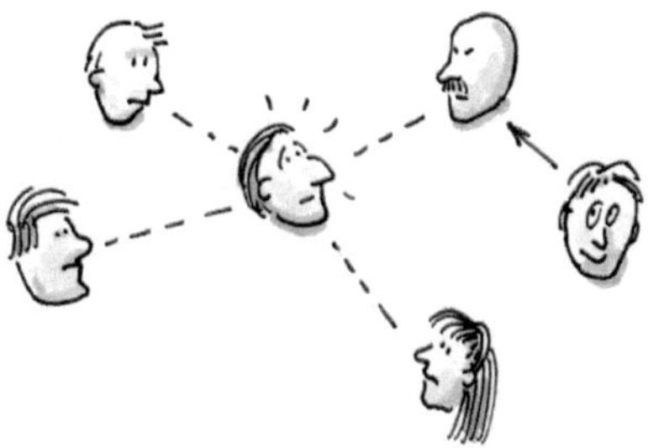

Die graue Eminenz: Eine isolierte Person, die nur eine gegenseitige Beziehung zum Star besitzt.

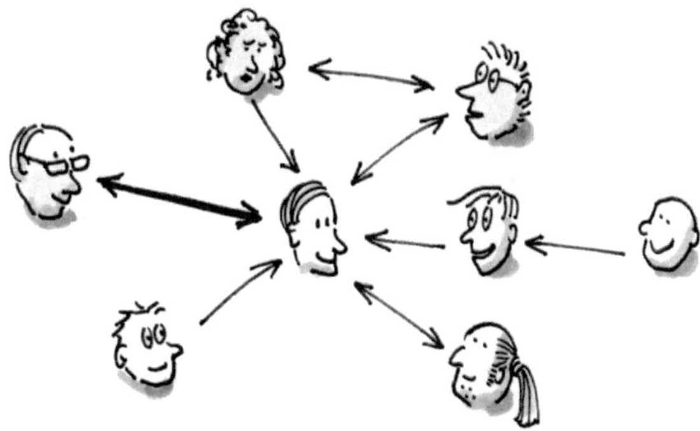

Soziometrische Wahlen

Methode: Soziometrische Wahl

Kurzbeschreibung: Beziehungen in einer Gruppe deutlich machen.

Inhalte und Zielsetzung: Visualisierung von Beziehungen und soziometrischem Status. Auseinandersetzung mit Begriffen wie »Konsequenz«.

Lernkonzept: Workshop, Teamentwicklung.

Teilnehmer: 5–20 Personen.

Dauer: 0,5–1,5 Stunden.

Ressourcen: Freier Raum mit genügend Platz.

Vorbereitung: Keine.

Ablauf: Am Anfang stehen alle Teilnehmer auf. Der Prozessberater erklärt den Teilnehmern kurz, was nun folgt und warum. Das Kriterium der Wahl wird vom Prozessberater bekanntgegeben. Zum Beispiel:

Mit wem haben Sie bisher schon viel und gut zusammengearbeitet (positive Wahl)?
Mit wem haben sie noch nicht zusammengearbeitet? (negative Wahl)
Mit wem klappt die Zusammenarbeit nicht so gut? (negative Wahl)

Anschließend wählt jeder Teilnehmer eine Person (durch Hand-auf-die Schulter-Legen oder schriftlich). Die Kriterien der Wahl sind natürlich orientiert am Gruppengeschehen und dem Reifegrad der Gruppe.
Der Berater interviewt kurz jeden zu seiner Wahl (»Was bedeutet diese Hand?«). Dann wird die soziometrische Wahl aufgelöst, und jeder sucht sich seine Partner, die er gewählt hat und von denen er gewählt wurde, um ein kurzes Statement abzugeben oder zu erhalten.
Wenn es nötig ist, kann ein Gespräch oder eine Diskussion im Forum stattfinden über die Verteilung (wer am häufigsten gewählt, wer am seltensten und so weiter gewählt wurde) und über die verschiedenen Begründungen und Aussagen, die während des Wahlvorgangs zur Sprache kamen.

Anmerkungen zur Wirkungsweise: Bei allen »Aktionen« empfiehlt es sich, die Gruppe vorher aufstehen zu lassen. Erfahrungsgemäß gibt es häufig eine Unlust in Gruppen, sich aktiv zu beteiligen. Natürlich ist es angenehmer, passiv zu bleiben. Wenn eine Gruppe dem Leiter die Bitte aufzustehen bereits erfüllt hat, so ist es nur noch ein kleiner Schritt, die nächste Bitte – die für die Teilnehmer ja viel entscheidender ist – auch noch zu erfüllen.
Eine kleine Einführung zu geben erleichtert den Prozess. Die Teilnehmer haben ein Recht zu wissen, worauf sie sich einlassen. Eine kurze Erklärung dessen, was nun folgt und warum man das tut, ist sinnvoll. Dabei sollten Begriffe wie »Übung« oder »Spiel« vermieden werden. Solche Bezeichnungen werten das Folgende ab und verführen, es nicht ernst zu nehmen. Besser sind Sätze wie »Ich möchte Sie zu einem kleinen Lernexperiment (oder zu einer kurzen Gruppenanalyse) einladen«. Die Formulierungen des Leiters sollten die Haltung vermitteln: »Ihr tut es für euch, nicht für mich. Es ist nur ein Angebot.«
Es sollten maximal drei Wahlen durchgeführt werden! Die »Ur-Idee« der Soziometrie legt drei wirksame Kräfte in Gruppen zugrunde: Anziehung, Abstoßung und Neutralität. Alle Kriterien für die Wahlen sollten diesem Dreischritt folgen.
Die Formulierungen der Kriterien sind jedoch eher »weich«. Das heißt, sie lassen Interpretationsspielraum zu und ermöglichen es auch auszuweichen.
Der Leiter beginnt mit der positiven Wahl, geht dann zur neutralen und zum Schluss zur negativen (wenn überhaupt). Wobei die neutrale Wahl im Sinne eines »bisher noch nicht« formuliert sein sollte und die negative Wahl den »Unterschied ohne Abwertung« deutlich macht.
Nach allen Wahlen sollte es ein klärendes Gespräch geben, in dem die Wahl kurz erläutert wird. Dazu bleibt die Gruppe im Raum. Jeder sucht sich seine Partner, die ihn gewählt haben und von denen er gewählt wurde. Es geht darum, die Wahl zu erklären und zu vertiefen. Meistens beginnen hier schon die ersten Beziehungsklärungen.
Soziometrische Wahlen ohne die Möglichkeit, mit den Wahlpartnern zu sprechen, sind unvollständig, manchmal sogar schädlich.

Methode: Soziometrische Reihe

Kurzbeschreibung: Unterschiede deutlich machen.

Inhalte und Zielsetzung: Meinungen nach außen deutlich machen, dient auch dem Kennenlernen der Gruppe.

Lernkonzept: Workshop.

Teilnehmer: 8–40 Personen

Dauer: 10–15 Minuten.

Ressourcen: Raum ohne Tische.

Vorbereitung: Keine.

Ablauf: Der Berater wirft eine Frage oder These in den Raum. Die Teilnehmer stellen sich nach der Aufforderung längs auf eine gedachte Skala von 0–10 (das linke Ende steht für keinerlei Zustimmung mit der These = 0, das rechte steht für volle Zustimmung = 10). Der Berater interviewt dann Einzelne zu ihrer Position.
Bei der Frage oder These werden verschiedene Kriterien unterschieden. Zum einen gibt es äußere Kriterien wie Körpergröße, Betriebszugehörigkeit, Alter, Kinderzahl, Erfahrung mit ... und so weiter. Zum anderen kann auch zu inneren Kriterien Stellung bezogen werden, zum Beispiel: Zufriedenheit mit ...; Überzeugtheit von ...; persönliche Einschätzungen von Eigenschaften und Fähigkeiten ...
Bei Teams bieten sich Fragen nach Offenheit, Effizienz, Stimmung, Übereinstimmung in Werten an. Dies bezogen auf Ziele, Kontext und Thema.
Die Methode ist wie eine Diagnose der Gruppeneinschätzung (nur eben nicht anonym, sondern Personen stehen für Positionen). Dabei kann die eigene individuelle Position in Bezug auf die Gruppe eingeschätzt werden.
Der Einsatz ist zu Beginn eines Workshops möglich (eher äußere Kriterien) und eignet sich dort besonders zum Kennenlernen und zu einer ersten Positionierung der Personen. Die soziometrische Reihe lässt sich aber auch spontan zwischendurch durchführen.
Am Ende einer Veranstaltung ist die Methode allerdings weniger hilfreich. Sie erhält dann den Charakter von Bewertung, und es sind keine Veränderungen mehr möglich.

Variante: Bei einer Gruppe, die sich nach einem Kriterium aufgestellt hat, fragen: »Was müsste passieren, dass Sie sich einen Punkt (oder mehrere) auf der Skala nach oben/unten bewegen?«

Anmerkungen zur Wirkungsweise: Die Methode eignet sich gut für große oder spielungewohnte Gruppen. Sie erleichtert den Einstieg in das Thema, die Visualisierung eines Status und das Feedback. Die soziometrische Reihe bietet den Vorteil, dass jeder Stellung bezieht und sich nicht mit seiner Meinung verstecken kann (oder muss).

Methode: Standpunkt

Kurzbeschreibung: Feedback zeigen durch Position im Raum.

Inhalte und Zielsetzung: Durch eine sichtbare Positionierung im Raum Feedback geben, Stellung beziehen, Stimmungen äußern, Inhalte bewerten.

Lernkonzept: Workshop.

Teilnehmer: 8–40 Personen.

Dauer: 5–10 Minuten.

Ablauf: Alle Teilnehmer stehen im Kreis. Einer geht in die Mitte und macht eine Aussage zum Seminar (zum Beispiel »Das Seminar hat mich gelangweilt«). Der Rest der Gruppe bezieht zu dieser Aussage nun Stellung. Zustimmung wird dadurch ausgedrückt, dass man sich ganz nah an die Person in der Mitte stellt, und Ablehnung äußert man, indem man sich nach außen stellt. Zwischenpositionen sind möglich. Die Person in der Mitte kann das so entstandene Stimmungsbild hinterfragen.

Variante: Die Gruppe sitzt in einem engen Kreis zusammen. Jeder hat einen persönlichen Gegenstand in der Hand. Ein Teilnehmer legt seinen Gegenstand in die Mitte und macht eine Aussage dazu. Alle anderen nehmen hierzu Stellung, indem sie ihren Gegenstand ganz nah in die Mitte oder weiter nach außen legen.

Anmerkungen zur Wirkungsweise: Diese Methode eignet sich als Einstieg für eine weitere Reflexionsrunde.

Methode: Stimmungsbild

Kurzbeschreibung: Stimmung innerhalb einer Gruppe erfassen.

Inhalte und Zielsetzung: Die genaue Stimmung innerhalb einer Gruppe erfassen.

Teilnehmer: 8–40 Personen.

Dauer: 30 Minuten

Ressourcen: Faserschreiber, Karten.

Ablauf: Alle Teilnehmer sitzen im Kreis oder verteilen sich im Raum. Auf Karten schreiben sie stichwortartig ihr Feedback, ihre Stimmung und ihre Ansichten über das Erlebte auf. Der Prozessberater sammelt die Karten im Anschluss ein, um sie einzeln vorzulesen und an die Pinnwand zu heften. Danach kann noch über die Karten diskutiert werden, ohne dass sich der Verfasser preisgeben muss.

Anmerkungen zur Wirkungsweise: Bei dieser Methode kommen auch zurückhaltende Teilnehmer zu Wort, da sich jeder frei äußern kann und die Anonymität gewahrt bleibt.

Methode: Gegenseitiges Vorstellen

Kurzbeschreibung: Kennenlernübung.

Inhalte und Zielsetzung: Die Gruppenmitglieder lernen sich kennen.

Lernkonzept: Workshop, Lernreise.

Teilnehmer: 5–15 Personen.

Dauer: 1 Stunde.

Ablauf: Der Berater bittet die Teilnehmer, sich zu zweit zusammenzufinden. Anschließend starten die Gesprächspartner ein Interview. Nach der Interviewphase werden die Gesprächspartner in der Gesamtgruppe vorgestellt.

Variante: Um das Ganze etwas spannender zu machen, sollen die Interviewpartner jeweils drei Geschichten erzählen, von denen eine gelogen ist. Die Aufgabe der Gesamtgruppe ist es herauszufinden, welche Geschichte nicht stimmt.

Anmerkungen zur Wirkungsweise: Indem sich die Teilnehmer besser kennenlernen, verändern sich auch ihre Beziehungen zueinander – also die Soziometrie.

Alle brauchen Wertschätzung: Das Passagement-Interview

Häufig erscheinen angestoßene Veränderungsprozesse nicht nachvollziehbar. Zudem lösen sie eher Defizitgefühle bei Betroffenen aus: »In der Vergangenheit haben wir etwas schlecht oder falsch gemacht!«

Aber wirksame Veränderungsprozesse brauchen für Menschen einen nachvollziehbaren Sinn und benötigen die Konzentration auf Stärken, um genügend Dynamik für die Bewältigung zu aktivieren. Ein Weg, die Konzentration auf diese Stärken zu lenken, ist das Passagement-Interview. Es dient dazu, Stärken zu identifizieren, wertzuschätzen und sie bewusster und wirksamer ins Unternehmen einzubringen.

Drei Gründe, warum es wichtig ist, Stärken im Unternehmen zu entwickeln:

- → Situationen von Unsicherheit sind nur durch Stärkenorientierung (nicht durch Defizitorientierung) zu meistern.
- → Stärken sind die eigentlichen Ressourcen, die eingesetzt werden können.
- → Wandel und Veränderung bedeuten immer Irritation. Umgang mit Irritation jedoch benötigt Kreativität. Kreativität ist unter Angst nicht möglich – sondern auf der Basis entwickelter Stärken.

Im Folgenden wird dargestellt, wie das Passagement-Interview strukturiert ist und wie es durchgeführt werden kann (Hahn/Thorweihe/Sambeth 2009).

Methode: Passagement-Interview

Kurzbeschreibung: Ressourcenorientiertes Interview.

Lernkonzept: Personalentwicklung, Workshop, Führungsbildung.

Teilnehmer: 1–15 Personen.

Dauer: 30 Minuten.

Ressourcen: Interviewleitfaden.

Ablauf:

Schritt 1	Schritt 2			Schritt 3
Vorbereitung	Durchführung			Umsetzung
	Entdecken	Träumen	Gestalten	
Interviewer wird vom zu Interviewenden ausgewählt	Klärung der Spielregeln	Entscheidung für eine Stärke: welche weiterentwickeln?	Woran wird man die Verhaltensänderung beobachten können?	Umsetzung des Verhaltens
Anmeldung des Interviewpaares, der Interviewer erhält Unterlagen zur Vorbereitung	Suche nach »Moments of Excellence«	Skalenabfrage: Jetzt im Unternehmenskontext? Wie viel ist möglich?	Hausaufgabe vereinbaren	Reflexion
Beide bereiten sich vor.	»Welches Verhalten fällt Ihnen leicht?«	Wunderfrage: »Wie sähe die Situation nächste Woche im Job aus?«		weitere Umsetzung
	Wertschätzung der Stärke(n)			gegebenenfalls weitere Kontakte mit Interviewer
				Wie geben wir die positive Energie und Erfahrung weiter?

Schritt 1: Vorbereitung

Am Anfang wird der Interviewer von dem zu Interviewenden ausgewählt. Wie eine soziometrische Wahl drückt diese Auswahl ein Interesse, eine Anerkennung und ein Anliegen des Interviewenden aus. Alternativ kann die Zuordnung auch per Zufall geschehen. Dabei wird auf das Vorschussvertrauen verzichtet.

Dann meldet sich das Interviewpaar an zentraler Stelle an, und der Interviewer erhält Unterlagen zur Vorbereitung (Manual mit Hilfsmitteln). Anschließend bereiten sich beide vor. Der Interviewer macht sich mit dem Ablauf und den Beispielfragen vertraut. Er entwickelt eigene Fragen, mit dem Fokus auf Vorurteilsfreiheit. Währenddessen stimmt sich der Interviewte auf das Gespräch ein: neugierig, entspannt, Fokus auf eigene Stärken.

Schritt 2a: Entdecken

Es werden Spielregeln vereinbart, zum Beispiel Vertraulichkeit, Dauer, Örtlichkeit, Umgang mit Störungen, Folgeprozess. Dann werden die »Moments of Excellence« gesucht, was auch als Warm-up dient. Dabei wird gefragt, in welcher konkreten Situation man sich besonders leicht, vital, stark, erfolgreich gefühlt hat (Antwort zum Beispiel: »Ich habe in einem Workshop 100 Menschen für ein Thema interessiert und auf innovative Ideen gebracht.«). Der Fokus sollte primär auf Arbeitssituationen liegen, aber auch andere Kontexte und Kindheitserinnerungen können beleuchtet werden.

Dann wird die zentrale Frage gestellt: »Welches Verhalten fällt Ihnen leicht?« (Antwort zum Beispiel: »Mich für neue Ideen zu begeistern und das zu vermitteln, mit anderen daran zu arbeiten …« Es kann dann noch nachgefragt werden, welche positiven Wahrnehmungen und Empfindungen der Interviewte in diesen Situationen hat. Wichtig ist, dass die Stärken wertgeschätzt werden. Es finden eine Betrachtung und Anerkennung der Kompetenz, die dahinterliegt, statt (beispielsweise: »Sie können tatsächlich inspirierend auf Menschen wirken!«). Dabei liegt die Konzentration auf einer Stärke!

Schritt 2b: Träumen

Es schließt sich eine Skalenabfrage an, die mit folgender Frage eingeleitet wird: »Bitte stellen Sie sich eine Skala von 1 bis 10 vor und schätzen Sie ein …«:

→ Wie sehr setzen Sie Ihre Stärke zurzeit in Ihrer Organisation ein (1 = wenig; 10 = sehr ausgeprägt)?
→ Was müssten Sie tun, damit der Wert zu dieser Stärke steigt?

Optional kann noch nach Ausnahmen gefragt werden:

→ Blicken Sie einmal zurück: Konnten Sie Ihre Stärke schon einmal besser einsetzen? Wenn ja, wann? Was haben Sie da genau getan? Wie könnten Sie diese Situation in der Zukunft wiederherstellen?

Und wenn auch keine Ausnahme gefunden werden kann, wird die Wunderfrage gestellt:

→ Nehmen wir einmal an, es wäre über Nacht ein Wunder geschehen. Sie würden morgens aufwachen und gingen zur Arbeit: Wie sähen verschiedene Situationen in Ihrem Job aus, wenn Sie Ihren Idealwert (x) realisiert hätten?

Schritt 2c: Gestalten

Im letzten Teil der Durchführung geht es darum, wie die Stärke umgesetzt werden kann. Dazu wird zuerst gefragt, woran die Verhaltensänderung beobachtet werden kann. Dann wird ganz konkret eine Hausaufgabe vereinbart unter Verwendung der folgenden Leitfragen:

→ Was konkret werden Sie nächste Woche anders machen?
→ Woran werden Sie festmachen, dass es gelungen ist?

→ Was würde Ihnen helfen, es immer wieder zu machen?
→ Wie kann ich Sie dabei unterstützen?

Schritt 3: Umsetzung
Ohne weitere Erläuterung dem Umfeld gegenüber wird das Verhalten in der Praxis umgesetzt. Die Umsetzung wird unterstützt durch die zur Verfügung gestellten Reflexionsfragen. Gegebenenfalls kann auch ein Gespräch mit dem Interviewer vereinbart werden. Und es gibt ein Feedback durch Adressaten.
In der weiteren Umsetzung wird das Verhalten auf weitere Kontexte (Person, Führungssituation, Organisation) und weitere Situationen ausgeweitet. Lernpatenschaften können vereinbart und weitere Stärken entdeckt werden. Die Gesprächspartner treffen sich gegebenenfalls nach vereinbartem Zeitraum nochmals, um Erfahrungen auszutauschen. Um die positive Energie weiterzugeben, geht der Interviewte in die Rolle des Interviewers. Der Interviewer führt nach diesen Erfahrungen weitere Interviews – wenn möglich mit neuen Personen: Schneeballeffekt.

Erläuterungen, Beispiel- und Vertiefungsfragen zu den genutzten Fragetechniken

Moments of Excellence Diese Frage dient dem »Erwärmen«, denn es ist häufig gar nicht so leicht, die eigenen Stärken zu benennen. Da bekommen Führungskräfte verschiedenste Zuschreibungen, die von verschiedenen Personen unterschiedlich gesehen werden, und manchmal wird das Verhalten positiv eingeschätzt, manchmal auch nicht. Die Frage nach einem besonderen Moment, in dem alles passte, hilft, sich auf etwas Wesentliches zu besinnen. Idealerweise ist es eine Situation aus dem Arbeitsleben, aber wenn zunächst spontan eine private Situation genannt wird, ist das auch in Ordnung. Vielleicht fragen Sie, ob es ähnliche Situationen im Berufsleben ebenfalls gab, aber wenn nicht, arbeiten Sie gerne mit dieser Stärke weiter. Zum Beispiel kann gefragt werden:

→ In welcher konkreten Situation haben Sie sich besonders leicht, vital, stark, erfolgreich gefühlt?
→ Während der Zeit, in der Sie nun in dieser Organisation arbeiten, haben Sie wahrscheinlich Höhen und Tiefen erlebt. Erinnern Sie sich bitte an eine eigene herausragende, positive Erfahrung und erzählen Sie mir bitte davon.
→ Mit welchen Dingen, die Sie derzeit tun, sind Sie am zufriedensten? Was ist genau geschehen? Wer war dabei wichtig? Und warum? Was war Ihr Beitrag zu dieser positiven Erfahrung? Welche Faktoren machten diese besondere Erfahrung möglich?
→ Unter welchen Voraussetzungen sind solch positive Erfahrungen auch in Zukunft möglich?

Diese herausragenden Geschichten, Themen und Erfolgsfaktoren werden zusammengetragen und gesammelt.

Welches Verhalten fällt mir leicht? Dies ist die zentrale Frage. Die Erfahrung zeigt, dass hier andere Antworten kommen als bei der Frage nach den Stärken. Häufig werden dort eher die von außen zugeschriebenen Stärken genannt, während bei der Frage nach dem, was leicht fällt, oft Stärken genannt werden, die eher die Person selbst kennt und denen sie vielleicht nicht eine so hohe Bedeutung schenkt. Das aber können ungeahnte Qualitäten sein, die noch nicht genutzt werden! Für Menschen ist es überraschend und hoch interessant, diese Fähigkeiten zu beleuchten. Beispielfragen sind:

→ Wenn Sie an den gestrigen Arbeitstag denken, was hat Sie wenig Energie gekostet und ist dennoch gut gelungen?
→ Wenn Kollegen über Dinge sprechen, die ihnen schwerfallen, bei welchen Themen haben Sie gedacht, dass es Ihnen nicht so geht?
→ Vor welchen Herausforderungen haben Sie wenig Angst, weil Sie dort sehr gute Erfahrungen gemacht haben?
→ Was fiel Ihnen in der Kindheit oder während der Ausbildung besonders leicht?

Die Wunderfrage Manchmal ist es so, dass Menschen sich eine Veränderung gar nicht vorstellen können, da sie zu sehr mit den Hindernissen beschäftigt sind. Die »Wunderfrage« will diese Hürde spielerisch überwinden, und erstaunlicherweise können die meisten Menschen mit dieser Frage gut umgehen. Durch die Frage danach, was konkret anders wäre, wird angestrebt, dass konkretes Verhalten beschrieben wird, denn das ist es ja, was verändert werden soll. Beispielsweise kann gefragt werden:

- → Nehmen wir einmal an, es ist über Nacht ein Wunder geschehen. Sie wachen morgens auf und gehen zur Arbeit. Wie sähen eine oder verschiedene Situationen auf der Arbeit aus, wenn Sie Ihr Ideal realisiert hätten?
- → Nehmen wir an, Sie wollen Ihre Innovationsfähigkeit stärker einbringen. In welchen Situationen, in welchen Projekten, mit welchen Menschen könnten Sie das tun?
- → Nehmen wir einmal an, Sie haben die Zeit, Ihre Talente zu fördern. Was genau könnten Sie dann tun?

Die Ausnahmefrage Diese Frage ist dann passend, wenn der Interviewpartner mit der Wunderfrage nicht weiterkommt oder sich eine Verbesserung seines Skalenwertes nicht vorstellen kann. Die »Ausnahmefrage« blickt in die Vergangenheit und sucht nach der Ausnahme, in der das erwünschte Verhalten beziehungsweise die gewünschte Situation schon einmal sichtbar war. Durch die Frage nach der Ausnahme wird die klassische Pauschalisierung »nie, immer, nur …« durchbrochen, und es wird ein Beispiel gefunden, das für eine gelungene Ausnahme von der aktuellen Situation steht. Häufig beziehen Menschen diese Ausnahme nicht auf sich selbst, trotzdem können sie aber das Bild oder die Situation (eventuell eines anderen) näher beschreiben, in der die Ausnahme stattgefunden hat. Was einmal da war, kann auch wieder da sein. Je konkreter dieses Bild besprechbar ist, desto eher lassen sich daraus Schlüsse für die Zukunft ziehen. Beispielfragen sind:

- → Schauen Sie einmal in die Vergangenheit: War die Situation immer so (verfahren, stagnierend, hoffnungslos, leer …) wie heute? Wann war etwas anders? Können Sie ein Beispiel nennen, was anders war, und die Bedingungen beschreiben, die das ermöglicht haben? Wie haben Sie sich selbst dabei verhalten?

Die Skalenabfrage Manchmal haben Menschen, wenn Sie über Ausprägungen von Verhalten sprechen, ganz unterschiedliche Ausprägungen im Kopf. Was bedeutet das genau, wenn jemand sagt »Das mache ich ganz selten«?

Die Frage nach der persönlichen, subjektiven Skala (wichtig dabei: es geht nicht um ein objektives Maß) hilft, ein Verständnis über Relationen zu erlangen: Wenn 1 der schlechteste mögliche Wert ist, den Sie bei der Umsetzung Ihrer Stärke erreichen können, und 10 Ihr Optimum, das Sie bei der Umsetzung erreichen können, wo stehen Sie jetzt? Wo können Sie in zwei Wochen stehen? Was müssten Sie tun? Gesagt werden kann beispielsweise:

→ Ihre Stärke ist eine positive Grundhaltung. Wie häufig können Sie im Alltag diese Stärke nutzen? 1 wäre »fast nie« und 10 »sehr häufig«. Wenn Sie überlegen, diese Stärke auch anderen Personen, Ihren Mitarbeitern, Teams oder Projektleitern zur Verfügung zu stellen, was glauben Sie wäre möglich? Wäre es überhaupt möglich?
→ Ihre Stärke ist gutes Beziehungsmanagement. Wie häufig nutzt Ihnen das im Alltag? 1 wäre »fast nie«, und 10 wäre »fast immer«. Wenn Sie sich vorstellen, diese Fähigkeit anderen Menschen zu vermitteln oder anzubieten, in bestimmten Situationen oder Projekten zu beraten oder zu unterstützen, was wäre dann möglich?

Es ist normalerweise nicht möglich, alle Themenfelder, die hier genannt wurden, durchdringend zu bearbeiten. Vielmehr ist es wichtig, sich durch die Antworten des Gegenübers bei weiteren Fragen leiten zu lassen, um so einen guten Fluss ins Gespräch zu bekommen.

Passagement-Interview im Vergleich zum klassischen Interview

Die klassische Vorgehensweise schaut im Überblick folgendermaßen aus:

Klassisches Vorgehen bei Interviews			
Kompetenzmodell	Operationalisierung durch Management beziehungsweise Personalentwicklung	Verhaltensziele	Umsetzung durch das Individuum
	1. Wir entwickeln ... 2. Wir arbeiten effektiv ... 3. Wir unterstützen ...	1. Ich sollte ... 2. Ich möchte ... 3. Ich lerne ...	Wie erreiche ich das? Was hat das mit mir zu tun?

Im Vergleich dazu das Passagement-Interview:

Vorgehen bei Passagement-Interviews			
Betrachtung der individuellen Stärken	Identifizierung von Stärken	Verknüpfung mit Kompetenzmodell	Weiterentwicklung und Hineintragen ins Unternehmen
	1. Meine Stärke 2. Meine Leidenschaft 3. Mir fällt leicht ...	1. Ich sollte ... 2. Ich möchte ... 3. Ich lerne ...	Interviews bauen Stärken aus, Interviewte interviewen andere Führungskräfte

Methode: Passagement-Interview (Fortsetzung)

Arbeitet der Prozessberater mit Handout für den Interviewten (was nicht unbedingt nortwendig ist), so hilft es den Interviewten, ihre Gedanken zu sortieren. Das Handout wird vor dem Gespräch ausgeteilt und zunächst von den Interviewten allein bearbeitet. Der Prozessberater steht für Fragen bereit.

Handout für den Interviewten – zentrale Fragen im Überblick

Entdecken

- → Denken Sie an (berufliche) Situationen zurück, in denen Sie sich gut, vital, wirksam, erfolgreich gefühlt haben. Beschreiben Sie diese Situationen und erklären Sie, warum Sie sie so erlebt haben.
- → Überlegen Sie einen Moment: Welches Verhalten fällt Ihnen leicht? Was gelingt Ihnen ohne große Mühe?
- → Lassen Sie uns herausfinden, welche (möglicherweise unbewusste) persönliche Stärke hinter diesem Verhalten, das Ihnen leicht fällt, steckt.

Notieren Sie, was Sie gut können (weil es Ihnen leicht fällt):

....

....

Erfinden (Träumen)

Schätzen Sie auf einer Skala von 1 bis 10 ein, wie sehr Sie diese Stärke in Ihre berufliche Arbeit einbringen.

❶—❷—❸—❹—❺—❻—❼—❽—❾—❿

Nehmen wir an, Sie können diese Stärke noch mehr einbringen, und Ihr geschätzter Skalenwert steigt: Was müsste konkret passieren? Was müssten Sie selbst tun?

Erschaffen und Erleben (Gestalten)

Wenn Ihre Stärke ab morgen und im nächsten Jahr eine (größere) Rolle spielen soll – was konkret sollten Sie tun? Wenn wir einen Film über das neue Verhalten/über die Veränderung drehen würden, was würden wir sehen, hören, mitbekommen?

....

....

Wer kann was tun, um Sie bei diesem neuen Verhalten zu unterstützen?

....

....

Anmerkungen zur Wirkungsweise: Das Passagement-Interview hebt sich deutlich vom klassischen Vorgehen ab.

Im Folgenden haben wir einige typische Fragen gesammelt, die bei manchen sorgenvollen Interviewten aufgetaucht sind. Außerdem Antworten, die helfen.

→ »Ja, aber … ist es nicht doch ein heimliches Beurteilungsgespräch, dieses Passagement-Interview?«
→ Fast alles kann auch missbraucht werden. Das Passagement-Interview ist eine Chance, es macht Fähigkeiten in einem wertschätzenden, selbst gewählten Rahmen deutlich, es ist kein Beurteilungssystem.

→ »Ja, aber … sehen wir bei der Gesamtschau nicht dann doch nur auf die Defizite?«
→ Das ist möglich, aber nicht hilfreich, um in einer ungewissen Zukunft zu bestehen. Der Überblick mit dem »Diamanten« verwischt die Quellen, ansonsten werden die Ergebnisse nicht dokumentiert.

→ »Ja, aber … werden Fehler dann einfach ›unter den Teppich gekehrt‹?«
→ Wo Fehler sind, gibt es auch Fähigkeiten – das Passagement-Interview stützt sich bewusst auf die spezifischen Stärken, deren Entwicklung auch in anderen Bereichen immer weniger Fehler zulässt.

→ »Ja, aber … ist das Passagement-Interview denn wissenschaftlich belegt?«
→ Das Passagement-Interview ist ein innovativer, neuer Ansatz, aber kein Wundermittel. Es basiert auf wissenschaftlich belegten psychologischen Mechanismen.

→ »Ja, aber … ist die Einschätzung der Stärke denn objektiv?«
→ Sie werden im Interview gebeten, die Fähigkeiten auf einer individuellen Skala einzuordnen, aber es findet keine Messung statt, die einen Vergleich oder andere statistische Auswertungen ermöglichen würde.

→ »Ja, aber … wenn dann doch über Schwächen geredet wird?«
→ Es ist nicht verboten, über Schwächen zu reden. Wenn es in einer vertrauten Atmosphäre geschieht und der Fokus auf die Stärken dabei nicht verloren geht, kann auch das ein legitimer Aspekt des Interviews sein.

Versöhnung mit Konflikten

Prozessberater brauchen den Konflikt. Konflikte verändern. Wahrscheinlich gilt: ohne Konflikte keine Veränderung. Jemand muss sagen: Halt! So nicht (mehr)! Und immer gibt es jemanden, der sagt: Warum nicht?

Konflikte machen Angst, weil sie Unterschiede deutlich machen. Unterschiede offenbaren Individualitäten im Wollen und bedrohen daher Gemeinschaftlichkeit. Wo Gemeinschaftlichkeit bedroht wird, droht Ausschluss.

Konflikte sind emotionalisierte Verhandlungen über Unterschiede. Werden Emotionen stark, wird Kontrolle weniger, droht Verlust des gewünschten Bildes beim anderen. Konflikte sind etwas anderes als nur Verschiedenheit der Meinung. Sie lohnen sich nur, wenn zwei oder mehr unterschiedliche Handlungspläne verfolgt werden. Wird nur divergent gedacht, so kann das anregend sein, aber ohne Konsequenz. Konflikte sind nur möglich zwischen voneinander abhängigen Personen, die miteinander etwas wollen müssen. Wer nicht aufeinander angewiesen ist, kann gehen und sein eigenes Ding machen. Konflikte haben nur die, die sich brauchen.

Meist wird so gestritten, als gäbe es richtig und falsch. Wenn zwischen richtig und falsch entschieden werden kann, braucht es keinen Streit. Die wahren Fragen sind unentschieden und können nicht mit einfachen Antworten verdorben werden. Weil es die nicht gibt, darf gestritten werden und kann es auch keinen totalen Irrtum geben.

Wenn im Konflikt Unterschiede verhandelt werden sollen, muss der Unterschied klar sein. Meistens ist er das nicht. Die sachliche Differenz verbirgt sich manchmal hinter der gefühlvollen Aufgeregtheit, die aus dem Missverständnis wächst. Oft brauchen die Streiter Hilfe, weil sie keinen Unterschied gemacht, sondern nur nicht richtig zugehört haben. Danach verschwindet der Unterschied im befreienden Nichts.

Wenn es doch einen gibt, dann braucht es manchmal die Hilfe beim Entwirren: Was ist da Mittel, und was ist das Ziel? Werden Ziel und Mittel verwechselt? Ist der Dissens beim Ziel (dann wird es schwieriger) oder nur beim Mittel (dann versuchen wir erst das eine und dann das andere) …?

Streit entsteht, wenn zwei schon einen langen Weg gegangen und dann gelandet sind: bei ihrer Position. Wer wollte den Weg zurückgehen? Konflikte auflösen heißt oft: den Weg zurückverfolgen. Woher seid ihr gekommen? Welches Anliegen stand am Beginn des Weges? Welches Ziel? Bei der Recherche der langen Strecke finden sich dann meist gemeinsame Weggabelungen, bei denen beide verschiedene Richtungen gewählt haben, obwohl das Ziel noch das gleiche war. Beim Zurückgehen zu diesen Kreuzungen braucht es Begleitung und manchmal auch ein wenig Anschub. Nichts ist schwerer als der Rückzug aus einer Position (wenn sie unhaltbar geworden ist sowieso), dabei macht es fremde Hilfe leichter.

Emotionen machen alles kaputt, denken viele und wollen sie außen vor lassen; das macht sie sauer, und sie kommen dann durch die Hintertür, meist aufgebrachter als zuvor, zurück.

Je cooler die Zeiten, desto fremder allen die Emotionen. Emotionen sind Exoten. In Männerwelten sowieso. Der Mann, der sich mit Zynismus über Wasser hält, schwimmt noch immer oben.

Freude, Trauer, Sorge, Liebe, Hoffnung, Aggression und so weiter in Unternehmen zu zeigen, geht meistens nicht. Dadurch aber werden sie fremd und verbogen. Im Seminar werden sie von beflissenen Kommunikationstrainern wiederbelebt: aber nur die guten Gefühle. In der derzeitigen Modewelle von Wertschätzung und Achtsamkeitskulten geht so manche anständige Aggression einfach unter.

Ein guter Streit aber, bei dem die Fetzen fliegen, ist wertschätzender als jedes antrainierte Kommunikationsritual testosteronfeindlicher Ringelpiez-Trainer.

Streiter aber brauchen Applaus. Wer es wagt, sich leidenschaftlich zu verkämpfen, ist ein Guter, egal wie böse seine Meinung scheint. Das gilt für alle, die sich zeigen im Streit, die einen Unterschied machen wollen. Gäbe es mehr Auseinandersetzung im Unternehmen, würde man sich danach viel netter zusammensetzen.

Noch etwas: Würde man Entscheidungen würfeln, wäre nichts verloren!

Methode: Annäherung

Kurzbeschreibung: Verschiedene Sichtweisen zusammenführen.

Inhalte und Zielsetzung: Unterschiedliche Sichtweisen werden zusammengeführt, um damit weiterarbeiten zu können.

Lernkonzept: Workshop.

Teilnehmer: 6–20 Personen.

Dauer: Je nach Konfliktkomplexität 15 Minuten bis 1 Stunde.

Ressourcen: Freier Raum mit genügend Platz, keine Tische, Flipchart.

Vorbereitung: Auf dem Boden wird eine Mittellinie zum Beispiel mit Kreppband markiert.

Ablauf: Die Teilnehmer der Gruppe teilen sich in zwei Parteien auf. Die beiden Parteien stellen sich links und rechts der geklebten Mittellinie im Abstand von einigen Metern gegenüber auf. Die Parteien haben nun die Möglichkeit, abwechselnd Argumente für ihre Sichtweise in die Diskussion zu bringen. Die jeweils andere Seite geht einen Schritt vorwärts, wenn das Argument überzeugend ist, und einen Schritt rückwärts, wenn sie mit dem Argument nicht einverstanden ist. Die Übung geht so lange, bis sich die beiden Parteien in der Mitte gegenüberstehen und sich die Hand reichen können. Die Argumente und das Ergebnis werden vom Berater während der Diskussion festgehalten oder im Nachhinein von beiden Fraktionen gemeinsam aufgeschrieben.

Anmerkungen zur Wirkungsweise: Die Wirkung jedes Arguments wird sofort als Positionierung der jeweils anderen Seite deutlich. Das Lerndesign ist gut geeignet, um unterschiedliche Sichtweisen zusammenzuführen. Es setzt allerdings voraus, dass das Ziel aller eine konstruktive Lösung und eine offene Diskussion ist.

Dramaturgie: Konfliktstandards

Kurzbeschreibung: Praxiserprobte Dramaturgie für Standardkonflikte.

Inhalte und Zielsetzung: Konfliktbearbeitung mit dem Ziel einer Synthese der Sichtweisen.

Lernkonzept: Reise, Werkstatt, Workshop, Arbeitsalltag, Führungsalltag.

Teilnehmer: 5–15 Personen für das Gruppensetting, 2 Personen für das Paarsetting.

Dauer: 2,5 Stunden bis mehrere Termine, je nach Tiefe und Größe des Konflikts.

Ressourcen: Freier Raum mit genügend Platz, Stühle, keine Tische, Flipchart.

Vorbereitung: Vorgespräch mit dem (den) Auftraggeber(n). Eventuell einige Tage vorher einen Fragebogen ausfüllen lassen (s. Muster S. 259 ff.).

Ablauf: Es gibt unterschiedliche Settings zu diesem Lerndesign, denn Konflikte in Organisationen können unterschiedliche Gründe haben. Ein Berater muss sich zunächst unvoreingenommen einen Überblick über die Gemengelage verschaffen: Wer sieht was, wie und warum? Gibt es noch Zugeständnisse an die andere Seite? Ist ein Perspektivwechsel möglich? Wird die Sichtweise des oder der anderen noch wahrgenommen? Allgemein lassen sich fünf Standardkonfliktsituationen unterscheiden:

→ Konflikt innerhalb einer Arbeitsgruppe,
→ Konflikt mit einer anwesenden Führungskraft,
→ Konflikt mit einer abwesenden Führungskraft,
→ Konflikt zwischen zwei Personen (innerhalb einer Gruppe),
→ Konflikt zwischen zwei Personen (ohne Gruppe).

Literaturtipp: Glasl, F. (2009): Konfliktmanagement. Ein Handbuch für Führungskräfte und Berater. 9. Auflage. Bern: Haupt; Stuttgart: Verlag Freies Geistesleben.
Dieses Handbuch von Friedrich Glasl ist eine wunderbare Fundgrube für alle Themen, Designs, Geschichten, Theorien, Analysen, Tabellen und Ratschläge rund um den Konflikt. Erst lesen, dann streiten!

Fall 1: Konflikt innerhalb einer Arbeitsgruppe
Folgende Vorgehensweise unter Einbeziehung zweier Berater hat sich bewährt:

Die Berater lassen die Gruppe zunächst eine Aufstellung im Raum vornehmen. »Wer Position A vertritt, soll sich bitte hierhin stellen, Position B bitte dahin, und wer der Angelegenheit neutral gegenübersteht (Position C), möge sich bitte an diese Stelle begeben.« Diese optische Trennung schafft auch unter den Kontrahenten Klarheit, wer sich zu wem wie verhält.
Einer der Berater beginnt nun (im Raum, vor allen anderen) ein Reflexionsinterview mit Gruppe A, um zu verstehen, worum es geht. Wenn alle Ansichten und Aspekte erschöpfend geäußert wurden, wendet sich der Berater nacheinander an die anderen Gruppen. Von B und später von C will er wissen: »Was sagen Sie dazu?« Oder: »Was löst das Gehörte bei Ihnen aus?« Es geht bei diesem Feedback nicht um die Meinung der Zuhörer, ob das, was sie da gehört haben, richtig oder falsch ist. Sie sollen nicht korrigieren. Entscheidend ist, wie sie darauf reagieren (aggressiv, verstört, befremdet, belustigt und so weiter). Darauf werden mit den Gruppen B und C nacheinander kurze Reflexionsinterviews vorgenommen, jedoch ohne Feedback der Zuhörenden. In aller Regel bringt allein schon die Anordnung der Moderation (die Aufstellung der Parteien – jede kommt zu Wort) eine gewisse Klarheit in den Konflikt. Zudem können der geregelte Ablauf und die implizite Gleichbehandlung aller den Kontrahenten neue Perspektiven eröffnen. Es entsteht, zumindest in diesem Rahmen, ein Nebeneinander der Positionen. Es zeigt sich, dass es möglich ist, alle Positionen zu verstehen – zumindest schon einmal der Berater.

Anschließend ergeben sich zwei mögliche Varianten.

Variante 1: Der Berater bringt Thesen über das Gehörte ans Flipchart, zum Beispiel zwei Komplimente, drei Einschätzungen, zwei Lösungsvorschläge. Die Formulierungen könnten beispielsweise so lauten:
- »Hohes Maß an Engagement, daher die starke Emotionalität.«
- »Führungskräfte haben sich zu wenig um das Team gekümmert.«
- »Großer Arbeitsdruck, Gespräche fielen aus, ergo: viele Missverständnisse.«

Der Inhalt dieser Thesen ist übrigens nicht so wichtig; entscheidend ist allein, dass der Konflikt selbst im Mittelpunkt steht.
Die Thesen werden anschließend in Kleingruppen diskutiert, die aus jeweils einem Vertreter der Gruppen A, B und C formiert sind. Die Aufgabe lautet, eine gemeinsame Zustimmung oder eine Ablehnung der Thesen herzustellen. Es geht also darum, einen Konsens zu finden. Das Ergebnis wird anschließend vor dem Plenum erläutert. Auf diese Weise schälen sich die Thesen aus dem Konflikt heraus oder werden möglicherweise sogar abgelehnt.
Im letzteren Fall würde indirekt auch der Berater kritisiert, da die Thesen von ihm stammen. Das wiederum ist nicht relevant, denn die Thesen sind lediglich Vehikel zur Kommunikation. Wichtig ist allein, dass neue Ein- und Ansichten über den Gesamtkonflikt entstehen.

Variante 2: Sofern zwei Berater anwesend sind, interviewt der eine die Gruppe A, der andere die Gruppe B. (Die Gruppe C, die neutral zum Konflikt steht, kann hierbei vernachlässigt werden.) Vor der konträren Partei vertreten die Berater die Ansichten und Meinungen der Gruppe, die sie eben interviewt haben. Der Effekt: Man kann offenbar immerhin über den Konflikt reden ...
Im Anschluss daran bietet es sich an, zum Ablauf der Variante 1 überzugehen.

Fall 2: Konflikt mit einer anwesenden Führungskraft
Fall 2 ist anders gelagert: »Einer gegen alle« (beziehungsweise umgekehrt), lautet hier das Problem. Da die Führungskraft anwesend ist, muss mit offenem Visier gefochten werden. Die Dramaturgie der Moderation verläuft in sechs Schritten.

Schritt 1: Mit einer Art Kontrakt holt der Berater das Einverständnis aller ein, sich nun mit dem Konflikt zu beschäftigen. (Zumindest sind sich in diesem Punkt dann schon einmal alle einig.)

Schritt 2: Der Gruppe wird die Frage gestellt: Worin bestehen die Aufgaben von Führung? Anschließend wird der Führungskraft die Frage zugespielt: Worin bestehen die Probleme von Führung? Von beiden Parteien könnte darauf erörtert werden: Ist Führen ein interaktiver Prozess? Hat die Führungskraft alle Verantwortung? So weit sind das noch offene, eher weiche Fragen, die dann allerdings in einer verschärfenden Variante (einmal der Gruppe, einmal der Führungskraft) gestellt werden: Wer ist Opfer und wer Täter? Die Konfrontation beginnt.

Schritt 3: Nun wird aufgeteilt: die Gruppe hierhin, die Führungskraft dorthin. An folgenden Fragen sollte gearbeitet werden:
- Was ist in der Zusammenarbeit positiv?
- Was ist verbesserungswürdig? (Stichwort: Prioritäten)
- Was erwarten wir vom anderen? Was erwarte ich (= Führungskraft) von den anderen?
- Was glauben wir, erwartet der andere von uns? Was glaube ich (= Führungskraft), erwarten die anderen von mir?
- Was wollen oder müssen wir tun, damit der andere unsere Erwartungen erfüllen kann? Was will oder muss ich (= Führungskraft) tun, damit die anderen meine Erwartungen erfüllen können?

Schritt 4: Die Ergebnisse werden präsentiert. Beide Parteien sollten ausführlich zu Wort kommen können. Verständnisfragen müssen zugelassen und geklärt werden.

Schritt 5: Der Berater gibt jeder Partei Gelegenheit, eingehend auf die folgenden Fragen zu antworten:
- → Welche Erwartungen will ich/wollen wir nicht erfüllen und warum?
- → Welche Erwartungen will ich/wollen wir sofort erfüllen und wie?

Schritt 6: Vereinbarungen werden getroffen. Es ist nicht unbedingt zu erwarten, dass nach dem Austausch der konträren Positionen alle Aspekte des Konflikts aus der Welt sind. Dennoch wird sich in aller Regel etwas bewegt haben, ein Konsens ist sichtbar geworden, auf dessen Grundlage sich Vereinbarungen treffen lassen. Etwa dass Konflikte künftig nicht derart eskalieren oder dass Entscheidungen (zum Beispiel durch ein gewisses Mitspracherecht) anders organisiert werden.

Fall 3: Konflikt mit einer abwesenden Führungskraft
In Fall 3 arbeitet der Berater nur mit der Arbeitsgruppe, die den Konfliktherd in der Person einer Führungskraft wähnt. Der Einstieg ist ähnlich wie in Fall 2, das Prozedere in drei Schritten nimmt dann aber eine andere Richtung.

Schritt 1: Zur Eröffnung stellt der Berater der Gruppe offene, eher allgemeine Fragen, über die diskutiert wird:
- → Worin bestehen die Aufgaben von Führung?
- → Worin bestehen die Probleme von Führung?
- → Ist Führen ein interaktiver Prozess?
- → Haben alle (dieselbe) Verantwortung?
- → Zuspitzung: Sie sind auch Täter, nicht nur Opfer!
- → Damit wird bewusst das Prinzip von Ursache und Wirkung vertauscht. Sinngemäß wäre daher auch die Frage erlaubt: Was könnten Sie tun, damit das Arbeitsklima mit Ihrem Chef noch ungünstiger wird?

Schritt 2: Der Horizont wird ein wenig erweitert. Der Berater bringt Metaphern ins Spiel. Er könnte zum Beispiel zur Diskussion stellen:
- → Probleme mit der Führungskraft sind wie schlechtes Wetter – oder?
- → Ist Ihr Chef eigentlich immer gleich?

Schritt 3: Nun wird die Gruppe in mehrere kleine Gruppen aufgeteilt, denen weitere Fragen gestellt werden. Anschließend folgt die Ergebnispräsentation. Fragebeispiele an dieser Stelle sind:
- → Angenommen, wir wollen es schlimmer machen. Was müssten wir tun?
- → Warum ist die Führungskraft so? Welche guten Eigenschaften lassen sich nennen?
- → Gibt es Ausnahmen, in denen eine vergleichbare Situation nicht zu so einem Konflikt geführt hat? Was war da anders?
- → Wie können wir künftig einen solchen Konflikt schon im Vorfeld vermeiden?

Der Sinn dieser Übungen besteht darin, den Konflikt nicht als etwas Schicksalhaftes, Fatales hinzunehmen, sondern die Eigeninitiative der Gruppe durch Selbstreflexion, vielleicht auch durch Selbstkritik, zu motivieren. Gelingt die Moderation, kann sich die Gruppe selbst dem Konflikt mit der Führungskraft stellen und auf Augenhöhe neue Vereinbarungen treffen.

Fall 4: Konflikt zwischen zwei Personen (innerhalb einer Gruppe)

Nicht selten kommt es vor, dass ein Konflikt innerhalb einer Gruppe von lediglich zwei Personen ausgeht. Das größte Problem: Die beiden reden nicht mehr miteinander ... Zunächst muss der Berater für sich klären, ob die Lösung des Problems innerhalb oder außerhalb der Reichweite der beteiligten Personen liegt. Liegt sie außerhalb, ist es zwecklos, weiter darüber zu reden, da es sich gewissermaßen um höhere Gewalt handelt. Liegt sie innerhalb, stehen drei Fragen im Vordergrund:

- → Besteht ein objektiver Interessenunterschied?
- → Sind die beiden voneinander abhängig?
- → Haben sie vielleicht beide recht?

Die Aufgabe des Beraters besteht zunächst darin, mit Interesse und Neugier nach den Gründen des Konflikts zu forschen, Unterschwelliges nach oben zu befördern und dabei herauszuarbeiten, dass es unterschiedliche Positionen gibt. Die beste Sichtweise der beteiligten Personen wäre die Haltung: »Oh, interessant, wir haben einen Unterschied!« Das heißt, es geht darum, den Konflikt als positiven Anlass zur Klärung von verschiedenen Sichtweisen aufzufassen. Die Ansätze, die den Berater leiten und die er zu vermitteln versucht, lauten:

- → Solange einer im Team eine andere Meinung hat, kann man von ihm lernen.
- → Konsens ist das Ende der Kommunikation.
- → Nicht Dissens ist das Gefährliche am Konflikt, sondern der Abbruch des Gesprächs.

Um die Moderation in Gang zu bringen, teilt der Berater die Gesamtgruppe auf, zum einen in eine Gruppe, die der Konfliktposition von Person A nahesteht, zum anderen in eine, die der Position von Person B folgt. Person A begibt sich nun in einen Dialog mit Beratern, die als »Dissidenten« die Position B vertreten. Parallel führt B einen Dialog mit Dissidenten der Position A. Thema des Dialogs sind jeweils die Unterschiede zwischen den beiden Positionen.

Anschließend wird ein imaginärer Zaun gezogen mit der Person und den Vertretern der Position A auf der einen Seite und der Person und den Vertretern der Position B auf der anderen. Es herrscht also strikte Parteientrennung. Jede Partei berät nun ausführlich die Situation, während die andere, hinter dem Zaun, schweigend zuhört. (Normalerweise zeigt sich in diesen Diskussionen bereits ein gewisser »Dissidenteneffekt«, der aus den Eröffnungsdialogen resultiert.)

Danach streiten sich die Hauptkontrahenten coram publico über die Unterschiede ihres Konflikts. Niemand mischt sich ein. Entweder gelangen sie nun schon zu einer Einigung, oder die gesamte Gruppe kehrt zur Stufe 1 zurück. Dieser Ablauf wird so lange wiederholt, bis Person A und B alle Differenzen benannt und geklärt haben.

Erst danach ist es sinnvoll, in einem Brainstorming nach Lösungen zu suchen und Vereinbarungen zu treffen. Es empfiehlt sich, weitere Termine auszumachen, bei denen überprüft wird, ob die Lösungen auch tragen.

Fall 5: Konflikt zwischen zwei Personen (ohne Gruppe)

Ein Zweierkonflikt, der sich nicht im Rahmen einer Gruppe abspielt, die intermittierend eingebunden werden kann, verlangt vom Berater besonderes Fingerspitzengefühl und viel Diplomatie. Hier ist zunächst Einzelarbeit gefragt. In der Vorbereitungsphase ist der Einsatz von Fragebogen hilfreich (Muster »Checkliste Konfliktmoderation« und »Musterfragebogen Konfliktbearbeitung«, s. S. 266 ff.). Bei den Einzelgesprächen können diskrete Fragen nach der persönlichen Schmerzgrenze innerhalb dieses Konflikts gestellt werden. Solche Fragen, die in Gruppenprozessen (oder unter Beteiligung von Vorgesetzten) eher tabu sind, könnten so lauten:

- → Eine Museumsliste meiner Verletzungen, wie sähe die aus?
- → Meine Gürtellinie der Verletzbarkeiten, wo läge die?
- → Meine unveräußerlichen Rechte und Freiheiten, kann ich die benennen?

Aufwand und Planung: Konfliktmoderationen sind immer individuell verschieden, auch wenn es erkennbar wiederkehrende Muster gibt. Vorbereitung und konkrete Gruppenarbeit hängen von der Tiefe und Größe des Konflikts ab. Bisweilen genügt ein intensiver Nachmittag, in anderen Fällen sind mehrere Termine nötig.
Nach folgender Checkliste läuft eine standardisierte Konfliktmoderation in der Regel ab (hier am Beispiel des Konflikts zweier Personen innerhalb einer Arbeitsgruppe oder Abteilung): Zur Vorbereitung (betrifft insbesondere Fall 4) kann es für den Berater hilfreich sein, die Fragebogen vorher zu verschicken. Den folgenden Musterfragebogen können Sie natürlich an Ihre Bedürfnisse anpassen.

Checkliste Konfliktmoderation

- ☐ Vertrag schließen.
- ☐ Eventuell Fragebogen per Post an die beiden beteiligten Personen schicken und ausfüllen lassen.
- ☐ Interview mit dem Auftraggeber (meist der Chef oder die zuständige Führungskraft); das Interview findet vor den Kontrahenten statt und stellt Fragen zu Geschichte, Gegenwart und Zukunft des Konflikts. Daraufhin verlässt der Auftraggeber den Raum.
- ☐ Interviews mit den Beteiligten zu Geschichte, Gegenwart und Zukunft des Konflikts.
- ☐ Thesen zum Konflikt durch den Berater. Zustimmung oder Ablehnung durch die Beteiligten.
- ☐ Arbeit an Lösungen.

Musterfragebogen Konfliktbearbeitung

Zur Person
Wer ist an dem Konflikt beteiligt?

....

....

....

Wer sind die Konfliktparteien?

....

....

....

Sind Dritte beteiligt? (Wenn ja, wer?)

....

....

....

Zur Sache
Worin besteht das Problem?

....

....

....

Schildern Sie es bitte aus Ihrer Sicht.

....

....

....

Schildern Sie es bitte aus der Sicht anderer Beteiligter (der »Gegenseite«).

....

....

....

Zur Emotionslage
Welche Gefühle bewegen Sie bei diesem Konflikt?

....

....

....

Welche Gefühle vermuten Sie bei den anderen?

....

....

Zur Zielsetzung
Worin besteht Ihr Ziel bei dem Konflikt?

....

....

Worin besteht das Ziel der anderen Konfliktparteien?

....

....

Zu den Lösungsversuchen
Welche Lösungsversuche gab es bereits?

....

....

Warum sind sie gescheitert?

....

....

Zu den Ursachen
Welche Hypothesen über die Ursachen des Konflikts haben Sie?

....

....

Welche Hypothesen dazu haben Ihrer Meinung nach die anderen?

....

....

Zum Verhalten
Welche Konfliktstile nehmen Sie wahr (zum Beispiel offene, aggressive, verdeckte, hinterhältige ...)?

....

....

....

Welche Konfliktstile finden sich eher bei Ihnen und welche bei den anderen?

....

....

....

Zur Einschätzung
Was passiert, wenn nichts passiert (wenn also alles bliebe, wie es derzeit ist ...)?

....

....

....

Wer leidet am meisten?

....

....

....

Wie viel, schätzen Sie, kostet der Konflikt das Unternehmen?

....

....

....

Entscheidungsprozesse in Gruppen

Treffen Gruppen Entscheidungen oder treffen Entscheidungen Gruppen?

Jede Entscheidung ist ein kleiner Tod – Entscheidungen sind das tägliche Brot in Unternehmen. Wartet man, bis alle Informationen vorliegen, droht es zu schimmeln. Was bliebe, wäre ein Risiko zu wagen. Solcher Wagemut ist abhängig von der Kultur, in der die zögernden Handelnden agieren. Häufig regiert die Illusion, es gebe ein Richtig und ein Falsch. Das fördert Unsicherheit und erzeugt Absicherungsmentalitäten.

Sich nicht zu entscheiden, ist – psychologisch gesehen – eine besondere Form des Geizes. Wer sein Geld behält und es nicht ausgibt, dem bleiben theoretisch alle Optionen offen, sein Geld für alles Mögliche auszugeben. Jemand sagte, wenn jung sein heißt, dass alle Möglichkeiten offenstehen, dann macht uns jede Entscheidung ein wenig älter. Vielleicht fällt es deshalb manchmal so schwer, sich zu entscheiden?

Die Intuitiven hören nach innen und folgen der Stimme. Dabei raten sie ab, zu viele Informationen zu sammeln. Sie heben hervor, dass neben der bekannten Leistung des Gedächtnisses, sich zu erinnern, die ebenso wichtige Leistung des Vergessens steht. Würden vor einer Entscheidung alle Informationen gesammelt und ausgelotet, würde also nichts vergessen, bliebe dennoch offen, welche Informationen tatsächlich relevant sind. Intuition ist eine Form bewährter Vergesslichkeit und kann zumindest Auskunft darüber geben, welche Information von Bedeutung ist.

Dieses »adaptive Vergessen« macht uns überlebensfähig (man stelle sich vor, wir seien unfähig zu vergessen!), und diesem bewährten Rest dessen, was uns in Entscheidungssituationen als Ahnung in den Sinn kommt, sollen wir vertrauen. Gerd Gigerenzer (2007) stellt dazu folgende Regel auf: Nutze einfache Faustregeln und mache dir die evolvierten Fähigkeiten des Gehirns zunutze; dazu gehört zum Beispiel Wiedererkennung. Einfache Faustregeln entwickeln sich aus Erfahrungen und sozialen Instinkten und führen so oft zu guten Ergebnissen, weil sie unwichtige Informationen ignorieren. Die Kunst des Weglassens von Information und die Konzentration auf die Kriterien, die uns – aus Erfahrung – wichtig erscheinen, ist das Geheimnis guter Intuition.

Gerd Gigerenzer, Direktor am Max-Planck-Institut für Bildungsforschung in Berlin, erregte Aufsehen, als das Wirtschaftsmagazin »Capital« im Jahr 2000 ein Börsenspiel veranstaltete und er 100 Passanten auf der Straße befragte, welche Aktien sie kaufen würden. Die meisten nannten Aktien, von denen sie schon einmal gehört hatten. Das Aktienpaket, das Gigerenzer auf dieser Basis zusammenstellte, schnitt besser ab als 88 Prozent der von Fachleuten zusammengestellten Portfolios.

James Surowiecki plädiert in seinem Bestseller »Die Weisheit der Vielen« (2005) für Gruppenentscheidungen, da sie durch die Anhäufung von Informationen oft bessere Entscheidungen treffen als Einzelne. Solche Gruppenentscheidungen ähneln im Grunde Formen statistischer Auswahlverfahren: Die Gesamtheit aller möglichen Ausgänge eines Ereignisses wird durch eine große Anzahl von Menschen repräsentiert und ist damit in der Lage, die Zukunft zu prognostizieren. Am 20. Januar 2008 wurde ein Experiment durchgeführt. Günther Jauch testete im Rahmen des TV-Formats »Wer wird Millionär?« Surowieckis Thesen und ließ das Publikum gegen Experten bei Schätz- und Wissensfragen antreten. Das Ergebnis war – immerhin – unentschieden.

Gruppenentscheidungen

Lässt man Gruppen entscheiden, könnte es gefährlich werden. Gruppen haben viele Vorteile, in Entscheidungsfragen muss man jedoch achtsam sein. Die Gefahr liegt in dem, was Psychologen »Groupthink« nennen. Sie meinen damit das starke Streben nach Einmütigkeit und Harmonie in einer Gruppe – auf Kosten einer kritischen Analyse. Dieses Harmoniestreben führt zu Symptomen wie Selbstüberschätzung (Gruppen entscheiden risikoreicher als Einzelpersonen), Engstirnigkeit und Druck auf Andersdenkende. Das führt zu einer mangelhaften Bewertung von Alternativen, zu einer unzureichenden Informationssuche und dazu, dass Pläne für Eventualfälle fehlen.

Die Gefahr ist dann besonders groß, wenn das Gremium sehr kohäsiv ist. Je härter die Randbedingungen, desto stärker wird die Gruppenkohäsion. Diese dient der Stressreduktion und hilft so, mit schwierigen Situationen fertigzuwerden.

Starke Abschottung nach außen, fehlende Entscheidungsprozeduren und Homogenität des sozialen und ideologischen Hintergrundes sind starke Prädiktoren für Fehlentscheidungen durch Gruppen. Kommen vorangegangene Erfolge, Zeit- und Rechtfertigungsdruck dazu, herrschen Harmonie- und Konsistenznorm (zum Beispiel indem man sich aufgrund von Probeabstimmungen von vornherein festgelegt hat) und besteht ein direktiver Führungsstil, sind Fehlentscheidungen wahrscheinlich.

Von »Entrapment« spricht man, wenn eine Handlung, in die bereits Ressourcen in Form von Zeit, Geld, Aufwand oder persönlicher Identifikation investiert wurden und die zunehmend zu Verlusten führt, fortgeführt wird.

Eine Beendigung einer verlustreichen Handlung würde weitere Verluste verhindern, gleichzeitig aber bedeutete sie das Eingeständnis, zu Anfang eine falsche Entscheidung getroffen zu haben. Menschen sind im Gewinnbereich risikoscheu, im Verlustbereich risikofreudig. Das Stoppen einer verlustreichen Handlung hieße: Die bisherigen Verluste werden realisiert, weitere Verluste werden verhindert. Eine Handlung fortzusetzen, brächte immerhin die Chance, Verluste auszugleichen, wenn auch mit der Gefahr eines vollständigen Fiaskos. Durch die Risikofreude im Verlustbereich bedingt, wird eine objektiv nicht zu rechtfertigende Handlung häufig fortgesetzt.

Gruppenentscheidungen sind in der Regel mit einem höheren Aufwand verbunden als Einzelentscheidungen. Damit dieser nicht als vergeblich erlebt wird, sucht die Gruppe nach Rechtfertigungen der ursprünglichen Entscheidung.

Gruppen neigen zur Polarisierung. Sie extremisieren Meinungen, die bei ihren Mitgliedern vorherrschen. Die Gefahr ist groß, dass objektiv schlüssige Einwände und Argumente ins Abseits gedrängt werden und dieser Polarisierung zum Opfer fallen. Und schließlich gibt die ruhige, besonnene Mehrheit der laut schreienden Minderheit nach.

Zum Beteiligungsgrad der Führungskraft und der Mitarbeiter

Ein Teil der immer wieder auftauchenden Problematik bei Entscheidungsprozessen ist die Unklarheit darüber, was vorab bereits entschieden und nicht mehr veränderbar ist und worüber noch gesprochen werden kann. In einer Klärung vor dem Entscheidungsprozess unter zu Zuhilfenahme der nachfolgenden Tabelle, kann unterschieden werden, was fest ist und was vakant.

Führungskraft	Team
Sie hat gar nichts entschieden.	Es kann entscheiden, ob, was, wann, wie, durch wen geschieht.
Sie hat entschieden, dass etwas geschieht.	Es kann entscheiden, was wann, wie, durch wen geschieht.
Sie hat entschieden, ob und was geschieht.	Es kann entscheiden, wann, wie, durch wen etwas geschieht.
Sie hat entschieden, ob, wann, wie, durch wen etwas geschieht.	Es erfährt die Gründe, kann nachfragen und dazu Stellung nehmen.
Sie hat alles entschieden.	Es erfährt, was entschieden worden ist.
Sie hat alles entschieden	Es erfährt nichts von der Entscheidung.

Jonah Lehrer zeigt in seinem Buch »Wie wir entscheiden« (2009, S. 304 ff.) anhand von vielen Beispielen, dass die Entscheidungsfindung höchst komplex ist. Aus den Erforschungen lernt man, welche Bedingungen für den Prozess entscheidend sind: Zunächst sollten jegliches Wissen und Informationen gesammelt werden, die für eine Entscheidung notwendig sind. Aber eine nachfolgende Analyse über diese Informationen sollte vermieden werden – man sollte eher entspannt und gelassen seinem Gehirn die Möglichkeit der unbewussten Verarbeitung überlassen. Vereinfacht gesagt heißt das, das Unterbewusste verdaut die Informationen. Und was dann die Intuition sagt, ist fast sicher die beste Wahl. Schwierige Entscheidungen sollten dem Gefühl und der Intuition überlassen werden.

Für die Situation der Gruppenentscheidungen kann daraus Folgendes übertragen werden.

Unvorhersehbare Ereignisse Niemand kann die Zukunft vorhersehen und genau sagen, wie sich bestimmte Situationen entwickeln werden. In Gruppen können Spekulationen ausgetauscht werden – beachtenswert ist allerdings der Austausch von beiden Systemen des Gehirns: Wir brauchen Überlegung und Gefühle. Schwierig für den Prozessberater ist es – vor allem in vorrangig technisch denkenden Organisationen –; diese Stimmen der Gefühle sprechen zu lassen.

Reifegrad der Gruppe Ist eine Offenheit in der Kommunikation erlangt, so werden die Für und Wider besprechbar; und es ist leichter abzuwägen, welcher Weg ans Ziel führt. Ist eine Gruppe noch nicht so offen, spricht eine mangelnde Entscheidungsfindung eher für einen verdeckten Konflikt.

Nehmen sie sich Zeit für die Entscheidungen Fragen Sie sich, ob wirklich genügend Zeit und Austausch vorhanden sind, um eine Entscheidung herbeiführen zu können. Zu hoher Druck in zu kurzer Zeit führt zu vorschnellen Lösungen. Beispielsweise sollte am Ende eines Treffens darauf geachtet werden, keine wichtige Entscheidung zu treffen. In den letzten Minuten haben sich die Teilnehmer innerlich doch schon so weit distanziert und denken eher an das Ende und den darauffolgenden Termin, und es wird nur entschieden, weil eine Entscheidung oberflächliche Befriedigung erbringt.

Nicht für die Ewigkeit gedacht Sollen schwierige Entscheidungen getroffen werden, ist man froh über eine Einigung, an der nicht so schnell etwas geändert werden soll: Es ist dann ja vom Tisch! Aber dieses Denken bringt auch die Denkblockade in Gruppen, die wirklich beste Entscheidung treffen zu müssen. Daher tun sich Gruppen schwer, überhaupt eine Entscheidung herbeizuführen. Was tun als Prozessberater? Hilfreich ist es, den Gedanken loszulassen, dass man eine Entscheidung für die Ewigkeit, benötigt. Daher besser eine vorübergehende Lösung suchen, die zu einem späteren Zeitpunkt wieder überdacht werden kann.

Diskutieren Im Hinblick auf das Erreichen einer qualitativ hochwertigen Entscheidung ist der Zweck einer Gruppendiskussion neben dem Erreichen eines Konsenses das Sammeln von Wissen und die Expertise der Gruppenmitglieder. Das Zusammenführen von Argumenten und Informationen sollte ausführlich gemacht werden, sodass alle den gleichen Status haben und somit die Chance für eine Entscheidung besteht, wie dies von Individualentscheidungen zu erwarten wäre. Die Gruppenmitglieder auf einen Stand bringen heißt:

- → vollständiger Informationsaustausch sowie
- → Vor- und Nachteile der einzelnen Alternativen abwägen.

Loslassen Sind vermeintlich alle Informationen im Raum, so gilt es, nicht sofort in die Entscheidungsfindungsphase überzugehen. Vielmehr gelten hier ein Loslassen und Vertrauen in die Gruppe; das Wissen wird verarbeitet – emotional wird entschieden. Gefühle wecken, indem nach dem Antrieb für die Entscheidung gefragt wird. Pause einlegen und danach nach den Emotionen fragen, die im Raum sind. Als Prozessberater gilt es darauf zu achten, dass nicht wieder eine Wiederholung eintritt bezüglich Informations- und Argumentationsaustausch.

Entrückte Entscheidungsalternativen

Wenn der Zufall mitregiert … – Im antiken Athen und Rom, genauso wie in italienischen Stadtstaaten, wurden wichtige politische Entscheidungen oftmals durch Zufallsverfahren getroffen (Schweinsberg 2000).

- → In Athen wurden die allermeisten politischen Funktionäre per Los bestimmt – mit Ausnahme von wenigen Generälen und Fachbeamten.
- → In Venedig gab es ein äußerst elaboriertes Verfahren für die Wahl des Dogen, das fünf Tage dauerte: Per Losentscheid wurden in mehreren Schritten Wahlmänner bestimmt, die schlussendlich den Dogen wählten.
- → Bis ins 17. Jahrhundert hinein war in Großbritannien die Ämterrotation durch Los ein charakteristisches Verfahren für die dortige Demokratie.
- → Noch heute werden in den USA Richter und Geschworene teilweise durch Los bestimmt.
- → In norwegischen Amtsgerichten werden den Richtern Fälle per Zufall zugewiesen.
- → 1973 wurde in Schweden die Reichstagswahl letztlich mit Münzwurf entschieden, weil es einen Gleichstand zwischen dem sozialistischen und dem nichtsozialistischen Block gab.
- → Die sozial-liberale Koalition nahm 1996 in ihren Koalitionsvertrag auf, dass bei unentschiedenen Fragen für den Bundesrat das Los entscheiden soll.

Zufallskonzepte, die ursprünglich für die Anwendung in demokratischen Staaten gedacht waren, könnten manchmal als Entscheidungsmittel eine noch viel größere Wirkung haben. Was würde passieren, wenn man bei der Wahl von Führungskräften den Zufall mitregieren ließe (Schweinsberg 2000; Bauchstein 2009)?

Vorteile	Nachteile
Losen ist neutral und objektiv.	Es gibt keine Wiederwahl oder Vertragsverlängerung als Steuerungsgröße. Aus diesem Grund müsste man die Möglichkeit zur Abwahl einbauen.
Jeder hat die gleichen Chancen, gewählt zu werden.	Es gibt keine Kontinuität in der Führung.
Losen entlastet Entscheidungsträger bei Dilemmata.	Auch Extremisten oder Ungeeignete können an die Macht kommen.
Losen verursacht Unsicherheit, was einem »Antikorruptivum« gleichkommt.	
Jeder hat jedes Mal wieder ein Chance dranzukommen.	
Repräsentanten beziehungsweise Führungskräfte sind unabhängig von Interessensgruppen. Lobbyarbeit lohnt sich nicht.	
Repräsentanten beziehungsweise Führungskräfte müssen ihr Handeln nicht auf kurzfristige Ziele ausrichten.	
Auch Minderheiten (Frauen!) werden ausreichend repräsentiert.	
Seilschaften entscheiden nicht mehr über die Karriere.	

Methode: Alea iacta est

Inhalte und Zielsetzung: Das Schicksal darf entscheiden.

Ablauf: Um eine Entscheidung in einem Unternehmen zu fällen, wird ein ungewöhnlicher Zugang gewählt. Die folgende Tabelle enthält einige Losideen, die in Unternehmen eingesetzt werden können.

Lernkonzept: Führungsalltag.

Teilnehmer: Alle von der Entscheidung Betroffenen.

Dauer: Kurz.

Ressourcen: Mut.

Anlass/Methode	Entscheidungsverfahren
Stellenbesetzung und Auswahl von Führungskräften	Losverfahren treten an die Stelle von Assessment Centern für Führungskräfte: Wer Führungskraft wird, entscheidet das Los.
	Radikaler: Jeder kann Führungskraft in jedem Bereich werden. Wer Führungskraft wird, wird ausgelost. Schutzmechanismus: Führungskräfte können abgewählt werden.
Wahlmänner	Es werden zufällig Wahlmänner im Unternehmen ausgelost. Jeder kann Wahlmann werden. Die Wahlmänner wählen dann die Führungskräfte.
Führungskraft auf Zeit	Führungskräfte werden immer wieder neu gewählt. Die Wahltermine werden gelost.
Leader-Rotation	Job-Rotation: Führungskräfte bleiben nur eine bestimmte Zeit auf ihrem Posten. Dann bekommen sie eine neue Führungsposition zugelost.
Treffen von Entscheidungen	Entscheidungen müssen a) einstimmig oder b) innerhalb einer bestimmten Frist gefällt werden. Ansonsten entscheidet das Los.
Entscheidung per Los	Bei strittigen Fragen zum Beispiel im Vorstand wird ausgelost, wer entscheiden darf.
	Es wird gelost, wer eine bestimmte Entscheidung treffen muss.

Entscheidungsgremien	Entscheidungsgremien werden per Zufall aus der Menge von Leuten besetzt, die auch von diesen Entscheidungen betroffen sind.
Auflösung	Nach einer bestimmten Frist werden Projekte und Abteilungen per Los zur Disposition gestellt. Das heißt, es wird geprüft, ob sie aufgelöst werden sollten.
Planungszelle	Es werden Planungszellen eingerichtet. Die Besetzung ist zufällig, und sie werden mit der Lösung eines Planungsproblems betraut. Dabei kann es um Projekte, Strategien, Entscheidungen und anderes mehr gehen. Sie bekommen dabei Unterstützung von Prozessbegleitern. Während dieser Zeit hat die Planungszelle volle Entscheidungsgewalt.
Alea iacta est	Alle Entscheidungen werden gewürfelt.

Methode: Entscheider auf Zeit

Kurzbeschreibung: Entscheidungsverfahren.

Inhalte und Zielsetzung: Managerentscheidungen auf unkonventionelle Art treffen.

Lernkonzept: Führungsalltag.

Teilnehmer: Führungskräfte.

Dauer: Wird von der Gruppe festgelegt.

Ressourcen: Mut.

Ablauf: Die Gruppe (zum Beispiel eine Führungsmannschaft) wählt für eine bestimmte Zeit einen »Entscheider«, der alle Entscheidungsgewalt hat. Die Wahl geschieht soziometrisch. (Die Aufforderung könnte zum Beispiel lauten: »Bitte legen Sie Ihre Hand der Person auf die Schulter, der Sie die meiste Entscheidungskompetenz zutrauen.«)

Methode: Frag deine Frau

Kurzbeschreibung: Entscheidungsverfahren.

Inhalte und Zielsetzung: Managerentscheidungen auf unkonventionelle Art treffen.

Lernkonzept: Führungsalltag.

Teilnehmer: Manager und Frau beziehungsweise Managerin und Mann.

Dauer: Abhängig von der Entscheidungsfähigkeit der Frau/des Mannes zu Hause.

Ressourcen: Entscheidungswillige Familie.

Ablauf: Alle Entscheidungen, die getroffen werden müssen, werden auf Losen notiert. Anschließend wird eine zuvor festgelegte Anzahl an Losen gezogen. Die darauf notierten Entscheidungen sollen von der Frau beziehungsweise dem Mann oder dem Kind des Managers getroffen werden.

Methode: Yoda Geißler

Kurzbeschreibung: Entscheidungsverfahren.

Inhalte und Zielsetzung: Entscheidungen fair treffen und dabei möglichst viele Interessen berücksichtigen.

Lernkonzept: Führungsalltag.

Teilnehmer: 5–50 Personen.

Dauer: Stunden bis Monate.

Ressourcen: Zeit.

Ablauf: Die Teilnehmer werden gebeten, soziometrisch einen Schlichter zu bestimmen. (Die Aufforderung könnte lauten: »Bitte legen Sie der Person Ihre Hand auf die Schulter, von der Sie glauben, dass sie am meisten Schlichterqualitäten hat.«) Die Person mit den meisten Stimmen hört sich dann alle Seiten an und wägt ab. Im Gegensatz zu Heiner Geißler bei S~21 darf sie im Anschluss auch eine Entscheidung treffen.

Methode: Butterfly Effect

Kurzbeschreibung: Was wäre anders gelaufen, wenn Entscheidungen anders gefallen wären?

Inhalte und Zielsetzung: Welche Entscheidungen gab es – und wenn sie anders gefallen wären, was wäre dann anders gelaufen? Was waren entscheidende Entscheidungen, wie wäre das in eine andere Richtung gegangen?

Lernkonzept: Workshop.

Teilnehmer: 10–15 Personen.

Dauer: 2 Stunden.

Ablauf: Die Teilnehmer gehen darüber in Austausch, was in ihrer Abteilung beziehungsweise im Unternehmen mit anderen Entscheidungen anders gelaufen wäre.

Anmerkungen zur Wirkungsweise: Zufälle regieren die Welt, und Kleinigkeiten können riesige Wellen verursachen. Sind sich die Mächtigen dieser (Unternehmens-)Welt dessen bewusst?

Die Weisheit der Vielen

Wie auf Seite 263 beschrieben, erregte Gerd Gigerenzer Aufsehen, als er mit seiner Methode beim Börsenspiel der Zeitschrift »Capital« besser abschnitt als 88 Prozent der von Fachleuten zusammengestellten Portfolios. Ob am Ende die Weisheit der Vielen oder die Dummheit der Massen die Oberhand behält, hängt von einigen Voraussetzungen ab (Surowiecki 2005):

- → *Meinungsvielfalt* heißt, dass die Informationen unterschiedlich verteilt sind.
- → *Unabhängigkeit* bedeutet, dass die Meinung des Einzelnen nicht durch die Gruppe beeinflusst wird. Es gibt keinen Konformitätsdruck oder Ähnliches.
- → *Dezentralisierung* heißt, dass nicht einer alles weiß, sondern viele vieles. Und: Es entscheidet nicht nur einer.
- → *Aggregation* ermöglicht es, aus Einzelmeinungen eine Gruppenmeinung zu bilden.

Unter diesen Voraussetzungen können Entscheidungen bezüglich drei verschiedener Problemgruppen getroffen werden:

- → *Kognition* meint Entscheidungen, bei denen es eine bestimmte Lösung gibt, die aufgrund von kognitiven Fähigkeiten gefunden werden kann.
- → *Koordination* beinhaltet zum Beispiel die Optimierung von schon bestehenden Lösungen (zum Beispiel die Nutzung eines Gehwegs).
- → *Kooperation* heißt Lösungen für das Zusammenarbeiten von Menschen trotz ihrer Eigeninteressen.

Einige Beispiele zur Verdeutlichung:

- → Francis Galton fand auf einem Viehmarkt heraus, dass die mittlere Schätzung des Schlachtgewichts eines Rindes besser war als die jedes Einzelnen (Kognition).
- → Telefonjoker bei »Wer wird Millionär?« sind zu 65 Prozent richtig, Publikumsjoker zu 91 Prozent. (Kognition)
- → Der Finanzwissenschaftler Jack Treynor ließ die Anzahl Bohnen in einem Glas schätzen (850) – die Gruppe lag mit 871 besser als (fast) jeder Einzelne. (Kognition)
- → Die Soziologin Kate H. Gordon ließ zehn Häufchen mit grobem Schrot nach ihrer Größe ordnen – die Gruppe lag im Schnitt zu 94 Prozent richtig. (Kognition)
- → Der Physiker Norman L. Johnson fand heraus, dass die Gruppe im Schnitt schneller durch ein Labyrinth kam als jeder Einzelne. (Kognition)
- → Der Sozialwissenschaftler Thomas C. Schelling ließ Jurastudenten in New York einen Termin und Treffpunkt (theoretisch) vereinbaren – ohne dass diese sich absprechen konnten. Nahezu einhellig wählten sie zwölf Uhr mittags am Informationsstand in der Grand Central Station. (Koordination)

Welche Konsequenzen kann man aus diesen Erkenntnissen ziehen?

- → Google baut mit seiner Suchmaschine auf diese Weisheit der Vielen: Als besonders nützlich (oben) werden Seiten angezeigt, die besonders oft verlinkt sind – also »gewählt« werden.
- → In den USA gibt es die Iowa Electronics Markets (IEM), bei denen man darauf wetten kann, wer eine Wahl gewinnt. Genauso wie bei vielen Sportwetten ist im Schnitt die Vorhersage sehr genau.
- → Linux baut auf absolute Dezentralität und weite Diversifizierung. Es gibt keinen festen Mitarbeiterstab, der sich um Probleme kümmert. Probleme werden behoben von Leuten, die es gerade interessiert … Das funktioniert erstaunlich gut.
- → Der Publikumsjoker bei »Wer wird Millionär?« ist der vielversprechendste: Meistens liegt die Mehrheit richtig.
- → Auch Wikipedia baut auf diese kollektive Intelligenz: Mehr als 300.000 Autoren tragen Wissen schneller und besser zusammen als Individuen oder Expertenteams.

Trotz dieser Erkenntnisse sieht die Entscheidungsrealität in deutschen Unternehmen ganz anders aus. Strategien werden von kleinen Managergremien hinter verschlossenen Türen ausgetüftelt und anschließend top-down durchgesetzt.

Anders entscheiden kann man, wenn man Anbieter wie Swarmworks nutzt: Bei einer Führungskräftekonferenz beim Rechtsschutzversicherer Arag wurden die 200 Führungskräfte zunächst in ungefähr 30 Gruppen unterteilt. Jede Gruppe war mit Tastatur und Bildschirm ausgestattet und mit den anderen vernetzt. Dann wurden ihnen die beiden Fragen »Wie kann die Versicherung trotz Finanzkrise und Rezession den Umsatz steigern?« und »Welche internen Abläufe können einfacher gestaltet werden?«

vorgelegt. Auf diese Weise kamen sehr schnell sehr viele Ideen zusammen. In einem zweiten Schritt wurden Themencluster von einem Redaktionsteam zusammengestellt. Der Vorstand hatte mit »Wildcards« die Möglichkeit, Themen auf die Agenda zu bringen, die im Brainstorming nicht genannt worden waren. Diese Möglichkeit war aber gar nicht notwendig. Anschließend konnten die Gruppen auf einem virtuellen Marktplatz mit einer fiktiven Währung Anteile an den 25 Themengebieten kaufen. Zu den Themen mit dem höchsten »Börsenwert« wurden die Gruppen erneut befragt, und zwar zu Umsetzungsideen, Ressourcen und Hindernissen.

Auch außerhalb von zeitlich begrenzten Veranstaltungen kann die Weisheit der Vielen genutzt werden: Die Organisationsberatung Idalab bietet firmeninterne Informationsmärkte an: Dort können Mitarbeiter Anteile an Projekten erwerben, die sie für besonders aussichtsreich halten. Das Management sieht so, welche Projekte gerade erfolgreich sind, wann es Trendwenden gibt und so weiter. Ähnlich wie an der Börse haben neben harten Fakten auch Flurgespräche und Gerüchte einen Einfluss auf den Kurs (Asthetmer 2009).

Für Peter Kruse, der zu intelligenten Netzwerken forscht, ist ein solches Vorgehen mehr als nur »Schwarmintelligenz« von Vögeln oder Fischen. Der Unterschied ist, dass eine Großgruppe von Menschen aus vielen *intelligenten* Teilen besteht. Schafft man es, diese zu bündeln, entsteht eine kollektive Intelligenz. Kollektive Intelligenz entsteht nur, wenn eine gemeinsame Basis und Sprache besteht.

Kruse (2008) führt aus, dass erfolgreiche Change-Vorhaben auf drei Prinzipien beruhen: Basiskonsens, Transparenz und Involvierung. Dafür hat er Tools als begleitende Interventionen entwickelt: Nextexpertizer und Nextmoderator.

Nextexpertizer Mitarbeiterbefragungen mit Fragebogen haben den Vorteil der quantitativen Vergleichbarkeit. Doch es werden nur bewusste Meinungen abgefragt, unbewusste Einstellungen und Erwartungen fallen unter den Tisch. Qualitative Interviews, gruppendynamische oder künstlerische Aktivitäten dagegen erlauben einen Einblick in individuelle Bewertungsmuster. Allerdings sind die Ergebnisse kaum vergleichbar. Daher hat Kruse die Repertory-Grid-Technik von George A. Kelly weiterentwickelt. Dieser hatte mit assoziativen Paarvergleichen gearbeitet, um »persönliche Konstrukte« zu erfassen (etwa: Was ist mir persönlich wichtig? Beruf oder Familie?). Nextexpertizer nutzt das Prinzip des Paarvergleichs ebenfalls und fügt es den Beschreibungskategorien jedes einzelnen Interviewten hinzu. Die Ausgangsposition kann zum Beispiel »Firma heute« versus »Firmenvision« sein, eine persönliche Beschreibung »Silodenken« versus »bereichsübergreifende Vernetzung«. Auf diese Weise können Erwartungen, Trends und Bauchgefühle erfasst werden – und zwar auf Gruppenebene.

Nextmoderator Mit diesem Verfahren sollen Führungskräfte und Mitarbeiter an Entwicklungsprozessen stärker beteiligt und die Intelligenz der ganzen Gruppe genutzt werden. Computergestützt ergibt sich der Ablauf Brainstorming, Bewertung, Empfehlungen, Bewertung und dann Präsentation. Das Verfahren ist transparent – und alle sind beteiligt. Die Ideen, die am Ende bleiben, sind auch die besten und konsensfähigsten.

Umsetzung der Weisheit der Vielen in Unternehmen

Bergmann (2010) schreibt über die IT-Verbundgruppe Synaxon AG, die Franchise-Systeme und andere Kooperationsmodelle für Computerhändler anbietet. Was dieses Unternehmen besonders macht, ist, wie es mit Wissen umgeht. Es gibt einen zentralen Wiki, in dem das Wissen der Firma gesammelt ist: von Verträgen mit Kooperationspartnern und internen Stellenausschreibungen über Prozessbeispiele, Dokumentation laufender Projekte und eine Liste von Fachbegriffen bis hin zu Spielregeln bei Synaxon. Jeder Mitarbeiter kann auf (fast) alles zugreifen – und jeder kann jeden Beitrag kommentieren und verändern.

Dieses System führt dazu, dass Mitarbeiter Änderungen vorschlagen, die dann auch umgesetzt werden: Beispielsweise war ein Mitarbeiter mit dem Paketversender unzufrieden, woraufhin er anregte, den entsprechenden Rahmenvertrag des Konzerns neu auszuschreiben.

Alle Mitarbeiter sind zudem angehalten, das, was sie tun, im Wiki öffentlich zu dokumentieren – egal auf welcher Hierarchieebene. Das hat natürlich am Anfang auch zu Widerständen geführt, manche Führungskräfte befürchteten Chaos und manche zu viel Kontrolle. Inzwischen überwiegen aber die Vorteile: Die Hemmschwelle für Nutzer, sich in den Wiki einzubringen, ist gering:

- → Der Wiki ist leicht bedienbar und durchschaubar.
- → Jede Änderung ist sofort sichtbar.
- → Man muss nicht erst den Chef fragen, man kann einfach machen. Der Aufwand ist also gering.
- → Weil die Leistung automatisch sichtbar wird, kann sie auch anerkannt werden.
- → Jeder kann für sich relevante Wiki-Seiten »beobachten« und wird über Änderungen automatisch informiert.

Natürlich stoßen Wikis auch an ihre Grenzen: Wo Machtpolitik, Besitzstandswahrung und Kleinfürstentum vorherrschen, ist es schwierig, einen Wiki kulturell durchzusetzen. Am wichtigsten ist deshalb, dass ein solcher Systemwechsel von oben gewollt ist. Natürlich funktioniert das System auch nur wirklich gut, wenn sich viele daran aktiv beteiligen.

Zudem sollte es gewisse Sicherheitsvorkehrungen gegen Missbrauch geben:

- → Alle Beiträge sind namentlich gekennzeichnet.
- → Alle Versionen eines Beitrags lassen sich per Knopfdruck wiederherstellen.

Wie hat sich die Einführung des Wiki bei der Synaxon AG ausgewirkt?

- → Die Firma ist insgesamt transparenter geworden, Entscheidungen sind nachvollziehbarer.

→ Über das neue Medium trauen sich Mitarbeiter etwas sagen, die sich vorher nie getraut hätten.
→ Vorschläge werden nur umgesetzt, wenn sie auch von vielen als gut empfunden werden. Die kollektive Intelligenz wird also nicht nur für die Ideengenerierung genutzt, sondern ebenso für ihre Bewertung und Umsetzung. Dadurch gibt es eine viel offenere Auseinandersetzung mit Verbesserungsvorschlägen als vorher.
→ Regeln (zum Beispiel zur privaten Internetnutzung) werden gemeinsam entwickelt und diskutiert.
→ Durch die Beiträge wird transparent, wer wofür Experte ist.

Insgesamt ist der Wiki ein sich selbst regulierendes System, bei dem am Ende immer die objektiv »beste« Lösung stehen sollte. Der nächste Schritt ist es, den Wiki (teilweise) auch für Kunden zu öffnen.

Einbeziehung von Kunden

Der Netzwerkausrüster Cisco richtete 2007 einen öffentlichen Ideenwettbewerb aus, um an Innovationen zu kommen – sogenanntes Crowdsourcing (Jouret 2009). Kriterien bei der Bewertung der Ideen waren, ob sie ein echtes Problem ansprechen, ob sie realistische Marktchancen haben, ob der Zeitpunkt richtig ist, ob Cisco in der Umsetzung gut ist und ob die Ideen auch langfristige Chancen bieten. Letztlich gingen rund 1.200 unterschiedliche Ideen von 2.500 Innovatoren aus 104 Ländern ein. Zum mit 250.000 Dollar prämierten Gewinner wurde die Idee für ein mit Sensoren versehenes intelligentes Stromnetz gekürt. – Doch wie war Cisco vorgegangen?

→ Ausschreibung des Wettbewerbs auf einer Internetplattform namens Brightidea. Dort konnte man nicht nur Ideen posten, sondern auch bewerten und kommentieren.
→ Aussortieren von Ideen durch a) Bewertung seitens interner Experten, b) Bewertung der Internet-Community und c) Kommentierung der Internet-Community.
→ Unterstützung der Halbfinalisten durch Mentoren, die Idee zu überarbeiten.
→ Kür des Gewinners durch Evaluierungsteam und Cisco-Manager, deren Bereiche betroffen wären.

Warum hat es sich für Cisco trotz des ganzen Aufwands gelohnt? Was ist der Mehrwert neben der Idee an sich? Wie denken Menschen auf der ganzen Welt über die Firma Cisco?

→ Externe Sicht auf die Märkte ist oft optimistischer als die interne Sicht.
→ Überblick über mögliche neue Geschäftschancen – je nach Region.
→ Zugriff auf eine weltweite, motivierte und kreative Zielgruppe.

Syntegration (Beer beziehungsweise Malik)

Die Workshopmethode »Syntegration« (setzt sich zusammen aus Synergie und Integration) wurde erfunden, um das vorhandene Wissen von Gruppen zu vernetzen und besser zu nutzen als bisher (Richter 2005). Gemeinsame konstruktive Lösungen, die »besten« Lösungen, sollen dabei entwickelt werden, ohne dass sie von Macht, Geld oder Wissensmangel beschränkt werden. Die »vielen Gehirne [sollen dabei so zusammengeschaltet werden], dass sie wie ein einziges, überaus leistungsfähiges Gehirn arbeiten« (S. 32).

Erfunden hat die Methode der Managementkybernetiker Professor Dr. Anthony Stafford Beer. Für ihn war ein Ikosaeder die perfekte Struktur wirksamer Kommunikation. Die Kanten sind dabei die Teilnehmer, die unterschiedliche Rollen haben (in der Abbildung Farben). Rollen sind Diskutant, Kritiker und Beobachter. Die Rollen wechseln. Die Eckpunkte stehen für Themen. Die Zuordnung auf die Themen erfolgt hierarchiefrei und bezieht sich ausschließlich auf fachliche Stärken.

Der Ablauf ist zeitlich klar strukturiert und wird von Moderatoren begleitet. Normalerweise ist ein Workshop auf drei Tage angelegt. Grob ist der Ablauf wie folgt:

- → Eröffnungsfrage des Auftraggebers,
- → Festlegung der wichtigsten Fachexperten zu dieser Frage,
- → Festlegung der zwölf wichtigsten Aspekte der Frage,
- → computergestützte Aufteilung auf das Ikosaeder,
- → drei Gruppensitzungen mit wechselnden Rollen (Iterationen).

Vorteile der Methode sind die automatische Dokumentation, die aktive Beteiligung aller, die anhaltende Netzwerkbildung und individuelle Lernprozesse durch die vielfältigen Perspektiven. »Die Syntegration wirkt wie eine zeitkomprimierende Maschine, die maximale Kommunikation in minimaler Zeit ermöglicht« (S. 35).
Normalerweise wird Komplexität mit Reduktion begegnet. Das große Ganze wird in viele Einzelteile zerlegt, die handhabbar sind. Doch können viele Teillösungen genauso gut sein wie eine sinnvolle Gesamtlösung? Die Kybernetik sagt nein, und die Methode Syntegration versucht, das umzusetzen (Richter 2006). Die Teile eines Systems sollen zu einem sinnvollen Ganzen integriert werden und dadurch Synergien schaffen – Syntegration eben. Stafford Beer hat sich auf seiner Suche nach einer intelligenten Kommunikationsarchitektur vom amerikanischen Designer und Architekten Richard Buckminster Fuller inspirieren lassen: Dessen geodätische Dome ermöglichen erstaunlich leichte, stabile und kosteneffiziente Strukturen. Die Bauweise basiert auf der Balance von Zug und Druck. Dieses Prinzip von Zug und Druck wollte Beer auf soziale Systeme übertragen und tat dies mit seinem Ikosaeder. Die Aufteilung in zwölf Themen ist für ihn die kritische Größe: Alle können noch an verschiedenen Themen mitwirken und sie verfolgen, ohne dass sich Fraktionen bilden und der Überblick verloren geht. »Das Ikosaeder maximiert den Wirkungsgrad der Zusammenarbeit, indem es die maximal möglichen Beziehungen gut nutzt« (S. 19).

Man kann Syntegration auch in einer langen Tradition sehen (Nittbaur 2005): Die alten Griechen lebten ihre Herrschaft des Volkes (Demokratie) auf großen Versammlungsplätzen aus, wo sie diskutierten, stritten und entschieden. Auch dort ging es um Zukunftsfragen und um Themen, die für viele relevant waren. Allerdings hatten die alten Griechen noch einen entscheidenden Vorteil: Ihre Welt war weit weniger komplex und miteinander vernetzt, während heutige Systeme und Subsysteme ständig miteinander interagieren.

Komplexe Fragestellungen brauchen Verfahren, die diese Komplexität abbilden können. Syntegration ist der Versuch, die griechische Idee, Probleme durch Dialog zu lösen, auf moderne Organisationen und Gesellschaften zu übertragen – mit einem Modell, das über die klassische Debatte hinausgeht.

Methode: Permanenter Publikumsjoker

Kurzbeschreibung: Entscheidungsverfahren.

Inhalte und Zielsetzung: Entscheidungen durch das Kollektiv treffen lassen.

Lernkonzept: Führungsalltag.

Teilnehmer: Möglichst viele Mitarbeiter.

Dauer: Flexibel.

Ressourcen: Intranet.

Ablauf: Fragen und Entscheidungen werden ins Intranet gestellt– und alle dürfen mit abstimmen.

Methode: Erst eins, dann zwei, dann drei, dann vier

Kurzbeschreibung: Durch Kaskadierung Lösungen finden.

Inhalte und Zielsetzung: Schrittweise müssen sich immer mehr Personen auf eine Lösung einigen. Dadurch gewinnt die Lösung an Qualität, und das Wissen von immer mehr Menschen wird einbezogen.

Lernkonzept: Workshop.

Teilnehmer: 6–50 Personen.

Dauer: 1 Stunde.

Ressourcen: Keine.

Vorbereitung: Keine.

Ablauf: Erst überlegt sich jeder einzeln zu einer bestimmten Problemstellung eine Lösung. Dann gehen immer zwei Personen zusammen, die sich jeweils auf eine Lösung einigen müssen. Anschließend bilden sich Dreiergruppen, die sich einigen, dann Vierergruppen, dann Fünfergruppen und so weiter.

Anmerkungen zur Wirkungsweise: Durch das permanente Schleifendrehen und Argumentieren wird die Lösung immer fundierter und findet zudem einen Konsens.

Methode: Ikebana für Fortgeschrittene

Kurzbeschreibung: Strauß binden mit Menschen zur Entscheidungsfindung.

Inhalte und Zielsetzung: Ikebana für Fortgeschrittene statt Open Space für Zwanghafte. Ikebana ist eigentlich die japanische Kunst des Blumenarrangierens. Beim Ikebana für Fortgeschrittene werden aber nicht Blumen, sondern Menschen zu »Sträußen« zusammengeführt.

Lernkonzept: Großgruppenveranstaltung.

Teilnehmer: 20–100 Personen.

Dauer: Halber Tag.

Ressourcen: Genügend Platz.

Ablauf: Die Teilnehmer werden zu einem Strauß zusammengebunden und bekommen unterschiedliche Rollen zugeteilt: Kritiker; Visionär; Optimist; Leute, die keine Ahnung haben; Fachexperten; Fachfremde.
Die Mischung des Straußes sollte dabei maximal bunt sein: Junge, Alte, Erfahrene, Unerfahrene; Stakeholder, Kunden (in echt oder im Rollentausch. Der Rollentausch hätte den Vorteil, dass die Teilnehmer zur Perspektivenübernahme »genötigt« werden: Was denkt der Kunde?). Es lassen sich auch Gäste in die Diskussion mit einbauen.
Die jeweiligen Menschensträuße halten Lösungsrunden ab für unterschiedliche Szenarien (zum Beispiel »Wenn sich der Markt so oder so entwickelt«). Dies kann auch soziodramatisch umgesetzt werden. Die Teilnehmer bilden drei Gruppen. Ihre Aufgabe besteht darin, szenische Bilder zu entwickeln, wie das Unternehmen im Jahr 20xx aussieht. Es können aber auch szenische Bilder entwickelt werden für Lösungen zu Entscheidungen. Die Vorbereitungszeit sollte auf 20 Minuten begrenzt werden, und jede Szene sollte maximal drei bis fünf Minuten dauern.
Wenn es um neue Produkte geht, sollten im Rollentausch bestimmte »Kundentypen« verwendet werden. Leitfragen hierbei wären unter anderem: Wie reagiert der skeptische Kunde, der wechselwillige Kunde, der treue Kunde, der Immer-auf-dem-neuesten-Stand-Kunde ...? Im Rollentausch setzt sich aus den verschiedenen Kundentypen ein Kundenstammtisch zusammen. Hier wird diskutiert, wie das neue Produkt sein sollte. Prinzip wie bei den Kundentypen organisationsintern anwenden: Vertriebler, Controller, Entwickler ...

Teil 3
Prozessberatung in Organisationen

11 Prozessberatung für Organisationen wird zu Passagement

Von Kotters Sprossenleiter zum Passagement

John P. Kotter (1997) beschrieb in den 1990er-Jahren Veränderungsprozesse noch in einer Phasenfolge:

- → Notwendigkeit und Dringlichkeit darstellen,
- → Führungskoalition bilden,
- → eine Vision und Strategie entwickeln,
- → mit der Vision in Dialog gehen,
- → Mitarbeiter zum Handeln befähigen,
- → schnelle Erfolge generieren und kommunizieren,
- → Erreichtes konsolidieren sowie
- → Veränderung normalisieren.

Das passte und half als Sprossenleiter. Man irrte sich empor, und wenn es zu Ende war, war man angekommen und erleichtert. Veränderungsprozesse haben sich verändert. Waren sie einmal Ausnahme, begannen, endeten oder versandeten, so gehören sie heute zum Tagesgeschäft. Kotters letzte Phase läuft dauerhaft.

Prozessberater, die in Unternehmen geholt werden und an Veränderungsprozessen – also am Tagesgeschäft – mitarbeiten, beraten nicht mehr ausschließlich. Sie betreiben, wenn sie wirksam sein wollen, eine Mixtur aus Management und Beratung in Veränderung: Passagement.

Passagement

Passagement meint die Form der Unterstützung und Begleitung von Übergangssituationen im Management von Organisationen auf struktureller, funktionaler, kultureller und persönlicher Ebene. Passagement ist integrierte Beratungs- und Projektarbeit. Eine Organisation darin zu unterstützen, den Menschen neue Wege in der Rolle und Aufgabe für sich und ihre Organisation zu suchen. Dabei geht es immer um die Gestaltung der Übergänge von einem alten und bekannten Zustand hin zu einem neuen, noch nicht bekannten Zustand. Für das Passagement braucht es Handwerkszeug und eine Grundhaltung, die sich mit dem Ganzen identifiziert, um Unternehmen, Bereiche oder Abteilungen auf die wechselnden Anforderungen des Marktes strategisch auszurichten. Folgen Veränderungsprozesse einer reinen Projektlogik und lassen die Psychologik außer Acht, dann bewirkt der Prozess genau das, was viele sich insgeheim wünschen: nichts. Passagement integriert in der Projektlogik die Psychologik. Verändert in der Veränderung auch Kultur und kultiviert Veränderung.

Veränderte Strukturen und Prozesse können Teil einer neuen Lösung oder Fortschreibung des alten Problems mit anderen Mitteln sein. Das hängt davon ab, wie sie verstanden, akzeptiert und umgesetzt werden. Die Haltungen der Mitarbeiter bestimmen dabei ihr Verhalten. Passagement versucht, Menschen für den Wandel zu gewinnen und sie dabei für ihre eigene Entwicklung zu öffnen.

Wäre Organisationsentwicklung die Zärtlichkeit der Unternehmen für ihre Menschen, dann wäre Passagement die Zärtlichkeit der Menschen für ihre Organisation; sie verbindet Person und Organisation und bringt diese näher zusammen.

Zärtlich ist Passagement dann, wenn die Menschen ihre Organisationen bewegen und mit Hingabe, Liebe und Zuversicht für die Übergänge Zeit einräumen. Dafür muss man Menschen bewegen können! Gelingt diese Art von Zärtlichkeit, so entsteht Neugier und Zuversicht.

»Culture eats strategy for lunch?«

Wie wäre es mit einem gemeinsamen Mittagessen? Dass die Kultur die Strategie zum Mittagessen verspeist, klingt im Deutschen dann doch ein wenig kannibalisch-unappetitlich: Gesehen hat es noch keiner.

Manager aber, die sich etwas ausdachten und dann an einem langen Arm verhungerten, kennt jeder. Wem nun der lange grausame Arm gehört, ist offen. Dass es ihr eigener ist, würde die Metapher sprengen … Nehmen wir lieber die Kultur. Was ist das also mit langen Armen und großem Maul?

Einfache Definitionen sagen, Kultur in Unternehmen ist die Art und Weise, wie Probleme gelöst werden und was ihnen so dabei widerfährt. Probleme treffen auf: Anordnen, Verdrängen, Darüberreden, Aussitzen, Erinnern, Neues Erfinden, Spotten, Glaubenverlieren, Zynischwerden. Also Menschen.

Kultur drückt sich aus in Prozessen, Strukturen, im Lebens- und Arbeitsgefühl der Menschen, in ihren Überzeugungen, Gewohnheiten und den Geschichten, die sie erzählen, den Zeichen, die sie verwenden: Die Kultur ist das Unternehmen. In der Kultur zeigt sich, wie im Unternehmen etwas unternommen wird. Als Selbstverständlichkeit wird sie hingenommen, augenscheinlich unveränderlich.

Als Produkt der Annahmen im Unternehmen, dessen Multiplikanden nicht mehr analysierbar sind, hat sie alle als Multiplikatoren.

Wenn Kultur sich ändert, ändert sich alles. Wenn alles sich ändert, ändert sich Kultur noch lange nicht.

Organisationen sind Systeme mit Menschen als Umwelt und umgekehrt

Für Prozessberater ist eine Organisation als Ganzes eine kleine (geschlossene) Gesellschaft. Sie ist ein politisches Gebilde von Gruppen im Austausch, die Interessen – und Zielkonflikte – haben und Wege finden müssen, diese zu lösen. Menschen in Organisationen realisieren unterschiedliche Wert- und Lebensvorstellungen. Diese allzu menschlichen Aktivitäten sind oft losgelöst vom Zweck des Gesamten. Sie geschehen immer und überall, wo Menschen sich organisieren. Die Komplexität moderner Ge-

sellschaft bildet sich auch in den Unternehmen ab, obwohl durch die hierarchische Ordnung vieles einfacher scheint als »draußen«.

In der Mikroperspektive kann eine Organisation für manche Heimat sein, Zugehörigkeit erzeugen, Nähe stiften. Anderen ist sie Zufluchtsstätte ihres Ehrgeizes oder der Bühne der Eitelkeiten. Wer mit diesem Blick auf Organisationen schaut, der wird Rücksicht nehmen auf das zunächst Verborgene, das aber bestimmend ist.

Die Hauptfrage, die Führungskräfte im Zusammenhang mit Veränderungsprozessen stellen, lautet: »Wie lässt sich dieses System steuern?« Oder ehrlicher: »Wie kann ich meine Mitarbeiter dazu bringen, das zu tun, was sie tun sollen?« Die Beantwortung dieser Fragen führt zunächst aus dem schmalen Zielkorridor heraus, den die Fragen den Antworten vorgeben. Klassische Steuerungskonzepte (Appell oder Überzeugung) versagen häufig, weil sie die Komplexität der Organisation unberücksichtigt lassen. Der Begriff »Steuerung« (oder ähnliche Begriffe) evoziert Metaphern (zum Beispiel

Kapitän mit Steuerrad), die falsche Erwartungen an richtige Führung erzeugen. Eine bessere, tauglichere Metapher für das Problem »Führung von Veränderung« ist Familie. Jedem leuchtet sofort ein, dass hier Führung keine Punktziele erreichen kann und sollte, wenngleich es auch immer wieder versucht wird. Übertragen wir die Wahrheit der neuen Metapher in das alte Bild, sind Führungskräfte keine Kapitäne mehr, sondern Schiffskonstrukteure (die allerdings ihre Schiffe regelmäßig bei voller Fahrt umbauen müssen und das durchaus bei schwerer See). Wenn sie also Bedingungen für neue Möglichkeiten schaffen, ist das schon viel.

Empowerment – Menschen werden hell

Irgendwann wird es so sein, dass Menschen nur noch in den Unternehmen arbeiten, die ihnen selbst gehören. Bis es so weit ist (das könnte länger dauern), braucht es noch allerlei gute Change-Tricks, um Mitarbeiter für die Sache, die erst einmal nicht ihre eigene ist, zu gewinnen.

Veränderungsprozesse sind zwiespältig: Betroffene sind immer zunächst betroffen, weil die, um die es geht, meist nicht von Anfang an dabei sind und mitentscheiden. Veränderungsprozesse beginnen von oben und haben letzten Endes immer Ziele des Charakters: schneller, höher, weiter. Was sonst? Und dass die, die schneller, höher, weiter machen sollen, nicht immer darauf Lust haben, ist nachvollziehbar ... Keiner der Ruderer auf der Galeere freut sich, wenn der Trommler die Taktzahl erhöht ... Manchen (aus der Taktgeberperspektive) erscheint solch mangelnde Freude am Getrommel als Widerstand. Wir finden das total normal.

Veränderungsprozesse sind zwiespältig: Wenn sie gut laufen, dann gibt es in einer Organisation selten so viel Austausch und Kontakt, wie in solchen Change-Zeiten. Horizontal und vertikal. Führungskräfte laden ein zu Kaminabenden und Happy-Hour-Talks. Es gibt Kick-offs und Workshops. es werden bollywoodreife Visionsfilme gedreht, und in Werkstätten kommt man sich näher. Die Führungskräfte balzen um die Gunst der Mitarbeiter und geben sich Mühe ... So manche Führungs-Mitarbeiter-Beziehung erlebt, dank der Unterstützung durch Prozessberater, ihren zweiten Frühling oder ihren ersten ...

Solche Zeiten bieten Chancen für alle. Am besten nutzt man sie, wenn Mitarbeiter in solchen Prozessen in neuen Rollen hinein- und darin dann über sich hinauswachsen dürfen. Change-Prozesse bieten eine Vielzahl solcher Rollen in unterschiedlichen Initiativen: Prozessbegleiter, Projektgruppenmitarbeiter, Moderator in Großveranstaltungen, Festorganisator, Resonanzgruppenmitglied und so weiter. Die verständliche Tendenz in Unternehmen, in Projekten immer wieder auf die gleichen bewährten Mitarbeiter zuzugreifen, kann so angehalten werden. Mitarbeiterentwicklung findet in den Köpfen der Führungskräfte statt. Lernen diese, ihre Mitarbeiter anders zu sehen, wird Neues möglich. Manche sagen: ein toller Nebeneffekt solcher Change-Prozesse. Vielleicht ein Haupteffekt?

Gutes Passagement unterstützt solche Rollenübernahmen. Warum sollten Externe Großveranstaltungen oder Workshops moderieren? Prozessberater sind hier hilfreicher, wenn sie Hilfe zur Selbsthilfe geben, Mitarbeiter für große Auftritte coachen, dabei dann die Daumen drücken, statt selbst auf der Bühne zu stehen.

> »Jeder Mensch ist dazu bestimmt, zu leuchten! Unsere tiefgreifendste Angst ist nicht, dass wir ungenügend sind, unsere tiefgreifendste Angst ist, über das Messbare hinaus kraftvoll zu sein. Es ist unser Licht, nicht unsere Dunkelheit, die uns am meisten Angst macht. Wir fragen uns, wer ich bin, mich brillant, großartig, talentiert, fantastisch zu nennen? Aber wer bist du, dich nicht so zu nennen? Du bist ein Kind Gottes. Dich selbst klein zu halten, dient nicht der Welt. Es ist nichts Erleuchtetes daran, sich so klein zu machen, dass andere um dich herum sich nicht unsicher fühlen. Wir sind alle bestimmt zu leuchten, wie es die Kinder tun. Wir sind geboren worden, um den Glanz Gottes, der in uns ist, zu manifestieren. Er ist nicht nur in einigen von uns, er ist in jedem Einzelnen. Und wenn wir unser Licht erscheinen lassen, geben wir anderen Menschen die Erlaubnis, dasselbe zu tun. Wenn wir von unserer eigenen Angst befreit sind, befreit unsere Gegenwart automatisch andere.« Dies sagte Nelson Mandela, Staatspräsident von Südafrika (1994–1999, in seiner Antrittsrede1994.

Visionen – Begründungen aus der Zukunft

Visionen und Berater aus Plastik

> »Nur wenn, was ist, sich ändern lässt, ist das, was ist, nicht alles« (Adorno 1973, S. 371).

Wenn das, was ist, nicht alles sein soll, braucht es ein Bild von dem, was sein könnte. Eine dichte Beschreibung der Zukunft hilft, sie zu gestalten. Zahlen nicht. Jemand sagte einmal: »Visionen müssen Kindheitswünsche erfüllen …«

Irgendwann in den 1990er-Jahren fingen Unternehmen an, Visionen zu haben. Und bis heute klingen sie alle gleich. Wahrscheinlich kamen sie aus Amerika, wo es immer einen Aufbruch in irgendeinen Westen braucht. Vielleicht ist das gar nichts, für uns Alt-Europäer …

Wären Visionen ein Indiz für Kreativität und Originalität (der Berater), läge die Zukunft der Berateten im Dunkeln. Im Visionsdeutsch: Wir Berater sind Marktführer in einfältigem Superlativ-Bullshit.

Visionen sind meist hausbackener, schlecht geschriebener Größenwahn von Männermanagern in mittleren Jahren, deren Fantasie dann schon beim Längsten und Größten ausgelastet ist. Inzwischen hat jedes Vollzugsbeamtenhochleistungsteam im Knast leidenschaftliche Unternehmer-im-Unternehmen-Kundenbegeisterungsvisionen.

Es ist eine schöne Illusion derjenigen, die sie brauchen, eine Unternehmung als gelungen zu bezeichnen, wenn sie sich als Community von Gleichgerichteten versteht. Bemühungen von Unternehmenskulturarbeitern, solche Allianzen von Willigen herzustellen, entlarven manchmal die emotionalen Defizite der sich Bemühenden, immer aber deren Naivität. Solches Tun mündet häufig in Visionsformulierungen, die knapp Fanclubniveau erreichen und Mitarbeiter zu Recht in tiefen und authentischen Sarkasmus führen statt zu mehr Klarheit.

Dennoch: Zukunftsbilder sind notwendig zur Steuerung gegenwärtiger Veränderungen. Solche Begründungen für aktuelles Handeln aber dürfen keine austauschbaren Plastikhüllen sein, die dann in Schubladen versteckt oder – noch schlimmer – an Büroflurwänden vermodern. Wären sie wirklich gut, würden sie etwas verändern, sie würden diskriminieren, Einschlüsse, Ausschlüsse, Unterschiede – und ein bisschen Angst vor der eigenen Courage machen.

Wenn sie ehrlich wären, würde schlechtes Deutsch verziehen. Wenn sie sagten, was ist und wie daraus was werden kann, was sein soll, erfüllten sie ihren Zweck.

Ob Unternehmen tatsächlich Sinn stiften müssen, um vielleicht von sonstiger Leere abzulenken, darüber sind wir Autoren uns selbst uneins.

Ist es nicht ein wenig verrückt, Visionen so zu formulieren, dass sie fast so viel Sinn stiften wie zwei Familien und drei Heldenleben zusammen, um dann die Mitarbeiter, die dem Sinnmarketing der Berater auf den Leim gegangen sind, in aufwendigen Work-Balance-Seminaren beizubringen, dass es noch einen anderen Sinn gibt, als zu arbeiten?

Visionen sollen den Unternehmen Sinn stiften, nicht den Menschen ihre Sinnsuche ersetzen.

Natürlich werden soziale Systeme über Sinn gesteuert, und Community wächst über gemeinsame Sinnzusammenhänge. Gibt man sich eine gemeinsame Mitte, werden individuelle und lokale Interessen in ein gemeinschaftliches Interesse integriert. Eine Vision ist eine gemeinsame Mitte. Das Tagesgeschäft fokussiert die Gegenwart und reagiert auf die Forderung des Augenblicks. Wer Community gestalten will, braucht eine gemeinsame Ausrichtung, einen Weg, etwas, was über den Tag hinaus Attraktivität besitzt. Eine gemeinsame Vision, die die Führungskoalition gemeinsam entwickelt.

Wolfsrudel-Encounter – Schmieden der Führungskoalition

John P. Kotter schreibt klug, wenn er der Führungskoalition zentralen Stellenwert im Change zumisst. Weil Phasenmodelle sogar sperrige Realitäten zugänglich machen, stellt er das Herstellen der Führungskoalition an seine zweite Stelle.

Was klingt wie eine Episode im Ablaufplan, gerät aber meist zur Beraterlebensaufgabe. Und man spürt manchmal beim Umsetzen: Gäbe es die Koalition schon länger, wäre viel Change gar nicht nötig. Uneinige Führung ist in vielen Fällen die Ursache für schlimme Verhältnisse in Organisationen. Vielleicht aber auch nur die Folge.

Eine antreibende These für das Arbeiten mit der Führungskoalition ist: Die Qualität der Kommunikation in der Führungskoalition verändert die Qualität der Kommunikation in der gesamten Organisation. Gelingt so etwas wie professionelle Kommunikation (ein schönes Synonym für: Offenheit, Klarheit, »face reality«), verändert sich im Veränderungsprozess selbst auch die Führungskoalition.

Erst aber einmal hat die Koalition eine Funktion: Sie muss Veränderung treiben. Das geht nur, wenn sie das, was zu tun und meist unangenehm ist, gemeinsam vertritt. Da darf nichts wackeln, weil sonst an allem gerüttelt wird.

»Führung des Wandels bedingt einen Wandel der Führung«, schreibt Wimmer (2009, S. 212) und meint damit, dass Führungskräfte sich von Change-Prozessen oft gar nicht betroffen fühlen: Sie sind ja die Gestalter, ändern müssen sich die anderen … Die anderen sind dann auch gleichzeitig die Schuldigen, wenn der Prozess nicht wie gewünscht anläuft. Für die Führungskräfte mag diese Einstellung noch eine selbstberuhigende Funktion haben, für die Organisation ist das Signal fatal: Die da oben verändern selbst nichts, nehmen sich raus. Die Führungskräfte werden so als schlechtes Vorbild wahrgenommen. Es finden sich Nachahmer, und immer weniger werden sich für den Change begeistern.

Dass Führungskräfte aber Vorbilder sein müssen, ist die perfideste Erfindung derer, die wollen, dass sich nichts ändert. Die Idee des Vorbilds wird gerne zur Demontage derselben und dann des Ganzen hergenommen. Weil die, die so etwas fordern, in der Regel auch ihre Wahrnehmung so geschärft haben, dass sie alles finden, was hilft, um aus einem Vorbild das Gegenteil zu machen: den Sündenbock.

Führungskräfte und alle anderen Menschen sind in der Regel überfordert mit dem gewaltigen Anspruch, und deshalb versagen sie am Vorbildsein. Wenn ihnen beim Versagen zugeschaut wird, sind die Vorbilddemonteure am Ziel. Was der Sündenbock für das Böse ist, ist das Vorbild für das Gute. Emanzipation hieße, aufzuhören mit dem ganzen Vorbildquatsch. Das war einmal eine gute Idee, funktioniert aber nicht. Jeder möge selbst emporscheitern und dem anderen Menschen sein Menschsein verzeihen.

Quer Banden bilden!

Weil Führungskräfte in großen Konzernen psychologisch gesehen eher zu heimatlos-vagabundierenden Einzelkämpfern verkommen und, je höher der Status, die Kollegen umso konkurrierend-unnahbarer werden, desto dringender brauchen sie Kraftfelder in der Organigrammhorizontalen. Für die Organisation sind solche Querverbindungen wichtig, weil sie Mut machen, auch quer zu denken und gemeinsam mit denen der gleichen Ebene gegen das, was von oben droht, an- oder einzustehen.

Es hat sich als hilfreich erwiesen, solche Foren für mittlere und obere Führungsebenen einzurichten. Dort kann gemeinsam gedacht, gelernt und etwas bewegt werden. Indianer nennen das Palaver. Wie wäre es ohne Agenda, aber mit prozessorientierter Moderation? Gerade weil weiter oben die Luft immer dünner wird, muss es bei solchen Treffen auch einmal dicke Luft geben. Reinigende Gewitter spülen dann oberflächliche Höflichkeitskrusten ab.

Einzelkämpfer bauen so Brücken für ihre Sorgen, die dann gemeinsam über den Fluss gehen.

Passagement braucht Gefährtenschaft

Sauber bleiben, sich nicht gemein machen, Beobachter sein, interne Berater beraten – das wäre schön.

Wenn Prozessberater sich im Dschungel orientieren oder zumindest nicht allein im Kreis laufen wollen, brauchen sie Gefährten (keine Sherpas!). Es braucht Koalitionen und Gefährtenschaften im Dienste der guten Sache. Organisationsinterne Weltverbesserer, die mitkämpfen und mitmachen.

Der Kampf der Zeiten: Tempo, Chronos, Kairos

»Chronos« steht für den chronologischen Ablauf der linear gedachten Zeit, »Kairos« für den glücklichen Moment, in dem es passt zu handeln.

Ereigniszeit ist die Zeit, die in Handlungsfolgen denkt und sich nicht an Skalen, sondern an sich anschließende Ereignisse denkt. Pflügen, säen und ernten ist so eine Ereignisfolge, die nicht dadurch beschleunigt werden kann, indem man ein Element weglässt.

Manager wollen Blumen schnell wachsen sehen und ziehen dran. Prozessberater versuchen Menschen in den Organisationen so lange bei Laune zu halten, bis diese sich an die neuen Verhältnisse gewöhnt haben. Das nennt man dann Veränderungsprozess.

Eigentlich haben Veränderungsprozesse ihre Eigenzeit, müssen aber Projektlogiken folgen, die ein sportliches(!) Timing haben und weit in die Zukunft reichen. Manchmal aber verhalten sich Menschen in Veränderungsprozessen unsportlich(!).

Dringlichkeit darf am Anfang der Wichtigkeit, wenn sie noch etwas schwach auf den Beinen ist, aushelfen. Dringlichkeit macht Sachen manchmal wichtig. Das ist ein alter Trick, hilft aber, diejenigen, die die Wichtigkeit noch nicht sehen können, erst einmal schnell ins Boot zu holen. Oft springen sie hurtig auf, weil die Fähre ablegt.

Es ist notwendig, die Organisation ständig mit dem Veränderungsprozess in Atem zu halten, ohne dass sie außer Atem kommt. Schachspieler kennen den Begriff des richtigen Tempos im Rahmen einer Angriffsstellung: Jeder Zug muss den Angriff fördern, eine Pause im Angriff eröffnet dem Gegner die Möglichkeit, einen Gegenangriff zu starten.

Ausbildung von Prozessbegleitern: Interne Äxte ersparen externe Zimmermann-Rambos

Laienschaft für die Veränderung

Wichtigstes Prinzip im Passagement ist Hilfe zur Selbsthilfe. Denn wir geben dem alten Schotten George Bernard Shaw immer noch recht, wenn er sagt: »Jeder Berufsstand ist eine Verschwörung gegen die Laienschaft.«

Die Qualifizierung und der Einsatz von internen Prozessbegleitern sind zentrale Elemente. Prozessbegleiter sind normale Mitarbeiter, die moderieren können, aber auch im TZI-Dreieck (s. »Störungen halten die Balance«, S. 81 ff.) nicht aus der Balance kommen. Der externe Berater kann so eine Gruppe moderieren und sein Wissen an die internen weitergeben. Es gibt keine bessere Möglichkeit, um Menschen für einen Veränderungsprozess zu gewinnen, als sie zu Prozessbegleitern zu machen. Das gilt sogar für Betriebsräte.

Prozessbegleiter sind lokal präsent, verfügbar und können unmittelbar reagieren. Sie kennen sich aus in den Strukturen und Abläufen, in der Kultur und mit den informellen Kommunikationskanälen. Sie wissen, wie sie die richtigen Leute zu den richtigen Themen zusammenbringen können, und haben ihr Ohr am Herz der Menschen in der Organisation. Wenn die externen Profis bereits das Feld geräumt haben, können sie die Garanten dafür sein, dass sich die Veränderungen nicht wieder (zum Alten hin) verändern.

Methode: Kollegiale Fallberatung

Kurzbeschreibung: Intervisionsmethode.

Inhalte und Zielsetzung: Lösungen finden für ein konkretes Problem. Das innerhalb der Gruppe vorhandende Wissen nutzen und kommunikative Strukturen fördern.

Teilnehmer: 5–15 Personen.

Dauer: 1–1,5 Stunden.

Ressourcen: Genügend Raum, Stühle, keine Tische.

Vorbereitung: Keine.

Ablauf: Nachdem sich ein Fallbringer gemeldet hat, vollzieht sich die kollegiale Fallberatung in mehreren aufeinanderfolgenden Schritten.

Schritt 1: Der Berater führt ein Interview mit dem Fallbringer zur Fallvorstellung
Ziel ist es, dass die Situation möglichst genau aus der Sicht des Fallbringers beschrieben wird. Folgende Fragen können dabei hilfreich sein:

- → Worum geht es?
- → Wer ist beteiligt?
- → Was ist in welchem zeitlichen Ablauf geschehen?
- → Wer will was?
- → Wie sind die Aufgaben und Verantwortlichkeiten verteilt?
- → Welche Interessen sind (direkt oder indirekt) im Spiel?
- → Wie stehen die Beteiligten menschlich zueinander?
- → Was geht in dem Fallbringer selbst vor? (Gedanken, Gefühle, Bedürfnisse, Ambivalenzen)
- → Was genau ist das Anliegen? (die Frage, der Bearbeitungswunsch).

Während des Interviews hören die restlichen Gruppenmitglieder aufmerksam zu und beobachten den Fallbringer unter den Gesichtspunkten:

- → Erstens: Was wird erzählt? Welches Bild der Situation bekomme ich? Was muss ich noch genauer wissen?
- → Zweitens: Wie wird die Situation vom Fallbringer geschildert? Was wird genau beschrieben, was wird ausgelassen? Welche Gefühle werden durch die Art und Weise der Erzählung sichtbar? An welchen Stellen werden Emotionen besonders deutlich?

Schritt 2: Die Gruppe stellt Rückfragen, vor allem Informations- und Verständnisfragen, um Unklarheiten zu beseitigen
Dabei werden keine eigenen Hypothesen mit eingebracht, keine Diskussion gestartet und auch keine Vermutungen und Spekulationen geäußert. Das alleinige Ziel dieser Phase ist es, weitere Infor-

mationen zu gewinnen, über Hintergründe, Anfänge und Verlauf der Situation oder über die Rolle und die persönliche Betroffenheit des Fallbringers.
Die Gruppe nimmt eine neugierige Haltung ein wie ein Forscher, der etwas zum allerersten Mal betrachtet: Was passiert da eigentlich? Welche Muster zeigen sich? Welche Phänomene lassen sich beschreiben?

Schritt 3: Die Einfälle werden gesammelt
Assoziationen, Empfindungen, Fantasien werden von der Gruppe eingebracht. Über Identifikationen mit den vom Fallbringer genannten »Mitspielern« werden auch Gefühle ausgetauscht (»Wenn ich der Fallbringer, der Chef, der Kunde, der Kollege wäre, dann ginge es mir ...«). Gerade auf diesem Weg können Situationen und ihre Dynamik sehr plastisch und verständlich werden.
Anschließend geht die Gruppe der Frage auf den Grund, was bei diesem Fall eigentlich das Problem ist. Hierzu bietet sich ein Brainstorming an. Danach wird die Plausibilität der einzelnen Hypothesen geprüft: Was spricht dafür, was dagegen? Am Ende soll sich die Gruppe auf eine gemeinsame Problemsicht geeinigt haben.
Der Fallgeber hält sich während dieser Phase ganz zurück, die Gruppe sollte ihn am besten gar nicht bemerken. Er soll sich darauf konzentrieren, alles aufzunehmen, was der Gruppe zu seiner Situation einfällt. Erst im nächsten Schritt geht er auf die Hypothesen ein.

Schritt 4: Der Fallbringer macht eine Zwischenrückmeldung
Er äußert sich welche Perspektiven ihm wichtig geworden sind. Was er annehmen, nachvollziehen und verstehen kann, aber auch was seiner Ansicht nach falsch ist. Und die Gruppe nimmt seine wichtigen Informationen auf, fragt nach, um die Einwände des Fallbringers besser zu verstehen, nicht, um ihn zu widerlegen. Es geht darum, zwischen Gruppe und Fallbringer eine möglichst geteilte Sichtweise zu entwickeln. Es geht auf keinen Fall darum, wer »recht« hat!
Sollten während dieses Schrittes viele und/oder bedeutende neue Informationen auf den Tisch kommen, muss die Gruppe eventuell zu Schritt 2 zurückkehren.

Schritt 5: Lösungsvorschläge werden gesammelt
Auf der Basis des bisher Verstandenen beginnt die Gruppe, Handlungsoptionen zu sammeln, was der Fallbringer sinnvollerweise alles tun könnte. Dabei ist eine Handlungsmöglichkeit immer auch die Fortsetzung des bisherigen Tuns, also die Beibehaltung des Status quo. Bei diesem Schritt sollte die Gruppe besonders darauf achten, sich nicht zu schnell auf einen Lösungsweg zu fixieren (weder ausdrücklich noch gedanklich). Denn um neue und originelle Alternativen zu finden, wird vorausgesetzt, dass geistige Freiheit gewährleistet wird. Nur so kann auch scheinbar sehr Verrücktes ernsthaft durchdacht werden und zu einer Lösung führen.
Im Anschluss werden die verschiedenen Handlungsmöglichkeiten auf ihre Konsequenzen hin durchdacht. Dazu gehört, was voraussichtlich geschehen würde und mit welchen Reaktionen (und vor allem von wem) zu rechnen wäre. Dieses Probehandeln in Gedanken bringt mit einiger Wahrscheinlichkeit Präferenzen für einzelne Lösungswege zutage.
Der Fallgeber achtet auf die Lösungsvorschläge, auf die er aber erst im nächsten Schritt reagiert. Er lässt sich durch die Ideen der Gruppe anregen, selbst neue Möglichkeiten zu entdecken.

Schritt 6: Der Fallbringer gibt erneut Rückmeldung
Er erklärt, welche Lösungsvorschläge ihm wichtig geworden und welche er verwenden will und welche nicht. Außerdem nennt er die Gründe für seine Meinung.
Die Gruppe darf nachfragen, um die Bedenken und die Präferenzen des Fallbringers besser verstehen zu können. Aber auch hier geht es nicht darum, wer recht hat. Vielmehr soll das Nachfragen als

Chance gesehen werden, die vielleicht etwas fixierten Wahrnehmungsmuster und Handlungstendenzen beim Fallbringer oder auch in der Gruppe zu lockern.

Schritt 7: Die Gruppe startet einen allgemeinen Austausch
Hier wird der abgelaufene Prozess gemeinsam ausgewertet. Zum Beispiel wird den Fragen nachgegangen, wie und wodurch sich Sichtweisen und Einschätzungen verändert haben. Welche Wahrnehmungsmuster wurden deutlich? Und was fand Eingang ins Denken, was nicht? Gibt es Zusammenhänge zwischen diesen Mustern und den (anfangs) präferierten Lösungsideen? Hat sich ein Teil der Situationsdynamik auch in der Gruppe wiedergefunden (zum Beispiel über Identifikationen)? Was hat der Fallbringer über seinen eigenen Beitrag in der Situation gelernt? Wofür kann er diese Einsicht in Zukunft nutzen? Zudem bietet sich die Gelegenheit an, erste konkrete Lösungsschritte zu planen.

Schritt 8: Zum Abschluss wird ein Sharing gemacht
Die Gruppe teilt eigene Erfahrungen, die sie in ähnlichen Situationen gemacht hat.

Variante: Ein häufiges Problem bei der Auswahl des Falles besteht darin, dass zurückhaltende Teilnehmer manchmal Fälle auswählen, die schon gelöst sind. Deshalb bietet es sich an, im Zweierinterview den eigenen Fall zu besprechen. Der Partner schätzt dann auf einer Dringlichkeitsskala von 1 bis 10 ein, wie viele Punkte der Fall bekommt.
Des Weiteren bietet es sich während des Prozess an, einen Rollentausch einzuführen. Dabei werden die Beteiligten des Falles soziodramatisch beteiligt. Bei dieser Variante sind das anschließende Rollenfeedback und Sharing besonders wichtig.

Methode: Kollegiale Fallerspielung

Kurzbeschreibung: Variante von kollegialer Fallberatung.

Inhalte und Zielsetzung: Ähnlich wie bei der kollegialen Fallbesprechung hilft die Gruppe mit ihrem Wissen dem Einzelnen. Bei dieser Variante werden Kreativität und Spontaneität angeregt und mehrere Perspektivwechsel ermöglicht.

Teilnehmer: 5–15 Personen.

Dauer: 1–1,5 Stunden.

Ressourcen: Genügend Raum, Stühle, keine Tische.

Vorbereitung: Keine.

Ablauf: Anders als in der klassischen kollegialen Fallbesprechung werden Hypothesen und Lösungsideen szenisch dargestellt und entwickelt. Die Kollegen schlagen zunächst Möglichkeiten im Stegreif vor, dann kann der Fallbringer ebenfalls in das Spiel einbezogen werden.

Methode: Lösungsstegreif für Gruppen

Kurzbeschreibung: Lösungsmöglichkeiten für schwierige Situationen erspielen.

Inhalte und Zielsetzung: Lösungsmöglichkeiten für schwierige Situationen werden erspielt und erlebbar gemacht.

Teilnehmer: 5–15 Personen.

Dauer: 1–1,5 Stunden.

Ressourcen: Genügend Raum, Stühle, keine Tische.

Vorbereitung: Keine.

Ablauf: Die Methode ist angelehnt an den Theatersport beziehungsweise das Improvisationstheater. Der Gruppe von Teilnehmern wird eine schwierige Situation in Gruppen gestellt. Ihre Aufgabe ist es, Lösungsmöglichkeiten aus dem Stegreif zu erspielen.

Top-down, nie bottom-up. Keine Zeit, es passt nie!

Auch wenn die internen Personalentwickler charmant, unwissend oder größenwahnsinnig sind und Externe verführen wollen, aus der Hüfte zu schießen und so von der Seite her Prozesse anzustoßen, die mehr sind, als nur Stimmungsaufheller: In hierarchisch organisierten Unternehmen (gibt es andere?) beginnen Veränderungen immer von oben und müssen von oben gewollt sein. Wimmer (2009) meint, dass sich häufig die Aufmerksamkeit des Topmanagements dem Veränderungsvorhaben immer mehr entzieht, je näher die eigentliche Implementierungsphase rückt. Die Verantwortung für die Umsetzung wird damit der mittleren und unteren Führungsebene übertragen, während sich die oberste Führungsetage neuen Projekten zuwendet. Weil Veränderung persönlich genommen wird, braucht es Führungspersönlichkeiten, auf die geschaut werden kann und die sich nicht verstecken: Fehler machen und dazu stehen wäre dann der Gipfel guten Passagements.

Arbeit wächst immer um das Maß an Zeit, das man dafür erübrigen kann. Die meisten, die wir kennen, stimmen dem Satz zu oder haben keine Zeit, sich damit zu befassen. Deshalb haben alle immer genug zu tun, und für den ganzen Veränderungskram ist keine Zeit. Soll sich etwas ändern, muss deutlich werden, welche Not es zu wenden gilt, und auf die Frage »Was passiert, wenn nichts passiert?« braucht es eine Antwort, die pressiert.

Widerstand – die Masken des Verwehrens

Wer Leidenschaft erwartet, macht Widerstand zur Pflicht

> »FAUST. [...] Nun gut, wer bist du denn?
> MEPHISTOPHELES. Ein Teil von jener Kraft,
> Die stets das Böse will und stets das Gute schafft.
> FAUST. Was ist mit diesem Rätselwort gemeint?
> MEPHISTOPHELES. Ich bin der Geist, der stets verneint!
> Und das mit Recht; denn alles, was entsteht,
> Ist wert, dass es zugrunde geht;
> Drum besser wär's, dass nichts entstünde.
> So ist denn alles, was ihr Sünde,
> Zerstörung, kurz das Böse nennt,
> Mein eigentliches Element.«
> (Goethe (1808), Faust I, Zeile 1335 ff.)

Wer sich mit Veränderung in Unternehmen beschäftigt, begegnet den Veränderungsruinen: Projekte, die begonnen und nie beendet wurden. Das Gefühl erinnert an Autofahrten durch einige süditalienische Landschaften, wo Politik untergeht, weil der Untergrund obenauf ist: Halbe Brücken stehen bindungslos auf grünen Wiesen, Straßen führen ins Nichts, ohne Anfang, ohne Ende, unfertige Gebäude, noch nie und niemals bewohnt. Die Botschaft: Hier haben es eure Vorgänger versucht – was aber nicht gelungen ist, und ihr werdet auch scheitern.

Große Veränderungsprozesse brauchen Emotionalisierung

Es geht immer darum, Menschen zu gewinnen, loszugehen, »aufzubrechen« im eigentlichen Sinne des Wortes, Neues zu wagen, es anders zu machen, sich vielleicht sogar neu zu erfinden. Das erzeugt – unwillkürlich – Hoffnung darauf, dass all das, was schlecht ist, endlich gut wird.

Aber eben darin liegt auch eine Gefahr: Veränderung, vor allem Kulturentwicklung, ist immer Projektionsfläche für übersteigerte Erlösungsfantasien, die immer enttäuscht werden (müssen). Werden sie nicht als Erfolg erlebt, erzeugen sie Zynismus.

»Veränderung und Widerstand gehören quasi zusammen, wie das Amen im Gebet« (Wimmer 2009, S. 214). Diesen Satz stellt Wimmer infrage, in dem er viele Widerstandsphänomene in Veränderungsprozessen auf sich selbsterfüllende Prophezeiungen zurückführt. Gemeint ist damit ein vorweggenommenes Verhalten: »Ich nehme eine Verteidigungs- beziehungsweise Angreiferposition ein – und bekomme daraufhin auch den Widerstand zu spüren.« Jeder Zweifel, jedes Bedenken, Nachfragen und Zögern wird oftmals als Widerstand ausgelegt. Wenn dann in Veränderungsprojekten noch frühere Versäumnisse einzelner Bereiche hervorgehoben werden, sind Rechtfertigungen und Beschuldigungen vorprogrammiert.

Widerstand – oder was dafür gehalten wird – ist oft nur hausgemacht. Wer schlecht informiert, nicht kommuniziert, muss sich nicht wundern, wenn Menschen unzufrieden werden. Wenn sie so handeln wie Männer, die der Überzeugung folgen, es reiche aus, der Frau bei der Hochzeit die Liebe zu gestehen, und dann meinen, die Botschaft sei doch nun angekommen (alles Weitere sei redundant), der wird interessante Erfahrungen mit Widerstand machen.

Widerstand ist häufig Ausdruck der Leidenschaft (die »Leiden schafft«) für das Unternehmen. Wer Engagement erwartet, macht Widerstand zur Pflicht – wenn Menschen alle Vorgaben klaglos hinnehmen, sollten Prozessberater skeptisch werden. Widerstand ist hilfreich – manchmal liefert er Hinweise für die nächsten Schritte im Prozess.

Aus Beratersicht ist Widerstand all das, was Veränderung und die Entwicklung von Neuem stört. Vielleicht ist er sogar ein Ausdruck der Veränderung, dass nämlich nicht alles klaglos hingenommen wird. Der Begriff vermittelt die Illusion, als verberge sich hinter den Masken des Verwehrens tatsächlich immer dieselbe Kraft, die stets das Böse will ... Widerstand hat keine Identität, keinen Urkern: Angst, Bequemlichkeit (eine Art dicke gemütliche Schwester der Angst, die sich die Starre angenehm macht), Unwissenheit, politisches Kalkül, aufgehobener Zorn, andere Interessen ...

Widerstand ist die Pubertät der Veränderung. Hoch gelobt in der Beraterliteratur muss sie sein – und nervt doch oder blockiert das Vorankommen. So positiv konnotiert wird sie vom Change-Berater herbeigesehnt – ist sie doch der Maßstab für eigentliches Interesse und Relevanz des Themas: Wo kein Widerstand ist, da ist auch kein Interesse. Mit der Einsicht, dass Veränderer nur Zwerge sind, die auf den Schultern von Riesen sitzen und deshalb weiter sehen können, lässt sich mehr bewirken. Das Vorausgegangene ging auch einmal voraus. Der Fokus auf Defizite verschlechtert Stimmungen kolossal. Spannender ist es, Stärken zu stärken.

Mentale Modelle auf Feten

Die Bilder von Führungskräften über ihre Organisation geben gute Hinweise, wo und wie man scheitern wird. Mentale Modelle der Führungskräfte bestimmen den Blick auf das Unternehmen. Die inneren Bilder, nach denen sie handeln, und die äußeren Bilder, die sie in ihrer Sprache verwenden, erzählen von ihren Grundannahmen, Motiven, Wertesystemen.

Dabei bestimmt die Perspektive der Führungskräfte den Horizont, vor dem Entscheidungen getroffen werden. Und da kann es große Unterschiede geben:

- → Manchmal haben Führungskräfte, zum Beispiel wenn sie Ingenieure sind, ein Organisationsideal: die Maschine. Bewährte Vokabeln legen Vorgehensweisen nahe: Steuerung und Messung, Ursachen und Wirkungen.
- → Für Kaufleute sind Organisationen, die Veränderung brauchen, defizitär; sie möchten zukaufen, was fehlt.
- → Patriarchen (oft mit Bundeswehrerfahrung) glauben, Organisationen ließen sich durch Appelle und Anweisungen führen (und das klappt häufiger als gedacht).
- → ITler geben sich gerne neue Prozesse und hoffen, dass neue Software und akribische Prozessbeschreibungen auch User positiv beeinflussen.

In der Führung und in der Kantine kommt das Unternehmen dem Mitarbeiter am nächsten. Soll eine Veränderung spürbar sein, ist es sinnvoll, etwas zu ändern: das Angebot in der Kantine oder das Angebot der Führung. Letzteres scheint einfacher.

Führen von Veränderung ist Veränderung von Führung. Bildung ist das Zauberwort: aber die richtige! Klassische Trainingskonzepte bilden nicht. Sie sind meist

Schule für Erwachsene und füllen Wissen ab. Gute Bildung würde Haltung verändern, die neues Denken ermöglicht. Reisen zum Beispiel bildet, Besuche bei anderen, nicht immer bei den Besten, würden Horizonte erweitern.

Und vielleicht tauchen neue Fragen auf:

→ Wie gut sind wir schon?
→ Wie ehrlich sehen wir unsere Realitäten?
→ Wie können wir voneinander und miteinander lernen?
→ Wie wäre es, wenn uns Werte tatsächlich leiten würden?
→ Wie könnten wir mehr Spaß haben?

Protestantische Pflichtethik, die – nach Max Weber – vieles erst möglich macht, worunter hier gelitten wird, hilft nicht bei Feten. Da wäre dann doch etwas mehr feuchtfröhlicher Katholizismus hilfreich. Veränderungsprozesse ohne Feten gehen eigentlich gar nicht. Das scheint bisher noch nicht wissenschaftlich untersucht worden zu sein, liegt aber so nahe wie die nächste Kneipe.

12 Anlässe und Architekturen

Anlässe und deren weiche Faktoren

Aus Sicht der Organisation gibt es viele unterschiedliche Anlässe für Veränderungen. Dabei ist die Frage, was ist zuerst da: der Anlass zur Veränderung oder die Veränderung zum Anlass? Veränderungen kommen auf die Organisation zu, der Ursprung ist oft nicht ganz klar – gab es eine Entscheidung aufgrund von einer dringlichen Situation oder wurde die Entscheidung getroffen und dann die Dringlichkeit gesucht?

Einige Anlässe sind:

→ Prozessoptimierung,
→ Sanierung, Personalabbau,
→ Leitbilder, Führungsgrundsätze,
→ Kostensenkungsprogramme,
→ Kulturentwicklungen,
→ neue IT-Systeme,
→ Verankerung einer Vision,
→ Fusionen, Übernahmen,
→ Reorganisation, Restrukturierung.

Vielen dieser Themen haben wir in diesem Buch ein eigenes Kapitel gewidmet und dazu Interventionen benannt, die den Prozess unterstützen. Interventionen können Architekturen, Dramaturgien, Methoden oder auch einfach nur Gespräche sein.

Rationale versus prozessorientierte Vorgehensweise

Das Ziel von Veränderungsprozessen ist, die bestehende Organisation oder eine Gruppe auf einen Weg zu bringen, die das Jetzt anders werden lässt. Dieser Weg berührt nicht nur die Sachebene (beispielsweise Veränderung von Strukturen, Organigrammen oder Prozessen), sondern auch die psychosoziale und die mentale Ebene. Gemeint ist damit, dass Personen mit Gruppen und deren Vorstellungen über sich, über die Zukunft, über die Welt … auch verändert werden. Das ist mit Dynamiken verbunden – Ambivalenz, Unsicherheit und Mehrdeutigkeit bestimmen den Weg. Hier liegt der Fokus auf Prozessorientierung im Gegensatz zu einer rationalen Herangehensweise. Jedoch sind beide Logiken für einen Veränderungsprozess entscheidend – es hängt von der Kultur der Organisation ab.

Rationale Vorgehensweise (»harte Faktoren«)	Prozessorientierte Vorgehensweise (»weiche Faktoren«)
Änderung von Sachprozessen	Intervention auf der Beziehungsebene
Projektlogik	Orientierung am Prozess
hohe Anfangsgeschwindigkeit und fertige Konzepte	langsam und wenig Strukturiertheit
kaum Beachtung von Widerständen, geringe Wahrnehmung von Emotionen	Fokussierung auf die Emotionen und Verhaltensveränderung aller Beteiligten
geringes Verständnis für Symbole, Werte und Tradition	abholen bedeutet: Kultur beachten

Wir widmen uns in diesem Buch den weichen Faktoren und zeigen exemplarisch für ausgesuchte Anlässe die Faktoren, mit denen sich Veränderer in Organisationen auseinandersetzen, und bieten Impulse und Anregungen, wie der Umgang damit gestaltet werden kann.

Prozessoptimierung

> »30 Prozent aller Projekte zur Geschäftsprozessoptimierung in Europa bringen nicht die erwarteten Vorteile. Dies geht aus einer neuen Studie von Logica Management Consulting und The Economist Intelligence Unit (EIU) hervor. Demnach geben die untersuchten Unternehmen etwa zehn Milliarden Euro pro Jahr für Projekte zur Geschäftsprozessoptimierung aus, die sich später als ineffektiv erweisen« (http://www.presseportal.de/meldung/1281474/, aufgerufen am 03.10.2009).

Ziel solcher Projekte ist es ja eigentlich, Kosten einzusparen, Abläufe zu optimieren, die Produktivität zu steigern. Doch warum gelingt das selten oder nur unzureichend? In regelmäßigen Abständen springen Unternehmen auf den Zug halb verstandener Konzepte auf: von Lean Management, Reengineering über KVP, Business Process Reengineering, Six Sigma bis hin zu TQM oder Kaizen. Und in regelmäßigen Abständen missversteht das Topmanagement solche Konzepte als schnell greifende Tools, um deren Nach-, Neben- und Auswirkungen man sich nicht zu kümmern braucht.

Im Kontrast dazu lassen den Veränderungsberater Eckart E. Jensen (1994) seine Erfahrungen zu einem ganz anderen Schluss kommen: »[Es] entfallen bei der Umsetzung von Prozessorganisationen etwa 20 Prozent des Gesamtaufwandes auf die Gestaltung der Kernprozesse. [...] Die verbleibenden 80 Prozent der Aufwendungen müssen in Kommunikationskonzepte und deren Realisierung sowie begleitenden Maßnahmen auf dem Gebiet des Humanressource-Managements.«

Wenn optimierte Prozesse nachhaltig funktionieren sollen, kommt es nicht nur auf die Prozesse selbst an, sondern im besonderen Maße auf den Einbezug der Mitarbeiter. Erst wenn das Verständnis der Prozesslandkarten in den Köpfen der Menschen angekommen ist, wird sich auch langfristig etwas ändern, denn Prozessveränderung heißt auch immer Kulturentwicklung. Für den bekannten Change-Management-Autor Klaus Doppler »bedeutet [das] für die beteiligten Personen, nicht nur *im* bestehenden System zu arbeiten, also die Dinge, so wie sind, einfach hinzunehmen, sondern die Abläufe laufend infrage zu stellen und damit regelmäßig auch *am* System selbst zu arbeiten« (Doppler/Fuhrmann/Lebbe-Waschke/Voigt 2002).

Zum Infragestellen braucht es Mut und Ermutigung. Warum sollte der, dem immer gesagt wurde, er solle das tun, was ihm gesagt wird, plötzlich sagen, wie man etwas besser tun könnte? Und wer würde auf ihn hören?

Prozessoptimierungen bleiben oft ineffektiv, wenn vergessen wird, dass ständige Verbesserung bedeutet, dass denen zugehört werden muss, denen bisher alles gesagt wurde.

Wenn in Unternehmen mit Ressourcen nicht optimal umgegangen wird, Ineffizienz an der Tagesordnung und doppelte Arbeit das gängige Prinzip ist, sucht das Topmanagement nach radikalen Lösungen und findet sie auch. Wozu parallele IT-Systeme oder Parallel-Controllings, wozu Schleifen in Prozessen, wozu Nachfragen, wozu kleine, heimliche Nebenlager in der Fertigung, wenn es ein Zentrallager gibt? Das müsste doch schlanker gehen! Nun ist es nicht so einfach wie gewünscht, Parallelprozesse und Nebenwelten wieder aufzulösen: Sie wurden – bisweilen einer Not gehorchend – eingeführt und mit viel Zeit und Energie aufrechterhalten. Aus der Sicht prozessoptimierender Manager sind das die Zielobjekte ihrer Bemühungen. Zu Recht. Aber manchmal vergessen die Eifrigen, die Ursachen zu erforschen, aus welchen – guten – Gründen solche Nebenschauplätze entstanden sind, und unterschätzen die psychologischen Funktionen dieser Inseln in den Prozessflüssen. Sie geben Sicherheit und ermöglichen Kontrolle, wenn das Just-in-Time-Plansoll auf Realität trifft. Werden dann solche Oasen in den Prozesslandschaften aufgelöst, ohne neuen Ersatz für die alte Sicherheiten zu geben, wehren sich die Betroffenen.

Typische Ursachen für den Misserfolg der Geschäftsprozessoptimierung

- → Das Management konzentriert sich auf die Tools zur Optimierung und unterschätzt den Kulturfaktor.
- → Die zentralen Geschäftsprozesse und die Nebenprozesse sind nicht sauber definiert und/oder werden nicht eingehalten. Es gibt keine Prozessdisziplin. Um zu optimieren, braucht es Standards, auf deren Basis optimiert werden kann.
- → Das Management versäumt es, die Frage zu beantworten, was mit den gewonnenen Einsparungen geschieht.
- → Denken in Geschäftsprozessdenken ist neues denkenübergreifendes Denken. Die Optimierung des eigenen Bereichs scheitert, wenn die Schnittstellen zu anderen Bereichen nicht bearbeitet werden.
- → Es gibt keine quantifizierten Ziele – und damit keine klaren Erfolgskriterien. Was soll dabei herauskommen?
- → Es gibt kein prozessorientiertes Projektmanagement. »Die neuen Prozessdesigns werden zu Papiertigern« (Doppler/Lauterburg 2008, S. 506). Die betroffenen Mitarbeiter, Führungskräfte und Projektmitglieder leben die Prozessidee nicht.

Akzeptanz und Mobilisierung

Und es klappt doch, wenn der Prozess als Kulturentwicklung wahrgenommen wird. Die Beteiligung daran wird möglich, wenn es Handlungs-, Gestaltungs- und Entscheidungsspielräume auf sämtlichen Ebenen der Organisation gibt. Dies schafft die Grundlage für die Wahrnehmung der Eigenverantwortung, die nötig ist, wenn die Standards tatsächlich aktiv gelebt und entwickelt werden sollen.

Die Mitarbeiter sind die Experten ihrer Arbeit und kennen Verschwendungen wie Potenziale sehr gut. Der kluge Fachberater, der im stillen Kämmerlein optimale Prozesse malt, führt nicht zwangsläufig zu mehr Effizienz. Erst wenn die Mitarbeiter die Optimierung selbst als sinnvoll erachten, aktiv an neuen Prozessen mitarbeiten und diese dann auch leben, wird das Projekt ein Erfolg. Dafür ist zweierlei notwendig:

- → Erstens: Die Versöhnung von Standard und Beteiligung – hierzu bietet sich die Beteiligung an der Gestaltung des Implementierungsprozesses an, weil die Inhalte gesetzt sind.
- → Zweitens: Die Vermittlung eines Sinnhorizonts, in dem Standards, kontinuierliche Verbesserung und das relativ rigide Vorgehen so verbunden sind, dass sie als etwas Hilfreiches und Eigenes erlebt werden. Dies wird möglich, wenn die Führung auf allen Ebenen ein gemeinsames Verständnis über Prozessoptimierung an der Basis erarbeitet und als Vorbild gegenüber den Mitarbeitern lebt.

Kleine Schritte für sichtbare Veränderung sind:

→ weniger Appelle, mehr Dialog,
→ spürbar bei Mitarbeitern sein (zum Beispiel Manager schenkt dem Mitarbeiter eine Stunde. Ein persönliches »Es ist mir wichtig« kann mehr Wert sein als eine Rede vor der Mannschaft),
→ kurzfristige Erfolge (beispielsweise sofortige Maßnahmen: Maschine wird umgestellt, zwei Schreibtische werden zusammengestellt, Formulare fallen weg).

Architektur: Kaizen und Europa

Kurzbeschreibung: Kaizen an der Basis.

Inhalte und Zielsetzung: Prozessoptimierung umzusetzen beginnt mit der Projektorganisation und der detaillierten Planung der Maßnahmen. Eine Kick-off-Veranstaltung mit der obersten Leitung hat folgende Ziele:
→ Rolle und Verantwortung festzulegen,
→ die Bedeutsamkeit der Vision für eine dialogische Implementierung auf allen Ebenen zu validieren sowie
→ alles zusammen in Einklang mit den Zielen der einzelnen Teile zu bringen.

Lernkonzept: Veränderungsarchitektur.

Teilnehmer: Mitarbeiter.

Dauer: Mehrere Monate.

Ressourcen: Unterstützung der Führungsebene.

Ablauf: Die Auftaktveranstaltung ist eine dynamische 1,5-tägige Großgruppenveranstaltung, in der deutliche Impulse gesetzt und Orientierung für Führungskräfte und Mitarbeiter gegeben werden. Während der Auftaktveranstaltung wird ein Prozess – methodische und soziale Bildung – in Gang gesetzt, der im Weiteren die dialogische Implementierung und die Prozessoptimierung an der Basis sicherstellt. Außerdem soll er Beiträge zu zukünftigen Führungsgrundsätzen, methodischer und sozialer Natur, liefern.

Arbeitskonzept: Das folgende Prozessprogramm widmet sich der Qualifikation und Bildung aller Ebenen. Den Mitarbeitern des betreffenden Bereichs wird das notwendige methodische Wissen, entsprechend ihres Lernbedarfs an prozessoptimierenden Themen, vermittelt (zum Beispiel Operator-standardisiertes Arbeiten, Problemlösungsmethoden, Abweichungserkennung).
Nach einem ersten Schulungsintervall pro Ebene und Bereich beginnt die Begleitung vor Ort. Hier wird konkret praktische und methodische Unterstützung für die Verbesserungen an der Basis und für den Transfer des Gelernten angeboten. Die Implementierung der Inhalte kann so kontrolliert erreicht werden, ebenso die Einhaltung gesetzter Standards, die Realisierung notwendiger Projekte sowie die Sicherung erster Fortschritte und die sukzessive Realisierung der Inhalte an der Basis.

Ein Zeitintervall später wird Abteilungs- und Gruppenleitern die Unterstützung durch Fallbesprechung oder Gruppencoaching angeboten. Hier können bei Bedarf die individuellen Themen und Probleme methodischer und sozialer Natur berücksichtigt, bearbeitet und für deren nachhaltige Lösung gesorgt werden. Die Dauer des Coachings bedarf individueller Vereinbarung.
Mit Beginn des Bildungsprogramms setzen auch begleitende Kommunikation und Mobilisierung ein. Erste Erfolge und Best-Practice-Lösungen müssen kommuniziert und für alle sichtbar gemacht werden. Hierzu werden die Kommunikationskanäle zielgerichtet genutzt.
Das Bildungsprogramm begleiten Maßnahmen, die Philosophie tiefer zu verankern und Veränderer zu unterstützen.
Dabei helfen folgende Elemente:

→ *Learnshops:* »Cross-functional und cross-hierarcy« bieten sie eine offene Form des Lernens, um die Teilnehmer mit den (neuen) sozialen und methodischen Themenfeldern vertraut zu machen. Hier liegt der Fokus auf den Rollen und Aufgaben sowie der Verbreitung von Wissen.
→ *Qualifizierungsveranstaltungen:* Die Organisation lernt voneinander – Input kommt aus den eigenen Reihen und wird an die Kollegen weitergegeben. In Funktionsgruppen werden die spezifischen Lernfelder bestimmt. Die Teilnehmer definieren eigene Lern- und Umsetzungsziele für die Zeit nach dem Workshop. Diese Treffen sollten sich nach vier bis sechs Wochen wiederholen.
→ *ContinuousWerkstatt:* Als Abschluss des Einführungsprogramms ist dies gleichzeitig ein Aufbruch für nun gelebte Prozessoptimierung und ihre Philosophie. Es gibt schon gemeinsame Erfahrungen, erste Erfolge und eine beginnende Sicherheit in den neuen Rollen und Vorgehensweisen. Das Erreichte wird erlebbar; zudem werden auch noch Lücken deutlich und der Umgang damit.

Anmerkungen zur Wirkungsweise: Wichtig für die Einführung einer neuen Philosophie im Rahmen von Prozessoptimierung ist die horizontal-vertikale (also: kreuz und quer) Gestaltung. Sie ermöglicht es, schon mal das Neue des Prozesses vorausahnend zu erfühlen. Zugleich entsteht so eine erste Orientierung für sich verändernde Funktionen und für jene Menschen, die sie ausüben (sollen).

Dramaturgie: Muda to go

Kurzbeschreibung: Lernreise mit dem Metathema Kaizen.

Inhalte und Zielsetzung: Vertieftes Verständnis für Wege der Prozessoptimierung.

Lernkonzept: Reise.

Teilnehmer: 10–20 Personen.

Dauer: 1–2 Tage.

Ressourcen: Firmen, die das Kaizen-Prinzip schon implementiert haben und die Besucher zulassen; gegebenenfalls Material für die Workshopsequenzen; Flipchart, freier Raum mit Stühlen (keine Tische).

Vorbereitung: Die Führungskräfte sind mit dem Prinzip des Kaizen vertraut.

Ablauf: Ziel der Reise ist es, dass die Führungskräfte zu dem Metathema Kaizen (aus-)gebildet werden. Vorausgesetzt wird, dass die Führungskräfte die Philosophie von Kaizen und Lean kennengelernt haben und ihnen die wichtigsten Elemente von Kaizen und deren Umsetzung bekannt sind. Für das Unternehmen gibt es eine Kaizen-Vision. Und die Führungskräfte haben ihren Führungsbeitrag zur Umsetzung von Kaizen erarbeitet. Außerdem existiert ein Rahmenkonzept zur Umsetzung.

Inhalte der Reise
Die Kaizen-Reise soll die Führungskräfte zur Auseinandersetzung mit der Thematik auf mehreren Ebenen anregen. Sie gewinnen neue Impulse durch Firmenbesuche. In Workshopsequenzen erfahren sie neues über Vision, Führung, Elemente und Instrumente sowie die eigene Umsetzung. Die Führungskräfte werden aufgefordert, ihre persönlichen und organisationalen Lernziele zu definieren. Es wird ein Qualifikationskonzept zur Kaizen-Unterstützung entworfen, und es werden Transition-Teams mit Aufgaben- und Rollenbeschreibung gebildet. Und es wird am eigenen »Kaizen« gelernt.

Methoden und Vorgehensweise: Interaktive Seminarsequenzen in Kleingruppen und im Plenum. Übungen, die verdeutlichen und unterstützen, wechseln sich ab. Informationen und Theorie-Inputs gemeinsames Erarbeiten und Konzepterstellung sowie Firmenbesuche und Erfahrungsaustausch werden in den Ablauf integriert.

Methode: Mindmaps für alle

Kurzbeschreibung: Vorstrukturiertes Mindmap wird von allen bearbeitet.

Inhalte und Zielsetzung: Ein vorstrukturiertes Mindmap wird von Kleingruppen bearbeitet. Die Teilnehmer sollen damit in Austausch kommen und ihr jeweiliges Expertenwissen einbringen. Die Vorstrukturierung gibt dabei schon eine bestimmte Richtung vor.

Lernkonzept: Workshop, Werkstatt.

Teilnehmer: 10–20 Personen.

Dauer: 2 Stunden.

Ressourcen: Vorstrukturierte Mindmap.

Vorbereitung: Mindmap vorbereiten.

Ablauf: Kleingruppen arbeiten rotierend an den einzelnen Zweigen einer vorstrukturierten Mindmap.

Anmerkungen zur Wirkungsweise: Die vernetzte Struktur von Mindmaps wird auf die Gruppe übertragen. Das Wissen der Gruppe wird genutzt und »live« schon strukturiert. Arbeitsschritte wie Clustern fallen damit weg.

Sanierung und Personalabbau

Turnarounds und Sanierungen sind für alle Beteiligten besonders unangenehme Veränderungsprojekte, weil sie meist mit Personalabbau verbunden sind. Eine radikale Sanierung ist oft die letzte Chance, die das Unternehmen vor der Insolvenz oder das Werk vor der Schließung bewahren kann. Bevor es zu betriebsbedingten Kündigungen kommt, gibt es eine längere Phase der Ungewissheit, wer und wie viele Mitarbeiter entlassen werden sollen. Die fachliche Herausforderung des Turnarounds ist es, die Bereiche zu identifizieren, die gekürzt werden können und die notwendigen Kosteneinsparungen bringen. Zur Aufgabe der Prozessberatung gehört, auch die »weichen« Faktoren nicht zu vernachlässigen, also zum Beispiel Kommunikation und Führung. Berner (2010) berichtet in seiner Fallstudie von der Tochtergesellschaft eines Chemiekonzerns, die seit einigen Jahren nur noch Verluste einfährt. Der Mutterkonzern droht mit der vollständigen Schließung der Standorte der Gesellschaft. Das ruft allerdings den Betriebsrat auf den Plan, der im Fall einer Schließung »schwerwiegende Managementversäumnisse des Mutterkonzerns« (Berner 2010, S. 92) an die Öffentlichkeit bringen will. Alternativ bietet er einen Sozialpakt an, im Rahmen dessen die Mitarbeiter auf ihr Weihnachtsgeld verzichten – ein Angebot, das für etwa ein Jahr Aufschub sorgt. In diese Situation werden die Prozessberater gerufen, um die verhärteten Positionen zu befrieden und das Unternehmen sanieren zu helfen: Abläufe sollen verbessert, Materialkosten gesenkt und ungefähr ein Sechstel der Mitarbeiter entlassen werden. Der Hilferuf der Geschäftsführung geht zwar nach außen, dennoch haben Prozessberater die Aufgabe, dass die Sanierung als interne und eigene Herausforderung des Unternehmens gesehen wird.

Sanierung: Was macht die Führungskraft?

»Bitte wende dich!«
»Kümmere dich drum!«
»Jetzt kommt es auf dich an!«
»Du musst das führen!«
»Bleib handlungsfähig!«

Es wird von den Führungskräften verlangt, auf die neue Situation einzugehen und Lösungen zu erarbeiten. Dabei kommt es oft zu offenen Fragen und Handlungsunsicherheiten. Unterstützung ist gefragt. Für den Prozessberater heißt es hier, besonders gut zuzuhören.

Führungskräfte erleben diese Zeit am intensivsten – die eigenen und fremden Stimmungen gilt es wahrzunehmen:

→ »Es melden sich immer wieder Mitarbeiter, die sich als Verlierer von Sanierungsmaßnahmen fühlen. Etwa weil sie umgesetzt werden oder andere Tätigkeiten bekommen.«
→ »Nicht nur meine Mitarbeiter hatten Angst. Ich war mir auch nicht sicher, wie ich die Sanierung gut auf den Weg bringen könnte.«
→ »Als Führungskraft habe ich mich auf den Auftrag konzentriert und hätte beinahe die Reaktionen meiner Mitarbeiter übersehen.«

Führungskräfte brauchen Hilfe. Auf was soll geachtet, mit wem kommuniziert, welche Prioritäten sollen gesetzt werden … Erste Orientierungslosigkeit und Angst machen sich auch bei der Führungskraft bemerkbar – das schwankende Boot bringt sie oft dazu, das Ruder selbst zu übernehmen und nicht mehr nach hinten zu schauen, wer oder was noch im Boot sitzt. Oder sie sitzt gelähmt im Bug und hält die Hände vor das Gesicht, ohne zu wissen, was zu tun ist. Schrecken oder checken – dieses Verhalten gilt es, als Prozessbegleiter wahrzunehmen und abhanden gekommene Souveränität der Führungskraft wiederzuentdecken – soweit sie zuvor vorhanden war.

Personalabbau

»Was dem Herzen widerstrebt, lässt der Kopf nicht ein« (Schopenhauer).

Noch eindringlicher und bedrohlicher sind die Emotionen, wenn Personalstellen abgebaut werden sollen. Angst und Unsicherheit treten auf, weil nicht nur die Zukunft des Unternehmens, sondern auch die Schicksale der Mitarbeiter betroffen sind. Wird Personalabbau bekannt, beginnt die Angst um den eigenen Arbeitsplatz. Wird klar, wen es trifft, entstehen Missgunst und Wut, die eigene Zukunft wird undeutlicher. Auch bei Mitarbeitern, die ihren Arbeitsplatz behalten, breitet sich Unsicherheit über die künftige Arbeit aus: Ist das mit weniger Mitarbeitern überhaupt zu schaffen? Dazu kommen moralische Dilemmata: Sollte ein älterer Arbeitnehmer lieber in Vorruhestand gehen – »sozialverträglich«, um Platz für einen jungen Familienvater zu machen, der sonst gehen müsste?

Wut auf »die da oben«, Trauer und Sorge um das eigene Schicksal und das anderer – solche Emotionen werden eher selten offen besprochen. Interessanterweise führen sie auch nicht zum Widerstand in Unternehmen, vielmehr steht die Rettung des Ganzen gefühlt höher als der Verlust des Einzelnen. Natürlich ist die Situation anders, wenn klar wird, dass der Personalabbau der Profitabilität wegen stattfindet.

Exkurs: Gefühle treten auf!

Gefühle sind vorsprachlich und werden in Organisationen kaum zum Ausdruck gebracht. Aber ihre Wirkung ist spürbar, und sie haben daher Einfluss auf das Veränderungsgeschehen – besonders in emotionalen Spitzenzeiten. Emotionen werden im Gehirn an anderer Stelle verarbeitet als das Wissen, das wir uns sachlich aneignen. Auch werden Emotionen schneller zum Handlungszentrum des Gehirns übertragen als Wissen. Durch unterschiedliche Verarbeitungsgeschwindigkeit (Emotionen sind schneller als Rationalität) werden Veränderungszeiten von Aggression und Trauer begleitet, die schnell auftauchen. Unbewusst sind sie im Kopf und überschwemmen den Körper. Je logischer und rationaler, desto weniger sind sie zu beeinflussen.

Phänomene in der Sanierungs- und Abbauzeit Schlafende Hunde wecken oder nicht? An die Mitarbeiter etwas kommunizieren oder nicht? Es kommt darauf an. Natürlich sind Mitarbeiter keine Hunde, aber ihr Protest kann lauter werden als Gebell. Insofern schlafen Mitarbeiter in Umbruchzeiten kaum, sondern lesen alle Vorzeichen, was mitunter allerhand Spekulationen und Gerüchte ins Spiel bringen kann. Sobald

Informationen und Themen spruchreif sind, müssen sie den Mitarbeitern nachvollziehbar kommuniziert werden. Unruhe bringen nicht die Informationen, sondern die Ungewissheiten der Situation – Unklarheit nährt das Gefühl, sich in einer Lücke zu befinden. Wenig angebracht ist auch ein Tanz der Vor- und Zurück-Informationen ins Heute und Morgen. Dies, vermischt mit der Unsicherheit einer Führungskraft, ist eine unbrauchbare Informationspolitik.

Kommunizieren in turbulenten Zeiten gleicht dem »Säen im Sturm« (Doppler/Lauterburg 2008). – Auf welchen Boden trifft das Saatgut? Was wird verstanden? Was wird selektiert?

Vertrauen und Glaubwürdigkeit bei der Belegschaft können geschaffen beziehungsweise aufrechterhalten werden, wenn das Topmanagement die schlechte Nachricht selbst, angemessen und rechtzeitig überbringt. Schlechte Nachrichten deutlich zu sagen, bringt Klarheit. Nur so können Loyalität und Motivation der Beschäftigten gesichert werden – was natürlich positiven Einfluss auf die Produktivität hat.

Der Betriebsrat sollte bei der Rettung des Unternehmens von Beginn an einbezogen, also zum Partner statt zum Gegner gemacht werden.

Schwierige Situation kommunizieren Strategisch kommunizieren steht nun über allem: informieren, überzeugen, aktivieren. Prozessbegleiter an der Seite von Führungskräften bringen Kommunikationskonzepte ins Spiel, die der Führungskraft und dem Team helfen, die schwierige Zeit möglichst widerstandsniedrig zu überstehen. Hilfreich ist dabei, in zwei Phasen zu arbeiten:

- → In der ersten Phase wird die Notwendigkeit der Veränderung verbreitet: Aufgrund der emotionalen Grundstimmungen ist es schwierig, nur sachliche Informationen anzubieten – jedoch ist genau das der Weg. Die Entwicklung realistischer und nachvollziehbarer Abbauszenarien ohne falsches Mitleidsgefühl lässt sich von Mitarbeitern leichter ertragen: keine Gefühlsduselei – eher mit einer ernsthaften Haltung zur Situation beitragen und für Akzeptanz und Handlungsbereitschaft bei den Betroffenen werben. Je sicherer die Führungskraft auftritt, desto mehr Vertrauen gewinnen die Mitarbeiter in die zweite Phase.
- → Die zweite Phase ist geprägt von der Chance, was sich positiv verändern soll. Das Schaffen von Zukunftsaussichten und das Umsetzen von Maßnahmen sollen wieder motivieren. Die Planung der Zukunft steht dabei im Mittelpunkt. Schlüsselpersonen zur Unterstützung des (Neu-)Aufbaus sollten dabei eine Rolle bekommen.

Die Gleichzeitigkeit widersprüchlicher Botschaften dieser beiden Phasen ist oft nur schwer auszuhalten. Wie kann etwas negativ und positiv zugleich sein? Dies zu verarbeiten, gelingt nur denjenigen, die genügend schizophrene Anteile in sich tragen. – Eines hilft: Übung macht den Meister!

Und noch etwas hilft: Anzuerkennen, dass es Widersprüche bleiben, die nicht in Harmonie aufgehen!

Exkurs: Flurfunk

Nichts ist so schnell, was Kommunikation betrifft: Ein Grundbedürfnis des Menschseins wird durch Tratsch und Klatsch befriedigt – das Weitergeben von Gehörtem und Vermutetem. Vermeintliche Geheimnisse, zum Beispiel eine Fusion, müssen nicht erst offiziell bekannt gegeben werden, damit sie in aller Munde sind. Bei spektakulären Entscheidungen lauten jedoch die Fragen aller Fragen: Wem im obersten Management nützte es, diese geheimen Neuigkeiten zu verbreiten? Wer wollte sich interessant machen? Wer Emotionen schüren? Und gegen wen richten sie sich?
Flurfunk funktioniert! Gut wäre es, dabei mitzumischen und nicht nur von außen darauf zu schauen. Doppler und Lauterburg (2008) benennen drei Grundsätze:

- informelle Kommunikation gezielt fördern (Kaffee- und Teeecken schaffen, Feste feiern),
- dafür sorgen, dass formelle und informelle Kommunikation nicht in Widerspruch zueinander geraten (Palavergespräche am Kamin),
- informell mitreden und Infos strategisch nutzen (Telefongespräche mit Einzelnen führen, direkte informelle Besuche der Führungskräfte bei Mitarbeitern).

Kritische Phasen bei Sanierung und Abbau

Es gibt bestimmte Phasen, die im Verlauf einer Sanierung besonders kritisch sind:

→ Datenerfassung für die Sozialauswahl: Nicht alle notwendigen (zum Beispiel sozialen) Daten zur Identifizierung der zu streichenden Stellen sind schon erfasst oder noch aktuell. Dafür müssen Daten oft erst wieder erhoben werden – und zwar bei allen Mitarbeitern. Hier ist eine transparente Kommunikation wieder besonders wichtig.

→ Vollzug der Kündigungen: Den Mitarbeitern ausschließlich einen blauen Brief nach Hause zu schicken, ist wie Schule, wenn nicht noch weniger kommunikativ. Eine menschlichere Übermittlung macht eine Kündigung zwar auch nicht zu einer guten Nachricht, kann aber negative Effekte abmildern. Ein persönliches Gespräch wäre hier das Beste. Außerdem gilt ein Grundsatz des Timings: Zu Weihnachten oder Ostern verschickte Kündigungen sind kränkender als zu »normalen« Zeiten.

→ Gespräche und Unterstützung: Wenn die (in-)direkten Vorgesetzten Kündigungsgespräche führen, sollten sie dafür auch vorbereitet sein. So lassen sich peinliche Situationen, unangemessenes Verhalten und unnötige Ängste vermeiden.

→ Kein Ungleichgewicht zulassen: Der Gesamterfolg der Sanierung ist in Gefahr, wenn diejenigen bevorzugt werden (zum Beispiel Genehmigung zusätzlicher Stellen), die politisch agieren, also lauter schreien (als andere), sich einschmeicheln, unter Druck setzen und Ähnliches.

→ Weiterarbeit mit reduzierter Mannschaft: Die verbliebenen Mitarbeiter können zum einen emotional niedergeschlagen sein (ähnlich der »Überlebenden-Depression«, einem posttraumatischen Symptom), zum anderen müssen sie die gleiche Arbeit mit weniger Kollegen bewerkstelligen. Nicht in allen Bereichen sind noch Produktivitätspotenziale vorhanden.

→ Selbstorganisation führt zu falschen Ergebnissen: Neue, effiziente Arbeitsprozesse ergeben sich nicht von allein.

→ Projekte zur Prozesseliminierung und -optimierung mit externer Unterstützung sind deshalb das Mittel der Wahl.

Architektur: Kommunikation bei Sanierung und Abbau

Kurzbeschreibung: Planungsschritte und Zielgruppenanalyse für die Kommunikation bei Sanierung und Personalabbau.

Inhalte und Zielsetzung: Ein Kommunikationskonzept für die Organisation ausarbeiten.

Lernkonzept: Kommunikationskonzept bei Sanierung und Personalabbau.

Teilnehmer: Siehe Zielgruppen im Ablauf.

Dauer: Mehrere Monate.

Ablauf: Alle Arbeitsschritte werden mit Führungskräften und Fachstellen gemeinsam erarbeitet.

Ausgangssituation analysieren

- → Zusammen mit Führungskräften wird die Ausgangssituation analysiert.
- → Die beteiligten Stakeholder/Zielgruppen und deren Interessen werden erörtert.
- → Eine Basisgeschichte zum Szenario wird gemeinsam entwickelt.
- → Eine erste Planung zum weiteren Vorgehen wird erstellt.

Ökonomische Konsequenzen aufbereiten

- → Die Führungskräfte werden darin unterstützt, realistische Planungsszenarien auf der Basis der Situation zu erarbeiten.
- → Falls notwendig, werden aus den Szenarien Senkungen und Beschäftigungsplanungen erstellt.
- → Notwendige Unterlagen für die Beteiligten erststellen.

Kommunikation planen 1: Wer muss informiert werden?

- → oberstes Management
  - tragfähige Begründung für den Abbau und Zukunftsausrichtung schaffen
  - externe und interne Risiken minimieren
  - Kommunikationshoheit gewinnen und sichern

  Kommunikationsinstrumente: Bildung von Führungskoalition, Workshops zur Strategie und Entscheidungsfindung
- → mittleres Management
  - über die Realität und anstehende Veränderungen informieren
  - Einsicht in Veränderungsnotwendigkeit schaffen
  - in der Führungskoalition Abbauszenarien und Zukunftsgeschichte umsetzen
  - Führungskräfte bei der Kommunikation zu Mitarbeitern unterstützen

  Kommunikationsinstrumente: Workshops zur Information und Beteiligung, Kommunikation durch Kaskade (E-Mails, Newsletter, Sonderausgaben)
- → Mitarbeiter
  - über die Realität informieren
  - Einsicht in Veränderungsnotwendigkeit schaffen
  - Widerstand minimieren
  - »Gehen der Besten« verhindern

  Kommunikationsinstrumente: Miniworkshops durch das Linienmanagement, E-Mails, Plakate, Aushang am schwarzen Brett, Newsletter, Sonderausgaben
- → Betriebsrat, Gewerkschaften
  - Betriebsrat und Gewerkschaften schnell informieren oder einbeziehen
  - Betriebsrat/Gewerkschaften von der Notwendigkeit der Veränderungen überzeugen
  - Eskalationen vermeiden

  Kommunikationsinstrumente: Information durch oberes Management, Einzelgespräche mit ausgewählten Personen, die gut vernetzt sind
- → Politik/Behörden
  - lokale Politik schnell informieren
  - Eskalationen vermeiden
  - Einfluss der Politik minimieren

  Kommunikationsinstrumente: Informieren, Kamingespräche in kleinen Gruppen, Einzelgespräche

- → Medien
  - – reaktiv informieren
  - – Risiken minimieren

  Kommunikationsinstrumente: Medienkonferenz, Gespräche mit Einzelnen
- → Lieferanten
  - – Unternehmen als zuverlässigen Partner darstellen
  - – Lieferantenbeziehungen stabil halten
  - – Chance für Nachverhandlungen nutzen

  Kommunikationsinstrumente: Briefe, E-Mails, Einzelgespräche
- → Kunden
  - – Zuverlässigkeit, Kompetenz und Qualität betonen
  - – Unruhe vermeiden

  Kommunikationsinstrumente: Briefe, E-Mails, direkten Kontakt mit wichtigsten Kunden

Kommunikation planen 2: Wie muss informiert werden?

- → dezentral: Es gibt eine Informationspolitik, jedoch variiert die Kommunikation nach Anlass und Standort/Bereich. Empfänger sind entscheidend.
- → zielgruppengerecht: Die Zielgruppen werden bedürfnisgerecht angesprochen (Detaillierungsgrad, »Was bedeutet das für mich?«). Die Botschaften bleiben über alle Bereiche konsistent.
- → proaktiv: Das Management kommuniziert die eigenen Botschaften sehr schnell an alle Mitarbeiter. »Vermutungen und Behauptungen den Wind aus den Segeln nehmen.«
- → interaktiv: Neben klassischen schriftlichen Medien tritt persönliche Kommunikation in Workshops und Dialogen (»If it's not face-to-face, it's not communication«). Mitarbeiter und Führungskräfte werden nicht nur informiert, sondern eingebunden.
- → zukunftsorientiert: Die Ausrichtung auf Zukunft schützt vor Hoffnungslosigkeit und beantwortet die Frage nach dem Wozu von Opfer und Anstrengung.
- → verantwortungsbewusst: Aufmerksame Wahrnehmung und Sensibilität für die Situation und Sichtbarmachen der Verantwortungsübernahme (»sich hinstellen«). Im Verhalten äußert sich diese Haltung in der Bereitstellung von Hilfen und der Aktivierung von Unterstützungsmöglichkeiten.

Anmerkungen zur Wirkungsweise: Chancen/Risiken der Vermittlung glaubwürdiger Botschaften.

Chancen	Risiken
Professionelle und offene Kommunikation schafft Glaubwürdigkeit – intern und extern.	Verlust an Glaubwürdigkeit, wenn doch nicht alle Fakten bekannt gegeben werden.
Transparenz und plausible Entscheidungsfindung bringt Motivation.	Verlust wertvoller Mitarbeiter.
Unternehmen können zukunftsfähig ausgerichtet werden (Prozessoptimierung).	Angst und Verunsicherung der Mitarbeiter greifen um sich, wenn nicht schnell und konkret umgesetzt wird.

Methode: Im Flur funkts

Kurzbeschreibung: Flurgespräche in die Gruppe bringen.

Inhalte und Zielsetzung: Oft werden in Flurgesprächen die eigentlichen Themen angesprochen. Werden Inhalte aus Flurgesprächen auch in der Gruppe thematisiert, sind die Teilnehmer einer offenen Dialogkultur schon sehr viel näher.

Lernkonzept: Führungsalltag, Workshop, Lernreise, Werkstatt.

Teilnehmer: 7–15 Personen.

Dauer: 30 Minuten.

Ressourcen: Genug Raum für getrennte Kleingruppen.

Ablauf: Dreiergespräche: Zwei Menschen reden bitte so, wie sie im Flur über die Gruppe/das Thema reden würden. Der Dritte hört nur zu.
Danach redet die dritte Person mit jemand anders über das, was er gehört hat, und ein Dritter hört wieder zu. Nach einigen Durchläufen gibt es wieder ein Gespräch in der großen Gruppe.

Anmerkungen zur Wirkungsweise: Was willkürlich geschieht, wird durch die Methode unwillkürlich. Tabus werden vorausgesetzt und damit normal. »Geheimnisse« werden eingeladen, sich in der Gruppe zu outen, damit sie an unheimlicher Kraft verlieren.

Leitbilder und Visionen

Der Vorstand ist neu und unzufrieden mit der Kultur, die er vorfindet: zu langsam, zu träge, zu wenig kundenorientiert. Oder der sehr motivierte Vorstand hat gehört, dass Leitbilder jetzt besonders gefragt sind. So kommt er auf die Idee, ein neues Leitbild zu entwerfen, quasi ein Ideal, wie sich die Mitarbeiter in Zukunft verhalten sollen. Wir brauchen eine Vision! Eine Projektgruppe wird ins Leben gerufen, Berater werden engagiert, und an neuen Leitlinien wird fleißig gearbeitet. Zur neuen Vision gesellen sich Mission Statement, Value Statement oder Leadership Principles. Berner nennt dieses typische Vorgehen »Management-Voodoo« (2010, S. 82):

> »Man formuliert in wohlklingenden Worten, wie man die Welt gerne hätte …
> – Vision, Leitbild, Führungsgrundsätze
> … vollführt einige rituelle Tänze …
> – Workshops, Mitarbeiterversammlungen, Schulungen
> … bringt ein paar symbolische Opfergaben …
> – Hochglanzbroschüren, Erinnerungskärtchen, Accessoires
> … und wartet dann auf das Eintreten des gewünschten Ergebnisses.
> Eine neue, veränderte Unternehmenskultur!«

Das Nachspiel des Zukunftsbildes: Vision impossible!

Es gibt meist kein Nachspiel zum Vorspiel. Der Vorstand misst der Sache nicht mehr die Dringlichkeit bei wie noch zu Anfang – angeschoben ist der Prozess ja. Die Projektgruppe verliert an Energie, und es kommen Zweifel, ob das alles eigentlich sinnvoll ist, weshalb alle sich bemühen, nur schnell damit fertig zu werden. Enttäuscht und entmutigt kommt ein Gefühl des Scheiterns auf – der große Ruck in der Organisation fehlt. Die auf dem Papier entstandenen Sätze und Bilder werden blasser und landen vielleicht an der Wand oder im Postfach oder werden zum Bildschirmschoner. Das Unternehmen traut seiner eigenen Vision nicht mehr. Die Organisation läuft weiter – so wie sie es tat –, aber um eine Geschichte reicher: Es bewegt sich ja doch nichts.

Wovon wir in Unternehmen ausgehen müssen

- → Wo immer Menschen zusammen sind, existieren Leitbilder, die ihr Handeln beeinflussen. Teils sind sie explizit formuliert, teils unausgesprochen.
- → In Rahmen einer Organisation beantworten Leitbilder Fragen nach dem Sinn und der Funktion dieser Organisation, ihrer Vision, den Werten, die dort gelebt werden, den Spielregeln der Zusammenarbeit und des Führungsstils.
- → Die Wirkung von Leitbildern wird insbesondere durch die Art und Weise bestimmt, wie sie entwickelt, implementiert und gelebt werden.
- → Das Ziel der Erarbeitung und Implementierung ist die Chance, ein gemeinsames Verständnis von der Organisation und dem zukünftigen Weg zu entwickeln.
- → Der spezifische Nutzen liegt darin, eine gemeinsame Ausrichtung der Organisation zu finden und Mitarbeiter dabei aktiv einzubeziehen, sprich: sie zu beteiligen.

Warum brauchen Unternehmen Visionen?

Der Glaube, die Zukunft planen zu können, ist trügerisch. Es ist eine Illusion, davon auszugehen, dass das, was heute funktioniert, morgen noch Bestand haben und genauso funktionieren wird. Das ist keine neue Weisheit – Unternehmen brauchen die ungefähre Richtung, und es braucht Zeit, sie zu finden. Den Fokus nur auf das Nützliche zu richten, ist nicht lebensfähig. »Träume sind die Nahrung auf dem Weg zum Ziel« (Alexander Kluge, brandeins 08/2009). Menschen brauchen Ideen und Bilder, die ihr Handeln beeinflussen. Mit nur formulierten Zielbeschreibungen verhungern die Ideen. Wer einen Visionsprozess anregt, startet ein neues Gespräch. So entstehen Gedanken und Ideen aus der Zukunft für die Jetztzeit.

Vision ist eine Liebeserklärung: Zukunftsbilder und Hoffnungen erweitern den Horizont – mehrere Möglichkeiten bieten den Boden für etwas Fruchtbares. Ein Überschuss an Möglichkeiten und eine vielfältige Vorstellungskraft, darin sind Überraschungen verborgen. Der Begriff »Vision« kommt vom lateinischen »videre« für »sehen«. In der Vorausschau, im offenen Blick nach vorn, liegt der Horizont der Vision.

Vision – Leitbild – Mission – Strategie – Roadmap

Diese Begriffe sollten im Prozess unbedingt voneinander getrennt werden. Im Einzelnen bedeuten sie:

→ Vision: Emotionales Bild, das Klarheit über Ziel, Zweck und Werte der Organisation wecken soll (Glaube an etwas, das Leidenschaft entfacht). – Warum und mit welchen Ambitionen wollen wir dahin?
→ Leitbild: Fokussierte Aussagen. Was müssen wir wissen? Nach welchen Leitsätzen müssen wir handeln? Was brauchen wir, um die Vision zu erfüllen? – Meist in Form von Slogans.
→ Mission (Fähigkeiten): Was verändert sich durch diese neue Ausrichtung konkret für unseren Bereich? Welchen spezifischen Beitrag zur Umsetzung der Vision werden wir leisten? Was sind unsere ganz eigenen Stärken dabei? – Alles, was wir können und wissen müssen, was wir benötigen und wie wir uns organisieren, um das Ziel, die Vision zu erreichen.
→ Strategie: Handlungspläne erstellen.
→ Roadmap: Überführung in die Zielentfaltung. Soll das Ganze messbar machen.

Architektur: Richtlinien eines Visionsprozesses

Kurzbeschreibung: Architektur eines Visionsprozesses (Richtlinien).

Inhalte und Zielsetzung: »Beginnen Sie nie mit dem Gedanken, Sie müssten die Kultur verändern. Gehen Sie immer von den Problemen aus, vor denen das Unternehmen steht; erst wenn Ihnen diese geschäftlichen Probleme klar sind, ist die Frage sinnvoll, ob die Kultur die Lösung dieser Probleme fördert oder behindert« (Schein 2003, S. 177).
Damit Visionen nicht nur Hoffnung auf dem Papier bleiben, sind die Zusammenhänge der Identitätsbildung in Organisationen anzuschauen. Der Fokus liegt auf der Schnittstelle von Vergangenheit und Zukunft. Wie führt man die Vergangenheit und die Zukunft zusammen? Mit der beschriebenen Architektur wird Zukunft angeschaut.

Lernkonzept: Visionsprozess.

Teilnehmer: Betroffene Abteilung, Organisationseinheit oder Organisation.

Dauer: Mehrere Monate.

Ablauf: Zunächst wird die Vision entwickelt. Eine Vision ist ein Bild von der Zukunft, wie man sie gestalten möchte, beschrieben im Präsens. Ein Bild von der erhofften Zukunft wird von den obersten Führungskräften entwickelt. Sie geben das Bild vor, wohin man gehen will und wie man sein könnte, wenn man dort angekommen ist. Methodisch helfen dabei:

- *Blick aus der Zukunft:* »Stellen Sie sich vor, wie das Unternehmen in fünf Jahren sein wird mit dem In-der-Zukunft-Sein-Gefühl. Fragen Sie sich: Wie ist die Beziehung zum Kunden, wie sind Marktposition, Kultur, Image? Worauf ist man stolz, hier zu arbeiten?«
- *Interview in der Zukunft:* »Wie haben Sie das erreicht? Mit welchen Prozessen, Entscheidungen und/oder Maßnahmen?«
- *Bilder und Sätze schaffen:* Ein Satz wie der berühmte von Toyota kann hier helfen: »Nichts ist unmöglich.«

Weiterer Schritt:
Nun entsteht das Leitbild und holt die Visionen in Sätzen ein. Sie ist ein realistisches Idealbild – ein Leitsystem, an dem sich die Menschen im Unternehmen orientieren. Die Sätze sind Attraktoren: Kurz, präzise und verständlich werden wesentliche Werte dargestellt. Ein Leitbild macht Aussagen über die Art und Weise des Umgangs mit Mitarbeitern, Kunden, Lieferanten, Mitbewerbern, der Öffentlichkeit. Schwierig ist für Führungskräfte nicht selten die Formulierung. Darum sollte auch öfter ein Kommunikationsmensch dabei sein, damit die Sätze nicht zu wiederholbar oder verbraucht klingen.

Nächster Schritt:
Zurück im Jetzt geht es dann um die Missionsfelder. Konkretisiert wird alles festgehalten, was der Bereich kann (Dienstleister, Administrationen und so weiter). In einem Interviewstil werden Themen und Situationen der Organisation bearbeitet, zu welchen Gelegenheiten die Organisationsmitglieder ihr Unternehmen besonders leistungsstark und lebendig erlebt haben. Zu ergründen gilt, welche Umstände dazu geführt haben und wie man weiterhin diese Stärken stärken kann. Das Geheimnis liegt hier in der Entdeckung des gemeinsamen Erlebens der erfolgreichen Momente. Dabei wird geschaut, wie eine (Um-)Organisation passieren muss, um die Vision erreichen zu können. Felder werden gebildet, die zur Zielerreichung notwendig sind.

Abschluss:
Anschließend werden die Strategiepläne erstellt oder die Maßnahmen noch weiter heruntergebrochen und festgeschrieben. Das fällt vielen Unternehmen leicht – das ist ihr tägliches Brot. Dabei findet dieser Punkt nicht mehr in der Führungsebene statt, sondern sollte in einem Roll-out mit den Bereichen geführt werden. Das kann und wird dem Ganzen Aktivität einhauchen durch den Abgleich mit der täglichen Arbeit.

Anmerkungen zur Wirkungsweise: Visionen an sich sind noch keine guten Visionen. Der Prozess ist meist komplex – nicht nur der Austausch zwischen den Führungskräften und ein lebendiger Dialog sind mühsam. Muss doch jede Ebene mit eingebunden werden, damit der Prozess Wirkung zeigt. Er ist nicht schnell einzuführen, und Redundanz ist wichtig, um Nachhaltigkeit zu erreichen. Auch sollten Visionsprozesse mit prägnanten Worten und Slogans Emotionalität erzeugen. Weniger ist dabei mehr, es macht das Spezifische sichtbar.

Dramaturgie: Leitbild-Workshop

Kurzbeschreibung: Ablauf eines Workshops für eine Vision/ein Leitbild.

Inhalte und Zielsetzung: Implizite Leitbilder explizit machen, ein neues Gespräch über das Unternehmen oder die Abteilung ... initiieren.

Lernkonzept: Workshop.

Teilnehmer: 15–20 Personen.

Dauer: 1 Tag.

Ressourcen: Moderationsmaterial.

Ablauf: Zunächst geht es um die Aufklärung über den Hintergrund von Leitbildern und Visionen: Wo immer Menschen zusammen sind, existieren Leitbilder, die ihr Handeln beeinflussen. Diese sind teils explizit formuliert, teils unausgesprochen und Teil ihrer Kultur. Eine Kultur kann auch als das Gespräch definiert werden. Und somit startet jemand, der einen Visionsprozess initiiert, gleichzeitig ein neues Gespräch.
Soziale Systeme steuern sich über Sinn. Ziel der neuen Gespräche ist auch, einen neuen Sinn zu finden. Dabei muss unterschieden werden zwischen

- Vision (Wo wollen wir hin?) und
- Leitbild (Wie wollen wir sein?).

Das Ziel der Erarbeitung und Implementierung von Visionen und Leitbildern ist die Chance, ein gemeinsames Verständnis von der Organisation und dem zukünftigen Weg zu entwickeln. Der spezifische Nutzen liegt vor allem darin, eine gemeinsame Ausrichtung der Organisation zu finden und Mitarbeiter dabei aktiv mit einzubeziehen, sprich sie zu beteiligen (s. »Empowerment«, S. 286 f.).
Es gibt viele Ansätze zur Leitbild- und Visionsarbeit. Hier soll nur eine von zahlreichen Möglichkeiten dargestellt werden.

Konkretes Vorgehen

- *Vorstellungsrunde:* Stärken und persönliche Planung (Wie lange bleibe ich noch?) werden vorgestellt.
- *Klärung,* warum ein Leitbild, eine Vision oder eine Orientierung gebraucht wird.
- *Rückblick aus der Zukunft:* In Einzelarbeit wird ein Ideal entwickelt, wie der eigene Bereich in drei bis fünf Jahren sein wird, wenn alle Wünsche und Visionen in Erfüllung gegangen sind. Was ist passiert, dass man im Unternehmen geblieben ist? (Dimensionen sind beispielsweise: Beziehung zum Kunden, Marktposition, Kultur, Image, etwas, worauf man stolz sein kann, hier zu arbeiten, eigene Positionen, Beziehung zu anderen Bereichen).
- *Interview in der Zukunft (Interviewkette):* Was haben Sie erreicht? Wie haben Sie das erreicht? Mit welchen Prozessen, Entscheidungen und/oder Maßnahmen?
- *Interviews zu zweit:* Jeder beantwortet die Frage, was ihm wichtig ist. Gemeinsamkeiten und Unterschiede werden festgestellt.
- *Vorstellen der Ergebnisse:* Rote Fäden suchen und Differenzen aufdecken.
- *Visionen* in Zweiergruppen formulieren und passende Sätze hierfür finden.
- *Redaktionen (Plenum):* Auswahl der Sätze, die genommen werden sollen.
- *Abschluss und Transfer:* Klärung, was geschehen muss, damit die Sätze real werden können (und nicht nur in der Schublade verschwinden).

Dramaturgie: Leidenschaft reloaded

Kurzbeschreibung: Stärkung von visionären Ressourcen.

Inhalte und Zielsetzung: Zugang zu den eigenen Wünschen, Visionen, Stolz, Vernetzung des Teams zur Stärkung der visionären Ressourcen.

Lernkonzept: Workshop.

Teilnehmer: 6–12 Personen.

Dauer: 1,5–2 Stunden.

Ressourcen: Metaplanwände, Moderationsmaterial, genügend Platz, Raum mit Stuhlkreis, keine Tische.

Ablauf: Zunächst erfolgt die *Abfrage der Eigenschaften*. Die Teilnehmer werden gebeten, angenommene oder bereits erlebte Eigenschaften der Anwesenden auf Moderationskarten zu notieren. Leitfragen hierbei sind: Wer hier wirkt auf mich wie? Wer hat hier welche Ausstrahlung? Die Teilnehmer werden gebeten, für jeden der Teilnehmer im Raum eine Eigenschaftskarte zu schreiben. Auf der Rückseite der Karte sollen sie Namen der gemeinten Person vermerken. Dabei dürfen (und sollen) neue Eigenschaftsbegriffe erfunden werden, um vielleicht auch Gegensätze ausdrücken zu können (zum Beispiel halbweise, spontan-rational, willensgefühlsstark, liebevoll-aggressiv, kokett-initiativ).
Es folgt die *Auseinandersetzung mit den Eigenschaften*. Die Karten werden so aufgehängt, dass die Eigenschaft sichtbar ist, Kommentare sollen nicht abgegeben werden. Der Berater animiert nun die Teilnehmer: »Die Jugend ist die Zeit, wo wir noch unseren Träumen und Visionen am nächsten scheinen. Wir sind vielleicht naiv, dafür aber leidenschaftlich und zumindest sehr von uns selbst überzeugt. Mit der Zeit verliert sich manchmal die Eigenschaft, für etwas zu brennen, und das ist vielleicht auch gut so. Dennoch möchte ich Sie auf eine kleine Reise in Ihre Vergangenheit einladen, um von dieser Reise ein kleines Souvenir in die Gegenwart mitnehmen zu können. Bitte arbeiten Sie 20 Minuten in Zweiergesprächen an folgenden Fragen:

- Als Sie jung waren, welche Träume hatten Sie von sich und der Welt?
- Wofür sind Sie angetreten? Was war Ihre Idee von sich?
- Was ist jetzt daraus geworden? Wie haben Sie das (modifiziert) umgesetzt?«

Auf der *Skala der Realisationen* wird der Ist-Zustand visualisiert. Die Gruppe positioniert sich auf einer gedachten Skalenlinie im Raum zwischen folgenden Polen:

- Habe alle meine Träume realisiert – Skalenpunkt 10.
- Habe keinen meiner Träume realisiert – Skalenpunkt 1.

Nach der subjektiv eingeschätzten Positionierung werden die Teilnehmer in lockeren kurzen Gesprächen über ihren Träume-Realisationsgrad interviewt.
Zurück im Stuhlkreis beginnt die *Eigenschaftssuche*. Jeder arbeitet an der Frage: Wenn ich an die (Visions-)Ziele denke, die ich jetzt umsetzen möchte, was bräuchte ich an Kraft oder Bewegung, um dies zu erreichen? Hierzu nehmen sich die Teilnehmer eine Eigenschaft und/oder Zuschreibung von der Pinnwand, die ihnen gefällt und von der sie gerne mehr hätten. Sie sollen nachschauen, wem diese Zuschreibung gehört, die sie genommen haben: einem anderen oder ihnen selbst?
In der anschließenden *Austauschphase* sprechen die Teilnehmer 20 Minuten, wenn möglich, mit dem Partner, dessen Zuschreibung sie genommen haben. Dabei stehen folgende Fragen im Mittelpunkt: Wer in Ihrem gegenwärtigen Leben verkörpert am meisten von dem, was Sie sich wünschen? Wie wären Sie, wenn Sie das hätten, was Sie sich wünschen? Wie könnten Sie diese Eigenschaft in Verhalten übersetzen?

Abschluss: Abschließende Gesprächsrunde zu konkreten individuellen Umsetzungsideen, zu den Gedanken und Gefühlen, die während der Bearbeitung des Themas entstanden sind, und über die überraschenden Zuschreibungen, die jeder erhalten hat.

Anmerkungen zur Wirkungsweise: Das Lerndesign ermöglicht eine tief gehende Auseinandersetzung mit den eigenen Zielsetzungen, den damit verbundenen Erfolgen und Misserfolgen und animiert manchmal, sich alten Wünschen neu zuzuwenden. Auf der sachlichen Ebene eröffnet das Lerndesign Gespräche über Vision und Emotion. Die Kraft der Gefühle und die Gefahren der Enttäuschung werden spürbar.

Dramaturgie: Konferenz der Zukunft

Kurzbeschreibung: Werkstattprinzip, Zukunftswerkstatt, Führungskräfte.

Inhalte und Zielsetzung: Aktionen von einem gemeinsamen Ausgangspunkt hin zu einer wünschenswerten Zukunft für das Unternehmen oder die Organisationseinheit finden; eine von allen getragene Vision finden oder eine bereits existierende Vision umsetzen; Stakeholder entdecken gemeinsame Interessen und übernehmen Verantwortung, Zukunftsentscheidungen bottom-up treffen.

Lernkonzept: Werkstatt, Zukunftskonferenz.

Teilnehmer: 16–72 Personen. Auswahl der Teilnehmer aufgrund von Position, Funktionen oder speziellen Perspektiven, die sie einbringen können. Berücksichtigung komplexer Organisationen, Querschnitt von Menschen die über Informationen verfügen, Entscheidungsbefugnisse und Zugriff auf Ressourcen haben und von dem Thema, um das es gehen soll, betroffen sind.

Dauer: 3 Tage, möglichst extern mit gemeinsamer Übernachtung.

Ressourcen: 2 Berater und 1 Planungsteam.

Ablauf:
Hintergrund
Erste Zukunftskonferenzen stammen von Erich Trist und Fred Emery in den 1960er-Jahren mit einer britischen Fluggesellschaft. Theoretische Einflüsse kommen aus der Feldtheorie (Kurt Lewin), der Konsensbildungsforschung (Solomon Asch) und der Systemtheorie. Die heute bekannte Zukunftskonferenz wurde von Marvin Weisbord (1996; Weisbord/Janoff 2000 und 2001) entwickelt.

Schlüsselelemente
Zuerst muss eine gemeinsame Basis als Ausgangspunkt geschaffen werden. Hierzu sollen die Teilnehmer drei Aufgaben bearbeiten, die sich auf die Vergangenheit und die die Gegenwart beziehen.

- → *Aufgabe 1*: Rückblick auf Schlüsselereignisse von Abteilung, Organisationseinheit oder Unternehmen, jedes Einzelnen, in den letzten x Jahren.
- → *Aufgabe 2*: Äußere Einflüsse: Kräfte, die unser Leben und das unserer Abteilung, Organisationseinheit oder unseres Unternehmens im Moment beeinflussen.
- → *Aufgabe 3*: Innere Einflüsse: Was tun wir, auf das wir stolz sind? Was bedauern wir?

Wünschenswerte Zukunft
Im nächsten Schritt wird eine *wünschenswerte Zukunft* entworfen. Die Aufgaben hierfür beziehen sich auf Zukunft und Gegenwart:

→ *Aufgabe 4:* Idealszenarien für die Zukunft, gemeinschaftliche Themen skizzieren.
→ *Aufgabe 5:* Entwicklung neuer Aktionsschritte auf der Basis des bisher Erarbeiteten.

Grundprinzipien
Das »ganze System« wird in einen Raum gebracht. Die Teilnehmer sollen vor allem lernen, global zu denken und lokal zu handeln. Die Konzentration liegt dabei permanent auf der Zukunft und den gemeinsamen Plattformen. Selbstgesteuerte Gruppenarbeit und Eigenverantwortung für die Umsetzung werden betont.

Die Vier-Zimmer-Wohnung
Als Metapher für die Entwicklung von Veränderungsprozessen – und für die Entwicklung während der Zukunftskonferenz – dient das Bild der Vier-Zimmer-Wohnung. Die Zimmer sind: Verwirrung, Zufriedenheit, Erneuerung und Verleugnung.

Kommunikationssetting
Die Teilnehmer werden in Gruppen zu jeweils acht Personen aufgeteilt und in einem Raum platziert (Sitzanordnung s. folgende Grafik). Die Zusammensetzung ist je nach Aufgabe unterschiedlich. Eine möglichst vielfältige Mischung ist wünschenswert!

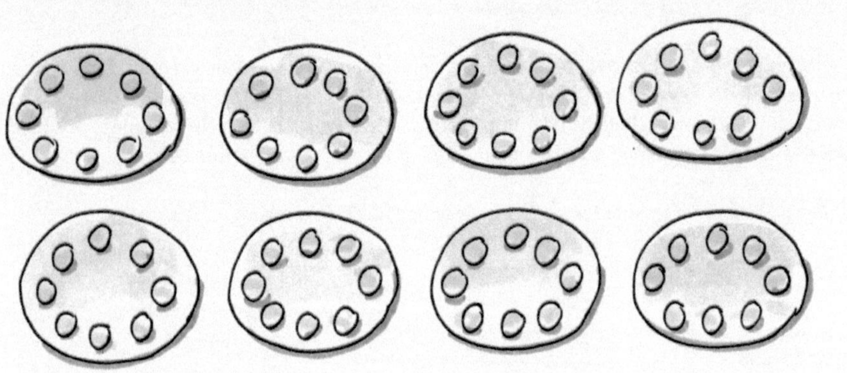

Abbildung: Kommunikationssetting für die Konferenz der Zukunft

Passung von Thema und Methode
Für die unterschiedlichen Schritte der Zukunftskonferenz eignen sich verschiedene Methoden.

→ *Thema Vergangenheit:* Wo kommen wir her?
Methoden: Zeitstrahl auf einer großen Papierbahn, auf der eine kollektive Fieberkurve entsteht, eine gemeinsame Geschichte.
→ *Thema Gegenwart:* Welche Entwicklungen kommen auf uns zu? (Außenperspektive). Worauf sind wir stolz, was bedauern wir? (Innenperspektive).
Methoden: Mindmaps aus homogenen Kleingruppen ergeben ein großes Mindmap. Kleingruppen zum Thema »Stolz und Bedauern« und anschließend Vorstellung im Plenum.
→ *Thema Zukunft:* Was wollen wir erreichen?
Methode: Gemischte Gruppen erarbeiten Visionen mit kreativen Gestaltungsformen.
→ *Thema Konsens:* Worin stimmen wir überein?
Methode: Suche nach einem gemeinsamen Zukunftsbild durch Zustimmung.
→ Thema Maßnahmenplanung: Was müssen wir tun?
Methode: Planung der nächsten Schritt in homogenen Gruppen.

Ablauf (Beispiel):

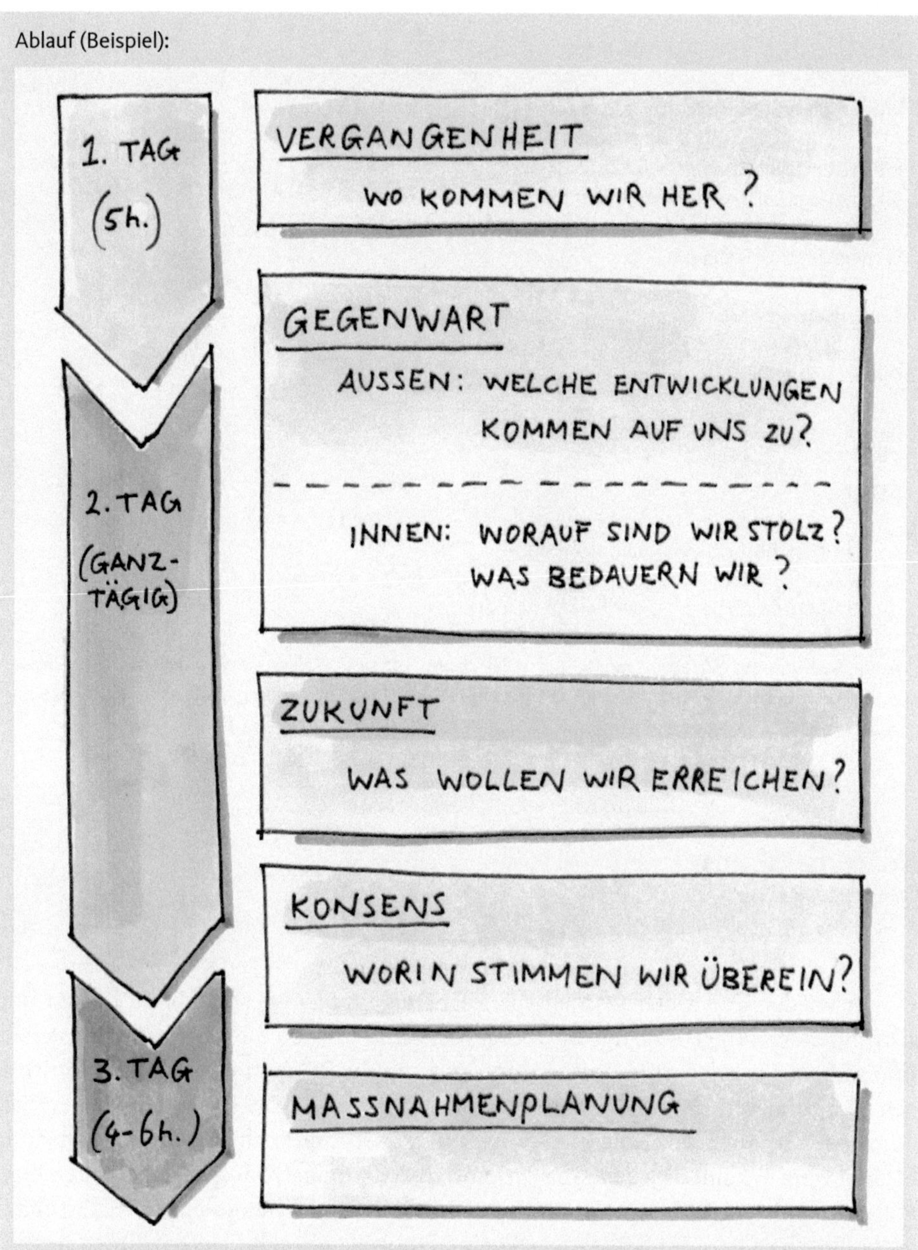

Anmerkungen zur Wirkungsweise: Zukunftskonferenzen können ihr Potenzial nur entfalten, wenn die Hierarchie bereit ist, Entscheidungen der Teilnehmer zu akzeptieren. Zukunftskonferenzen nutzen das Wissen der Gruppe und beseitigen strukturelle Hindernisse, die normalerweise die Arbeit behindern. Sie räumen genügend Zeit ein, die ein von allen getragener Konsens benötigt. Das Design ermöglicht Vernetzung – auch über die Zukunftskonferenz hinaus. Und die Konzentration auf die Zukunft ermöglicht eine lösungsorientierte und konstruktive Arbeit.

Methode: Szenen aus der Zukunft

Kurzbeschreibung: Zukunftsszenen spielen.

Inhalte und Zielsetzung: Durch die Inszenierung wird die ungewisse Zukunft vorstellbar. Attraktive Bilder dieser Zukunft rufen darüber hinaus Sehnsucht hervor.

Lernkonzept: Workshop.

Teilnehmer: 10–15 Personen.

Dauer: 3 Stunden.

Ressourcen: Eventuell Requisiten.

Ablauf:
- → Einteilung in Kleingruppen: Wie sieht unser Unternehmen 20xx aus? Welche Produkte gibt es? Wie gestaltet sich die Zusammenarbeit?
- → Entwurf von Szenen aus der Zukunft.
- → Aufführung der Szenen als Abendgestaltung.

Anmerkungen zur Wirkungsweise: Auf spielerische Art und Weise machen sich die Teilnehmer Gedanken um ihre Zukunft. Statt einer Angst auf die Zukunft kommt durch die Szenen am Ende eine Lust auf die Zukunft oder mindestens Spaß heraus!

Kostensenkung

Die richtige Diät oder Jo-Jo-Effekt

Immer wieder sind Unternehmen vor folgendes Problem gestellt: hohe Kosten und schwindende Erträge – sie haben Übergewicht und müssen die Ernährung umstellen. Infolgedessen werden Programme aufgesetzt, um die Relation von Kosten und Erträgen zu optimieren. Es wird also, um im Bild zu bleiben, FDH (Friss-die-Hälfte-Diät) durchgeführt. Auch bei erfolgreich funktionierenden Unternehmen, die zukunftsfähig bleiben wollen, kann dies der Fall sein. Kostenstrukturanalysen sind dabei selten konfliktfrei, sondern laufen in Form dramatischer Kriseninterventionen ab – als einmalige, konfliktbeladene Kraftakte, die wie eine Flutwelle über das Unternehmen hereinbrechen und so ziemlich alles wegfegen, was vorher in vielen Jahren an Führungskultur aufgebaut worden ist. Egal ob der Druck real ist oder nur künstlich aufgebauscht wird, Kostensenkungsprogramme werden oft mit viel Getöse als Hauruckverfahren durchgeführt – plötzliche Einsparprogramme auf Schmalspurlevel.

Wenn Essstörungen vorliegen, kann es ein gesundes Ernährungsverhalten nicht geben. Essstörungen sind, sehr vereinfacht ausgedrückt, die Folge eines verzerrten Bildes von der Umwelt: In den öffentlichen Medien werden falsche Bodyimages von Menschen gezeigt und verbreitet, nach deren vermeintlichem Ideal viele andere vergeblich streben. Jeder möchte zu der Gruppe der Schönen und Reichen zählen. Statt die Falschheit der Bilder zu entlarven (und so das eigene Bewusstsein kritisch zu schärfen), wird gehungert.

Ähnlich verhält es sich in börsennotierten Firmen – ein falsches Bild wird projiziert: Im Mittelpunkt stehen der Aktienkurs, der Gewinn und die Ausrichtung. Der Gewinn wird als gut bewertet, und Gewinne entstehen, wenn Personal abgebaut wird. Unternehmen werden zu Geldmaschinen und Werte wie Nachhaltigkeit nicht definiert.

Hat sich die Organisation oder das Umfeld wieder erholt, so fängt das Spiel von vorn an. Jo-Jo-Effekt-artig frisst das Unternehmen sich wieder voll, und weil es in der Krise nur gelernt hat zu sparen (statt umzudenken), führt das fehlende Gespür für Nachhaltigkeit wieder zu Fettleibigkeit. Manche Unternehmen halten einer wachsenden Nachfrage nach der Krise nicht stand, weil die Ressourcen fehlen und auch nicht so schnell wieder aufgebaut werden können. Ganz zu schweigen von der Motivation einzelner Führungspersonen – mühsam wurden Kräfte freigesetzt, die nun wieder gebraucht würden.

Die sieben Todsünden bei Kostensenkungsmaßnahmen

Klaus Doppler und Christoph Lauterburg (2008) nennen sieben Todsünden, die bei Kostensenkungsmaßnahmen häufig gemacht werden:

1. **Lineare Kürzungen:** Der gleiche Prozentsatz X gilt für alle Abteilungen. Diese als gerecht gedachte »Opfersymmetrie« ist aber in höchstem Maße ungerecht. Die sparsame und schlanke Abteilung A muss bei diesem Prinzip genauso viel bluten wie die verschwenderische und »fette« Abteilung B.
2. **Einseitige Sparoptik:** Oft wird versucht, wo es nur geht, Kosten herauszuquetschen. Dass man auch die Ertragsseite optimieren könnte, wird häufig vernachlässigt.
3 **Unrealistische Vorgaben:** Es werden völlig überdimensionierte Quoten (zum Beispiel 40 Prozent) vorgegeben. Hierbei geht man zum einen davon aus, dass 20 Prozent immer ohne große Verluste herauszuholen sind, und zum anderen, dass die Kürzungsunwilligkeit der Führungskräfte einberechnet wird. Transparent und fair ist dieses Vorgehen allerdings nicht, es löst eher Widerstände aus.
4. **Aussteuern der Linienverantwortung:** Projektverantwortliche leuchten Linienverantwortliche in inquisitorischer Manier aus und schüren so Misstrauen und Unmut.
5. **Tabuisieren der Hierarchie:** Anders formuliert könnte man sagen »Der Olymp selbst steht nicht zur Disposition« (Doppler/Lauterburg 2008, S. 494). Das Topmanagement selbst beschränkt sich auf Auftrag erteilen, überwachen und entscheiden. Sich selbst oder die dahinterliegenden Strukturen (beispielsweise Stabsfunktionen) stellt es nicht infrage.
6. **Übergehen wichtiger Partner:** Der Betriebsrat und Mitbestimmungsorgane werden meist erst informiert, wenn man gar nicht mehr darum herumkommt. Das kann zu Verstimmungen führen und in Grabenkämpfen enden.
7. **Mangelnde Umsetzung** entsteht, wenn die Fähigkeit und Bereitschaft der Verantwortungsträger zu echten Veränderungen und auch schmerzhaften Entscheidungen fehlen.

Reaktion auf Kostensenkungsprogramme

Die Therapie lautet: langfristige Ernährungsumstellung. Menschen in Organisationen und Menschen mit Übergewicht müssen wissen und verstehen lernen, was es heißt, Bewusstsein für ein Weniger zu entwickeln. Prozessberater sollten daher zunächst einen Diätplan erstellen, der verstehend berücksichtigt, was die Organisation wirklich braucht. Weil es so schwierig ist zu verzichten, bedarf es guter Argumente und einen starken Willen, um das Prozedere durchzuhalten. Der Druck von außen reicht dabei oftmals nicht aus. Es ist zunächst die innere Haltung, die verändert werden muss.

Was ist zu tun?

In Zeiten der Kostensenkung werden auch die Berater eingespart oder an anderen, vermeintlich für notwendig(er) erachtete Ecken eingesetzt. Es wird meist extrem minimalistisch gedacht. Prozessberater können aber nur dort wirken, wo sie auch zum Einsatz kommen. Jedoch ist die Unterstützung der Führungskräfte ein wichtiges Müsli-Frühstück. Denn oft wissen die Führungskräfte zu Anfang auch nicht, was passiert und welche Schwerpunkte gesetzt werden müssen. Hier einige Beispiele, was zu tun ist:

- → Grundsätzlich gilt, dass sich die Haltung von Führungskräften ändern muss. Die Führungskräfte müssen lernen, von vorherigen Selbstverständlichkeiten umzuschalten. Dafür ist es hilfreich, wenn Externe eine klare Position beziehen. Manchmal nützt es, konfrontativ Manager damit zu kritisieren, dass sie wenig kreativ denken. Oft entsteht so eine neue Perspektive, ein Umdenken: Wie kann man Geld hereinholen, anstatt es auszugeben?
- → Gemeinsam ist ein breiteres Wirken möglich: Die Führungskoalition ist wichtig, weil die Führungskräfte bestimmen können, ob wirklich nach Potenzialen (die auch wehtun können) gesucht wird oder nicht. Verdeckte politische Spiele werden so auf eine Bühne geholt und damit besprechbar.
- → Nur wenn die Kostensenkungsziele von den Mitarbeitern als sinnvoll und wichtig gesehen werden, tragen sie das Programm auch mit. Wie in allen Prozessen steht die Kommunikation im Vordergrund. Das richtige Wording kann die Blickrichtung auf das Veränderungsvorhaben beeinflussen: Letztlich gilt es, das Verhältnis von Output zu Input zu verbessern.
- → Transparenz ist von Anfang an wichtig. Wenn die Ziele klar sind (Wo müssen wir hin?) wird es leichter, den Weg gemeinsam zu gehen – auch wenn er steinig ist. Mitarbeiter und Führungskräften werden vom »Opfer« zum Täter und entwickeln eine Haltung nach dem Motto: »Wir sind selbst McKinsey!«
- → Symbole werden wichtig in Krisenzeiten: Firmenfahrzeuge wechseln, »Downsizing«. Die Führung nutzt ihre Vorbildfunktion und zeigt, dass alle an einem Strang ziehen.

Methode: Leidensweg einer Idee

Kurzbeschreibung: Soziodramatische Inszenierung von Innovationsprozessen.

Inhalte und Zielsetzung: Warum werden gute Ideen nicht umgesetzt? Wo sitzt in Unternehmen die Innovationsbremse? Mithilfe dieser soziodramatischen Inszenierung werden all die Stolpersteine sichtbar und erlebbar.

Lernkonzept: Workshop.

Teilnehmer: 6–50 Personen.

Dauer: 1 Stunde.

Ablauf:
Erwärmung:
In Kleingruppen werden Ideen gesammelt: Wer oder was beeinflusst meine Ideen? Welche Kulturelemente, welche Institutionen, welche Personen sind mehr oder weniger unterstützend? Während dieser Phase helfen die Prozessberater den Kleingruppen »beim Denken«.
Die Einflüsse werden auf Moderationskarten geschrieben und noch in der Kleingruppe priorisiert.
In einer der Kleingruppen wird über Ideen geredet und herausgefiltert, welche die »typischen« Ide-

enunterstützer darstellen, zum Beispiel technische Verbesserungsideen, Strukturideen, revolutionäre Ideen über Veränderung von Abläufen und Zielsetzungen.

Spiel:
Die verschiedenen (Arten von) Ideen werden von einzelnen Leuten dargestellt. Jede Idee wird durch einen Menschen verkörpert und bestreitet den Weg zur Verwirklichung. Am Ende des Raumes ist das Tor der Verwirklichung – das Ziel der Idee. Per Zuruf aus den Kleingruppen werden die wichtigsten Einflüsse auf die Ideen benannt und kommen als Person auf die Bühne. Mit der Moderationskarte wird den Einfluss-Protagonisten die Idee aufgeklebt. Die Ideen-Protagonisten, aber auch die Einfluss-Protagonisten werden gefragt: Wo stehen Sie im Standbild? Was sagen Sie zu der Situation? Wie verhalten Sie sich zu der Idee? Die Spieldynamik findet statt, indem die einzelnen Protagonisten auf der Bühne interviewt werden, was sie tun, wie sie es tun, wie sie sich zur Idee verhalten. Welche Idee schnappen Sie sich? Was machen Sie mit ihr? Die Ideen werden dann losgeschickt und reden und agieren mit den einzelnen Elementen.

Abschluss:
Am Ende werden die Ideen über ihren Leidensweg befragt: Welche Hindernisse waren besonders schwer bis nicht zu überwinden? Was war hilfreich auf dem Weg zum Ziel?

Variante: Statt Idee auch andere Aspekte: Gesundheit, gute Führung, Effizienz ...

Anmerkungen zur Wirkungsweise: Alle (oder fast alle) Teilnehmer sind in das Spiel involviert. Dadurch entsteht eine Dynamik, die diesen »Leidensweg« für alle sehr fassbar macht.

Kulturentwicklung

Was ist Kultur?

Definitionsversuche zum Thema Kultur (es gibt Hunderte Bücher zum Thema) sind vielschichtig und machen die Komplexität des Wortes und seiner Bedeutungen deutlich. Schaut man aus Unternehmensperspektive auf Kultur, so ist darunter das *Wie* einer Organisation (in der internen Bewertung) gemeint. Unter Kultur verstehen wir dann all die offenen und geheimen Regeln, Normen und Werte eines Unternehmens. Man könnte auch die Metapher des Fisches im Wasser nehmen, der blind ist für das, was ihn ständig umgibt. Ähnlich schwierig ist es, intern Kultur »zu messen« oder besprechbar zu machen. Oft gibt es eine Diskrepanz zwischen dem, was nach außen in klangvollen Leitsätzen und anspruchsvollen Broschüren propagiert wird, und dem, was tatsächlich im Unternehmen gelebt wird. Sonja Sackmann (2004) misst daran gar die Qualität einer Unternehmenskultur: Je größer die Diskrepanz zwischen normativ postulierter und tatsächlich im Verhalten nachvollziehbar gelebter Unternehmenskultur ist, desto größer sind die vorhandenen internen Probleme.

Für Prozessberater gilt, das beobachtbare Verhalten und Indizien für die Kultur zu sammeln, etwa: Wie ist das Unternehmen und seine Untergruppen geschaffen und verankert? Wie wird entwickelt und kommuniziert? Seine Informationen sammelt ein Prozessberater eher als teilnehmender Beobachter in Kaffeeecken und Besprechungen, weniger aus Unternehmensbroschüren. Aus den gesamten Eindrücken lässt sich schließen, worum es im Kern des Ganzen geht. Mit anderen Worten: Alle Schichten beeinflussen sich gegenseitig und sind daher überall ablesbar (pars pro toto).

Um einen Überblick zu bekommen, hilft das Zwiebelmodell (Reineck/Sambeth/Winklhofer 2011). Dabei wird die Organisation von außen nach innen in drei Ebenen angeschaut – vom Sichtbaren zum Unsichtbaren:

→ Artefakte und Produkte: Unserer Wahrnehmung fallen sie am schnellsten auf – beispielsweise Architektur, Ausstattung, Verhalten der Menschen, Produkte, Kleidung.
→ Regeln und Normen: Die Prinzipien, die durch Personen gelebt oder durch Dokumente niedergeschrieben wurden. Auf dieser Ebene wird das offene Verhalten gesehen, das aber manchmal im Widerspruch mit propagierten Regeln und Normen steht. Wenn dies der Fall ist, wird noch weiter nach innen geschaut.
→ Grundannahmen und Werte: Dieser unsichtbare Teil verkörpert die Grundwerte, die für selbstverständlich in der Organisation gehalten werden. Alle handeln danach, weil es für die Organisation passend ist. Das ist oftmals nicht besprechbar, sondern lässt sich lediglich aus den ersten beiden Schichten erkennen.

Warum ist Kultur wichtig für ein Unternehmen?

Eine Kultur lässt sich nicht suchen und herstellen – sie findet uns. Angefangen bei den Start-ups, deren Kultur sehr von den Gründern geprägt wird (die Persönlichkeit der Gründer ist meist die Kultur), entwickeln sich Organisationen mit dem Hinzukommen weiterer Mitarbeiter, die sich den Gründern anschließen. Gefühlt entwickelt sich die Kultur dabei von ganz alleine. Das liegt unter anderem daran, dass es sich bei einer Organisation oder ihren Teilen um Systeme handelt, in denen sich Regeln und Muster bilden. Das System »herrscht« und bindet die Mitarbeiter ein.

So werden nicht nur die Kommunikation und die Prozesse von der Kultur bestimmt, sondern auch deren Emotionen. Menschen, die neu in eine Organisation kommen, werden schon nach kurzer Zeit so fühlen, denken, handeln wie das Gros ihrer Kollegen – die Kultur des Systems ist stärker als der Wille des Einzelnen. Zu Beginn des Eintritts in ein Unternehmen schauen neue Mitarbeiter noch auf alles ganz genau und sehen Differenzen zu anderen Organisationen im Umgang mit Entscheidungen, Sprache und vieles andere mehr. Je länger sie aber dabei sind, desto weniger nehmen sie den Unterschied zur Umwelt wahr. Und das ist gut so!

Für die Organisation und deren Entwicklung sind Anpassung und funktionales Eingliedern überlebensnotwendig, damit der Sinn der Organisation im Mittelpunkt bestehen bleibt. Unternehmenskultur wirkt auf das *Wie* ein, da sie die bewussten und unbewussten Kräfte sowie Verhalten und Denkmuster beeinflusst und damit das Ziel und den wirtschaftlichen Erfolg sicherstellt.

Exkurs: Der Mensch – zum Sozialsein verdammt

Doch was steckt psychologisch dahinter: Wie schaffen es Menschen, sich so anzupassen, ohne es bewusst wahrzunehmen beziehungsweise zu hinterfragen?
Zum Sozialsein verdammt – der Mensch ist nicht gerne allein und schließt sich gerne anderen an. Aber dies tut er nicht in beliebigem Umfang. Anfangs zieht sich Ähnliches an – dabei kann das Äußere oder die äußere Haltung entscheidend für das Zueinander-hingezogen-Fühlen sein. Im weiteren Verlauf passt sich der Einzelne dem Denken und Verhalten an und wird Teil einer Gruppe.
Eine Gruppe ist dann handlungsfähig oder eine Organisation überlebensfähig, wenn ein Mindestmaß an Konsens über wichtige Fragen und Verhaltensweisen bei den Einzelnen vorhanden ist. Wäre es nicht so, käme der Einzelne in einen Konflikt mit anderen und der Organisation.

> Ein Beispiel: In einem Unternehmen bewerten A und B irgendeinen existenziell wichtigen Gegenstand (der vielleicht die Kultur symbolisiert) unterschiedlich, wobei A den Gegenstand mag, B ihn aber nicht mag. Dann hat B (will er mit Freude im Unternehmen bleiben) nur die Möglichkeit, sich den Gegenstand schönzureden oder gut zu finden, um mit A als Verkörperung des Unternehmens wieder in Harmonie zu kommen. Bleibt B seiner ablehnenden Meinung zum Gegenstand treu, wird er langfristig nicht Teil des Ganzen sein können, weil er nicht zur Kultur passt beziehungsweise sich ihr nicht passend macht.

Ein weiteres Phänomen des sozialen Wesens Mensch ist die Tatsache, dass wir in Gruppen eher dann zufrieden sind, wenn wir uns gegenseitig helfen. Wenn also jeder ein Teil des großen Ganzen wird und zur Zielerreichung beiträgt und somit vor allem Bestätigung findet. Diese Bestätigung als denkende und anerkannte Person führt zu einer emotionalen Sicherheit, nach der wir streben. Wir schaffen es emotional nicht, über einen längeren Zeitraum mit einer Gruppe in Konflikt zu bleiben – der Umgang mit Ablehnung und Ausgeschlossenheit sind keine sozialen Eigenschaften, die dem Menschsein eigen sind. Kultur bindet Menschen und hilft ihnen, sich anzupassen und ihren Beitrag zu leisten.

Wie und wo wirkt Kultur?

Inhaltlich ist es immer wieder spannend, wie die Kultur die Themen eines Unternehmens beeinflusst. Wo wird Kultur sichtbar? Es lohnt sich ein Blick auf Einzelthemen.

Produkte Kultur wird auch geprägt vom Produkt, mit dem das Unternehmen zu tun hat, ebenso vom Marktsegment, in dem es tätig ist. Produziert das Unternehmen selbst oder handelt es mit Produkten anderer? Geht es dabei um Bauteile oder Konsumgüter? Die mentalen Modelle (s. S. 304 f.), die zur Herstellung des Produkts nötig sind, beeinflussen die Art des Denkens und Agierens eines Unternehmens, auch jene Bereiche, die über die Herstellung hinausgehen, etwa die Vermarktung (betrifft zum Beispiel Themen wie: Sorgfalt gegenüber Kunden und/oder die Marketingstrategie).

Unternehmen, die viel verkaufen müssen, haben eine Kultur, auch nach innen viel Marketing zu betreiben, also Ideen auch dort zu verkaufen. Oder ein anderes Beispiel: Technische Kulturen haben die Tendenz, eher perfekt sein zu wollen. Die in der Fertigung präzise Produktion der Teile bringt eine Haltung mit sich, die sich auch auf die Kultur und Führung auswirkt. Eine Haltung von »Schludern und Friemeln« ist nicht möglich, das heißt, die Kultur der Perfektion und Sorgfalt prägt gleichermaßen den Managementstil. Da muss es zwangsläufig zu Problemen kommen, wenn man mit mentalen Modellen aus dem technischen Bereich, Themen im sozial-psychologischen Bereich zu lösen versucht.

Information und Kommunikation Auch die Gestaltung der Innenräume ist eine Kulturaussage. Stehen große Stellwände und Flipcharts in jeder Ecke der Großraumbüros, wird überall visualisiert, was jeder lesen kann. Wo hier Informationen und Haltungen ganz transparent vorkommen, sind in anderen Organisationen nur Pflanzen vorzufinden, und man muss lange suchen, um überhaupt ein Flipchart zu organisieren.

Optimierung In manchen Organisationen ist die Kultur des Ständig-besser-werden-Wollens stark ausgeprägt und auf Optimierung ausgelegt – in Versorgungsunternehmen (zum Beispiel Stadtverwaltungen oder Energielieferanten) denkt mancher: »Wenn es läuft, dann stimmt doch alles. Wozu soll ich da noch weiter über Verbesserungen nachdenken?«

Pünktlichkeit Welche Bedeutung hat das Thema Pünktlichkeit? Zum einen drückt es Wertschätzung und Rücksichtnahme untereinander aus (Schlagworte, die sich in jedem Wertekatalog großer Unternehmen finden, meist aber nicht gelebt werden). Zum anderen lässt sich Hierarchie daran messen, etwa in Workshops beim Zusammenfinden der Gruppe nach den Pausen. Man kann sagen, je hierarchischer die Organisation aufgestellt ist, desto eher wird erwartet, nach der Pause vom »Oberguru« zusammengerufen zu werden, statt sich an die gemeinsam vereinbarte Uhrzeit zu halten. Ein weiteres Indiz für ein ausgeprägt hierarchisches System ist, wenn nach Kleingruppenarbeit die Ergebnisse präsentiert werden und dabei wenig zur Gruppe gesprochen, sondern vor allem mit Blick auf den Moderator gesprochen wird.

Bildung und Entwicklung von Kompetenzen In verwaltungsorientierten Organisationen lässt sich kaum ein Workshop ohne eine Dramaturgie machen, die zumindest auf dem Papier Fahrplanniveau hat. Dabei werden Protokolle und Fotos angefertigt. Der Unterschied zu verkaufsorientierten Organisationen ist: Hier wird nie mitgeschrieben – nur das gesprochene Wort zählt. Als gelte auch im Workshop das internalisierte Credo, als könne man Seminare einkaufen und durch pure Teilnahme Wissen aufnehmen und konsumieren. Typisch dafür ist die Idee, dass Veränderung allein schon durch den Erwerb von Bildungsmaßnahmen stattfindet.

Kultur verändern? Kulturanalyse – Kulturparameter

Wenn man eine Organisation verändern will, so ist die genaue Analyse der Art, »wie die Dinge hier gemacht werden«, sinnvoll: Es gilt, die Rahmenbedingungen einer bestehenden Kultur zu untersuchen und zu verändern.

Herbeigerufen werden Prozessberater dann, wenn es darum geht, Einstellungen und Gewohnheiten der Mitarbeiter zu verändern, um zum Wohle des Unternehmenserfolgs das »Neue« herbeizuführen. Meist möchten Führungskräfte eine neue Haltung der Mitarbeiter etablieren, weil sie mit der bestehenden Kultur unzufrieden sind, etwa bei der Dienstleistungshaltung oder der Kundenorientierung. Auch tatsächliche äußere Ereignisse, zum Beispiel Unfälle, können motivieren, eine Kultur verändern zu wollen. Die Katastrophe von Fukushima (Japan 2011) ist so ein Impuls von außen, das Thema Atomkraft als Problem flächendeckend zu begreifen und entsprechend darauf zu reagieren – dieses Umdenken ist kulturverändernd.

Es gibt kein Patentrezept für Kulturentwicklung, jedoch gilt ein Grundsatz: »Etwas zu verändern, erfordert nicht nur, Neues zu lernen, sondern auch zu verlernen, was der Veränderung im Wege stehen könnte« (Schein 2003). Besonders in schon länger bestehenden Unternehmen ist der Fokus eher auf das Verlernen zu setzen, das heißt die Überwindung des Widerstands. Notwendig ist zumindest eine Person, die beginnen möchte und eine andere Kultur will, Gründe und Legitimationen für das Neue nennen kann und Verbündete findet.

Motivation zur Kulturentwicklung kann unterschiedliche Gründe haben:

- → tatsächliche äußere Ereignisse wie Unfälle,
- → formelle externe Widerlegung wie Gerichtsbeschlüsse oder
- → interne Erkenntnis, dass es nicht so läuft, wie es laufen könnte.

Weitere Anlässe für interne Kulturentwicklung: Wenn sich die Weiterentwicklung nach innen richtet, ist sie relativ unsichtbar, da es um Werte und Normen geht. Die Themen können stärker oder schwächer ausgeprägt sein und sollen bei der Veränderung wichtiger oder weniger wichtig werden (für eine genauere Beschreibung s. Doppler/Lauterburg 2008, S. 487 ff.). Dazu gehören unter anderem:

- → Kundenorientierung,
- → Mitarbeiterorientierung,
- → Qualität,
- → Ergebnisorientierung,
- → Innovationsbereitschaft,
- → Handlungsorientierung und
- → offene Kommunikation.

Beobachten – Erklären – Bewerten

Weil das Wirken von Kultur in einer Organisation die Basis für das Denken und Fühlen ist, spielt das (An-)Erkennen des Zusammenspiels von Kultur und Leistungsfähigkeit eine wichtige Rolle. Kultur ist das Medium für unternehmerisches Handeln. Kultur ist einfach da und braucht nicht kommuniziert zu werden – in den meisten Fällen (s. Zwiebelmodell, S. 329).

Um genau zu erkennen, wie unterschiedlich Kultur gelebt wird, ist besondere Aufmerksamkeit in Richtung Wahrnehmungskanäle gefragt. Durch Hören, Sehen, Riechen, Schmecken, Tasten werden wir sensibilisiert für die Themen der Organisation. Meist rutschen diese Sinneswahrnehmungen sofort in den Bewertungskanal. Damit werden die zarten Beobachtungen sofort mit den Werten verglichen, die in Kopf und Herz gespeichert sind. Der Vergleich mit den bestehenden Werten führt eher zur Einengung von Hypothesen über die Regeln und Muster einer Kultur. Um eine Kultur verstehen zu können, ist es sinnvoll, lange im Stadium des Beobachtens und Wahrnehmens zu bleiben und sich mit Erklärungen und Bewertungen noch zurückzuhalten.

> Beispiel: Bin ich als Prozessberater bisher auf Gruppen gestoßen, deren introvertierte Haltung (wenig Kommunikation, abwarten) eher ein Hinweis auf verdeckte Konflikte untereinander war, die im Prozess aufgedeckt wurden, so werde ich mich als bewertender Prozessberater auch in weiteren, eher »stillen« Gruppen auf die Suche nach verdeckten Konflikte machen. Das kann in die Sackgasse führen, da Gruppen auch aus anderen Gründen vergleichsweise »still« sein könnten. Vielleicht ist ihnen der Auftrag seitens der Organisation nicht klar oder vielleicht ist der Auftrag klar, aber er geht am eigentlichen Anliegen vorbei. Vielleicht kennen sie sich untereinander nicht oder vielleicht kennen sie sich durch die letzte Teamentwicklung so gut, dass schon alles gesagt ist. Vielleicht ist ihre zurückhaltende Art untypisch für ihre Kultur, aber ein äußeres Ereignis wie eine bevorstehende Fusion besonders bedrückend. Oder vielleicht ist die Zurückhaltung gerade doch Ausdruck ihrer Kultur!

Es klingt so einfach: nur beobachten! Die große Herausforderung für Prozessberater ist die immer wieder neue Verführung des Kopfes, bisher Erlebtes erneut zu vergleichen. Hier freut man sich, dass man schon einmal so etwas gemacht hat und es wieder anwenden kann: Die Macht der eigenen Gewohnheit ist der Schrecken jedes Prozessberaters. Während der Phase der Beobachtungen sollte, nein, muss Offenheit für alle Wege und Möglichkeiten da sein, erst in der Bewertungsphase wird abgeschlossen. Der verführerischen Bewertung zu widerstehen gelingt nur durch immer wiederkehrende reflexive Schleifen und das Auseinanderhalten dieser drei Ebenen:

→ Beobachten: Was sehe ich? Was nehme ich wahr?
→ Sich erklären: Wie interpretiere ich die Beobachtung?
→ Bewerten: Was halte ich davon?

Was Unternehmen selbst tun können

So wie ein Fisch das Wasser, in dem er schwimmt, nicht bemerkt, ist es für Mitarbeiter schwer, die Unternehmenskultur, in der sie sich bewegen, zu analysieren. Daher kann der frische, unverstellte Blick von neuen Mitarbeitern oder auch Auszubildenden genutzt werden, eine Kultur zu verstehen und begreifbar zu machen. Hilfreich sind zum Beispiel Kabarettelemente, mit denen spielerisch nach Verhaltensweisen gesucht wird, die den Neulingen aufgefallen sind. Auch die Gründung eines »Weiberrates« ist möglich, wobei die Lebenspartner eingeladen werden, um auszutauschen und widerzuspiegeln, was sich aus ihrer Sicht in der Organisation abspielt. Eigentliches Anderssein gegeneinander ist nur möglich in einer gemeinsamen Welt.

Mögliche Hindernisse und Emotionen, die bei einer Kulturentwicklung auftreten können

Alles was neu ist, ist uns Menschen erst einmal nicht ganz geheuer. So treten auf dem Weg einer Kulturentwicklung diverse Hindernisse und Emotionen auf, die den Prozess beeinflussen.

→ *Ratlosigkeit* kommt auf, wenn plötzlich »alles« infrage gestellt wird. Wie soll man Kultur überhaupt verändern können? Wie soll man Einstellungen verändern, die gewohnt sind und geliebt werden?

→ *Ärger und Wut* tritt bei Topmanagern auf, wenn sie das zu verändernde Mitarbeiterverhalten nicht nachvollziehen können. Warum verhalten sie sich egoistisch? Ärger und Wut sind »trennende Gefühle« (Berner 2010, S. 141). Sie bringen einen in eine Gegenposition zu den Menschen, die sie ausgelöst haben. Die Mitarbeiter, die sich bitte verändern sollen, werden so leicht zum Gegner, Machtkämpfe sind vorprogrammiert. Ob sich Ärger und Wut steigern, hängt etwa davon ab, ob man dem Gegenüber Böswilligkeit unterstellt oder man die eigene Position um jeden Preis durchsetzen will. Ärgern kann man sich über alles und jedes, Wut dagegen bezieht sich auf Personen, ist also ein soziales Gefühl.

→ *Lernangst* entsteht nach Edgar Schein dann, wenn verlangt wird, dass etwas verlernt wird, was man bereits kann. Lernangst verbindet sich mit mehreren spezifischen Ängsten:
- Angst vor vorübergehender Inkompetenz, weil man den neuen Anforderungen nicht gewachsen sein könnte,
- Angst, das Identitätsgefühl zu verlieren, weil das Neue den bisherigen Werten und Einstellungen widerspricht,
- Angst vor dem Verlust der Gruppenidentität, weil das Neue bisherigen Gruppennormen widerspricht,
- Angst vor der Bestrafung durch das Unternehmen, weil man meint, nicht schnell genug dazulernen zu können.

Lernangst löst Abwehrreaktionen wie Verleugnung, Schuldzuweisungen oder Feilschen und Manövrieren aus. Lernen wird möglich, wenn die Überlebensangst größer wird als die Lernangst.

→ *Einstellung gegenüber den Adressaten:* Zwei extreme Haltungen gegenüber den Adressaten der Kulturentwicklung sind nicht hilfreich: Blinde Identifikation mit den Zielen, Wünschen und Werten macht eine Änderung unmöglich. Eine aggressive und moralisierende Ablehnung auf der anderen Seite ist genauso wenig nützlich, weil sie zu Machtkämpfen führt. Statt das Vorhandene abzulehnen, sollte daran angeknüpft werden.

→ *Selbstbezug:* Beim Beispiel Kundenorientierung ist es besonders wichtig, nicht nur auf sich selbst zu schauen. Allein die Auseinandersetzung mit dem Außen, zum Beispiel durch eine Kundenbefragung, schafft ein neues Bewusstsein.

- → *Schema F* oder Kulturentwicklung nach der Lehrbuchschablone kann nicht funktionieren, weil jede Kultur anders ist.
- → *Wandel versus Kulturwandel:* Nur weil etwas geändert werden muss, heißt das noch lange nicht, dass die Kultur tatsächlich verändert werden muss. Zunächst sollte versucht werden, die vorhandene Kultur für das Veränderungsvorhaben zu nutzen.
- → *Psychologische Fehlschlüsse* werden gemacht. »Erfahrungen, wie die Welt funktioniert, lassen sich nicht durch Behauptungen, dass es auch anders geht, verändern. Erfahrungen werden nur verändert durch neue Erfahrungen« (Loebbert 2009, S. 129). Michael Loebbert schlägt daher vor, mit Geschichten zu arbeiten (Storytelling).

Fazit: Wie ist Kulturentwicklung möglich?

»Kultur verändert sich, wenn die bestehenden Lösungsmuster nicht mehr ausreichen, die realen Herausforderungen zu bewältigen. Andernfalls hört sie auf zu existieren« (Loebbert 2009, S. 124). Kulturentwicklung heißt Veränderung der Menschen, die in ihr leben. Kulturentwicklung braucht Zeit. Loebbert unterscheidet fünf Phasen der Kulturentwicklung:

- → Krise in der Kulturentwicklung heißt: So geht es nicht mehr weiter. Gründe können eine strategische Neuorientierung sein, der Zusammenschluss von Unternehmen, Veränderung des Leistungsportfolios oder die Internationalisierung des Unternehmens.
- → Infragestellung des Bisherigen heißt: Was ist (noch) wichtig?
- → Neue Protagonisten treten auf die Bühne, zum Beispiel gibt es eine neue Geschäftsführung.
- → Neues Denken und neue Werte werden gefunden, zum Beispiel Nutzung neuer Geschäftschancen statt Arbeitsplatzsicherheit.
- → Stabilisierung der neuen Werte wird erreicht, wenn sie sich bewähren und wenn neue Symbole und Artefakte geschaffen werden.

Zum Schluss bringen wir einige »lebendige« Beispiele, wie eine Kulturentwicklung aussehen kann.

Fallbeispiele Kulturentwicklung

Einführung Fallbesprechungen Ausgangssituation war die Tatsache, dass die Führungskräfte nicht über die Probleme des Unternehmens gesprochen haben. So kämpfte jeder Einzelne engagiert für sich, konnte Feuer löschen wie ein Held, wovon jedoch kaum jemand wusste.

Erst mit Einführung von Fallbesprechungen entstanden viel mehr Offenheit und Transparenz. Interessanterweise ist es häufig so, dass in hierarchischen Organisationen die Impulse von der Hierarchiespitze kommen müssen. Die Haltung des obersten Chefs »Wir akzeptieren es, dass unsere Führungskräfte Probleme haben« und das Verständnis, selbst an den Fallbesprechungen teilzunehmen, führten zu einer Kulturentwicklung. Fehler und Probleme wurden angegangen und gelöst.

Gründung neuer Gremien Die Organisation gestand sich die Konflikte ein, die es unter den Mitarbeitern gab. Konflikte können dabei nicht von oben gelöst werden, sondern müssen einen Weg über den Dialog finden. Es wurden Mediatoren/Konfliktmanager ausgebildet, die intern eingesetzt wurden. Das heißt, wenn man Gremien und Institutionen (zum Beispiel auch interne Prozessbegleiter) schafft, die zugestehen, dass es zu besprechende Themen gibt, entsteht ein Raum, in dem Kulturentwicklung passieren kann.

Sprechen über Kultur Eine Kultursensibilisierung findet statt, wenn man über Kultur spricht. Die meiste Energie wird darauf verwendet, den Mitarbeitern das Bild zu verdeutlichen, dass es auch anders geht – und das fehlende Bild fehlt den meisten. Oft mangelt es völlig am Bewusstsein, dass es auch anders sein kann. Anders (negativ) formuliert, kann hier »Kultur« auch die Unkenntnis bedeuten, etwas nicht zu wissen, das man aber wissen könnte oder sollte.

Change by Food Der wichtigste Ort einer Kulturentwicklung ist die Küche. Beim Essen kommt einem das Unternehmen am nächsten – es gibt mir etwas zu essen, und ich nehme es in mich auf. Die Qualität des Essens bestimmt die Qualität der Beziehung – Kultur geht durch den Magen. Gut vorstellbar ist die Möglichkeit, den Veränderungsprozess in der Kantine zu beginnen: gutes und frisches Essen servieren!

Prozesstreue Die Behandlung der Raucher ist ein weiteres wichtiges Thema. Rauchen ist in den Gebäuden nicht erlaubt. Wenn jedoch der Vorstand raucht und sich das auch in eigenen Räumen gestattet, kann diese Helmut-Schmidt-Haltung nicht nur Auswirkungen auf die Gesundheit haben, sondern auch Ausdruck der gesamten Kultur sein (nämlich: Es gibt Regeln, die für die Obersten nicht gelten).

Das ist als Botschaft problematisch – denn in solchen Unternehmen halten sich die Mitarbeiter nicht unbedingt an die Prozesse. Wenn wir eine kapitalistische Kultur haben und mit der protestantischen Pflichtethik nach Max Weber arbeiten, dann arbeiten wir in einer guten Organisation, wenn das Unternehmen »protestantischer« wird. Wenn also nicht die Hierarchie bestimmt, was besser ist (so wie in der katholischen Kirche das Lehramt vorgibt, wie die Bibel auszulegen ist), zählt das Gesetz, über dem keiner steht. Prozesse sind das Gesetz, an das sich alle halten müssen und vor dem alle gleich sind.

Projekte »Kultur in der Kultur« Das Hierarchieprinzip »Oben sticht Unten« wird vom Projektdenken in Organisationen durchkreuzt. Dabei sind drei Faktoren für ein erfolgreiches Projekt zu bedenken (s. Abbildung; vgl. Barmeyer/Haupt 2010). Kultur ist auch in Teilbereichen der Organisation zu beachten und kann sich hier anders auswirken als die Kultur in der sonstigen hierarchischen Struktur.

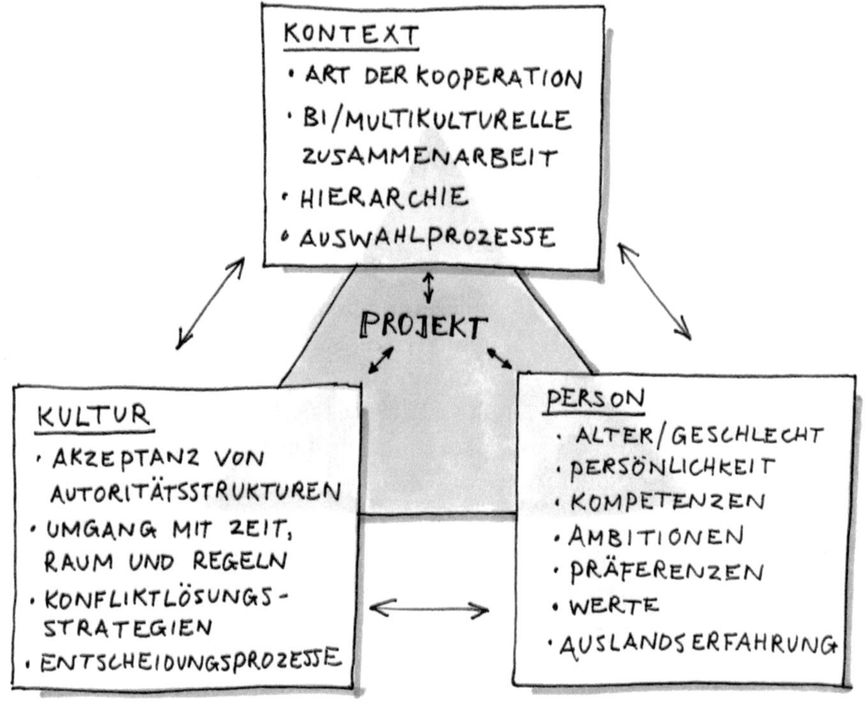

Faktoren für erfolgreiche Projekte (nach Barmeyer/Haupt 2010)

Kulturentwicklung ist ein schwerer Baustein und wir erleben in der jüngsten Vergangenheit, dass es leichter geht, wenn die Bewegung von »unten« ausgeht. – Diesen Prozess haben wir im Folgenden beschrieben.

Impulsgebernetzwerk: Guerilla-Gardening im Unternehmen

Anarchisten, Globalisierungskritiker und Umweltaktivisten trafen sich am Tag der Arbeit im Jahr 2000 in London auf dem Parliament Square und begannen auf langweiligen Grünstreifen echte Gärten anzulegen. Seitdem begrünen viele – auch Normalbürger – ungefragt, manchmal unerlaubt, die Betonwüsten. Garten-Guerilleros und

Impulsgeber sind ein wenig seelenverwandt. Auch Impulsgeber kümmern sich um Ackerbau, Cultura, betreiben Kulturentwicklung.

Cultura bedeutet im Lateinischen Bearbeitung, Pflege, Ackerbau. Es geht um die Arbeit an einem lebendigen System. Diese Arbeit hört nie auf, und es gibt kein endgültiges Ziel. Es geht immer ums Pflügen, Säen und Ernten. So mancher Manager hätte Lust, an den Blumen zu ziehen, damit sie schneller wachsen. Und es gibt zahlreiche engagierte Berater, die Ratschläge geben, wie der Prozess des An-den-Blumen-Ziehens optimierbar ist, damit sie noch schneller wachsen.

Kultur drückt sich aus in Prozessen, Strukturen, im Lebens- und Arbeitsgefühl der Menschen, in ihren Überzeugungen, Gewohnheiten, den Zeichen, die sie verwenden. Kultur beschreibt das »Wie«. Wie Menschen ihr Unternehmen erleben, die Art und Weise, wie sie arbeiten, miteinander umgehen, Entscheidungen treffen. Die Kultur regelt, welches Verhalten innerhalb des Unternehmens erfolgreich ist und welches nicht. Was sanktioniert wird, was gefördert wird, was Wichtigkeit bekommt – und was nicht. Es ist das in Verhalten gegossene Selbstverständnis der Organisation, die Gepflogenheiten und Rituale. Kultur ist das »Man macht das so!«. Es ist das, was man sehr schnell lernt, wenn man neu in eine Organisation kommt. Kultur ist die Summe aller Geschichten, die eine Organisation über sich selbst erzählt.

Wenn Kultur sich ändert, ändert sich alles. Wenn sich alles ändert, ändert sich aber noch nicht die Kultur.

Die Kultur eines Unternehmens ist stabil, bequem, machtvoll. Unternehmenskulturen sind sich selbst stabilisierende Systeme, sie reproduzieren sich selbst. Etwas Neues – erst recht in der Form einer »Nicht-Angepasstheit« und einem »Querdenken« hat es im Normalfall schwer, sich durchzusetzen.

Kulturentwicklung beginnt immer mit der Frage: Entwicklung – wohin? Wir arbeiten in diesem Fall mit dem Begriff der »guten Organisation«. Eine gute Organisation ist hierbei vor allem eine nützliche Organisation, eine für das Erreichen der Unternehmensziele nützliche Organisation. Eine gute Organisation ist somit eine anspruchsvolle Organisation, die eine Vielzahl nützlicher Eigenschaften entwickelt, um den Herausforderungen bestmöglich zu begegnen: Sie muss flexibel und agil sein, mit einem hohen Grad an Selbstorganisation, zudem lern- und anpassungsfähig, hochvernetzt, am Puls der Zeit und ausgestattet mit einer belastbaren Vertrauens-, Fehler- und Dialogkultur. In einer Organisation wird das Maß an Kontrolle verändert und mehr Vertrauen beziehungsweise Verantwortungsübernahme tritt an ihre Stelle. »Mehr Verantwortung« bedeutet das Erhöhen der Effizienz. Mitarbeiter in großen Organisationen haben gelernt, Verantwortung abzugeben: Das Befolgen der »Aussagen von oben« und Regeln sind wichtiger, als selbst zu denken. Eine gute Organisation sorgt dafür, dass sich alle mehr einbringen und selbst gestalten können, und zwar an den Stellen, wo es nützlich ist. Den Weg dorthin gestalten die Menschen, die diese Idee von einer guten Organisation verfolgen.

Mitarbeiter und Führungskräfte sind diejenigen, die eine Unternehmenskultur pflegen, unter der sie manchmal leiden. Meist erleben sie sich als Opfer derselben und sind doch gleichermaßen Täter. Kulturen – so wie sie sind – werden gern beklagt, und doch übersteigt die Zahl der Profiteure meist die der Verlierer. Bekannte Höllen schätzt man meist und zieht sie unbekannten Himmeln vor. Kulturen entziehen sich dabei klassischen Kausalitäten. Ihre Ursachen, ihre Anfänge bleiben im Dunkeln. Wie kommt Licht in solches Dunkel?

Kultur entwickeln – Die Wegweiser gehen den Weg

Prozessberatung arbeitet immer mit Ansätzen, die die Mitarbeiter direkt einbeziehen und so deutlich machen: Alle haben Verantwortung. Impulsgeber arbeiten – jeder nach seinen Möglichkeiten – an einer besseren Kultur. Konkret beschriebene Aufgaben sind mit der Rolle zunächst nicht verbunden. Das eröffnet Spielräume für Kreativität und eigene Interpretationen. Gerade die Individualität der Ansätze, die Buntheit von Initiativen, die Dezentralität und die Vielzahl der Handlungsebenen machen den Charme und die Kraft der Idee »Impulsgeber« aus. Nur so wird das volle Potenzial des Unternehmens genutzt. – Die Impulsgeber leben vor, wonach sich vielleicht alle sehnen: vernetzt zusammenarbeiten und das volle Potenzial aller Mitarbeiter nutzen. Impulsgeber brauchen die Ermutigung und die Erlaubnis der Führung so aktiv zu sein, wie sie das denken. Die Begleitung und Steuerung geschieht über den moderierten Austausch untereinander (Peergruppen) und den kritischen Dialog mit Führungskräften und Beratern.

Was sie sind, was sie tun:

→ Impulsgeber ist eine Rolle im Kulturentwicklungsprozess.
→ Impulsgeber können die werden, die es werden möchten.
→ Impulsgeber sollen an unterschiedlichen Orten auf verschiedene Weise aktiv werden.
→ Impulsgeber können kleinere oder größere Initiativen in ihrem oder anderen Bereichen starten.
→ Sie können das allein machen oder mit anderen. Eigeninitiativ oder als Beitrag zu bestehenden Themen und Initiativen.

Kulturentwicklung besteht vor allem darin: Es zu tun! Das bedeutet: die Kultur (das Wie der Zusammenarbeit) in den Blick zu nehmen, darüber nachzudenken und daran zu arbeiten, dass sich das Wie verändert und verbessert.

Manchmal waren Impulsgeber vormals diejenigen, die interne Veränderungsprozesse begleitet haben. So gibt es einen Wechsel von »Auftrag bekommen« hin zu »selbst einen Auftrag suchen«. Impulsgeber im Kulturprozess müssen nach eigenen Feldern suchen und diese dann verändern. Die Gefahr besteht, dass sie ihre Arbeit als Mission verstehen und die Menschen bekehren möchten. Die Impulsgeber müssen manchmal lernen, nach den Themen zu suchen, die nicht nur sie selbst interessieren, sondern zumindest eine Mehrzahl von Menschen. Wir haben einige Fragen zusammengestellt, die für die Suche der Impulsgeber wichtig sein könnten:

Fragen für Impulsarbeiter:
→ Wo geht Kontrolle vor Vertrauen (und ist überflüssig)?
→ Wo wird mehr Austausch und Zusammensein benötigt?
→ Wo behalten wir Wissen für uns, statt zu teilen?
→ Wie machen wir Ideen kaputt, statt sie zum Blühen zu bringen?
→ Welche immer wiederkehrenden Probleme behindern uns?
→ Welche Regeln umgehen wir kreativ, statt sie abzuschaffen?
→ Was vermeiden wir, wenn wir das tun?
→ Wenn die Mehrheit sich entscheiden könnte, wie würde sie das entscheiden?
→ Wie würde das jemand sehen und verändern, der Humor hat?
→ Wo lügen wir (zu viel)?
→ Mit wem gehen wir in Konkurrenz, mit dem wir eigentlich zusammenarbeiten sollten?
→ Von ganz, ganz oben betrachtet: Ist es vernünftig, was wir da tun?
→ Würde der Kunde das bezahlen, was wir tun?

Mitarbeiter und Führungskräfte prägen den Geschäftsalltag wie bisher und bringen sich zusätzlich mit ein und mischen sich ein. Sie leben eine Multiplikatoren- und eine Vorbildrolle vor Ort. Sie tragen die Botschaft in die Organisation, dass jeder einen Beitrag beispielsweise für den Kulturwandel leisten kann und leisten muss. Ihre Tätigkeit geht aber oft darüber hinaus: Sie greifen produktiv in das Aufgabenfeld von Veränderungsbegleitern, Personalentwicklern und Führungskräften ein, liefern frische Ideen, setzen Schwerpunkte neu, weisen auf Dinge hin, die bisher nicht angegangen worden sind – verantwortliches Handeln wird durch ihr Einbringen und Einmischen sichtbar.

Sie sind deswegen auf ein gutes Zusammenspiel mit den Linienverantwortlichen angewiesen. Für ein Gelingen ist die Vernetzung der »Querdenker« und »Hierarchiedenker« sinnvoll und passend. Jedoch ist dies ein Aushandeln innerhalb der Organisation und diese Reibung wird nicht immer positiv erlebt – bis zum Scheitern einer Idee. Aber auch hier gilt: Besser scheitern, als es gar nicht erst versuchen!

Aus eigener Erfahrung können wir bestätigen, dass wahrnehmbar ist, wie unterschiedlich die Impulsgeber in dem begonnenen Prozess aktiv sind, und wie facettenreich die selbstgewählten Tätigkeiten – jeder nach Möglichkeiten und dem Bedarf vor Ort – sind. Diese ungerichtete Buntheit macht den Charme und die Kraft der Initiativen aus. Gleichzeitig wissen wir, dass Initiativen steckenbleiben können oder mehr Dynamik und Unterstützung benötigen.

Beispiele für ein solches Handeln sind vielfältig – wir haben ein paar Impulsgeberprojekte aus den Organisationen zusammengetragen:

Beispiele für Impulsgeberprojekte

Runder Tisch Die Idee, die zugrunde lag, war die bereichsübergreifender Zusammenarbeit zwischen verschiedenen Bereichen zu verbessern – am »Tisch« konnte über die Themen anders gesprochen werden. Zudem bildeten sich Gruppen aus dem Kreis, die bestimmte Themen über den Abend hinaus betreuten … Wichtig war, dass die Idee von innen heraus geboren wurde. So ergab sich es eine ganz andere Akzeptanz.

Raus aus dem Elfenbeinturm Ziel war es in diesem Fall, mehr Aufgeschlossenheit gegenüber neuen Dingen zu erzeugen. Es sollten mehr Innovationen und Ideen ausprobiert werden, anstatt alles akribisch mit zusätzlichen Absicherungsschritten vorzubereiten. Dafür wurden mehr Inputs von außen (aus anderen Geschäftsbereichen) zugelassen und Experten eingeladen. In diesen Gesprächen stand vor allem Erfahrungsaustausch zu geschäftlichen und persönlichen Lernfeldern im Vordergrund. Die Experten standen zudem als Mentoren im weiteren Prozess zur Verfügung.

Mal wieder Nägel mit Köpfen machen Einem Techniker wurde die ganze Arbeit zu verwaltungslastig – Abläufe wurden als wichtiger gehandelt, die Zeit in Besprechungen, Sitzungen und am PC nahmen überhand. Daher entschied er sich dafür, das zu verändern, und mehr Zeit im Labor für technisch anspruchsvolle Prototypen zu verbringen. Die Reaktionen seiner Kollegen waren unterschiedlich: Begeisterung und Nachahmung – bis hin zu Ablehnung. Er suchte dementsprechend einen Mittelweg, um auf die Bedürfnisse der Organisation einzugehen. Aber immerhin gelang ihm der Impuls, in den Bereich hineinzutragen, sich mit der Verteilung der Arbeitskraft auseinanderzusetzen.

Wir inkludieren Eine Impulsgeberin integrierte behinderte Menschen aus der Organisation zu einem Vierkilometerlauf. Vielfach fühlen sich diese Menschen ausgeschlossen. Vielleicht ist auch die ganze Strecke für sie ungeeignet. Ihr Engagement verführte aber auch diejenigen zur Teilnahme, die sich bisher scheuten mitzumachen. Durch den Lauf förderte sie das Zusammengehörigkeitsgefühl in der Organisation (ein großer Leitsatz der Vision!).

Schwarmfinanzierung Die Hürden zur Finanzierung der konkreten Weiterverfolgung von Ideen schienen einem Impulsgeber zu hoch, die Prozesse verlangsamten sich. Das wollte er aber so nicht hinnehmen. Sein Vorschlag: Mit einem zugeteilten Budget sollte jeder Mitarbeiter eines Bereichs die Möglichkeit erhalten, seine Idee zu finanzieren. Die Ideen waren bereits in der Organisation bekannt und konnten nun bewertet werden. – Mit der Schwarmfinanzierung erhoffte sich der Impulsgeber die unbürokratische Finanzierung von Ideen.

Lunch-Roulette Die elektronischen Möglichkeiten, um miteinander in Kontakt zu treten, erleichtern vieles. Für das soziale Netzwerken jedoch sind sie nicht immer von

Vorteil. In diese Lücke brachte ein Impulsgeber folgende Idee: sich mit zufällig ausgewählten Kollegen zum Mittagessen treffen und dort face to face miteinander zu sprechen. Die Plattformen waren einfach zu installieren und verbreitet hat sich die Idee ganz schnell von allein.

Weitere Themen finden sich in folgenden Bereichen: Kommunikation, Wertschätzung, Erhöhung des Vernetzungsgrads, Innovation leben, schnelles und flexibles Arbeiten, interdisziplinäre Zusammenarbeit, Transparenzgedanken fordern und fördern, Beteiligungsideen integrieren, aber auch Konkretes wie das Einführen eines »Casual Dresscodes«, Ausrichten einer Teamfeier, Änderung der Teammeetingstruktur.

Impulsgeber begleiten

In jeder Kleingartenanlage gibt es viele Hobbygärtner, die nach eigenen Vorstellungen ihren Garten bepflanzen und pflegen. Jeder hat seine eigene Philosophie, seine Vorlieben und Eigenarten, auch unterschiedliche Wege mit Erfahrungen in der Gartenarbeit umzugehen. Es herrscht eine bunte Vielfalt mit wenig Struktur und unterschiedlicher Dynamik. Manches wächst und gedeiht, manches nicht.

Die Form passt auch zum Inhalt der Aufgabe der Impulsgeber. Zu viel Projektmanagement, detaillierte Zielsetzung und Erfolgsausrichtung würde die Bewegung der Menschen behindern, ihre Kreativität einschränken. Darum geht es aber: Menschen in Bewegung zu bringen und zu halten, sich mit dem Gewordenen nicht abzufinden, sondern wirksam das Wie zu gestalten.

Die Impulsgeber benötigen jedoch gleichzeitig eine gezielte strukturierte Begleitung, die über das Zusammenführen in Arbeitsgruppen und Großveranstaltungen hinausgeht. Es geht um mehr als regelmäßige Kommunikation und Motivation. Zum einen benötigt diese Gruppe eine Steuerung und zum anderen eine gemeinsame Heimat. Für die Gruppe der Impulsgeber wird daher eine »Heimat« geschaffen, in der sie sich systematisch und kontinuierlich mit ihren Themen beschäftigen. Kontinuierliche Reflexion über das eigene Tun und die Aneignung des passenden Handwerkszeugs stehen im Mittelpunkt. Ziel ist es, die Motivation und Begeisterung in eine gemeinsame Richtung zu lenken. Gleichzeitig sind die Impulsgeber nicht die frei flottierende Menge in der Organisation, sie können nicht alles allein entscheiden. In regelmäßigen Treffen mit obersten Führungskräften stellen die Impulsgeber ihre Ideen und Entscheidungsvorlagen vor und bestimmen gemeinsam den weiteren Weg zur Veränderung.

Wenn Neues auf Altes trifft, hat das Neue es meistens schwer. Dabei erleichtert der genannte Heimatgedanke den Weg ins Unbekannte, um nicht wieder ins Altbewährte zurückzufallen. Was zudem hilft, sind einfach Handlungsregeln für die Arbeit der Impulsgeber. Folgende Beispiele für Handlungsprinzipien sind aus unserer Sicht hilfreich.

Auf dem Weg der Veränderung bleiben …

Finde dich nicht ab. Lass dich nicht abfinden! Empöre dich und verändere! Etwas als unveränderlich hinzunehmen und es zu beklagen ist beliebt. Genau das aber vergiftet das Innovationsklima. Dagegen helfen: sich noch zu wundern, sich aufzuregen, ins Gespräch zu gehen. Denn das erzeugt Unruhe und Bewegung. Das ist der Anfang.

Sei mutig! Sei unkonventionell! Sei innovativ! Immer wenn es um Veränderung geht, wirst du auf Bedenken treffen, und meistens sind diese nicht ganz grundlos. Dann dennoch Neues zu wagen erfordert Mut, weil du scheitern könntest. Neues entsteht manchmal dann, wenn das scheinbar Selbstverständliche hinterfragt wird und die Antworten nicht zufriedenstellen. Erst danach tauchen neue Ideen auf.

Mache es selbst oder gib anderen Impulse! Mach es nicht allein! Meist muss einer anfangen. Vielleicht sogar allein in die Vorlage gehen und es versuchen. Dabei kannst du scheitern! Und manchmal oder sogar häufiger erst beim zweiten Anlauf erfolgreich sein. (Alternative: Beginne mit dem zweiten Anlauf!) Findest du Gefährten, schauen nicht so viele beim Scheitern zu.

Handeln geht vor Folien! Folien sind ein Teil der Kultur. Folien verändern aber keine Kultur. Die Wahrheit einer Absicht liegt im Handeln. Sonst nichts.

Beteilige Betroffene an deinen Überlegungen und den Umsetzungen! Wenn du etwas anders machen willst, sind davon andere berührt und betroffen. Es ist klüger, diese vorher zu beteiligen, als hinterher um Entschuldigung zu bitten. Daran denken: Betroffene Führungskräfte sollten einverstanden sein.

Ein Schritt ist ein Anfang! Erst anfangen, dann wirst du schon weitersehen! Eine Veränderung ist nur in ihrem Anfang berechenbar, danach braucht es Überprüfung und Korrektur. Gib nur am Anfang viel Energie in das Veränderungsvorhaben rein, wenn es gut ist, läuft es selbst weiter.

Warum sind Impulsgeber erfolgreich in Veränderungen?

Systemregeln sind stark. – Diese zu durchbrechen und damit Veränderungen herbeizuführen gelingt nicht von außen, sondern ist ein interner Prozess. Jemand aus der Organisation kann jedoch nur Muster durchbrechen, indem er es schafft, etwas anderes zu machen als bisher. Und das schafft er nicht allein, sondern nur im Zusammenspiel mit anderen, die ähnliche Ziele der Veränderung verfolgen. Dieses neue Gremium – eher netzwerkartig organisiert – wird von den oberen Führungskräften beauftragt, eine bestimmte Entwicklung voranzutreiben (Strategieumsetzung, Kulturentwicklung …).

Als Treiber des Wandels muss dieses Netzwerk sich finden und gemeinsame Initiativen entwickeln, die umgesetzt werden. Das geht im neuen Gremium einfacher, weil es ein neues Gremium mit neuen Mustern und Regeln ist, die anders sind als die gewohnte Hierarchie: eine offenere Sprache wird untereinander gelebt, Informationen werden transparenter ausgetauscht, eine Vertrauensbeziehung zwischen den Handelnden entsteht, ein gegenseitiges Helfen steht im Vordergrund, sie bleiben in Bewegung durch kleine Schritte im Rahmen ihrer Möglichkeiten. Das ist gefühlt schon geballte Energie innerhalb dieses neuen Systems, die ihren Platz auch in der Organisation zunehmend verlangt. Das sind viele entfachte Feuer, die sich langsam in der Organisation ausbreiten. Zu viel wird hier nicht versprochen, auch wird nichts Unmögliches vollbracht – jedoch ist dieser Ansatz für starre Hierarchien ein sehr guter und praktikabler Ansatz, Dynamik im Sinne von Dialogen und Handlungen zu erleben.

Entscheidend ist auch, ob die gewachsene Hierarchie und das neue Gremium miteinander harmonieren oder ob ein innerer Wettbewerb ausbricht. Daher sorgt eine Vernetzung der beiden Systeme von Anfang an dafür, dass die Entwicklung spürbar wird. Nicht immer ist es einfach, das Verständnis für die doch undogmatischere Praxis im Umgang mit Themen aufzubringen, die ansonsten die Organisation in der Hierarchie bearbeitet würden.

Eine Gruppe wird zur Bande

Kulturentwicklung heißt Dialog, heißt Reflexion und Selbstreflexion. Kulturentwicklung heißt aber auch Ausprobieren, einen Unterschied machen, etwas Neues in die Welt setzen (und neugierig beobachten, was passiert). Genau das ist der Sinn und Zweck der Impulsgebergruppen. Eine »Bande« im besten Sinne wird gegründet. Impulsgeber, die sich gegenseitig inspirieren, bestärken, miteinander Dinge aushecken, daraufschauen, würdigen. Die miteinander feiern, die miteinander lernen, die gemeinsam Kraft tanken für die nächsten Schritte. Sich gegenseitig bestärken und ermutigen bildet die Basis für einen Prozess, in dem Impulsgeber zu Vorbildern und Gestaltern der Bewegung werden. Dazu benötigen sie ein gemeinsames Verständnis, eine gemeinsame Haltung und das passende Handwerkszeug zur Kulturentwicklung.

Zusammengefasst

Zusammengefasst lässt sich festhalten, dass Impulsgeber dann erfolgreich sind, wenn Folgendes beachtet wird.

→ Es werden viele Impulsgeber aktiv: Freiwillige können diejenigen werden, die es werden möchten (Kotter nennt hier einen Erfahrungswert von etwa zehn Prozent der Mitarbeiter).

- → Es entsteht eine Geisteshaltung von »Ich will!« anstelle von »Ich muss!«: Energie und Engagement von Freiwilligen wird so mobilisiert (gemeinsames Ziel in neuer Heimat definieren).
- → Auf diese Weise kann eine Kopf- und Herzhaltung eingenommen werden, anstatt sich nur von der Kopfhaltung leiten zu lassen: nicht Zahlen, sondern Emotionen werden angesprochen (Sinn und Bedeutung der Einzelnen herausstellen).
- → Die Impulsgeber werden an unterschiedlichen Orten auf verschiedene Weise aktiv. Es entstehen kleinere oder größere Initiativen in ihren oder anderen Bereichen (allein oder zusammen mit anderen).
- → Es wird mehr geführt, statt mehr gemanagt: Es gilt, gemeinsame Prinzipien festzulegen.
- → In der Organisation werden zwei Systeme gelebt. Das bedeutet: Unterschiedlichkeiten aushalten und gleichzeitig miteinander verbunden sein durch Austausch.

Was hilft, um Impulsgeber wirklich wirksam werden zu lassen? Im Nachfolgenden haben wir beschrieben, wie ein Impulsgebernetzwerk aufgebaut und auch begleitet werden kann.

Architektur: Ein Impulsgebernetzwerk aufbauen und begleiten

Am Anfang steht die Frage der Führungskräfte: Wollen Sie einen Veränderungsprozess mithilfe von Impulsgebern? Wenn ja, gilt es ein Impulsgebernetzwerk aufzubauen. Impulsgebernetzwerk ist das Format zur Umsetzung des Wandels. Gleichzeitig steckt in diesem Format die Botschaft: Wir machen es selbst, weil wir es sind, um die es geht.
Folgende Schritte sind notwendig im gesamten Aufbau und in der Begleitung eines Impulsgebernetzwerks:

Erster Schritt: Impulsgeber finden

- → Entscheidung im Leitungskreis herbeiführen
- → Klarheit und Zielsetzung der Impulsgeber im Leitungskreis herstellen, zum Beispiel mithilfe einer Führungsreise. Die Impulsgeber benötigen die Ermutigung und die Erlaubnis der Führung, so aktiv werden zu können, wie sie denken, dass das notwendig ist.
- → Werbung für das Format in diversen Gremien
- → Schreiben an alle Mitarbeiter des Bereichs mit der Ermutigung, Impulsgeber zu werden sowie die Einladung zu einer Auftaktveranstaltung

Die Auftaktveranstaltung für 80 bis 100 Impulsgeber erfolgt im Rahmen einer »Werkstatt«. In der Veranstaltung werden in verschiedenen Formaten (Plenum, parallele Workshops, Diskussionen) die Idee der Impulsgeber sowie mögliche Themen für deren Kulturarbeit geschärft, die Mitarbeiter orientiert und motiviert. Am Ende der Veranstaltung können sich die Mitarbeiter – nachdem das Bild dieser Rolle klarer geworden ist – als Impulsgeber bewerben. Diejenigen, die mitmachen wollen, werden von der Geschäftsleitung als Impulsgeber beauftragt. Ein erstes Finden und Entwickeln von Ideen findet statt, Rahmenbedingungen für die Arbeit als Impulsgeber werden geklärt (zum Beispiel Einsatz an Kapazität für diese Rolle)

Zweiter Schritt: Impulsgeber begleiten

- → Die Begleitung der Impulsgeber wird in verschiedenen Formaten sichergestellt (beispielsweise regelmäßige Impulsgeberwerkstatt, Peergruppen, fallweise Begleitung, Austausch und Vernetzung über das Intranet).
- → Die Impulsgeber arbeiten an ihren Initiativen: entweder Impulse, die von den Impulsgebern selbst initiiert werden oder auch von anderen Menschen, die einen Impuls in das Netzwerk geben.
- → Begleitung der Impulsgeber in ihrer Heimat: Heimat in Gruppen, die themen- oder regionsspezifisch organisiert sind.
- → Ein Treffen aller Impulsgeber einmal im Jahr ist hilfreich, um den Austausch zu fördern und gemeinsam zu lernen.
- → Sinnvoll ist auch die Vernetzung mit den Nicht-Impulsgebern: Die Initiativen vernetzen sich mit den Menschen, die den Prozess nicht mitbekommen haben. Sie werden zu Multiplikatoren für die gesamte Organisation.

Beispiel aus der Praxis: Begleitung der Impulsgeber

Wir beschreiben im Folgenden ein konkretes Beispiel eines Veränderungsprozesses in einem Konzern mit 100 000 Mitarbeitern, der seine Impulsgeber bereits gefunden hatte. In Großveranstaltungen hatten sich ungefähr 800 Impulsgeber aus allen Bereichen gefunden, die den Kulturwandel mitgestalten wollten. Jeder war dazu aufgefordert – je nach seinen Möglichkeiten – an einer »besseren Kultur« zu arbeiten. Die Regionen bündelten die Initiativen der Impulsgeber.
Die Impulsgeber beschäftigen sich in diesen Initiativen in vielfältiger Weise mit Themen wie:

- → bereichsübergreifendes Denken
- → mehr Eigenverantwortung
- → veränderte Kommunikation
- → neues Führungsverständnis

Festzustellen war, dass die Themen auch nach den großen Veranstaltungen weiterbewegt wurden. Jeder engagierte sich und leistete seinen Beitrag zur neuen Kultur – außerhalb seines »normalen« Arbeitsspektrums. Die Impulsgeber lebten eine Multiplikatoren- und eine Vorbildrolle vor Ort. Sie trugen die Botschaft in den Konzern, dass jeder einen Beitrag für den Kulturwandel leisten kann und leisten muss. Ihre Tätigkeit ging aber oft darüber hinaus, sie griffen produktiv in das Aufgabenfeld von Veränderungsbegleitern, Personalentwicklern, Führungskräften, Betriebsräten ein, brachten frische Ideen ein, setzten Schwerpunkte neu, wiesen auf Dinge hin, die bisher nicht angegangen wurden – verantwortliches Handeln wurde durch ihr Einbringen und Einmischen sichtbar.
Dennoch wurden etliche der Initiativen von der Organisation nicht angenommen. Sie blieben stecken oder verschwanden gleich in der Schublade. So entschied das interne Veränderungsmanagement, die Impulsgeber mehr zu unterstützen und in ihren Vorhaben zu begleiten. Sicherheit in der Unsicherheit zu bieten, denn es gab bisher keine Vorbilder und wenig Vorgaben.

Rahmen und Ablauf für das Impulsgebernetzwerk

Dafür entwickelten interne und externe Berater einen »Begleitungsprozess« für 150 Impulsgeber, die sich bewerben konnten. Das Impulsgebernetzwerk umfasste Werkstätten, Supervisionsgruppen und die Arbeit an einem Kulturprojekt im eigenen Umfeld. Notwendige Bedingung für die Teilnahme am Impulsgebernetzwerk war der Wille und die Möglichkeit für die selbstständige Arbeit an einem eigenen Kulturprojekt. Bei der Bewerbung für die Teilnahme am Impulsgebernetzwerk sollte die Bereitschaft für die Durchführung eines Kulturprojekts deutlich werden, noch besser bereits eine Idee für ein solches Projekt vorhanden sein. Form, Inhalt und Größe der Kulturprojekte aber sollten frei sein. Sie wurden in verschiedenen Gesprächsrunden durch das Impulsgebernetzwerk reflektiert, verändert, konkretisiert und begleitet. Inspiration, Ermutigung und Befähigung waren die zentralen Themen sowie den Impulsgebern eine »geistige Heimat« geben, um den Kulturwandel voranzutreiben. Zu Beginn der Arbeit am Kulturwandel lagen die Schwerpunkte auf der Motivation der Menschen und der Überzeugung für die Notwendigkeit eines Wandels. In der Arbeit mit dem Impulsgebernetzwerk kam eine neue Zielsetzung dazu: Befähigung. Und zwar die Befähigung

- zu unterscheiden, was veränderbar ist und was nicht
- zu erkennen, welche Grundlagen eine gute Kultur braucht
- andere für eine bessere Kultur zu inspirieren und sich selbst inspirieren zu lassen
- umzusetzen, wovon man inspiriert ist
- klug und umsichtig zu Handeln und maßgeblichen Stakeholder zu berücksichtigen
- ein Netzwerk aufzubauen
- über Gelungenes und Missglücktes zu reflektieren und es besser zu machen

»Befähigung« umfasst dabei mehr als handwerkliches Können. Es ging auch um das Wollen. Befähigung bedeutete zudem in der schwierigen Arbeit der Kulturentwicklung emotional stabil zu bleiben, Rückschläge überwinden zu können, dabei Hoffnung zu bewahren, statt sich mit Zynismus über Wasser zu halten.

Es galt das Motto: »Die Wahrheit einer Absicht ist die Tat.« Dafür sorgte das Lernen an konkreten Projekten. In der Vorbereitung, Durchführung und Reflexion des Kulturprojekts wurde lebendiges Lernen in der Praxis realisiert und gleichzeitig Kultur entwickelt. Die Angebote der Werkstätten und die Inhalte der Supervisionsgruppen unterstützten die Impulsgeber in der Arbeit an ihren persönlichen Kulturprojekten.

Das Impulsgebernetzwerk begleitete die 150 Impulsgeber für die Dauer eines Jahres. Für die Werkstätten wurde die Gruppe der 150 in drei stabile Gruppen à 50 Teilnehmer geteilt. Die Supervisionsgruppen bestanden jeweils aus Gruppen à zehn Teilnehmer. Das Impulsgebernetzwerk war ein Verbund von Menschen, die sich für die Dauer eines Jahres einem gemeinsamen Lernprozess verschrieben hatten. Das Netzwerk blieb jedoch offen für alle an der Kulturentwicklung Beteiligten. So wurden beispielsweise in den Werkstätten Kurse durch Veränderungsbegleiter oder Führungskräfte angeboten. Es wurden Gäste als Gesprächspartner eingeladen und die Impulsgeber selbst boten Kurse an.

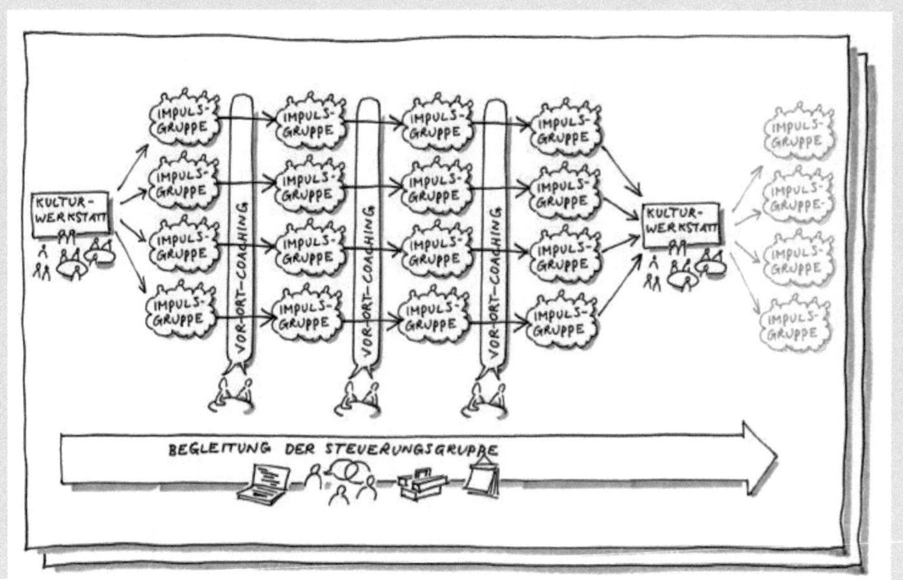

Überblick der nachfolgend beschriebenen Elemente
Werkstätten, Supervision für die Impulsgebergruppen, Vor-Ort-Coaching durch begleitende Veränderungsbegleiter, Begleiter begleiten, Abschluss beziehungsweise Neuanfang Werkstatt.

Die folgenden Elemente prägten den Prozess:

Werkstätten

Die drei Werkstätten bildeten den Rahmen des Impulsgebernetzwerks.
Die Inhalte der Werkstätten wurden aufeinander abgestimmt und jede Werkstatt prozessorientiert auf die Themen der Impulsgeber abgestimmt. Ausgehend von der Situation als Impulsgeber erforderte eine Befähigung nicht nur normale Veränderungsthemen, sondern es war wichtig, auch Wege zu finden, die die Menschen in der Organisation mitnimmt. Die Werkstätten fokussierten unter anderem auf folgende Themen:

→ »Haltung und Rolle«
  - Was wollen wir erreichen? Was sollen wir erreichen?
  - Wo sind unsere Spielräume und Grenzen?
  - die eigene Motivation kennenlernen und stabilisieren
  - Stärken stärken
  - Geduld verlieren und wieder finden
  - Beobachten und Stören

→ »Kulturverständnis«
  - Zukunft braucht Herkunft: Geschichte der Organisation
  - Wie bewege ich mich in meiner Organisation?
    Welche Grenzen muss ich akzeptieren und welche nicht?
  - Was bedeutet Kulturentwicklung?
  - Wie verändere ich Kultur?

- Und warum sollte man so etwas tun?
- Wie netzwerke ich?
- Perspektivwechsel – aus fremden Kontexten lernen
  (wie zum Beispiel Architektur, Kindereinrichtungen, Kunst ...)

→ »Management by Underground«
- Wie gewinne ich Menschen?
- Rituale finden und leben
- Stören – aber richtig!
- Wie beginne ich und wie gestalte ich die Initiativen?
- Initiativen definieren: Chancen und Grenzen kennen
- Kreativität Raum geben – Wie mache ich Kreativität?
- Emotion in die Organisation bringen: Welche Emotion passt zu uns? Was bewegt?
  Was bereitet Spaß?
- mit Überraschungen arbeiten
- Stressbewältigung

Es ging in allen Werkstätten um Aufmerksamkeit, Wertschätzung, Emotion, Argumentationshilfen, Tipps, Tricks und nicht zuletzt um Ermunterung, die Erfolge auch mit Festen zu feiern.

Supervision für die Impulsgebergruppen

In Supervisionsgruppen entstanden durch die gleichbleibende Gruppenzusammensetzung und die kleine Gruppengröße (maximal zehn Teilnehmer) besondere Vertrauensverhältnisse. Diese ermöglichten kollegiale Fallbesprechungen in besonderer Offenheit und schufen so sehr intensive Lernerfahrungen. Die Supervisionsgruppen vereinten dabei Menschen aus den unterschiedlichsten Arbeitskontexten: überregional, nicht geschäftsfeld- und nicht themenspezifisch.
Zentrales Thema der Supervisionsgruppen war die Begleitung der Kulturprojekte der Impulsgeber. In den regelmäßigen Supervisionstreffen wurde der Stand der Kulturprojekte jedes Einzelnen besprochen, konnten Probleme bearbeitet und Fragen beantwortet werden. Die Supervisionsgruppe entwickelte durch diese Zusammenarbeit eine gemeinsame Mitverantwortung für alle Kulturprojekte der Mitglieder in der Supervisionsgruppe.

Vor-Ort-Coaching durch begleitende Veränderungsbegleiter

Die Impulsgruppen wurden von einem intern/extern gemischten Beraterteam begleitet. Die Internen kamen aus der Gruppe der Veränderungsbegleiter. Die Veränderungsbegleiter waren die Hauptpersonen in den regionalen Veränderungsthemen und hatten dort die zentrale Rolle, verändernd zu wirken. Ihre Rolle war es, zwischen den Gruppentreffen Ansprechpartner für die Impulsgeber zu sein und zudem bei Bedarf in einem Vor-Ort-Coaching Personen und Prozess aktiv zu unterstützen.

Begleiter begleiten

Veränderungsbegleiter – auch sie benötigen ein Verständnis der Gesamtbewegung. Der Erfolg der Impulsgeber hängt entscheidend davon ab, dass die Veränderungsbegleiter ebenfalls in diesen Prozess miteinbezogen wurden. Das Vernetzen dieser Gruppe war in diesem Fall wichtig, damit ein gesamthaftes Denken und Handeln anfangen kann. Dazu wurde ein Workshop ausgerichtet, der die Veränderungsbegleiter über den Prozess und deren Rolle aufklärte.

Abschluss beziehungsweise Neuanfang Werkstatt

Den Abschluss bildete eine große Werkstatt mit allen »alten« 150 Impulsgebern und zusätzlichen 150 »neuen« Impulsgebern. Die bisherigen Kulturarbeiter wählten Impulsgeber aus der Organisation aus, die dann wiederum die Möglichkeit hatten, sich in Gruppen zu treffen, gemeinsam zu lernen und neue Banden zu gründen ... So fanden mit der Zeit viele Impulsgeber Zugang zu diesem übergreifenden Prozess der kontinuierlichen und hoch vernetzten Kulturentwicklung.

Werkstätten sind aus unserer Erfahrung der ideale Boden für das Gedeihen einer bunten Impulsgeberszene, in der man sich gegenseitig inspiriert, ermutigt und in Bewegung bleibt. Werkstätten sind Lernorte für Inputs, noch mehr aber sind sie Begegnungsfeste, Kommunikationslabore und Denkzentralen der Organisation.

Methode: Zukunftsvisionen zu dritt

Kurzbeschreibung: Zukunftsvisionen werden im kleinen Kreis entwickelt.

Inhalte und Zielsetzung: Sich ein Bild für sich von der Zukunft verschaffen – beginnend aus der Sicht von anderen. Verstärken der Feedbackkultur, der offenen Kommunikation und des Austauschs.

Lernkonzept: Werkstatt, Reise, Workshop.

Teilnehmer: 3–25 Personen.

Dauer: Ungefähr 1 Stunde.

Ressourcen: Freier Raum mit Platz für alle Personen, keine Tische, aber Stühle.

Vorbereitung: Feedbacktipps visualisieren.

Ablauf: Im Raum verteilt wird von den Teilnehmern eine Dreier-Stuhlkonstellationen aufgebaut. Zwei Stühle stehen einander zugewandt, der dritte mit der Rückenlehne abgewandt. Wer sich mit seiner Zukunft befassen möchte, setzt sich auf diesen dritten Stuhl. Die Feedbackgeber besetzen die anderen Stühle und reden über den Dritten, ohne ihn direkt anzusprechen. Der Prozessberater achtet sehr genau auf die Zeit und beendet nach fünf Minuten die Zukunfts-Feedbackrunde. Neue Plätze und Konstellationen werden eingenommen. Es sind sehr viele Runden möglich.
In einer Abschlussrunde kann darüber gesprochen werden, dass Feedback immer subjektiv ist und man es annehmen kann oder auch nicht. Fragen:

- → Wo sehe ich den Feedbacknehmer in fünf Jahren?
- → Welche Fähigkeiten und Ressourcen helfen dem Feedbacknehmer bei seinen zukünftigen Tätigkeiten?

Anmerkungen zur Wirkungsweise: Durch die sich wiederholende Auswahl der Dreierkonstellationen entstehen Dynamik und Leichtigkeit in der Gruppe, da die Einteilung auf eine der beiden Rollen öfters getroffen werden kann. In den kleinen Dreierkonstellationen entsteht die Vertraulichkeit der Kleingruppen.

Kommentar: Ein gutes Feedback sollte möglichst immer in einer Ich-Botschaft formuliert werden, hierbei gilt:

- → Beschreibung des jeweiligen Verhaltens, ohne zu bewerten und beurteilen,
- → Formulierung der *eigenen* Reaktionen und Gefühle, die das Gesagte ausgelöst haben (wichtig: hierbei bei der eigenen Person bleiben),
- → Formulierung eines Wunsches oder einer Empfehlung für eine Verhaltensänderung.

Neue IT-Systeme

So wie es ist, kann es ewig bleiben!

Die Einführung neuer IT-Systeme dient der Standardisierung und der Integration. Führungskräfte möchten eine neue Ordnung schaffen. Das Chaos zu beseitigen, ist der Wunsch: Meist sind es die vielen Insellösungen bezüglich der Prozesse und IT-Lösungen, die eine Vereinheitlichung und ein Gleichgewicht suchen.

Was passiert, wenn nichts passiert? Dem gesamten Unternehmen fehlt der Überblick, Steuerung ist schwierig und Kommunikation schwer möglich – »Die Ordnung fehlt halt!«, sagen die Führungskräfte.

Mitarbeiter denken meist nicht so: Obwohl eher unzufrieden mit dem alten System, herrschen doch Ruhe, Sicherheit, Klarheit – Stabilität eben. Und wer liebt das nicht?

Ordnung bringt den Menschen ins Gleichgewicht. Führungskräfte verhalten sich wie Messies. Messies sind Menschen, die ihren Lebensraum komplett zumüllen: Wohnungen können nicht betreten werden, weil sich alles überall stapelt. Messies sind unordentlich und chaotisch, so heißt es. Bei genauerer Betrachtung sind es jedoch keine Chaoten, sondern geradezu ordnungsstarke Personen. Das Sammeln von Dingen sorgt für ihre Stabilität – die entstehende (jedoch nur ihnen verständliche) Ordnung bildet ihr Gleichgewicht. Aber was hat das mit Führungskräften zu tun? Das Streben nach Gleichgewicht bewegt auch Führungskräfte – Abläufe zu vereinheitlichen, gemeinsame Lösungen zu finden, eine perfekte Ordnung herzustellen und damit dem Bild des Paradieses näherzukommen! Das Paradies lässt sich leider auf Erden kaum erreichen, das Streben danach aber bleibt. Das scheinbar Verrückte am Messie-Dasein ist der normale Wahnsinn in den Führungsetagen. Sie sollen in Zeiten der Unruhe für Stabilität sorgen, und in der Organisation soll Ordnung sichtbar sein. Langfristige Stabilität ist jedoch nicht zu haben, wenn die alte Ordnung konserviert bleibt (wie die gute Biedermeierstube). Ist das Prinzip »Messie-Wohnung« die Alternative, dass am Ende gar nichts mehr geht? Es bleibt den Führungskräften und der Organisation vorbehalten, wie viel Chaos ausgehalten werden muss, um neue Prozesse und IT-Lösungen einzuführen. In Organisationen, die vom Ingenieurdenken geprägt sind, führt das schon in eine (Un-)Sinnkrise.

Neue Software ist mehr als Handwerkszeug

→ »Jeder will mitbestimmen, aber keiner etwas beitragen.«
→ »Die Lösung passt doch gar nicht zu unserem Unternehmen.«
→ »Die Mitarbeiter haben Angst vor der neuen Software! Sie werden kontrollierbar – der gläserne Mitarbeiter!«

Wem diese Sätze bekannt vorkommen, der weiß, dass die Einführung von neuer Software mehr ist. Die Organisation wird technisch, kulturell und strukturell vor neue Herausforderungen gestellt.

Stabilität der Dynamik

Die Einführung neuer IT-Systeme löst leicht Angst, Panik und Nervosität aus. Meist wird jahrelang im stillen Kämmerlein nach neuen Lösungen gesucht, ohne andere einzuweihen. Und plötzlich wird das neue Werk in seiner ganzen Pracht präsentiert, allein: Die Mitarbeiter sind frustriert.

Timing Die Kommunikation von IT-Projekten sollte sich an gastronomischen Gepflogenheiten orientieren: »Wie ein Restaurant seine Leistungen zweckmäßigerweise dann anbietet, wenn die Kunden Hunger haben, und nicht dann, wenn es dem Arbeitsplan der Küche entspricht« (Berner 2010, S. 186). Typische Phasen, die auch schon vorher berücksichtigt werden können:

→ Am Anfang interessiert sich wirklich jeder für das Projekt.
→ Kurz vor der Einführung bricht Hektik aus, und viele fühlen sich zu wenig informiert.
→ Der Rauch verzieht sich, und die Einführung verläuft erfolgreich.

Betriebsrat Der Betriebsrat hat bei der Einführung von Software fast immer ein Mitbestimmungsrecht. Die Auslegung von § 87 des Betriebsverfassungsgesetzes macht das möglich: Werden Arbeitnehmer durch technische Einrichtungen überwacht, darf der Betriebsrat mitreden. Da eine Aufzeichnung zum Beispiel von Log-ins oder Logfiles automatisch erfolgt, liegt eine mögliche Überwachung bei IT-Projekten meistens vor. Liegt nach § 111 eine Betriebsänderung vor, kann der Betriebsrat sogar einen Sozialplan und Interessensausgleich fordern. Da sich bei einer neuen Software leicht auch die Arbeitsabläufe oder -strukturen ändern, ist auch dieser Paragraf zu berücksichtigen.

IT-Logik versus Change-Logik Bei technischen Systemen kommt es auf genaue Planung und Umsetzung im Detail an – kleinste Fehler können zu großen Komplikationen führen. Soziale Systeme sind dagegen relativ unempfindlich, was Planungsunschärfen betrifft – hier kommt es darauf an, gegenüber den Adressaten im richtigen Moment den richtigen Ton zu treffen. Zu viel Vorausplanung schadet im Change Management eher, als dass es nutzt. Hier ist vor allem Prozessorientierung und Flexibilität gefragt.

Change Management in IT-Projekten

Professionelles Change Management bedeutet, für ein gutes Image der Software zu sorgen. Marketing und lebendige Informationen des Neuen sind die Maßnahmen. Gleichzeitig ist für gute Teamarbeit, verbunden mit Schulungen und Qualifizierungen aller Zielgruppen, zu sorgen. Das klingt so selbstverständlich – tatsächlich ist in den Unternehmen wenig Wissen darüber vorhanden, dass der Faktor »Mensch« neben den technisch-fachlichen Themen mitgenommen werden muss. Erwartungen und Befürchtungen müssen verstanden und berücksichtigt werden. Dafür ist es erst einmal hilfreich, die verschiedenen Ansichten der Beteiligten am Prozess kennenzulernen.

In Stichworten können die Aspekte einzelner Prozessbeteiligter etwa so aussehen:

Entscheider

→ Sie entwickeln Bewusstsein, dass die IT-Einführung strategisch eine Umstrukturierung ist.
→ Sie vermitteln das Thema von oben nach unten.
→ Sie tragen Verantwortung für den Veränderungsprozess.
→ Sie mobilisieren Mitarbeiter für Veränderungen und geben Orientierung.

Projektteams

→ Sie arbeiten interdisziplinär.
→ Sie tragen die Verantwortung als die Experten für Software und neue Prozesse.
→ Sie brauchen Change-Wissen.
→ Sie benötigen Ressourcen von Führungskräften und Mitarbeitern.
→ Sie kommunizieren an die Entscheider und müssen Ergebnisse präsentieren.

Interne Anwendungstrainer

→ Sie kommunizieren die neue IT-Welt an Anwender.
→ Sie brauchen Unterstützung, um fachliches, methodisches und psychologisches Know-how zu erlangen.
→ Sie benötigen Change-Wissen.

Anwender

→ Sie fühlen sich stark belastet (doppelt belastet wegen altem und neuem System).
→ Sie verstehen den Prozess häufig nicht, weil wenig kommuniziert wurde.
→ Sie fühlen sich übergangen, weil in den Prozess nicht eingebunden.
→ Die technischen Herausforderungen sind meist überfordernd.

Gesamte Belegschaft

→ Sie fühlt sich meist nicht informiert (und das in vielen Fällen nicht zu Unrecht).
→ Sie bringt ihre Unzufriedenheit auch gerne in den IT-Prozess, obwohl sie nicht unmittelbar betroffen ist (aber emotional fühlt sie sich so).

Manager

→ Sie fühlen sich überfordert, sich neben dem operativen Geschäft auch strategisch mit diesem Projekt auseinanderzusetzen und dafür Energie aufzubringen.
→ Sie brauchen Ressourcen, um sich auch im Managementkreis ein Bild von dem Projekt und der Rolle zu machen.
→ Sie tragen Verantwortung als Promotoren, Mentoren und Change Agents.
→ Sie mobilisieren die Mitarbeiter und begleiten diese.
→ Sie geben Orientierung.
→ Sie geben Ressourcen für die Mitarbeiter frei.

Von Ordnung zu Unordnung zu Gott?

Göttlich sind die Aussichten – auf dem Weg zum Ziel helfen viel Glauben und Hoffen. Prozessbegleitern, die »im Auftrag des Herren« unterwegs sind, nützt das nichts – sie müssen einen Weg aufweisen, der der Organisation hilft.

Dabei sind solche Maßnahmen mit dem Schwerpunkt Kommunikation von Vorteil:

Projektteam

→ Zunächst gemeinsames Verständnis über die Ausmaße der IT-Einführung schaffen.
→ Teambuilding: Entstandene Konflikte werden intern besprochen.
→ Der bisherige Weg wird verstärkt verfolgt.

Marketing

→ Breite und lebendige Informationen werden an die Zielgruppen geliefert.
→ Zwischenschritte werden frühzeitig bekannt gemacht und erläutert.
→ Passende Medien werden ausgesucht (Zeitung, Poster, Informationsveranstaltungen, Roadshow).

Resonanzgruppen

→ Mithilfe von Prozessbegleitern wird für die Verbreitung und die Einbindung der Zielgruppen gesorgt.
→ Beteiligte werden in die Problemlösungen eingebunden und die Ergebnisse in das Projektteam getragen.

Um das Image der neuen IT-Einführung zu verbessern und das Team auf dem Team mitzunehmen, braucht es lebendige Information und Kommunikation – und vor allem die umfassende Einbeziehung von Betroffenen. Eine Antwort gibt das Dialogbild, das nun beschrieben wird.

Architektur: Dialogbild

Kurzbeschreibung: Dialogbilder helfen, in Organisationen die Kommunikation auf eine breite Basis zu stellen. Zum einen kann man mit einem Dialogbild informieren, und zwar sehr eindrücklich, weil bildlich. Zum anderen bezieht es die gesamte Belegschaft in den Einführungsprozess mit ein.

Inhalte und Zielsetzung: Dialogbilder sind eine Art »Wimmelbilder« für Erwachsene (insbesondere für solche in großen Unternehmen). Dialogbilder visualisieren für alle verständlich, was sonst in endlosen PowerPoint-Präsentationen, unverständlichen Strategy Maps und lieblosen Leitsätzen sowieso nicht beim Mitarbeiter ankommt. Dialogbilder sind eine wirkungsvolle Architektur, die es einer breiten Masse von Mitarbeitern ermöglicht, sich mit Strategien und Prozessen ihres Unternehmens auseinanderzusetzen. Ziel ist es dabei, dass alle ein gemeinsames »Bild« vom Unternehmen bekommen, was durchaus wörtlich gemeint ist. Je nach Anlass können unterschiedliche Schwerpunkte gesetzt werden:

- → Bei der Einführung von IT-Systemen können neue Abläufe transparent gemacht werden.
- → Bei Fusionen unterstützt ein Dialogbild die Bildung einer gemeinsamen Identität. Es ermöglicht allen Teilen des Unternehmens, sich mit ihren spezifischen Produkten, Dienstleistungen und Aufgaben in dem Bild wiederzufinden.
- → Bei Prozessoptimierungsprojekten müssen erst einmal die Prozesse klar sein, um sie dann in Metapherform in ein Dialogbild bringen zu können.

Das eigentliche »Dialogbild« ist ein wesentliches Element in einem mehrstufigen Prozess. Zunächst werden vom Topmanagement Themen und Botschaften definiert, die verbreitet werden sollen. Anschließend werden bei den Mitarbeitern vor Ort weitere Fakten gesammelt und diese mit einem Grafiker zusammen in Bilder übersetzt. Nach mehreren Rückkopplungsschleifen wird das endgültige Dialogbild erstellt. Mit diesem Dialogbild und einem Leitfaden, in dem die Inhalte schriftlich fixiert sind, beginnt dann eine Reihe von Workshops, die es einer großen Anzahl von Mitarbeitern ermöglicht, sich mit den Themen auseinanderzusetzen. In diesen Workshops bieten die Dialogbilder die Grundlage für Diskussionen, weil sie Sinn, Zweck, Widersprüchlichkeiten und Interdependenzen des Unternehmens greifbar machen.
Das Dialogbild ist ein vielseitig nutzbares Kommunikationstool. Es ist zum einen als zentrales Kommunikationsmedium einsetzbar, zum anderen sind Bild und Moderationsleitfaden so gestaltet, dass unterschiedliche Abteilungen damit spezifisch arbeiten können.

Lernkonzept: Kommunikationsarchitektur.

Teilnehmer: Möglichst alle Mitarbeiter und Führungskräfte bereichs- oder unternehmensweit beziehungsweise alle »Betroffenen«.

Dauer: Mindestens 5 Monate.

Ressourcen: Projektteam, Grafiker, kostet sehr viel Geld (ist aber umso wirksamer).

Vorbereitung: Siehe Ablauf.

Ablauf: Die Arbeit mit Dialogbildern erfolgt in drei Phasen:

Erste Phase: Themen und Botschaften definieren
Am Anfang steht die Auftragsklärung. Welche Botschaften sollen bei welchen Zielgruppen platziert werden? Welche Themen stehen im Mittelpunkt?

Dann wird ein Projektplan erstellt, der die Recherche- und Interviewphasen mit den Mitarbeitern und die Rückkopplungsschleifen mit dem Grafiker berücksichtigt.
Bei der Ausarbeitung der Kommunikationsstrategie muss berücksichtigt werden, welche Zielgruppen wie stark eingebunden werden müssen. Beispielsweise sind bei der Einführung einer neuen Software manche Mitarbeiter direkt betroffen (weil sie täglich damit arbeiten), andere dagegen nur am Rande (weil sich Arbeitsabläufe in Abteilungen, mit denen sie zusammenarbeiten, ändern).
Nachdem die Kernbotschaften und -themen im Projektteam ausgearbeitet worden sind, folgen die Recherchen vor Ort. Wie sieht die Realität in den Standorten/Gesellschaften wirklich aus? Inwiefern stimmen sie mit den Botschaften überein? Hier können auch Fotos geschossen oder andere relevante Fakten gesammelt werden.
Zum Abschluss dieser Phase werden für die gesammelten Fakten und für die Kernbotschaften Metaphern gesucht, die in einem angemessenen Komplexitätsgrad das Wesentliche zum Ausdruck bringen. Zum Beispiel kann die Beobachtung, dass im Unternehmen immer wieder neue Projekte angefangen werden, ohne dass die alten schon abgeschlossen wurden, bildlich umgesetzt werden: Die einen heben noch das Fundament für das Haus aus, während die anderen schon das Dach decken.

Zweite Phase: Dialogbild und Moderationsleitfaden entwickeln
Jetzt folgt der erste Bildentwurf in Zusammenarbeit mit einem Grafiker. Die Metaphern, die vorher gefunden wurden, werden von ihm »übersetzt«. Danach folgen so viele Korrekturschleifen, bis sich das Projektteam beziehungsweise der Steuerkreis im Dialogbild auch tatsächlich wiederfindet.
Fast noch wichtiger als die grafische Umsetzung des Dialogbildes ist die Erarbeitung eines Moderationsleitfadens. Im Leitfaden werden die verschiedenen Detailebenen des Bildes in Worte gefasst. Außerdem gibt der Leitfaden didaktische Anregungen für die folgenden Workshops (zum Beispiel mögliche Fragen und Antworten, Themen für Diskussionen).

Dritte Phase: Einführung und Dialog
Die Einführung und Verbreitung des Dialogbilds werden von den Mitarbeitern des Unternehmens selbst durchgeführt. Dafür werden Moderatoren speziell für die Dialogbild-Workshops ausgebildet und ihre Führungskräfte für den Prozess sensibilisiert.
Ziel der etwa dreistündigen Dialogbild-Workshops ist die interaktive Auseinandersetzung der Teilnehmer mit den Inhalten des Bildes. Die Teilnehmer werden vom Moderator dazu angeregt, Stellung zum Dargestellten zu beziehen und darüber in eine Diskussion zu gehen. Darüber hinaus erhalten sie auch Informationen, die sie vielleicht auf den ersten Blick nicht selbst im Bild erkannt hätten. Bei der Diskussion hört die Beteiligung nicht auf: Die Teilnehmer suchen auch nach Verbesserungsvorschlägen, die sie in konkreten Maßnahmenplänen verwirklichen.

Dieser dreistufige Prozess kann von anderen Kommunikationsmedien unterstützt werden. Die Mitarbeiter kommen so neben den Workshops immer wieder mit dem Dialogbild in Berührung.

Varianten:
- → Das Dialogbild ist um Simulationen und Spiele erweiterbar. So können zum Beispiel neue Prozessabläufe spielerisch erlernt oder gemeinsame Ziele in Teamarbeit verfolgt werden
- → Es können im Dialogbild-Workshop bestimmte Schwerpunkte gesetzt werden, zum Beispiel welche Führungssituationen im Bild zu finden sind und was das über den Führungsstil aussagt.

Anmerkungen zur Wirkungsweise: Das Dialogbild kann erst in Verbindung mit dem Moderationsleitfaden und dem Workshop seine volle Wirkung entfalten und viele Mitarbeiter erreichen: Das »Bild« ist die Grundlage, der »Dialog« steht im Mittelpunkt. Erst in der echten Auseinandersetzung kommen die Inhalte, Ziele und Widersprüche auch bei den Mitarbeitern an.

Fusionen und Übernahmen

Fusionen (Mergers) und Übernahmen (Acquisitions) gehören zu den anspruchsvollsten Aufgaben des Change Management. Die großen Themen spielen eine Rolle: Geld, Macht und Liebe. Weder Kunden noch Mitarbeiter oder Führungskräfte haben besonders viel Geduld, wenn es darum geht, zwei Organisationen, zwei Kulturen, zwei Welten zu integrieren. Gelingt die schnelle Integration nicht, drohen bald Kostensenkungsprogramme und Sanierung.

Doppler und Lauterburg (2008) nennen die folgenden unterschiedlichen Ursachen und Zielvorstellungen von Fusionen:

- Übernahme von Wettbewerbern zur Marktbereinigung,
- Zukauf von Kompetenz zur Kompensation oder Erweiterung der Produktpalette,
- Verkauf von Unternehmensteilen oder Beteiligung an anderen Unternehmen, um sich auf Kernkompetenzen zu fokussieren,
- Zukaufen neuer Märkte,
- Übernahme von unterbewerteten Unternehmen, um sie auszuschlachten,
- Unterscheidung zwischen Fusionen, Kooperationen, Allianzen, Erwerb und Verkauf von Beteiligungen, feindlicher Übernahme, Verschmelzung, Merger of Equals oder Merger of the Best.

Und die Kultur?

Sobald Unternehmen oder Teile von ihnen sich zusammenschließen, fusionieren oder unterschiedliche Partnerschaften bilden, ist das Thema offenkundig und greifbar. Überraschenderweise werden schnell juristische Veränderungen herbeigeführt – das Wie und damit die einhergehende Frage der neu zu schaffenden Kultur werden weniger berücksichtigt. Häufig dauern die Verhandlungen nicht mehr als drei Monate, die Konsequenzen hingegen sind noch Jahrzehnte später zu beobachten.

Nach Schein (2003) werden dabei drei Muster deutlich:

- *Die Kulturen bleiben getrennt:* Zum Beispiel in Tochterunternehmen, wo eine gemeinsame Kultur hinderlich für Innovationen wäre. Die Kulturen werden hier lediglich »abgeglichen«, damit sie sich nicht im Wege stehen.
- *Eine Kultur wird dominant:* Ganz offen geschieht dies beim Kauf eines Unternehmens. Zumindest offiziell soll sich die eine Kultur gegen die andere durchsetzen.
- *Die Kulturen verschmelzen:* Der Wunsch, aus beiden Kulturen die besten Eigenschaften (Best Practice) für ein neues Denken und Handeln zu etablieren, liegt offen aus. Um das Machtgefüge im Gleichgewicht zu halten, werden Führungskräfte und Funktionen von beiden Systemen ausgefüllt. Dabei setzt sich jedoch meistens eine Kultur dominanter durch als die andere.

Emotionen

- → *Entsetzen und Ablehnung* beim übernommenen Unternehmen: »Was sie im Markt nicht geschafft haben, versuchen sie nun auf diese Weise« (Berner 2010, S. 244). Damit einher gehen Befürchtungen, auch die Arbeitsweise und Strukturen des Käufers übernehmen zu müssen.
- → *Besorgnis bis Triumph* herrscht beim übernehmenden Unternehmen vor. Die Besorgnis dreht sich um den eigenen Arbeitsplatz, der Triumph bezieht sich auf den »Sieg« über den Konkurrenten.
- → *Ängste und Befürchtungen* gibt es bei beiden Unternehmen:
  - Beim *übernehmenden Unternehmen* geht es um Fragen der Art, ob man die Übernahme überhaupt meistern kann oder ob das übernommene Unternehmen vielleicht besser ist. Dazu kommen Befürchtungen, dass alles durcheinandergebracht wird und neue Konkurrenz entsteht.
  - Beim *übernommenen Unternehmen* geht es um Fragen der Art, ob man kämpfen oder kooperieren, bleiben oder gehen soll. Befürchtungen tendieren in Richtung Existenzangst. Existenzangst beinhaltet die Angst um den Arbeitsplatz oder die eigene Karriere oder auch die »archaische« Angst vor Unterwerfung.

Themen, die die Organisation bewegen

Abwehrreaktionen des übernehmenden Unternehmens entstehen dadurch, dass die Neuen als Konkurrenten empfunden werden, denen man erst einmal zeigen muss, wo es langgeht. Damit dieses Verhalten nicht ausartet, ist eine aktive Führung notwendig, die die Probleme thematisiert.

Faktor Zeit Vom Kunden über die Mitarbeiter bis zum Markt sind alle Beteiligten ungeduldig. Wenn es um technische Systeme und Prozesse geht, sollte man allerdings nichts überstürzen: Hier sind genaue Planung und Akkuratesse gefragt. Wo immer aber Menschen betroffen sind – egal ob Mitarbeiter oder Kunden –, sollte möglichst schnell gehandelt werden, damit die Betroffenen wissen, woran sie sind.

Integrationsstrategie Diese Strategie sollte nicht nur aus Versprechungen bestehen. Eine Strategie ist »Best of both Worlds«, bei dem das Beste aus beiden Unternehmen weiter bestehen soll. Doch was ist das Beste? Wer entscheidet das? Eine andere Strategie ist »Merger of Equals« als eine Fusion von gleichberechtigten Partnern. Will man das ernsthaft umsetzen, braucht das viel Zeit, die im Zweifel niemand haben will …

All-Stars-Problem Im Sport verlieren All-Star-Mannschaften zuweilen gegen Mittelklassemannschaften. Sie sind zusammengewürfelt und nicht eingespielt. Darum sollte es bei den Stellenbesetzungen immer auch um das Gesamtsystem gehen. Anders als bisher geht es nicht darum, einzelne Positionen in einer funktionierenden Mannschaft neu zu besetzen, sondern eine komplett neue Mannschaft aufzustellen. Man kann sich dadurch behelfen, dass man Mannschaftsteile zusammen lässt und so ein neues Gesamtsystem formt.

Kompatibilität Die Kompatibilität zwischen den Unternehmen beziehungsweise Kulturen ist entscheidend, nicht ihre Ähnlichkeit. Ein Begriff dafür ist die »Cultural Due Diligence«: Wie passen die Grundüberzeugungen, Geschäftsmodelle und Führungsphilosophien zusammen? Wo gibt es Konfliktpotenziale?

Zusammenwachsen geschieht weniger durch Events und Workshops, sondern eher durch die vier klassischen Förderer der Integration. Sie bieten Gründe für eine Zusammenarbeit:
→ gemeinsame Not,
→ gemeinsamer Feind,
→ gemeinsamer Vorteil,
→ gemeinsame Freunde.

Führung wird in Umbruchzeiten besonders wichtig. Wenn die Führungskräfte eine Integration selbst zum Ziel haben, sollten sie das vorleben und vorgeben. Damit ist viel gewonnen. Im besonderen Maße gilt dies für das Topmanagement.

Einzelkämpfertum führt zu Grabenkämpfen. Abhilfe schafft die Perspektivenübernahme des anderen – möglich wird das zum Beispiel durch Teamentwicklung.

Kommunikation ist von Anfang an wichtig, damit alle Beteiligten wissen, woran sie sind. Deshalb sollte das Change Management zeitlich und inhaltlich nahe am Puls des Fusionsgeschehens sein.

Fehler und Messbarkeit von Erfolg im Fusionsmanagement

Über 50 Prozent aller Unternehmensfusionen misslingen auf die eine oder andere Weise. Nach Jansen (2004) liegen die Fehler im Fusionsmanagement. Aus seiner Studie geht hervor, dass aus Unternehmenssicht die »unzureichende Einbeziehung der Mitarbeiter« der gravierendste Fehler ist, der den Fusionserfolg behindert (mit 31 Prozent). Eine »unzureichende Kommunikationsstrategie« (27 Prozent) und »ausschließliche Top-down-Kommunikation« belegen die nächsten Plätze der Fehlerliste.

Ab wann gilt eine Fusion als Erfolg? Hier können zwei Möglichkeiten gesehen werden:

→ Bei börsennotierten Unternehmen wird eher die Entwicklung des Börsenwerts oder des Umsatzes angeschaut.

→ Andere Organisationen erkennen ihren Erfolg daran, dass die Integration beider Kulturen gelungen ist. Messbar wird dies durch Mitarbeiterumfragen oder auch durch Selbsteinschätzung des Managements.

Was heißt das für Prozessberater? Letztendlich entscheidet der Kunde, wie der Erfolg der Fusion zu messen ist. Schlüsselfaktor für beide Erfolge ist der Dialog: Um den Dialog voranzutreiben, werden Kulturbotschafter ausgewählt. Die Kulturbotschafter bestehen aus Angehörigen beider Unternehmen. Sie haben die Funktion, beide ursprünglichen Kulturen zu untersuchen und das Thema der »einen« Kultur in den Mittelpunkt zu stellen. Um Kulturen zu integrieren, muss zunächst einmal die eigene Ausgangskultur betrachtet werden.

Architektur: Fusioniert euch!

Kurzbeschreibung: Kombination aus Kulturfilm, Workshops und Roadshow im Rahmen einer Fusion.

Inhalte und Zielsetzung: Die Fusion begleiten und voranbringen mit einer Mischung aus Kulturfilm, Workshops und Roadshow.

Lernkonzept: Architektur während Fusion.

Teilnehmer: Hierarchieübergreifend 40–50 Personen für Workshops; Filme an allen Standorten.

Dauer: Mehrere Monate.

Ressourcen: Ausstattung und Know-how für filmische Dokumentation.

Ablauf: Die Formen des Dialogs sind vielfältig.

→ *Kulturfilm:* Es wird eine Workshopkaskade mit 40 bis 50 Meinungsträgern quer durch die Hierarchie durchgeführt. Sie erzählen Geschichten über positive und weniger positive Erlebnisse. Daraus werden die Geschichten, die besonders wichtig sind, herausgefiltert. Filmaufnahmen zeigen die Unterschiede und Überschneidungen der verschiedenen Standorte. Hieraus werden positive Geschichten gewählt und dramaturgisch miteinander verbunden. Es soll ein kulturelles Muster der zukünftigen Unternehmenskultur gezeigt werden. Es entsteht ein 15-Minuten-Film, der an allen Standorten gezeigt wird. Schon jetzt gibt es gemeinsame Werte.

→ *Workshops:* Einige Monate später werden Workshops durchgeführt: Wo hat die kulturelle Integration schon geklappt? Woran müssen wir noch arbeiten? Wieder wird eine filmische Dokumentation erstellt.

→ Neben einer *Roadshow* der Geschäftsleitung zur Kulturentwicklung, werden auch die interne Kommunikation und die Personalabteilung intensiv eingebunden: Es laufen Austauschprogramme, Erfolgsgeschichten werden laufend dokumentiert und kommuniziert.

Dramaturgie: ... wie im Film

Kurzbeschreibung: Filmische Darstellung der Zukunft des Unternehmens.

Inhalte und Zielsetzung: Die Zukunft eines Unternehmens oder eines Bereichs wird filmisch aufbereitet und dargestellt. So wird eine emotionale Verankerung von Zukunftsvorstellungen erreicht.

Lernkonzept: (Zukunfts-)Workshop.

Teilnehmer: 10 bis einige Hundert Teilnehmer.

Dauer: 4 Stunden als Nachmittags- oder Abendevent oder parallel begleitend zum Arbeitsalltag vorbereiten, Präsentation auf einer folgenden Großveranstaltung.

Ressourcen: Moderne Videokamera, mit der einfache Videoschnitte möglich sind, oder getrennte Videoschnittausstattung, Projektor mit Tonanlage.

Vorbereitung: Die Aufgabe der Filmteams sollte mit einer Seite Text beschrieben werden. Nicht vergessen: Akkus laden.

Ablauf: Ziel dieser Dramaturgie ist es, einen Film über die Zukunft des Unternehmens zu erstellen, in dem Aussagen über das Unternehmen und die darin enthaltenen Abteilungen durch Interviews zusammengetragen werden. Dabei soll keine abstrakte Geschäftssprache verwendet werden, sondern vielmehr eigene Metaphern und Bilder.

Vorbereitung der Interviews
Eine Auswahl von Mitarbeitern der beteiligten Abteilungen sammelt Fragen, um Metaphern in die Interviews einzuführen. Leitfragen könnten lauten:

- → Wenn Ihre Abteilung ein Tier wäre, welches wäre es?
- → Welche Eigenschaften sind dafür ausschlaggebend?
- → Wie wird sich das Tier in Zukunft verhalten, damit die Vision wahr wird?
- → Woran erkennen Sie persönlich die Veränderung?

Beschreiben Sie eine Szene, die sich abspielt, wenn das Unternehmen seine Vision erreicht hat.

Aufnahme der Interviews
Jede betroffene Abteilung stellt ein Filmteam und wird von einem anderen interviewt. Das kleine Filmteam jeder Abteilung besteht mindestens aus einem Interviewer und einem Kameramann. Es werden einige wichtige Menschen einer bestimmten anderen Abteilung interviewt, und dieses Interview wird gefilmt.

Filmschnitt
Die prägnantesten und am besten passenden Äußerungen der Menschen zur Gegenwart und Zukunft werden von Vertretern der Abteilungen ausgewählt und zeitlich im Film zusammengeschnitten (zuerst die der Gegenwart, dann die der Zukunft).

Filmpremiere
Auf der nächsten Großveranstaltung wird im Rahmen von Visions- oder Strategiearbeit der Film gezeigt und von den Teilnehmern in einer Feedbackschleife verarbeitet.

Varianten: Die Filmerstellung wird als Nachmittags- oder Abendprogramm einer Veranstaltung durchgeführt. Es ist zwar dann viel mehr Zeitdruck, aber der Anspruch an das Ergebnis ist auch geringer. Es werden mehrere Filmteams gleichzeitig zu den Interviews losgeschickt. Der Schnitt der Filme beschränkt sich darauf, die besten Szenen zu behalten und andere zu kürzen oder zu streichen.

Anmerkungen zur Wirkungsweise: Konkrete Szenen der Zukunft entfalten eine große Anziehungskraft. Häufig finden sich in Firmenvisionen sehr abstrakte und allgemeine Sätze wie: »Wir werden in 20xx der beste, tollste, schnellste Dienstleister oder Produktlieferant von Soundso sein.« In diesem Lerndesign wird die Kreativität der eigenen Belegschaft genutzt, um die Vision anschaulich, vorstellbar und besser besprechbar, vielleicht auch kontrovers diskutierbar zu machen.

Methode: Sumpf der Gerüchte

Kurzbeschreibung: Gerüchte nutzen, um an echte Themen zu kommen.

Inhalte und Zielsetzung: Gerüchte werden offengelegt, um an die Themen zu kommen, die wirklich von Bedeutung sind.

Lernkonzept: Workshop.

Teilnehmer: 6–15 Personen.

Dauer: 3 Stunden.

Ressourcen: Moderationskarten, freier Raum ohne Tische, genügend Stühle.

Ablauf: Der Berater lädt die Gruppe ein, sich mit der Frage auseinanderzusetzen, welche Gerüchte es in der Organisation gibt. Diese sollen die Teilnehmer auf Moderationskarten festhalten. Die Karten werden auf dem Boden ausgelegt und gemeinsam angeschaut und besprochen.
Es kann dann an unterschiedlichen Fragen gearbeitet werden: Was ist dran an den Gerüchten? Wie können sie ausgeräumt werden? Welchen Sinn erfüllen sie?

Reorgansiationen und Umstrukturierungen

Natürliche Inkompetenz und paradoxe Interventionen

> »Manager führen sich auf wie Katzen auf dem Katzenklo. Sie werfen instinktiv alles durcheinander, um zu verbergen, was sie angestellt haben. In der Geschäftswelt nennt man das reorganisieren« (Adams 1997).

Eine Reorganisation lässt sich leicht verordnen, solange man als Führungskraft selbst ungeschoren bleibt. Wenn der Kopf jedoch nicht mitkommt, gehen die anderen Körperteile nirgendwohin. Ein Umdenken ist erforderlich: nicht nur das Führungsverständnis, sondern auch was reorganisiert und umstrukturiert wird. Bisher galt als Reorganisation: Kostensenkungen, Verlagerung der Produktion ins Ausland und Stellenabbau.

Weitere Punkte treiben die Unternehmen in ein Umdenken. Zu nennen sind hier drei Beispiele:

→ Komplexität treibt die Unternehmen vom bisherigen Denken in Funktionen und Bereichen zu einem Denken und Handeln in Prozessen. Das bedeutet die konsequente Umgestaltung aller Fertigungs- oder Dienstleistungsprozesse – ausgerichtet auf den Kunden und den Kundennutzen. Die Steuerung dieser Prozesse obliegt den Projektteams, die aber wiederum koordiniert werden müssen durch zentralistische Einheiten. Stefan Kühl (2002) nennt dies ein »Paradoxon«.

- → Paradox ist auch die Aufforderung des Managements zu mehr Selbstständigkeit der Mitarbeiter. Allein die Aufforderung zum Selbstständigsein reicht jedoch nicht aus, damit Entscheidungen eigenständig getroffen werden oder Verantwortung übernommen wird. Auch haben die Unternehmen dieses Denken in der Vergangenheit nicht gefordert und eher unterbunden. Eine Kulturentwicklung muss her. Ebenso finden sich Widersprüche, was die Entscheidungen solch neuen Managementdenkens betrifft: Erwünscht ist es, aber das notwendige Handwerkszeug wird nicht mitgeliefert (zum Beispiel Befugnisse oder Kompetenzen).
- → Oftmals wird suggeriert, Stabilität sei das Ziel von Reorganisationen: »Wenn wir erst einmal diese Hürde genommen haben, dann erreichen wir ein höheres Maß an Stabilität.« Stabilität ist nicht das Ziel von Reorganisationen, sie geht über in die Prozesse der ständigen Verbesserung, der lernenden Organisation und so weiter. Die Kontinuität des Veränderns und das Streben nach einer idealen Organisation ist somit nicht nur die Legitimation für das Management, sondern auch die der Berater.

Weitere Themen im Umgang mit Reorganisationen und Umstrukturierungen

Informationspolitik Informationen über die Umstrukturierungen zurückzuhalten, kann als Schuss nach hinten losgehen. Gerüchte kommen trotzdem in die Welt und sorgen für umso mehr Unruhe. Offene Information dagegen beschränkt Spekulationen und legt die wahren Absichten der Führung offen.

Zeitplan und Verlauf Zwischen den ersten Vorschlägen zur Umstrukturierung und der tatsächlichen späteren Umsetzung liegen meist Welten. Vorschläge mehren und ändern sich mit der Zeit. Dies sollte sowohl bei der Kommunikation als auch bei der Bewertung erster Vorschläge berücksichtigt werden (Zwischenstand versus endgültige Umsetzung).

Betriebsrat Je nach Umfang und Art der geplanten Änderungen hat der Betriebsrat ein mehr oder weniger großes Mitspracherecht: Bei einer sogenannten Betriebsänderung muss über einen Interessensausgleich und den Sozialplan verhandelt werden. Doch selbst wenn Mitsprache oder Information gesetzlich nicht vorgeschrieben sind, können Konflikte entstehen.

Diskussionsmöglichkeit Stellt man alle Organisationsänderungen zur Diskussion, besteht die Gefahr, dass der Status quo als beste Möglichkeit gesehen wird, da Änderungen immer Gewinner und Verlierer implizieren. Stellt man dagegen gar nichts zur Diskussion und alle Betroffenen nur vor vollendete Tatsachen, verbaut man sich den Zugang zur rational besten Lösung. Daher sollte es nicht um Zustimmung, sondern um Überprüfung gehen. Was kann noch optimiert werden?

Verlierer gibt es bei Umstrukturierungen immer. Deshalb kommt es darauf an, fair mit ihnen umzugehen.

Umsetzung Zwischen Beschluss/Verkündung und Umsetzung der Reorganisation sollte nicht zu viel Zeit liegen.

Architektur: Eine Reorganisation begleiten

Kurzbeschreibung: Dialogforen, Prozessbegleitung, Prozessworkshops …

Inhalte und Zielsetzung: Wie das gelingt? Der Auftrag an die Berater lautete: »Machen Sie mir die Organisation einfacher, transparenter und wirtschaftlicher!« Wie schon beschrieben: Der wirkliche Motor von Veränderungsprozessen sind die Mitarbeiter. Wie sieht die Mobilisierung genau aus? Wie werden Emotionen geweckt und für die Umsetzung nutzbar gemacht? Auf vier Feldern wird dies deutlich (s. Ablauf).

Lernkonzept: Architektur während Reorganisation.

Teilnehmer: Mitarbeiter und Führungskräfte.

Dauer: Mehrere Monate.

Ablauf: Folgende Felder sind wichtig:

- *Führungskräfte sprechen* – Informieren und Mobilisieren: In Dialogforen werden Führungskräfte über wichtige Themen informiert – und darüber ins Gespräch gebracht. Dialogforen sind Großveranstaltungen, die keine PowerPoint-Präsentation oder sonstige Berauschung sein sollen. Dialogforen dienen der gemeinsamen Ausrichtung im Veränderungsprozess.
- *Prozessberatung für Veränderer* – Beraten und Qualifizieren: Meist ist es schwierig für Unternehmen, den Prozess als Projekt zu verstehen, der genauso geplant wird wie jedes andere Projekt und Menschen braucht wie Projektleiter oder Projektteam. Ist diese Hürde überwunden, steuern Veränderungsteams in zentralen Einheiten oder Regionen und setzen das Projekt um. Dieses Herz beziehungsweise dieser Kopf wird von Prozessberatern mitgesteuert. Da, wo Expertenwissen fehlt, wird individuell qualifiziert (aus internen Bordmitteln oder externer Unterstützung): Im Mittelpunkt steht die Entwicklung neuer Fähigkeiten und Fertigkeiten. Verhalten und Haltung verändern sich durch Training, Coaching und Beratung.
- *Prozessworkshops für Mitarbeiter und Führungskräfte* – Helfen beim Umsetzen: Frage: Wie nennt sich unsere Arbeit nach dem Prozess? Antwort: Ihr heißt alle Heinz. Neue Ziele und Aufgaben, neue Führungskräfte, neue Teams – all dies wird in Workshops besprochen. Ebenso müssen Schnittstellen definiert und besprochen werden. Interne Prozessbegleiter als Kulturbotschafter sollten diesen Prozess unterstützen. Die gewünschte Veränderung und die ihr zugrunde liegenden Ideen und Ziele müssen zu einem Thema werden, das die Mitarbeiter beschäftigt. Das geht nur, wenn sie sich selbst als Handelnde wahrnehmen.
- *Kommunikationskonzept* – alle beteiligen: Botschaften (»Unsere Organisation ist wirtschaftlich, einfach, transparent; die Menschen sind mutig, neugierig, leidenschaftlich ...«) werden über Medien, die alle ansprechen und über die alle sprechen, am besten transportiert. Nur so dahingeschrieben wirken solche Aussagen wenig überzeugend. Schreibt man jedoch nichts, so kommt der falsche Eindruck zustande, es mache sich keiner Gedanken über den Prozess. Gute Erfahrungen wurden mit Filmen gemacht.

Methode: Film und Vision

Kurzbeschreibung: Film für eine Vision.

Inhalte und Zielsetzung: Kommunikation einer Vision über emotional wirkende Botschaften.

Lernkonzept: Kommunikationsarchitekur.

Ressourcen: Technische Ausrüstung und Know-how.

Ablauf: Am Anfang des Prozesses steht das Gespräch, denn die Auseinandersetzung mit der Vision findet vor allem im direkten Gespräch statt. Hier entsteht ein gemeinsames Verständnis für die Ziele, die die Organisation verbinden, und für die Notwendigkeit der damit verbundenen Verän-

derungen. Im Diskurs entstehen bei den Mitarbeitern gemeinsame Bilder über ihre Organisation. Diese gemeinsamen Bilder gilt es, im Kommunikationsprozess emotional anzureichern und zu kanalisieren. Denn wenn eine Vision wirksam werden will, muss sie die Herzen der Menschen erreichen. Die Kommunikation einer Vision läuft daher stark über emotional wirkende Botschaften. Hierzu eignet sich der Film als Medium. (Fast jeder weiß aus eigener Erfahrung, dass ein Kino- oder Fernsehenfilm das emotional wirksamste Medium ist. Er wird nur übertroffen durch live miterlebte große Ereignisse.) Da in einem Unternehmen nicht andauernd große Ereignisse live miterlebt werden können, bietet sich der Film an, da er beliebig oft wiederholt werden kann.
Der Film bildet die Welt in realen Bildern ab und gestaltet sie gleichzeitig neu mithilfe seiner filmischen Mittel. Die im Film erzählte Story bildet den roten Faden für die vermittelten Botschaften. Sie zeichnet die Bilder des Unternehmens, der Menschen, ihrer Vision.
Mithilfe gestalterischer Mittel wie Montage, Verdichtung, Verfremdung lassen sich unterschiedlichste Wirkungen erzeugen, von Identifikation bis Irritation. Die Botschaften setzen emotionale Energie frei und erzeugen ein Momentum. Filmschnitt und die entsprechende Musik verstärken dieses Momentum noch. So können auf kompakte Weise sowohl Inhalte als auch die damit verbunden Bilder, Stimmungen und Wertungen im Unternehmen transportiert werden.
Besonders wirksam werden Filme im Unternehmenskontext, wenn sie die Mitarbeiter, die Arbeit, die zentralen Orte des Unternehmens selbst abbilden. Die Mitarbeiter sehen sich selbst; ihre eigene Welt (Kollegen, Vorgesetzte, Vorstand, Standorte, Arbeitskontext, Symbole, Unternehmenskultur) wird sichtbar. Meinungen und Wertungen von Schlüsselpersonen des Unternehmens werden in verdichteter Form wiedergegeben. Die Unternehmensleitung tritt mit ihren Botschaften dem Mitarbeiter im Film persönlich gegenüber. Aussagen der Vision werden im realen Umfeld szenisch dargestellt – eventuell übertrieben und verfremdet, um die nötige Irritation und Spannung zur Auseinandersetzung mit den Themen aufzubauen.
Darüber hinaus erreicht der Film, einmal produziert, in kurzer Zeit eine große Anzahl von Menschen. Je mehr er dabei in andere Formen der Auseinandersetzung mit der Vision eingebunden wird, desto wirksamer ist er.
Folgende Einsatzbeispiele für Filme sind denkbar:

FILMTYP	EINSATZ	NUTZEN
interner Imagefilm	Großveranstaltung Merger Umstrukturierung Neugründung	Darstellung der Erfolge, Bild vom Unternehmen, von den Standorten, von den Mitarbeitern, der Unternehmenskultur, Vermittlung von Stolz, »Das sind wir!«, Identität mit dem Unternehmen
Emotionalisierungsfilm	Großveranstaltung	Erleben der eigenen Gruppe, des Unternehmens, der Abteilung – »Das sind wir! Das war die Konferenz!«
Dokumentation	Unternehmens-kommunikation	unternehmensweite Vermittlung von Veranstaltungen (Stimmung, »Wer war da?«, Ergebnisse, wichtigste Themen ...)

Film im Workshop	Seminare Workshops	filmische Dokumentation von Verhaltensweisen zur Unterstützung der Analyse Aufzeichnung von Rollenspielen, Übungen in Seminaren, Eigenpräsentation, persönliches Auftreten
Informationsfilm	Umstrukturierung Veränderungsprojekt	Information über Gründe/Vorteile der Veränderung, Geschäftsziele, Vision, neue Strategie, bevorstehende Maßnahmen, direkte Ansprache der Geschäftsleitung an Mitarbeiter sowie direkte Kommentare von Mitarbeitern, Unterstützung im Veränderungsprozess
Visionsfilm	Kommunikation der Unternehmensvision	Verbindung von Vision, Mission, Guiding Principles und konkretem Verhalten Klärung der Inhalte mit Verfremdung und Übertreibung (Spaß) Grundlage für Visionsworkshops

Dramaturgie: Dialogforum

Kurzbeschreibung: Werkstattprinzip, Zukunftswerkstatt, Führungskräfte.

Inhalte und Zielsetzung: Der Markt des Dialogs (auch Dialogforum) dient einem gemeinsamen dynamischen Auftakt bei einem Veränderungsprozess. Information über Aufgaben und Ziele der Veränderungsteams werden gegeben. Aufgaben und Ziele werden synchronisiert und differenziert. Veränderungsteams in Veränderungsprozessen erhalten das nötige Basiswissen. Teamentwicklung in den Veränderungsteams kann stattfinden.

Lernkonzept: Werkstatt, Führungskräfteentwicklung.

Teilnehmer: 50–200 Personen.

Dauer: 1–2 Tage.

Ressourcen: Räumlichkeiten, die groß genug sind.

Ablauf: Methodisch orientiert sich der Markt des Dialoges (auch Dialogforum) am Werkstattprinzip (s. Passagement Factory, S. 170 ff.). Dies heißt, dass sich das Arbeiten in der Großgruppe abwechselt mit Workshop- und Trainingseinheiten in den einzelnen Teams.

Begrüßung und Einführung in das Thema
Die einzelnen Teams werden begrüßt und vorgestellt. Ziele, Aufgaben und Rollen des Veränderungsprozesses werden dargestellt und diskutiert.

Erste Teamfindungsphase
In den jeweiligen Veränderungsteams finden erste Gespräche über die jeweiligen Aufgaben statt.

Variante: Ein Dialogforum kann ebenso als Zukunftswerkstatt für die obere Führungsebene ausgerichtet werden. Die Zielsetzung dabei ist in diesem Fall ein gemeinsamer dynamischer Auftritt als Start in die neue Struktur, die Entwicklung eines Zukunftsbilds für die Organisation, die Entwicklung eines gemeinsamen Führungsverständnisses und die praktische Umsetzung der Werte und Prinzipien (zum Beispiel Einfachheit, Transparenz, Wirtschaftlichkeit, Neugier, Mut, Leidenschaft). Methodisch wird auch hier das Werkstattprinzip angewandt: Arbeiten in der Großgruppe wechseln sich ab mit Workshop- und Trainingseinheiten in einzelnen Teams.

Führungsnotstandsgesetze

Führungsverantwortung ist zu wichtig, um sie den Führungskräften (die sowieso keine Zeit dafür haben) allein zu überlassen.

Wenn wir heute über Führung nachdenken, gibt es viele Thesen und Antithesen, warum, wie, was überhaupt geführt werden soll. Führung ist komplex, wird kaum in ihrer Ganzheitlichkeit erfasst oder erforscht. Bemühungen, Führung zu vereinheitlichen oder in Checklisten einzuteilen, schlagen generell fehl. Woran liegt das? Wenn Erklärungsmodelle von Führung richtig sind, sind sie zu kompliziert; wenn sie einfach sind, sind sie falsch.

Führen ist die Kunst, soziale Beziehungen zielgerichtet zu gestalten. Das klingt leichter, als es ist. Erst eine Mischung aus Handwerk, Kreativität und Persönlichkeit erbringt Führungskünstler. Dazu ist eine professionelle Auseinandersetzung mit den Menschen um sich herum notwendig. Was der andere denkt, fühlt und tut, hat Bedeutung. Aktive zielgerichtete Gestaltung der Beziehungen benötigt ein Wissen vom Gegenüber. Dieser Rollenwechsel setzt eine hohe reflexive Auseinandersetzung mit der eigenen Person voraus. Was jeweils wichtig für Führungshandeln ist, welche Kompetenzen vorhanden sein müssen, ist dabei immer von der Position des Betrachters bestimmt. Dabei bringt es wenig, Führungskompetenzen theoretisch nachzuvollziehen, Führung lernt man im Tun, Scheitern und Aufstehen. Der Dialog mit den Mitarbeitern ist ein zentraler Bestandteil, um herauszufinden, welches Führungshandeln für die Mitarbeiter und die Organisation sinnvoll ist. Und das wird nicht einmal festgelegt und dann beiseitegelegt, es ist ein ständiger Prozess.

Führungskräfte in Unternehmen werden herausgefordert: Hohe Anspannung mit hohem Tempo sind die ständigen Begleiter von Führungskräften, Opfertum breitet sich aus. Viele erleben sich als schlecht geführt und formulieren deutlich den Wunsch nach Orientierung mit dem Blick nach oben. Die Aufmerksamkeit liegt auf der fachlichen und sachlichen Arbeit – wie wird aus dem Zusammenspiel von Führungskraft und Mitarbeitern ein gelungenes Ganzes?

Ohne Führung = Notstand?

Was passiert, wenn eine Organisation sich dem Thema anders nähert, indem sie den klassischen Denkansatz von Führung wegdenkt? Um es provokativ zu formulieren: Brauchen wir in der heutigen Zeit überhaupt Führung durch eine oder mehrere Personen von oben?

Neben der Erfüllung von Führungskompetenzen kommt eine weitere Hürde hinzu: Die Aufgaben von Führungskräften verändern sich. Ihre heutigen Aufgaben, um ein Unternehmen oder eine Abteilung zu leiten, sind stärker nach außen als nach innen gerichtet. Eine obere Führungskraft zum Beispiel muss alle möglichen Stakeholder-Interessen verstehen und ausgleichen. Erhebliche Anforderungen von außen bringen es mit sich, dass der eigene Bereich nicht mehr komplett im Fokus steht. Führungskräfte trauen zum einen ihren Mitarbeitern mehr und mehr zu (»Es läuft ja alles gut!«), und zum anderen können die Außeninteressen und -repräsentanzen nur von der Führungskraft selbst wahrgenommen werden.

Dabei kann es vorkommen, dass der Kontakt der Führungskraft zu seiner operativen Ebene und deren Problemen vernachlässigt wird oder verloren geht. Mit anderen Worten, es herrscht Führungsschwäche bis hin zu Führungsnotstand. Das wird jedoch weder von den Führungskräften noch den Mitarbeitern sogleich so wahrgenommen. Grundsätzlich hat der Mitarbeiter weiterhin ein Gefühl von Führung, es gibt jemanden, der oben steht (im Organigramm), der die Verantwortung trägt, der letztendlich die Entscheidung trifft, der über Strategien nachdenkt und Strukturen schafft, in die er, der Mitarbeiter, hineinpasst. Führungskräfte und Mitarbeiter gehen von einem gemeinsamen Verständnis aus, dass sich die Führungsarbeit auf zwei Rollenträger aufteilt, in der ein Subjekt aktiv führt und sich als Führender versteht und ein anderer Mitarbeiter sich führen lässt und als Objekt von Führung versteht.

Bis dahin sind sich beide Parteien einig, dass theoretisch ein Subjekt-Objekt-Verhältnis besteht. In der Praxis jedoch führt das dazu, dass sich ein Führungsvakuum formt. Die nichtkommunizierte Nichtführung nach innen bringt es über kurz oder lang mit sich, dass Missverständnisse auftreten. Die Führungskraft denkt, die Mitarbeiter arbeiten, haben ihren Bereich im Griff und denken, die Führungskraft wird schon wissen, wann und wie sie entscheidet. Oft erst durch interne Kennzahlen (wie der Rückgang von Marktanteilen) oder durch zunehmende Unzufriedenheit der Mitarbeiter werden die Führungskräfte darauf aufmerksam, dass etwas nicht stimmt.

Eine Untersteuerung des Systems ist keine Seltenheit und hat seine Ursache darin, dass Menschen in funktionierenden Bereichen das Gefühl haben, alles werde weiterhin so gut laufen wie bisher. Das Vertrauen in etwas ist oftmals größer als das Misstrauen gegenüber Situationen oder Personen. Es gibt kein gemeinsam getragenes Bild von Führung, jeder definiert Führung für sich – sowohl Führungskräfte als auch Mitarbeiter. In der Vergangenheit gefeierte Erfolge werden weiter praktiziert und führen zu eingefahrenen Verhaltensweisen. Der Sinn ist oft niemandem mehr bewusst, abhandengekommen oder gereicht der Organisation schon lange nicht mehr zum Vorteil.

Eine Lösung für die Auflösung der Nichtführung kann sein, dass auf kommunikativem Wege versucht wird, Führungskräfte und Mitarbeiter wieder an einen Tisch zu bringen und Strukturen beziehungsweise Prozesse zu erneuern, um die bestehenden Aufgaben und Anforderungen zu bewältigen. Dabei bleibt es ein Führungsverständnis von oben.

Führung wird verstanden als gemeinsame Aufgabe aller Beteiligten

In bestimmten Organisationen oder Abteilungen kann ein Weg sinnvoller sein, der von einem anderen Führungsverständnis ausgeht: die Selbstführung beziehungsweise nachhaltige Führung. In Organisationen, in denen gut funktionierende Arbeitsgruppen verstreut sind und mangelnde Mitarbeitersteuerung vorliegt, könnte der Führungsnotstand durch ein Gesetz der Selbststeuerung aufgelöst werden.

Exkurs: Ein Erfolgsbeispiel der benediktinischen Klöster

Die Aufgaben, Strukturen und Ziele eines Unternehmens sind im Allgemeinen zwar definiert. Sie aber ins tägliche Tun zu übersetzen, ist die eigentliche Herausforderung, für die es Mut, Klarheit – und Wegweisung – braucht. Eine große Hilfe bilden Leitlinien, die uns die Grundlagen unserer Arbeit erklären. Dafür gibt es frühe Vorbilder. Als vor fast 1.500 Jahren der Abt Benedikt von Nursia vor der Aufgabe stand, aus einer Mönchsgemeinschaft ein funktionierendes Unternehmen »Kloster« zu formen, erkannte er rasch, wie hilfreich Leitlinien im Alltag sein können. Innerhalb kurzer Zeit entwickelte er ein »modernes« Führungskonzept, das die fachlichen und sozialen Kompetenzen aller Mitwirkenden ebenso im Blick hatte wie die spirituellen und ethischen Grundlagen, die sie zusammengeführt hatten.

Das, was wir heute als die benediktinischen Ordensregeln kennen, können wir uns am besten als eine Art Sammelmappe vorstellen, die Benedikt mit den Grundlinien der schon lange bestehenden Mönchstradition füllte, durch eigene Erfahrungen ergänzte und schließlich ordnete, um der Klostergemeinschaft einen Leitfaden an die Hand zu geben. Bei Benedikt ist die »Regel« maßgebend, um Menschen in eine Gemeinschaft zu führen. Er schuf damit das Leitbild und die Führungsgrundsätze eines großen Wirtschaftsbetriebs und nahm sich selbst in die Pflicht, wenn er sagt:

> »Wer sich Abt nennen lässt, muss seinen Mönchen in zweierlei Weise vorangehen: Er sei ein Mann der Tat, noch mehr als der Worte. Er selbst tue nicht, was er zu meiden lehrt« (RB 2, 11–13).
> »Die Mitbrüder sollen zur Beratung zugezogen werden:
> Der Abt höre den Ratschlag der Brüder
> Er erwäge die Sache bei sich
> Er tue, was nach seinem Urteil für die Klostergemeinde das Nützlichste ist« (RB 3, 1–2).
> »Der Abt denke immer an die Bedeutung seines Amtes. Er soll mehr vorsehen als vorstehen. Weise Mäßigung, die Mutter der Tugenden, leite den Abt, damit im Kloster gefunden wird, was die Starken suchen und was die Schwachen nicht verjagt« (RB 64, 16).

Faszinierend ist, dass bis zum heutigen Tag etliche nach den benediktinischen Regeln geführte Betriebe erfolgreiche und beständige Wirtschaftsunternehmen sind und bleiben – ein nachhaltiger Erfolg über eineinhalb Jahrtausende.

Mitarbeiter übernehmen in der Gesellschaft ohnehin Verantwortung in vielen Bereichen: zu Hause als Väter oder Mütter, sie bauen Häuser, führen Vereine. Sie gestalten ihr Privatleben wie ein Manager und übernehmen dort Steuerung, wo es nötig ist – eine Selbstverständlichkeit für jeden. In Unternehmen jedoch wird diese Übernahme von Verantwortung dem einzelnen Mitarbeiter weniger zugetraut und daher auch von ihm vernachlässigt.

Selbstführung bedeutet die Fähigkeit, Verantwortung für die eigenen Arbeitsbereiche zu übernehmen und zu entwickeln und sich dabei von den übergeordneten Zielen leiten zu lassen. Der Prozess der nachhaltigen Führung und Selbstführung basiert auf diesem Grundverständnis und führt zum Ansatz eines personenzentrierten Entwicklungsweges. Dieses Konzept der Selbstführung ist eng mit der Verpflichtung verwoben, sich an den gemeinsam vereinbarten Prinzipien und Regeln zu orientieren. Im Fokus steht die Begrenzung: Es gibt Regeln, was nicht erlaubt ist. Weniger sind Ziele vereinbart, wohin es geht – das weiß in der Praxis oft sowieso keiner. Regeln werden erarbeitet und diese regelmäßig in Lernrunden besprochen: Erfahrungsaustausch und kollegiale Reflexion sind die wichtigen Instrumente der nachhaltigen Führung.

Wie wird Nachhaltigkeit erreicht? Der Zugang ist der Mensch, und der Bereich, sich selbst zu entwickeln, ist ein ständiger Prozess, und auf Bereichsebene werden Visionen und Leitbilder (auch Führungsleitbilder) erarbeitet. Beides zusammen setzt starke Impulse.

Instrumente der Selbstführung

Der Weg zur Selbstführung einer Organisation braucht individuelles Vorgehen. Hier zeigen wir einige Eckpfeiler auf, die im Vorfeld selbstführend und -reflexiv geklärt werden müssen:

Entscheidung und Einschätzung Am Anfang steht die Entscheidung einer Arbeitsgruppe und/oder Führungskraft, ob das Selbstführungskonzept die Zukunft weist. Ob eine Organisation reif für den Weg ist, lässt sich pauschal kaum beantworten. Richtungsweisend sind die Reflexionsfähigkeit und Kommunikationswilligkeit einer Gruppe – ein System muss sich dabei beobachten lassen.

Die Gruppe Die Gruppe wird befähigt beziehungsweise befähigt sich bei kleinen Organisationen selbst, Führung anders »zu tun«. Regeln werden erarbeitet und dabei als erstes Treffen und Besprechungen vereinbart. Gegenseitige Unterstützung und Begleitung sind die Basis. Besprechungsgrundlagen sind: Wie können die gesteckten Ziele erreicht werden (Arbeitsebene)? Wie lässt sich an Stärken und Motivationen weiterarbeiten? Wie mit den Regeln zurechtkommen (Verhaltensebene)? Das alles ist ein permanentes Mitarbeitergespräch in der Gruppe und ersetzt das Mitarbeitergespräch im klassischen Sinne.

Regeln Zentral sind die Regeln – gemeint ist das Wie der (Zusammen-)Arbeit. Die Regeln bilden den Rahmen, klare Grenzen definieren Verbote, und Leitlinien verhelfen zur Orientierung. Die Regeln sind auch die Orientierung und das Ziel für die individuelle Entwicklung. Wegweiser bilden die Regeln auf dem Weg, den Bereich und sich zu steuern. Regeln, die sich nicht bewähren, werden keine Routine.

Kommunikation Durch eine gelebte Feedback- und Besuchskultur lebt das Selbstführungsmodell. Stärken und Schwächen werden besprochen – auch Externe wie beispielsweise Kunden werden in den Prozess mit eingebunden. Dafür sind Qualitäten wie Zutrauen und Vertrauen nötig, die gute Kommunikation überhaupt erst ermöglichen.

Wissen, worauf es ankommt Galt vormals für Führungskräfte: »Alles unter Kontrolle«, so heißt es jetzt: »Alle wissen Bescheid.« Es braucht gute Instrumentarien, um sicherzustellen, dass alle wissen, worauf es aktuell ankommt, damit Entscheidung und Handlungen zusammenpassen. Selbstführung benötigt und ermöglicht das Wissen, auf das es ankommt. Und den Mut, es darauf ankommen zu lassen.

Bei der Veränderung von Führungsverhalten ist die Entwicklung der Organisationskultur wichtig. Das gesamte System muss sich verändern: »Der Versuch, etwas zu verändern, sorgt (oft) nur dafür, dass alles so bleibt, wie es ist« (Simon 1997). Es gilt, die sichtbaren und unsichtbaren Vorannahmen, Skripten, Routinen anders zu sehen, anders über sie zu reden und sie zu durchbrechen. Eine andere Führungssymbolik zu bekommen, erfordert eine andere Art, Führung zu kommunizieren.

Methode: Perspek-Tiefen

Kurzbeschreibung: Durch das Unternehmen gehen und Bilder machen.

Inhalte und Zielsetzung: Sichtbarmachen von der eigenen Kultur – in welchen Gegenständen sind wir zu erkennen? Viele Perspektiven auf die eigene Organisation – eine wertvolle Begegnung mit allem.

Lernkonzept: Werkstatt, Lernreise, Projekt über längere Zeit.

Teilnehmer: Zweiergruppen.

Dauer: Halber Tag.

Ressourcen: Digitalkameras, Drucker.

Vorbereitung: Keine.

Ablauf: Die Teilnehmer bekommen den Auftrag, mit Digitalkameras im Unternehmen loszugehen und Bilder zu machen. Diese Bilder stehen unter einem bestimmten Motto, zum Beispiel: Was ist hier los? Wie geht Führung bei uns? Was sind unsere Stärken? Wie ist unsere Kultur?
Anschließend werden die Bilder ausgedruckt, beschrieben und gemeinsam interpretiert.

Varianten: Die Teilnehmer drehen kurze Videoclips im YouTube-Stil.
Oder: Die Teilnehmer haben mehr Zeit und verfolgen das Bildprojekt über eine längere Zeit. Hilfreich ist es auch, Künstler dazu einzuladen.

Anmerkungen zur Wirkungsweise: Bilderaussagen sind semantisch offen und lassen auch Mehrdeutigkeit zu. In Unternehmen mit vielen Tabus können solche Methoden hilfreich sein.

Powerworkshop

Eine Organisation verändern – jedoch wie die Transformation managen?

Veränderungen, Verschlankungen, Verbesserungen – sich wandeln braucht Zeit und Geduld, braucht Weitblick und Strategie. Das ist ein Weg, den eine Organisation gehen kann. Problematisch wird es nur, wenn eine Organisation – wegen ihrer (handelnden) Führungskräfte – nicht entscheidungsstark ist. Es werden viele Workshops abgehalten und Luftschlösser gebaut – aber in der Realität geht es keinen Schritt weiter.

Hier hilft ein anderer Weg, einen Wandel zu vollziehen. Er geschieht in vielen kleinen Schritten mithilfe von Powerworkshops. Eine zeitaufwendige Analyse der Gesamtsituation des Unternehmens unterbleibt, auch gibt es keinen Blick von ganz oben auf die Organisation. Keine große Vision spielt eine Rolle. Keine übergeordnete Instanz sagt an, was zu tun ist.

Der Charme liegt im Kleinen – im detaillierten individuellen Prozess. Beispielsweise soll der Recruiting-Prozess neu gestaltet werden oder der Bestellungsvorgang, der Auftragseingang, die Dateneingabe oder die Telefonannahme im Sekretariat. Themen wie diese können den reibungslosen Organisationsablauf mächtig stören – und sollen sich daher verändern, gerne verbessern. Auch mit kleineren Maßnahmen gelingt es der Organisation, über Teilerfolge und Teilumsetzungen neuen Mut zu entwickeln und auch Vertrauen, dass sich etwas verändern kann.

Power kommt von Empower

Die Durchführung von Powerworkshops hat ihren Ursprung in der Fertigung, wo neue Produktionsabläufe in einem Prozessgang sofort umgesetzt werden. In Management- und Verwaltungsprozessen stößt sofortiges Umsetzen neuer Maßnahmen hingegen nicht gerade auf Begeisterung. Wichtig ist die Zusammensetzung der Beteiligten – haben die »empowerten« Teilnehmer tatsächlich die Durchsetzungskraft, die Änderungen anzugehen? (Em-)Powerworkshop will alle Beteiligten für ein Thema umfassend gewinnen: gesamtstrategisch und detailverliebt, politisch-machtvoll und empathisch.

Zwei Ausgangssituationen sind zu unterscheiden:

- → Abweichung Ist-Zustand vom Soll-Zustand: Das Unternehmen/der Bereich hatte den Soll-Zustand bereits einmal erreicht – ist aber aus irgendwelchen Gründen davon abgewichen. Beispielsweise können kafkaeske Formulare sofort geändert bis gestrichen werden.
- → Der Ist-Zustand soll auf den Soll-Zustand angehoben werden, was noch nie erreicht wurde.

Zu Beginn eines Powerworkshops wird gemeinsam die Situation analysiert: Daten werden gesammelt, der Prozessfluss wird skizziert und die Arbeitssituation dargestellt. Im nächsten Schritt werden Ziele erarbeitet, Ideen für einen verbesserten Prozess entwickelt und entsprechende Maßnahmen daraus abgeleitet. Nun gilt es, diese Maßnahmen auch sofort umzusetzen. Das kann ein Pilotversuch sein oder auch gleich die richtige Umsetzung. In der Reflexion wird der Prozess angeschaut, und es wird bewertet, ob das Ziel erreicht ist. Ergeben sich bei der Umsetzung neue Erkenntnisse oder ist das Ziel nicht erreicht, so wird weiter nach Verbesserungsideen gesucht, die dann umgesetzt werden. Diese Schleifen wiederholen sich so lange, bis der Ansatz überzeugend ist ... und meistens alles in fünf Tagen!

Durch viele kleine Einzelschritte nähert sich der Weg dem Ziel. Das gelingt nur durch das Ausleuchten eines begrenzten Teils – der ganze Keller wird dadurch nicht erhellt.

Die Durchführung eines Powerworkshops ist sinnvoll, wenn

- → ein Ziel schnell erreicht werden soll und die personellen Ressourcen dafür konzentriert eingesetzt werden können,
- → kurzfristig Dringlichkeit geboten ist: etwa die Lösung einer aktuellen Krise,
- → spezifische Verbesserungsziele zu erwarten sind,
- → Prozessverbesserungen isoliert erkennbar sind,
- → das Wissen und die Erfahrung mehrerer Spezialisten nötig ist,
- → die entsprechenden Maßnahmen von allen getragen werden sollen.

Real Time Change – von jetzt auf gleich alles anders oder doch nur Wadenwickel

Jeder kennt Arbeitssituationen, deren Probleme drängend und ernsthaft sind. Sie zu lösen wäre heldenhaft. Gemeint ist damit, nicht Lösungsansätze für den großen Rahmen und die großen Themen zu finden, sondern die kleinen Vorgänge, die das Arbeitsleben schwermachen. Dieser Ansatz kann auch nicht von außen gestaltet werden, kein Externer kann hier richtig beraten. Richtiger ist hier das Motto »Learning by Doing«. Keine Anleitung zu geben, ist die Anleitung für den Prozess. Die Beteiligten erarbeiten ihre Maßnahmen und entwickeln Lösungen.

Anhänger dieses Ansatzes werden vor allem die Unternehmen, denen es Mühe bereitet, ihre schon lange nicht funktionierenden Prozesse zu bearbeiten. Dabei soll es kein Geheimnis bleiben, dass die kreativen Methoden im Powerworkshop selbst nicht die Magie des Ganzen ausmachen. Gezaubert wird auch nicht und geheilt erst recht nicht. Wadenwickel kurieren keine Fiebernden, lindern aber durch kurze Abkühlung. Powerworkshops sind wie Wadenwickel, sie verhelfen in einer Blitzaktion zu schnellen Ergebnissen. Die Ursache des Problems jedoch bleibt.

Powerworkshops ersetzen keinen Kulturentwicklungsprozess

Haben Unternehmen einmal gemerkt, wie schnell sich bestimmte Abläufe verändern können, entsteht ein Sog: »Lassen Sie uns jetzt dort weitermachen! Und die interne Kommunikation möchten wir auch gerne so verändern!« Die Gefahr ist dann groß, in einen Strudel von punktuellen Powerworkshops zu geraten, aus dem man nicht mehr herauskommt. Die Serie von Powerworkshops mag eine bestimmte Haltung fördern (Mut zum Wandel und Veränderungswillen), dauerhafter Kulturwandel findet jedoch nicht statt. Für Prozessberater ist der Ansatz dennoch hilfreich, weil er einen Hinweis gibt, wie (und dass) nach wiederholt gescheiterten Veränderungsversuchen ein Neubeginn dennoch möglich ist. Ein Powerworkshop wirkt wie ein Zauberwort, und Schein ist bekanntlich mehr als Sein.

Powerworkshop by Fun

Prozessberater können Workshops sehr vielschichtig gestalten. Die Rolle des lustigen Aufmischers kommt ebenso vor wie die des aggressiven Druckaufbauers – Powerworkshops sollen ein hohes Tempo haben. Besonders lebt der Powerworkshop von der Stimmung und Intensität, die er für alle Beteiligte entfaltet. Darum sollte das einmal gebildete Team während der gesamten Dauer des Workshops auch zusammenbleiben. Jeder neu Hinzukommende müsste integriert und auf den aktuellen Stand gebracht werden beziehungsweise hinterlässt jeder Aussteiger eine Lücke – das sind Störungen, die das empfindliche Gleichgewicht der Gruppe durcheinanderbringen können und die es daher zu vermeiden gilt.

Stärken	Gefahren
großes Interesse und Unterstützung der Beteiligten und der Führungskräfte	Wirkung ist nur punktuell
Ressourcen werden großzügig zur Verfügung gestellt	meist nicht eingebettet in eine Vision oder Strategie
schnelle und radikale Veränderungen sind möglich	Mitarbeiter haben nicht die Befugnis, die Entscheidungen zu treffen – Gefahr, dass es nur eine Liste von Maßnahmen bleibt und nicht umgesetzt wird
hohe Energie und Ausstrahlungskraft	Rückfallquote in alte Methoden, weil es zu schnell geht
Beteiligte lernen viel, auch voneinander	kein dauerhafter Kulturwandel
Skeptiker können überzeugt werden durch aktive Rolle	

Die Größe des Teams ist dabei nicht so entscheidend – selbst bei einer Anzahl von fünf bis sieben Personen können akzeptable Lösungen herauskommen. Wichtig ist eher, dass die Personen über genug Wissen (internes wie externes) verfügen und die Schlüsselfragen klären können. Kompetente Kollegen können dabei immer angerufen beziehungsweise herbeizitiert werden. Ferner ist auch das Vertrauen der Führungskräfte entscheidend, wenn sie bei dem Powerworkshop nicht dabei sind. Für das Team ist es notwendig, Entscheidungen selbstständig und umfangreich treffen zu können – erarbeitete Lösungen werden danach nur in Schleifen wieder verändert, aber niemals revidiert. Entscheidungen sollten angepasst, nicht aber aufgehoben werden.

Um die Dichte herzustellen, können Überraschungen helfen oder auch nicht. Einige Elemente könnten dabei sein:

→ *Überraschungsexkursion:* Eine unangekündigte Exkursion für die Beteiligten während des Workshops durchführen, zum Beispiel ein Kinoausflug, ein Essen, eine exklusive Musicalaufführung am Nachmittag, eine Wellnesstour.
→ *Tabuthema:* Beim gemeinsamen Essen, in der Pause gibt es eine einzige Spielregel: Wer eine Bemerkung über die Arbeit macht, zahlt einen festgelegten Betrag in die gemeinsame Kasse. Am Ende des Powerworkshops wird das Geld gespendet.
→ *Stressfreie Zone:* Ein abgetrenntes, für alle zugängliches Areal kann eingerichtet werden – mit Hängematte, Palme, Sandsack. Zum Ausruhen und Stressabbauen.
→ *Bewusstseinsklingel:* Eine Übung: Immer wenn das Telefon klingelt, in der momentanen Beschäftigung innehalten, einatmen, ausatmen und das Telefon dreimal klingeln lassen. Dann erst abnehmen. Aus dem Signal der Unruhe ein Signal der Ruhe machen.
→ *Mitbringsel aus dem Spielwarenladen:* Spielsachen schaffen ein günstiges Umfeld für Spaß am Arbeitsplatz. Sie lockern zwischendurch immer mal wieder auf.
→ *Anonymes Loben etablieren:* Der Wettbewerb der schönsten und originellsten Anerkennungen. Wenn man einem Kollegen aus einem bestimmten Grund (besondere Leistung, Sympathie, spezifische Anerkennung für etwas) ein positives Feedback geben möchte, tut man dies anonym mittels einer bestimmten Überraschung am Arbeitsplatz (beispielsweise Grußkarte, Geschenk, versteckte Kekse auf dem Schreibtisch, etwas in die Tasche schmuggeln).
→ *Arbeiten bis Mitternacht mit Überraschung:* Einen Abend bis Mitternacht arbeiten, und dabei/danach gibt es eine kleine Überraschung: Torte oder ein kühles Bier für weichere Teilnehmer. Für die härteren etwas anderes.
→ *Rent a Band:* Eine dreiköpfige A-Capella-Formation macht Straßenmusik in geschlossenen Räumen. Minutenweise zu mieten und zu bezahlen. Eine Art wandelnde Jukebox mit frei wählbaren Musikwünschen. Höchstspieldauer zehn Minuten.
→ *Shiatsu-Massage anbieten:* Eine Shiatsu-Trainerin wird für ein paar Stunden eingeladen und behandelt alle Leute, die verspannt aussehen.

13 Exkurs: Psychodrama – Methode mit Potenzial

Folgender Exkurs ermöglicht einen Blick über den Tellerrand der Prozessberatung. Weil die Haltung das Verhalten formt, bestimmt die Brille des Prozessberaters auch das, was er sieht. Der Exkurs ist eine Ermutigung, die eigene Brille einmal abzulegen und eine andere aufzusetzen – um dann zu entscheiden, ob sie passt oder nicht.

→ *Mit Psychodrama im Kopf zu einer anderen Organisationsberatung:* Psychodrama ist eine dynamische Methode, Personen und Gruppen in einen interaktiven Kommunikationsprozess zu bringen. Ehemals eine (Gruppen-)Therapieform, so hat sie mehr und mehr ihren Einzug in die Beraterwelt vollzogen – nicht unbedingt der Name, sondern eher die Elemente des Psychodramas.
Im Artikel des Autors – Psychodramatiker und Kollege – werden zehn explizit psychodramatische didaktische Haltungen und Prinzipien für die Organisationsberatung beschrieben.

Eine weitere Brille für Prozessberater bietet ein Exkurs, der unter http://www.beltz.de/de/verlagsgruppe-beltz/gesamtprogramm/titel/handbuch-prozessberatung.html heruntergeladen werden kann:

→ *Gesundheit als Antrieb und Ziel der Organisationsentwicklung:* Gesundheit in Organisationen – ein ausgeklammertes Thema in Unternehmen. Matthias Bongartz, Johanna Elhardt und Vanessa Lehmann haben einen Zugang gefunden, warum es sich lohnt, sich mit diesem Thema zu beschäftigen. Dabei geht es nicht nur um den Krankenstand, sondern um eine ganzheitliche Betrachtung mithilfe von vier Gesundheitsfeldern: Körper, Psyche–Seele, Soziales, Kontext. Sie haben ein Konzept entwickelt, einfühlsam und sensibel das Thema für die Organisation zugänglich zu machen.

Psychodrama als didaktisches Modell für die Organisationsberatung

Christoph Buckel

Vom Methodenreservoir zu einer Didaktik

Auf dem Trainings- und Beratungsmarkt sind handlungsorientierte Methoden wie Outdoor, Organisationsaufstellungen oder Unternehmenstheater stark im Kommen. Was diese bunte Mischung von Herangehensweisen eint, ist die Idee von ganzheitlichem und nachhaltigem Lernen im Unternehmenskontext. Die Teilnehmer sollen nicht nur »darüber reden« – oder noch schlimmer nur »davon hören« –, sie sollen das jeweilige Thema selbst erleben und damit langfristig von Trainingsmaßnahmen profitieren. Dass Menschen besser lernen, wenn sie mit Kopf, Hand und Herz dabei sind, ist eine Binsenweisheit, die in Psychologie und Pädagogik eigentlich schon lange bekannt ist: Mit dem Kopf sind sie dabei, wenn sie selbst aktiv über Lösungsmöglichkeiten nachdenken, mit der Hand, wenn sie selbst experimentieren dürfen, und mit dem Herz schließlich, wenn sie die Themen im Seminar auch wirklich betreffen, weil sie sie aus ihrem eigenen Leben beziehungsweise Berufsalltag kennen. Viele dieser handlungs- oder erlebnisorientierten Methoden haben ihren Ursprung im Psychodrama, einem von Jakob Levy Moreno (1889–1974) entwickelten (Gruppen-)Therapieverfahren. Mit seinem Menschenbild, seiner Theorie und dem Methodenreichtum ist Psychodrama für viele Trainer eine Grundlage und ein schier unerschöpfliches Reservoir geworden. Gemessen an diesem Potenzial steht das Psychodrama allerdings vergleichsweise wenig im Rampenlicht. Das hat neben dem anachronistischen Namen noch weitere Gründe. Zum einen finden sich in vielen Methoden und Verfahren psychodramatische Elemente wieder, ohne dass dies vielen bewusst wäre: Aufstellungen, Skulpturen, Soziogramme, Rollenspiele, der »leere Stuhl« oder das »innere Team« sind nur einige Beispiele unter vielen. Zum anderen ist Psychodrama durch seine Vielfalt sehr komplex und damit schwer zu erlernen. Die Ansprüche, die an Psychodramaleiter gestellt werden, sind hoch. Es gibt nur eine geringe Anzahl an Ausbildungsinstituten in Deutschland und vielleicht noch weniger gute. Nichtsdestotrotz können einzelne Psychodramaelemente bereits mit geringem Fortbildungsaufwand genutzt werden.

Psychodrama ist eine dynamische Methode, Personen und Gruppen in einen interaktiven Kommunikationsprozess zu bringen. Das Aufbrechen festgefahrener Strukturen, Denk- und Verhaltensweisen wird dabei mithilfe (szenisch) angewandter Perspektivwechsel ebenso in Gang gesetzt wie die Erkenntniserweiterung im Hinblick auf eigene Rollenmuster (und die anderer). Psychodramatische und soziodramatische Methoden sind wirksame und ästhetische Instrumente der Veränderungsarbeit mit Gruppen.

Die Stärke des psychodramatischen Ansatzes sind die vielen Einsatzmöglichkeiten in Führungskräfteentwicklung, Teamberatung, Konfliktmanagement, Supervision und bei Großgruppenveranstaltungen. Um mit all seinen verschiedenen Spielarten in Schulungskonzepten, im Training und in der Beratung von Unternehmen und Verwaltungen Fuß fassen zu können, war allerdings eine enorme Weiterentwicklung der Methode – verglichen mit den Ansätzen zu Zeiten Morenos – Voraussetzung. Erst das hat das Psychodrama in seiner heutigen Verwendung einsetzbar und effektiv gemacht. Das Ziel des modifizierten Ansatzes ist klar ausgerichtet: Es geht um die stete Verfeinerung von Kommunikationskompetenz zum Zwecke optimierter Arbeitsprozesse. Kurz: um die psychologische Dimension zur Optimierung von Produktivität.

Psychodramatische Methoden entfalten ihre Wirkung – so oder so. Dafür muss man kein Psychodramatiker sein. Man muss noch nicht einmal wissen, dass die Methoden aus dem Psychodrama stammen. Vielleicht wird das so manchen traditionsbewussten Psychodramatiker traurig stimmen oder, wie es Löhr (2008, S. 271) ironisch formuliert: »Die einfachsten Dinge, die heute überall im Training angewendet werden, etikettieren sie gerne als ›psychodramatisch‹ – und zwar mit einem solchen Unterton, als ob Normalsterbliche diese Instrumente nicht benutzen dürften. ›Die soziometrische Aufstellung, der Rollenwechsel, das Spiegeln – das hat Moreno entwickelt! Das gehört uns – nicht euch!‹ Moreno wird als Kulturheros, als Ahne des Stammes gepflegt, und man investiert erhebliche Energien, seine teilweise heterogenen Aussagen in eine konsistente Form zu bringen.«

Ein solcher moralischer Unterton soll hier gar nicht angestimmt werden. Und doch: Die besten Methoden sind wertlos, wenn ich nicht weiß, »wann ich welche Methode bei welchem Anlass zu welchem Zeitpunkt […] mit welchem Ziel und bei wem einsetze« (Röckelein 2008, S. 8).

Um Methoden soll es in diesem Kapitelabschnitt bewusst nicht gehen. Methoden – viele davon vom Psychodrama inspiriert – sind in diesem Buch schon zur Genüge beschrieben. Es soll darum gehen, was einen psychodramatischen Organisationsberater von anderen Organisationsberatern unterscheidet. Eine Antwort darauf ist, dass Psychodramatiker ein anderes didaktisches Modell im Kopf haben als Systemiker, Psychoanalytiker, Transaktionsanalytiker oder völlig psychologieferne Berater. Natürlich gibt es Überschneidungen, und ganz so eindeutig kann sich vielleicht auch nicht jeder Organisationsberater einer Denkschule zuordnen. Im Folgenden soll versucht werden, zehn explizit psychodramatische didaktische Haltungen und Prinzipien für die Organisationsberatung zu beschreiben.

Haltungen und Prinzipien gehen über die bloßen Methoden hinaus. Methoden sind austauschbar – die Haltung nicht. Eine psychodramatische Didaktik verfolgt bestimmte Ziele, hat bestimmte Werte. Ist diese Basis klar, kann sich der Psychodramatiker in der Umsetzung – spontan und kreativ – auch bei anderen Schulen wie der Systemtheorie oder der Transaktionsanalyse bedienen.

Zehn didaktische Haltungen und Prinzipien für die Organisationsberatung

➊ **Menschen, nicht Systeme** »Beraterinnen und Berater arbeiten nicht mit Organisationen, Strukturen oder Systemen, wie immer wieder gern behauptet wird, sondern mit konkreten Menschen in Arbeitsorganisationen, also mit Herrn Meyer oder Frau Schulze. Erreiche ich diese konkreten Menschen in einer Organisation nicht, erreiche ich auch die Organisation nicht« (Buer 2010a, S. 319).

Psychodramatisch arbeiten heißt personennah arbeiten. Im klassischen Psychodrama wird der Protagonist dabei unterstützt, auf der Bühne darzustellen, wie er die Welt beobachtet und deutet. Er erhält dabei Anregungen und Korrekturen durch die Gruppe und den Berater, die neue Sichtweisen und andere Emotionen möglich werden lassen.

Psychodramatische Organisationsberatung bezieht sich aber nicht zwangsläufig nur auf den einzelnen Protagonisten. Auch die ganze Organisation, bestimmte Unternehmensbereiche, Abteilungen, Gruppen oder Teams können der Bezugspunkt sein. In Organisationsentwicklungsprojekten geht es aus psychodramatischer Sicht darum, das Rollenhandeln so zu verändern, dass die gewünschte Organisationsentwicklung eher möglich wird. Mit Psychodrama kann man das realisieren, indem man die beratenen Personen Herausforderungen erleben lässt, die Anstoß geben, alte Interpretationsmuster anzupassen. In Lernarrangements wird die Paradoxie zwischen Funktionieren-Müssen und Man-selbst-Sein sichtbar gemacht. Buer (2010a, S. 322) nennt das »Balancierung zwischen Funktionalität und Eigensinn«. Von dieser Balance profitieren am Ende beide – Organisation und Mensch. Stünde nur ein Pol im Vordergrund, würde der jeweils andere leiden müssen.

In der Tradition von Moreno kann man die Organisation als »interaktive Inszenierung« sehen: »In dieser Sichtweise sind alle Beteiligten Rollenspieler in verschiedenen Aufführungen auf verschiedenen Bühnen« (Buer 2010a, S. 325). Es geht dabei um »Impression Management« gegenüber den Kollegen, den Vorgesetzten, den Kunden, den Lieferanten oder den Geschäftspartnern. In dieser großen Inszenierung gibt es Spieler und Gegenspieler, die (Macht-)Spiele erst ermöglichen. Mittels psychodramatischer und soziodramatischer Inszenierungen können solche Praxisverläufe, Verflechtungen und Spiele sichtbar gemacht und verändert werden. Ziel einer Inszenierungsarbeit sind kreative Einsichten, die in der Praxis umgesetzt werden können.

Moreno hat nie eine explizite Theorie der Organisation vorgelegt. Gleichwohl gilt er als Vater der Aktionsforschung, Vorreiter der Organisationsentwicklung und hat selbst in Organisationen gearbeitet. Aus Morenos Überlegungen zu Individuum, zwischenmenschlichen Beziehungen und Gesellschaft lassen sich implizite Vorstellungen im Bezug auf Organisationen gut ableiten.

Es gibt einen wesentlichen Unterschied zwischen systemisch und psychodramatisch fundierter Beratung: Das humanistische Psychodrama legt auch normativ ein Idealbild vom Zusammenleben von Menschen nahe.

Die Grundidee psychodramatischer Organisationsberatung sieht den Menschen und die Beziehungen der Menschen untereinander im Vordergrund. Das ist keineswegs ausschließlich sozialromantisch: Durch Beratung als »Reparaturwerkstatt für die durch die industrielle Revolution hervorgerufenen Krankheiten der Gemeinschaft« (Moreno 1981, S. 226) können die Potenziale der einzelnen Mitarbeiter für die Organisation geweckt und genutzt werden.

Für den psychodramatischen Organisationsberater heißt das, dass er das Ideal einer aktiven Kultur der Begegnung im Unternehmen anstrebt. Erst in einer solchen Kultur werden aus seiner Sicht echte Veränderungen möglich. Was bedeutet das? Ein wichtiges Ziel der Beratung sollte es sein, neue Plattformen des Dialogs zu schaffen, also Formate im Unternehmen einzurichten, die Austausch ermöglichen. Das Psychodrama bietet eine Vielfalt von Methoden, um solch eine Begegnungskultur zu fördern, zum Beispiel die Aktionssoziometrie. Von Ameln und Gebhard (2007) empfehlen dabei, darauf zu achten, wer mit wem wie stark in Kontakt treten soll: Führung lebt auch von einer gewissen Distanz – und die sollte in einer professionellen Balance mit der Nähe zu den Mitarbeitern liegen. Führungskräften, die die Rolle von Funktionsträgern der Organisation haben, sollte diese Distanz erhalten bleiben. Das Rollenkonzept und die Idee von sozialer Anziehung beziehungsweise Abstoßung (Nähe versus Distanz) sind ebenfalls Kernelemente aus Morenos Theorie. Für Moreno war klar, dass jedem Menschen eine Vielzahl von Rollen, die er spielt, individuell eigen ist. Vor diesem Hintergrund bestehen Führungskräfte aus ganz persönlichen Rollen (zum Beispiel introvertierte Persönlichkeit, Mensch mit einer bestimmten Familiengeschichte) und kollektiven Rollen (zum Beispiel Führungskraft, Repräsentant der Organisation, »Gegenspieler« der Arbeitnehmer). Moreno hat für diese beiden Rollenbereiche zwei verschiedene Verfahren entwickelt: Psychodrama für die individuellen Rollen und Soziodrama für die kollektiven Rollen (Sternberg/Garcia 2000).

❷ **Arbeiten mit und an Beziehungen** Ein weiteres Element in der psychodramatischen Arbeit in Organisationen ist die Soziometrie. Soziometrisch zu denken, bedeutet, in Beziehungskonstellationen zu denken: Menschen sind Teil von Beziehungsnetzen, die quantitativ und qualitativ unterschiedlich ausgeprägt sind. Mittels Aufstellungen werden Beziehungen zu Personen, aber auch zu Aspekten, Abteilungen oder Themen sichtbar. »Moreno hat die Soziometrie immer als Verfahren der Aktionsforschung verstanden« (Buer 2010a, S. 328). In der Aufstellungsarbeit werden Erkenntnisse erarbeitet, die als Diagnose der Problemlage dienen und Raum für Handlungsveränderungen bieten.

In der psychodramatischen Arbeit entsteht »kreative Emergenz« (Buer 2010a, S. 328): Der Protagonist platziert seine Stellvertreter oder weist seine *Hilfs-Ichs* spontan ein. Durch das Spiel spüren Protagonist und Mitspieler Resonanz, die auf neue Aspekte hinweist.

Aus psychodramatischer Sicht entsteht Dynamik in einem System durch die Beziehungen und Interaktionen der Menschen darin. Das mag vielleicht banal klingen, weicht aber doch erheblich von sonstigen mechanistischen oder rationalen Organisationsbildern ab. Psychodramatisch geschulte Berater »sind theoretisch und methodisch darauf ausgerichtet, informelle Beziehungsnetzwerke zu gestalten, Begegnung zu stiften […] und soziometrische Strukturen in den Blick zu nehmen« (von Ameln 2010, S. 259). Der professionelle Umgang mit Begegnung und Beziehungsgestaltung als psychodramatische Grundkompetenzen bietet in der Beratung viele Einsatzmöglichkeiten: Beziehung zwischen Coach und Coachee, Förderung sozialer Kompetenzen bei Teamentwicklungen oder Empathie beim Konfliktmanagement sind Beispiele dafür.

Von Ameln (2010) stellt in seinem Artikel der psychodramatischen Sicht die systemische Sicht auf Organisationen gegenüber: Für Psychodramatiker ist eine Organisation die Summe von Handlungen und Begegnungen, für Systemiker die Summe von Kommunikationen. Eine klassische beziehungsweise ursprüngliche psychodramatische Perspektive vernachlässigt möglicherweise strukturelle Aspekte, Erwartungen und Kontextfaktoren. Von Ameln (2010) resümiert, dass jede organisationstheoretische Perspektive blinde Flecken hat, sich die psychodramatische aber deswegen keineswegs verstecken braucht. Eine psychodramatische Grundhaltung bringt in der Organisationsberatung viele wichtige Perspektiven ein:

- → Bedeutung von Beziehungs- und Kommunikationsqualität für organisationales Lernen,
- → Bedeutung von soziometrischen Faktoren bei Umstrukturierungen,
- → Bedeutung von Rollen und sozialen Netzen für die Organisation.

Psychodrama kann so ein »bewusstes Gegenprogramm zur ›Enthumanisierung‹ der Organisations- und Beratungslandschaft« (von Ameln 2010, S. 265) werden.

❸ **Rollen(tausch)** Psychodramatische Organisationsberater denken und fühlen sich in die verschiedenen Rollen innerhalb und außerhalb des Unternehmens ein und sammeln auf diese Weise Informationen über Kontexte und Blickwinkel. Die psychodramatischen Methoden dafür sind Rollenwechsel und Rollentausch. Schlüpfen Menschen mithilfe dieser Methoden für eine kurze Zeit in die Rolle ihres Gegenübers, riskieren sie damit eine ehrliche Begegnung: Dieses Gegenüber ist oft vielfältiger als zunächst gedacht und trägt immer auch irritierende Widersprüche in sich (Bosselmann/Weiß 2003).

Der Rollentausch mit dem Anderen, der eine andere Meinung, Sicht und Position hat, löst häufig zunächst Widerstand aus. Lässt man sich darauf ein, sind danach aber oft neue Erkenntnisse möglich. Genauer heißt das, dass Interessenskonflikte besser verstanden, nutzlose Strategien erkannt, Verbesserungsmöglichkeiten gesehen oder Lösungswege erprobt werden können.

Rollentausch und Rollenwechsel sind auch für den Berater selbst nützliche Instrumente. Sie können ihm dabei helfen, das Gegenüber besser zu verstehen, passende Interventionen zu entwickeln oder auch eigene Handlungsschritte zu überprüfen. Auf diese Weise bekommt der Rollentausch sogar eine ethische Dimension: »Wenn ich mir Klarheit über meine eigenen Ansprüche verschaffe und den anderen aktiv (im Rollentausch) verstehe und danach handle, erwächst Verantwortung. Klarheit des eigenen und Verstehen des anderen werden so als Bedingungen für eine Verantwortungsethik formuliert, sind aber zugleich das Ziel der Begegnung« (Reineck 2006, S. 195).

Rollentausch und Rollenwechsel können sowohl zur Diagnose als auch zur Handlungsvorbereitung und -erprobung genutzt werden. Im Sinne Morenos wird der Berater als Aktionsforscher tätig und erkundet die Welt der Beratenen (Diagnose). Stehen

Veränderungen an oder Ereignisse bevor, können diese mit Psychodrama im geschützten Raum erprobt und mit Reaktionen getestet werden (Handlungsvorbereitung und -erprobung). Der Berater sammelt so eine ganze andere Art von Organisationswissen an, als es durch bloße Erzählungen oder Beobachtungen möglich wäre. Durch den Rollentausch erlebt er, wie es sich (auch körperlich) anfühlt, in der Haut eines Mitarbeiters in dieser Organisation zu stecken.

Rollenwechsel und Rollentausch ermöglichen unter anderem Folgendes (Bosselmann/Weiß 2003):

- → Hierarchiestufen und die soziale Architektur eines Unternehmens erlebbar zu machen,
- → die Perspektive der Kunden besser zu verstehen,
- → Mitarbeiter und deren Aufgaben kennenzulernen sowie
- → Zukunftsperspektiven und Ziele zu ergründen.

❹ **Handeln und Erleben und dann Reden** »Die Erkenntnis, man müsse die Mitarbeiter bei einem […] Umbau der Organisation ›mitnehmen‹, wird in Change-Projekten häufig proklamiert, allerdings ebenso häufig nur unzureichend beherzigt« (von Ameln/Gebhard 2007, S. 172). Die Autoren schreiben, dass es nicht ausreicht, Betroffene zu Beteiligten zu machen, wenn die Veränderungsvorhaben nicht als eigenes Anliegen empfunden werden. Sie plädieren dafür, Beteiligte zu aktiv Handelnden zu machen, etwas, das schon Konfuzius erkannt hat: »Sage es mir, und ich werde es vergessen. Zeige es mir, und ich werde mich daran erinnern. Lass es mich tun, und ich werde es verstehen.«

Dieser Gedanke entspricht auch Morenos Überzeugung, dass Handeln heilender sei als Reden. Ein Psychodrama zu spielen, bedeutet, eine andere echte Erfahrung zu machen. Die Veränderung geschieht dadurch, dass manche Themen an Bedeutung gewinnen und andere verlieren. Es werden Gewichte verschoben, und eine grundlegende Neubewertung der Problematik wird möglich.

Anders als es Morenos bekannter Satz vermuten lässt, kommt im Psychodrama aber auch dem Reden eine entscheidende Bedeutung zu. Die gemeinsame Reflexionsphase von Protagonist und Gruppe nach dem Spiel bringt oft die entscheidenden Erkenntnisse und hilft, das Erlebte richtig einzuordnen.

Das Handlungsmodell Morenos macht die Beratenen selbst zu (Aktions-)Forschern; der Berater gibt ihnen dabei nur methodische Unterstützung. Die Verantwortung für die Ergebnisse und wie damit umgegangen werden soll, liegt bei ihnen selbst. Das Psychodrama bietet Lernarrangements, in denen Neues entstehen kann. Das Potenzial liegt in den Menschen – sie müssen sich nur darauf einlassen, und ihre Leitung muss es gutheißen (Buer 2006).

Beratung mit psychodramatischen Methoden bedeutet meist Gruppenberatung. Buer (2010) unterscheidet die Kategorien Inszenierungsarbeit und Aufstellungsarbeit, die angewandt werden können. Zur Inszenierungsarbeit gehören neben Psychodrama auch Soziodrama, Rollenspiele, Stegreifspiele oder Skulpturarbeit. Psychodramatische Aufstellungsarbeit beinhaltet vor allem Aktionssoziometrie. Aufstellungen haben den Vorteil, dass die Hemmschwelle, spontan spielen zu müssen, entfällt. Psychodramatiker legen bei Aufstellungen aber einen anderen Schwerpunkt als Familien- oder Strukturaufsteller: Der Protagonist steht im Mittelpunkt, der Berater betätigt sich als Aktionsforscher beziehungsweise als Organisationskulturforscher.

Psychodrama im Unternehmen folgt einer anderen Logik als in Psychodrama-Ausbildungsgruppen oder Therapiegruppen: Im Unternehmen geht es um »Emergenz von Kreativität angesichts eingefahrener Routinen und die Ermutigung für neue Unternehmungen« – nicht um die Auseinandersetzung mit traumatisierenden Geschehnissen (Buer 2006).

❺ **Keine Emotionenpause machen!** »Emotionale Dichte im Spiel entsteht nicht durch irgendeine schauspielerische Leistung des Protagonisten oder der Hilfs-Iche. Fähigkeiten dieser Art sind nicht notwendig. Dichte entsteht, indem der Protagonist eigene Seinsweisen, seine Welt, seine Lebensfiguren darstellt und auf der Bühne erlebt« (Reineck 2006, S. 192).

Die Bedeutung von Emotionen gerade in Lern- und Veränderungsprozessen war lange unterschätzt, ist heute dagegen viel beachtet (Küpers/Weibler 2005). Psychodramatiker scheuen sich nicht vor Emotionen. In tränenreichen Ausbildungen haben sie es gelernt, Gefühle beim Protagonisten zum Vorschein zu bringen, sie auszuhalten, um sie schließlich für die Veränderungsdynamik zu nutzen. Emotionen sind ihr Handwerkszeug. Das hat den Vorteil, dass sie ein unerwarteter Gefühlsausbruch im Workshopkontext nicht aus der Bahn wirft, wie den auf Neutralität getrimmten Moderationskollegen.

Kontextadäquat in der Organisationsberatung zu arbeiten, heißt allerdings nicht, willenlos auf die Tränendrüse zu drücken. »Das Ziel liegt vielmehr darin, Kognition und Emotion gleichermaßen anzusprechen und […] konstruktiv miteinander zu verbinden.« Die klassischen Phasen im Psychodrama bieten dafür die optimale Voraussetzung (von Ameln/Kramer 2007, S. 395 ff.):

→ In der Erwärmungsphase geht es um die individuelle und gruppendynamische Einstimmung auf das zu bearbeitende Thema.
→ In der Aktionsphase wird durch eine gemeinsame szenische (oder andere) Aktion eine emotionale Erlebensdichte geschaffen, die die Veränderungsdynamik anstößt.
→ In der Reflexionsphase findet ein Rückblick auf das zuvor emotional Durchlebte statt, um es mit kognitiven Anteilen und Rückschlüssen zu integrieren.
→ In der Transferphase werden die gewonnenen Erkenntnisse in konkrete Veränderungsschritte übersetzt.

⑥ **Wirklichkeiten verändern** Psychodramatiker arbeiten mit dem Protagonisten an der Veränderung seiner Wirklichkeit. Mithilfe von psychodramatischen Arrangements kann es zu drei unterschiedlichen Auflösungen kommen: Katharsis, Distanzgewinn und Peripetie. Eine Auflösung ist nicht als Ende oder als »Lösung des Problems« zu verstehen, sondern als Anfangsimpuls für die Erarbeitung *neuer* Lösungen (Schacht 2009).

→ *Katharsis* (vom altgriechischen κάθαρσις für »(seelische) Reinigung«): Der Katharsis-Begriff im Psychodrama ist klar abzugrenzen vom Katharsis-Begriff in der Psychoanalyse. Während es in der Psychoanalyse um das Wiederholen eines Traumas, um Ausagieren geht, verhält es sich im Psychodrama anders: Im Psychodrama wird nichts wiederholt, sondern neu erlebt. Morenos »Jedes wahre zweite Mal befreit vom ersten« heißt, dass sich durch die Katharsis eine neue Perspektive, eine neue Form der Verarbeitung auftut. Die Katharsis im Psychodrama »dient« nicht nur dem Protagonisten, sondern schlägt auch die Brücke zum Publikum. Genauso wie im ursprünglichen Sinne des aristotelischen Theaters »leidet« der Zuschauer mit dem Protagonisten mit, erlebt das Gleiche und kommt auch zu neuen Erkenntnissen. Gleichzeitig ist dieses Miterleben des Zuschauers Unterstützung für den Protagonisten. Die Katharsis ist nicht der einzige oder ultimative Wirkmechanismus im Psychodrama. Ein erfolgreiches Psychodrama muss nicht in den kathartischen Tränen des Protagonisten enden. Ein Spannungsbogen hin zur Katharsis baut sich oft durch das Maximieren von Gefühlen auf: Alte Gefühle können heraus- und losgelassen werden. Gerade im Loslassen von Altem steckt die Idee von Psychodrama: So wird der Mensch frei für Neues, spontan und kreativ. Weil Katharsis und Gefühle zusammengehören, wird diese Auflösungsmöglichkeit im Organisationsberatungskontext die seltenste sein.

→ *Distanzgewinn:* Durch die Darstellung des inneren Erlebens auf einer äußeren Bühne kann der Protagonist mit einer Distanz auf die Dinge sehen, versteht manches besser und kann anders begreifen. Durch das Begreifbar- und Besprechbarmachen ist es ihm möglich, mit mehr Abstand und Übersicht auf die Dinge zu sehen. Distanzgewinn kann aber auch durch wörtlich genommenes »auf Distanz gehen« entstehen. Der Leiter kann den Protagonisten fragen: »Willst du dir die Szene einmal von außen ansehen?« Das Stellvertreter-Ich nimmt dann die Rolle des Protagonisten ein, während der Protagonist von außen (oder von oben, auf einem Stuhl) zuschaut. Die Zuschauerrolle ist eine ganz andere Rolle, von außen ist die Sicht freier, als wenn man Teil des Systems ist. Als Zuschauer kann sich der Protagonist für einen Moment von »seinem« Problem lösen: Hat er gerade noch mit einer Engelsgeduld eine schwere Schuld (durch ein Hilfs-Ich) auf sich geladen, kann es ihm von außen schon als absurd erscheinen.

→ *Peripetie* (vom altgriechischen περιπέτεια für »plötzlicher Umschlag«, »unerwartetes Unglück/Glück«; im Drama: »durch plötzlichen Wendepunkt bewirkte Lösung des Knotens«): Der Begriff kommt aus dem aristotelischen Drama. Hier wird durch die Peripetie eine entscheidende Wendung in der Handlung ausgelöst, die zur Katastrophe oder zur Lösung des Problems führt. Besonders starke Wirkung entfaltet die Peripetie, wenn sie mit einer Anagnorisis, dem plötzlichen (Wieder-) Erkennen einer Person oder eines Sachverhalts, kombiniert wird. Im Psychodrama ist mit Peripetie vor allem dieser Erkenntnisgewinn gemeint, so etwas wie ein Aha-Effekt, also ein »So habe ich das noch gar nicht gesehen«. Zustande kommt die Peripetie oft durch das Externalisieren von Gefühlen: Wenn auf einmal die Angst, Trauer oder Wut auf der Bühne steht, spricht und ihren Einfluss auf den Protagonisten ausübt, wird eine ganze neue Sicht der Dinge möglich. In der Peripetie wird das Gegenthema deutlicher, und der Protagonist bekommt ein Gefühl dafür, woran er konkret arbeiten könnte.

Die hier beschriebenen Auflösungsformen Katharsis, Distanzgewinn und Peripetie bilden gewissermaßen den Höhepunkt im Spannungsbogen des Psychodramas. Im weiteren Verarbeitungsprozess geht es darum, die neu entdeckten Richtungen (oder schon Wege) einzuschlagen oder wenigstens zu erproben. Das Psychodramaspiel findet nach dem »Höhepunkt« sein Ende in einer Gruppenphase. Durch Sharing, Identifikationsfeedback und Rollenfeedback kann der Protagonist noch einmal wichtige Hinweise bekommen. Für den Protagonisten geht der Prozess nach dem Psychodramaspiel natürlich noch weiter, aber der erste wichtige Schritt, mit der »Lösung« vom Thema hin zum Gegenthema, ist getan.

❼ **Thema und Gegenthema** Das »Thema« des Protagonisten ist ein ihm eigenes Problem. Probleme sind Schwierigkeiten, unter denen man deswegen leidet, weil man weiß oder spürt, dass etwas anders sein könnte, als es ist (sonst würde man nicht darunter leiden). Die Problemerkennung ist gleichzeitig die Ahnung einer Lösung. Diese Idee hat durchaus Ähnlichkeiten mit der Suche nach Ausnahmen in der lösungsorientierten Kurzzeittherapie oder nach Sprungbrettgeschichten im Storytelling (de Shazer 2010; Loebbert 2008).

Der Psychodramatiker sucht mit dem Protagonisten/der Gruppe nach anderen Bedeutsamkeiten und Sichtweisen in der erzählten Geschichte des Protagonisten oder den aktuellen sozialen Beziehungen in der Gruppe. Diese Manifestation alternativer Selbstbezüge und anderer Bewertungen der eigenen Stellung in der Welt ist das »Gegenthema« (Reineck 2006, S. 195 f.). Die Idee dahinter ist, dass Sichtweisen Verhalten bestimmen und damit veränderte Sichtweisen Haltungen verändern. Eine andere Sichtweise wird im Rahmen des Beratungskontextes (psychodramatisch oder anders) selbst entwickelt und damit eine (im Spiel dramatische) Spannung erzeugt, um schließlich das Problem in Richtung Gegenthema verändern zu können.

Am Anfang der psychodramatischen Arbeit ist der Protagonist noch sehr vom Thema absorbiert und kann sich eine Veränderung kaum vorstellen. Erst im weiteren Verlauf erlangt eine Figur im Spiel, ein weiterer Aspekt oder ein Gefühl eine größere Bedeutung. Beispiele hierfür sind:

Thema	Veränderungsimpuls	Gegenthema
Überbelastung im Job, Burn-out-Gefahr	Ist es immer so? Kennst du das auch anders?	Erfahrung von Wärme und Geborgenheit bei Freunden, in der Familie oder im Urlaub
Aggressionen in sich hineinfressen, nach außen hin lächeln	Maximierung im Spiel, bis der Protagonist es nicht mehr aushält	Wut herauslassen
Passivität, sich immer treiben lassen, Trägheit	Wonach sehnst du dich? In welchem Kontext ist es anders?	Aktivität, Lebendigkeit
Trauer um einen Verlust (Person, Zustand), »eingelullt« sein in Melancholie und Gedanken an Vergangenheit	Tabu brechen, sich auch über Verstorbene ärgern zu dürfen	Wut, Erkenntnis, dass jetzt auch neue Wege entstehen
diffuse Angst vor Überforderung	Bei wem ist das anders?	Klarheit

Das mentale Modell »Thema – Gegenthema« hilft nicht nur bei der Arbeit mit Einzelpersonen. Auch Gruppen haben Themen, zum Beispiel Langeweile, Einfallslosigkeit oder Unterdrückung von Konflikten. Hier tritt das Gegenthema häufig schon bei einzelnen Personen innerhalb der Gruppe auf, zum Beispiel unkonventionelle Ideen oder Ansprechen von Konflikten. Will der Berater eine Veränderung hin zum Gegenthema anregen, konfrontiert er die Gruppe mit ihrem Thema.

❽ **Horizontalität und Vertikalität** Vertikalität ist die »innere Welt« des Einzelnen. Damit ist sein inneres Erleben, sein Unbewusstes, die Psychodynamik seiner Gedankengänge, sein »Kopfkino« gemeint. Im Rahmen eines psychodramatischen Arrangements wird diese innere Vertikalität auf die Bühne geholt, also externalisiert und erlebbar gemacht. Die Horizontalität ist die »äußere Welt« der Gruppe. Damit sind die einzelnen Personen einer Gruppe, ihre Beziehungen zueinander und die Gruppendynamik gemeint.

Im Psychodrama wird diese Horizontalität der Gruppe als »Projektionsfläche« der Vertikalität des Protagonisten verwendet. Beispielsweise besetzt er sein »inneres Team« mit Hilfs-Ichs aus der Gruppe. Sein inneres Erleben wird so auf der Bühne dargestellt und gleichzeitig um die Sichtweisen der Gruppe bereichert: Die Vertikalität wird auf der Horizontalität abgebildet und durch diese noch verstärkt und vielleicht verändert. Im Psychodrama können sie sich ergänzen: Der Protagonist erhält durch die erlebbare externalisierte Darstellung eine neue Sichtweise und auch Distanz auf die Dinge.

Auch außerhalb eines Psychodramaspiels beeinflussen sich Vertikalität und Horizontalität gegenseitig. Ist etwa eine Person gerade sehr mit dem (Gegen-)Themenpaar Angepasstheit/Unangepasstheit beschäftigt, wird sie auf Personen, die besonders angepasst/unangepasst sind, viel stärker reagieren als normalerweise. Psychische Geschehnisse sind damit gerade im sozialen Kontext wichtig – und umgekehrt. So reagiert auch eine Gruppe, deren Thema gerade »Offenheit« ist, besonders auf Personen, die sehr offen ihre Meinung und Gefühle äußern.

Dieses Verständnis einer wechselseitigen Rückkopplung steht im Gegensatz zu der luhmannschen Sicht, dass psychisches und soziales System voneinander getrennt sind und nicht miteinander kommunizieren können (von Ameln 2010).

❾ **Dramaturgie im Hinterkopf** Der Leiter im Psychodrama hat im Spiel bestimmte Aufgaben, mit denen er gelernt hat umzugehen. Diese Sensibilisierung lässt den Psychodramatiker auch im Organisationsberatungskontext einen bestimmten Fokus legen. Rüdiger Müngersdorff (1987) beschreibt vier Hauptaufgaben für einen Psychodramaleiter: Ausdruck, Dramatisierung, Instrumentarium und Gruppe.

- → Das Aufgabenfeld Ausdruck bedeutet, eine Situation schaffen zu können, in der ein Protagonist offen seine Probleme äußern kann und in der Ausdruck und Gestaltung möglich sind. Ein Psychodramatiker arbeitet sich dabei von der äußeren Struktur zu einer tieferen und emotional dichteren Struktur vor: Kennt der Protagonist zum Beispiel die Gefühlslage beim Streit mit dem Vorgesetzen aus anderen – älteren – Situationen? Dabei wird immer die aktuelle Befindlichkeit des Protagonisten aufgegriffen und dort angesetzt, wo dieser besonders emotional reagiert. Der Psychodramaleiter leitet dabei den Prozess/das Spiel und gibt dem Protagonisten die Richtung nicht vor.
- → Der Themenkomplex Dramatisierung beinhaltet in erster Linie den Aufbau einer Spannungskurve, die den Ausdruck erst ermöglicht. Der Leiter muss dabei eine intensiv erlebte Spannung aushalten können und gleichzeitig ein Auge auf eine mögliche Auflösungsmöglichkeit haben. Der Spannungsabbau erfolgt dabei nicht durch bloßes Ausagieren, sondern durch eine Veränderung der Situation und durch die Integration eines Gegenthemas.
- → Das psychodramatische Instrumentarium wird immer in Bezug auf eine möglichst hohe Zielwirksamkeit eingesetzt. Der Leiter kontrolliert und regelt dabei den Einsatz der verschiedenen Techniken, wobei jede Technik (wie Doppeln, Spiegeln, Rollentausch) nicht immer angemessen ist, sondern in den Verlauf passen muss. Die verschiedenen Techniken bieten die Möglichkeit, das Spielfeld und den Möglichkeitsraum zu erweitern (zum Beispiel über ein Reflecting-Team).
- → Aus psychodramatischer Sicht ist es wichtig, die Gruppe in den (Spiel-)Verlauf mit einzubeziehen. Der Leiter achtet dabei auf die Aufrechterhaltung des Kontakts zwischen Gruppe und Protagonist, um einen wirklichen Austausch zu ermöglichen. Die Gruppe wird so am Spiel und am Problem des Protagonisten beteiligt. Nur so

wird die Veränderung auch Folgen für die Gruppe haben. Durch eine gemeinsame Erwärmung, durch die Protagonistenwahl vor dem Spiel, die Miteinbeziehung auf der Bühne während des Spiels und das Sharing nach dem Spiel kann dies methodisch umgesetzt werden. Der Leiter richtet sich nicht nur nach den Möglichkeiten des Protagonisten, sondern auch nach den Möglichkeiten der Gruppe.

Behält der Organisationsberater bei seiner Arbeit diese vier Aufgaben im Hinterkopf, kann es ihm besser gelingen, eine zielführende Dramaturgie anzustoßen.

⑩ **Gespür für die Dosis** Die verschiedenen Spielarten der szenischen Arbeit mit Menschen entfalten immer wieder eine erstaunliche Wirkung. Löhr (2008, S. 278) merkt an, »diese Wirkung sicher dosieren zu können, ist […] die wichtigste Qualität, die das Psychodrama zu den unterschiedlichen Spielarten von Rollenspiel in diesem Setting beitragen kann.«

Wie »tief« die Beratung geht, hängt ganz entscheidend von den Rahmenbedingungen ab, in denen sie stattfindet. Wie tief Beratung gehen kann, weiß der Psychodramatiker aus eigener Ausbildungserfahrung. Es empfiehlt sich daher, im Vorfeld einer Beratung folgende Fragen zu stellen, um besser über mögliche Arrangements entscheiden zu können (Buer 2004):

- → Wie häufig finden Treffen statt (einmalig, wöchentlich und so weiter)?
- → Wie lange dauert eine Sitzung (beispielsweise 60 Minuten)?
- → Nehmen die Teilnehmer freiwillig an der Beratung teil?
- → Welcher Kontrakt besteht zwischen der Leitung und den Teilnehmern? Gilt zum Beispiel Verschwiegenheit oder wird an eine Außenstelle Bericht erstattet?
- → Erfolgt im Anschluss an die Beratung eine Evaluation, deren Ergebnisse weitergereicht werden? Wie sehen die Räumlichkeiten aus? Gibt es zum Beispiel überhaupt genügend Platz für Psychodrama/Aufstellungsarbeit?
- → Wie hoch ist die Teilnehmerzahl? (Bei zu großen Gruppen besteht die Gefahr, dass sich Untergruppen bilden. Beim Psychodrama ist es aber wichtig, dass ein »Wir-Gefühl« in der Gruppe besteht.)
- → Wie ist die »Vorbildung« der Teilnehmer? Sind es die Teilnehmer gewohnt, sich auf persönliche Lernprozesse einzulassen?
- → Gibt es psychische Belastungen?

Je nachdem, wie die Antworten auf diese Fragen ausfallen, wird man eher Arrangements wählen,

- → die persönliche Themen (nicht) berühren,
- → die Beziehungen innerhalb der Gruppe (nicht) nutzen,
- → die auf eine kontinuierliche Bearbeitung im Gruppensetting (nicht) ausgelegt sind
- → oder organisationale Rollen (nicht) hinterfragen.

Psychodramatisch gedachte und gemachte Organisationsberatung

Diese zehn didaktischen Haltungen und Prinzipien (und noch viel mehr) machen also eine psychodramatische Herangehensweise in der Organisationsberatung aus:

1. Menschen, nicht Systeme
2. Arbeiten mit und an Beziehungen
3. Rollen(tausch)
4. Handeln und Erleben und dann Reden
5. Keine Emotionenpause machen!
6. Wirklichkeiten verändern
7. Thema und Gegenthema
8. Horizontalität und Vertikalität
9. Dramaturgie im Hinterkopf
10. Gespür für die Dosis

Vielen Psychodramatikern ist ein zentraler Unterschied ihrer Arbeit im Vergleich zu anderen Beratungsarten nicht unbedingt bewusst. Sie denken vielleicht, dass psychodramatisches Arbeiten ausschließlich heißt, in psychodramatischen Arrangements zu agieren. Das wäre weit gefehlt, da psychodramatische Organisationsberatung durchzuführen, nur einen Teil des Ganzen ausmacht. Das Entscheidende ist, psychodramatische Organisationsberatung auch zu *denken,* also von einer psychodramatisch geprägten Haltung in seinem Handeln geleitet zu sein.

Illustrator und Mitautor

Christian Ridder: Der Illustrator Christian Ridder (1972) ist gebürtiger Niederländer und hat an der TU Delft Industriedesign studiert. Als Schöpfer der »Quatschtronauten« präsentiert er im Internet und auf der Bühne genial-verrückte Erfindungen und unkonventionelle Lösungen für betriebswirtschaftliche Herausforderungen. Dabei sind seine Erfahrungen als Manager von Innovationsprojekten, unter anderem bei Sony und der Deutschen Telekom, eine unversiegbare Inspirationsquelle. www.quatschtronauten.de

Christoph Buckel ist Diplom-Psychologe und Psychodramatiker. Seit 2008 ist er als Trainer und Berater tätig. Zu seinen Schwerpunkten zählen Werkstattkonzepte und Lernreisen in OE-Prozessen, Gruppencoaching, und Soziodrama in der Wirtschaft. Er ist Veränderungsberater bei der DB Fernverkehr AG und Mitgestalter des Psychodrama Instituts Freiburg.
www.maiconsulting.de
www.psychodrama-freiburg.de

Literaturverzeichnis

Adams, S. (1997): Das Dilbert-Prinzip. Die endgültige Wahrheit über Chefs, Konferenzen, Manager und andere Martyrien. Landsberg: mi.

Allport, F. (1924): Social Psychology. Boston: Houghton Mifflin.

Alt, R. (2005): Mikropolitik. In: Weik, E./ Lang, R. (Hrsg.): Moderne Organisationstheorien 1. Handlungsorientierte Ansätze. 2. Auflage. Heidelberg: Springer. S. 295–328.

Ameln, F. v. (2010): Begegnung und Tele in organisationalen Lernprozessen. Chancen und Begrenzungen des psychodramatischen Organisationsverständnisses und die Folgen für die Organisationsberatung. In: Zeitschrift für Psychodrama und Soziometrie, 9, S. 255–268.

Ameln, F. v./Gebhard, R. (2007): The Spirit of Change. Die Kultur der Begegnung als Katalysator in Veränderungsprozessen. In: Zeitschrift für Psychodrama und Soziometrie, 2, S. 171–183.

Ameln, F. v./Kramer, J. (2007): Wirkprinzipien handlungsorientierter Beratungs- und Trainingsmethoden. In: Gruppendynamik und Organisationsberatung, 38(4), S. 389–406.

Ameln, F. v./Kramer, J./Stark, H. (2009): Organisationsberatung beobachtet. Hidden Agendas und Blinde Flecke. Wiesbaden: VS Verlag für Sozialwissenschaften.

Argyris, C. (1996): Defensive Routinen und eingeübte Inkompetenz. In: Fatzer, G. (Hrsg.): Organisationsentwicklung und Supervision: Erfolgsfaktoren bei Veränderungsprozessen. Köln: EHP.

Argyris, C./Schön, D. A. (1996): Organizational Learning II. Bonn: Addison-Wesley.

Astheimer, S. (2009): Der Publikumsjoker für den Chef. In: Frankfurter Allgemeine Zeitung (Beruf und Chance), S. 146 (1).

Barmeyer, C./Haupt, U. (2010): Projektteams interkulturell managen – ein deutsch-französisches Beispiel. Wirtschaftspsychologie aktuell, 4, S. 48–50.

Bergmann, J. (2010): Die gläserne Firma. In: brand eins (Hrsg.): Lernen lassen. Abenteuer Bildung. Hamburg: brand eins. S. 142–149.

Bergson, H. (1993): Denken und schöpferisches Werden. Aufsätze und Vorträge. Hamburg: Europäische Verlagsanstalt.

Bergson, H. (2007): Essai sur les données immédiates de la conscience. Paris: Presses Universitaires de France.

Berne, E. (1970/2010): Spiele der Erwachsenen. Psychologie der menschlichen Beziehungen. 11. Auflage. Reinbek: Rowohlt.

Berner, W. (2001): Reengineering/Ablaufoptimierung: Nicht nur Struktur-, auch Kulturveränderung. http://www.umsetzungsberatung.de/diagnose/reengineering.php (aufgerufen am 14.06.2011).

Berner, W. (2007): Kostensenkung/Produktivitätssteigerung: Die ungeliebte Daueraufgabe. http://www.umsetzungsberatung.de/diagnose/kostensenkung.php (aufgerufen am 14.06.2011).

Berner, W. (2010): Change! 15 Fallstudien zu Sanierung, Turnaround, Prozessoptimierung, Reorganisation und Kulturveränderung. Stuttgart: Schäffer-Poeschel.

Blake, R. R./Mouton J. S. (1964): The Managerial Grid: The Key to Leadership Excellence. Houston: Gulf Publishing Co.

Borneman, E. (1981): Gruppendynamik und Encounterbewegung. In: Bachmann, C. H.: Kritik der Gruppendynamik. Frankfurt am Main: Fischer. S. 84–117.

Bosselmann, R./Weiß, K. (2003): Auf die Perspektive(n) kommt es an! Rollenwechsel und Rollentausch in der Organisationsentwicklung. In: Zeitschrift für Psychodrama und Soziometrie, 1, S. 131–143.

Buchstein, H. (2009): Bausteine für eine aleatorische Demokratietheorie. In: Leviathan, 37, S. 327–352.

Buchstein, H./Hein, M. (2009): Zufall mit Absicht. Das Losverfahren als Instrument einer reformierten Europäischen Union. In: Brunkhorst, H. (Hrsg.): Demokratie in der Weltgesellschaft (Soziale Welt Sonderband 18). Baden-Baden: Nomos. S. 351–384.

Buer, F. (2004): Praxis der psychodramatischen Supervision. 2. Auflage. Wiesbaden: VS Verlag für Sozialwissenschaften.

Buer, F. (2006): Von der Inszenierung zur Aufstellung und zurück. Wozu der Ansatz von Moreno in der Arbeit mit dem Personal in Organisationen gut ist. Vortrag auf der gleichnamigen Tagung Psychodrama-Helvetia in Zürich.

Buer, F. (2008): Funktionslogiken und Handlungsmuster des Organisierens und ihre ethischen Implikationen. Eine dramatologische Perspektive. In: Organisationsberatung Supervision Coaching, 3, S. 240–259.

Buer, F. (2010): Beratung, Supervision, Coaching und Psychodrama (2007): In: Buer, F.: Psychodrama und Gesellschaft. Wege zur sozialen Erneuerung von unten. Wiesbaden: VS Verlag für Sozialwissenschaften, S. 301–317.

Buer, F. (2010a): Organisationsentwicklung jenseits des globalen Steigerungsspiels (2007). In: Buer, F.: Psychodrama und Gesellschaft. Wege zur sozialen Erneuerung von unten. Wiesbaden: VS Verlag für Sozialwissenschaften. S. 319–331.

Cohn, R. (1991): Von der Psychoanalyse zur themenzentrierten Interaktion: Von der Behandlung einzelner zu einer Pädagogik für alle. Stuttgart: Klett-Cotta.

Dähnhardt, W. (1995): Das gute Volksempfinden. In: Der Spiegel, 20, S. 44–54.

Dienel, P. C. (2006): Die Planungszelle – Zur Praxis der Bürgerbeteiligung. Demokratie funkelt wieder. Online-Ausgabe, Bonn: Friedrich-Ebert-Stiftung. http://library.fes.de/pdf-files/kug/03601.pdf.

Doppler, K./Fuhrmann, H./Lebbe-Waschke, B./Voigt, B. (2002): Unternehmenswandel gegen Widerstände. Change Management mit den Menschen. Frankfurt am Main: Campus.

Doppler, K./Lauterburg, C. (2008): Change Management. 12. Auflage. Frankfurt am Main: Campus.

Drucker, P. F. (1999): Management im 21. Jahrhundert. München: Econ.

Elke, G. (2007): Veränderung von Organisationen Organisationsentwicklung. In: Schuler, H./ Sonntag, K. (Hrsg.): Handbuch der Arbeits- und Organisationspsychologie. Göttingen: Hogrefe. S. 752–759.

Fleishman, E. A./Harris, E. F. (1962): Patterns of leadership behavior related to employee grievances and turnover. In: Personnel Psycology, 15, S. 43–56.

Foerster, H. v. (1999): 2 × 2 = grün. 3. Auflage. Audio-CD. Berlin: supposé.

Foerster, H. v. (2002): Teil der Welt. Fraktale einer Ethik – ein Drama in drei Akten. Heidelberg: Carl Auer.

Freimuth, J. (1996): Wirtschaftliche Demokratie und moderatorische Beteiligungskultur. In: Freimuth, J./Straub, F. (Hrsg.): Demokratisierung von Organisationen. Philosophie, Ursprünge und Perspektiven der Metaplan®-Idee. Wiesbaden: Gabler. S. 19–40.

Freimuth, J./Straub, F. (1996): Institutionelle Phantasie und Demokratisierung der Wirtschaft. In: Freimuth, J./Straub, F. (Hrsg.): Demokratisierung von Organisationen. Philosophie, Ursprünge und Perspektiven der Metaplan®-Idee. Wiesbaden: Gabler. S. 11–16.

Freyberg, H.-J. (2009): Positionspapier: WER macht eigentlich OE? Köln: Gesellschaft für Organisationsentwicklung.

Friedmann, W./Dunst, H. (1996): »Du gehst los und verkaufst die Werkstatt des Wandels …«. In: Freimuth, J./Straub, F. (Hrsg.): Demokratisierung von Organisationen. Philosophie, Ursprünge und Perspektiven der Metaplan®-Idee. Wiesbaden: Gabler. S. 41–53.

Friedmann, W./Dunst, H. (1996a): Über das allmähliche Verfertigen der Methode beim Arbeiten …. In Freimuth, J./Straub, F. (Hrsg.): Demokratisierung von Organisationen. Philosophie, Ursprünge und Perspektiven der Metaplan®-Idee. Wiesbaden: Gabler. S. 57–65.

Froschauer, U./Lueger, M. (2006): Ergebnisse der Begleitforschung: Die »reflexiv-differenzierende Beratung«. In: Königswieser, R./Sonuc, E./Gebhardt, J. (Hrsg.): Komplementärberatung. Das Zusammenspiel von Fach- und Prozeß-Know-how. Stuttgart: Klett-Cotta.
Gairing, F. (2002): Organisationsentwicklung als Lernprozess von Menschen und Systemen. 3. Auflage. Weinheim und Basel: Beltz.
Geißlinger, H. /Raab, S. (2007): Strategische Inszenierung. Heidelberg: Carl Auer.
Giere, W. (1981): Der Trainer und die Macht. In: Bachmann, C. H.: Kritik der Gruppendynamik. Frankfurt am Main: Fischer. S. 157–182.
Gigerenzer, G. (2007): Bauchentscheidungen. Die Intelligenz des Unbewussten und die Macht der Intuition. 5. Auflage. München: Bertelsmann.
Glasl, F. (2009): Konfliktmanagement. Ein Handbuch für Führungskräfte und Berater. 9. Auflage. Bern: Haupt; Stuttgart: Verlag Freies Geistesleben.
Goleman, D. (1996): EQ – Emotionale Intelligenz. München: Hanser.
Greif, S. (1993): Geschichte der Organisationspsychologie. In: Schuler, H. (Hrsg.): Lehrbuch Organisationspsychologie. Bern: Huber. S. 15–48.
Hahn, S./Thorweihe, U./Sambeth, U. (2009): Das Passagement-Interview. Heidelberg: Unveröffentlichtes Skript der MAICONSULTING.
Hartmann, M./Rieger, M./Funk, R. (2007): Zielgerichtet moderieren. Ein Handbuch für Führungskräfte, Berater und Trainer. 5. Auflage. Weinheim und Basel: Beltz.
Hayashi, A. (2010): Feminine Principle and the Theory U. In: Oxford Leadership Journal, 1(2).
Hutterer, R. (1998): Das Paradigma der Humanistischen Psychologie. Entwicklung, Ideengeschichte und Produktivität. Wien: Springer.
Jansen, A. (2004): Management von Unternehmenszusammenschlüssen. Stuttgart: Schäffer-Poeschel.
Jensen, E. E. (1994): Reengineering – Ein für die Nutzung des Mitarbeiterpotentials bedeutsames Konzept. In: Organisationsentwicklung, 1994–02, S. 54.
Jouret, G. (2009): Wie Cisco die Weisheit der Vielen nutzt. In: Harvard Business manager, 11, S. 66–70.
Kabat-Zinn, J. (2009): Achtsamkeitsbasierte Interventionen im Kontext: Vergangenheit, Gegenwart und Zukunft. In: Heidenreich, T./Michalak, J. (Hrsg.): Achtsamkeit und Akzeptanz in der Psychotherapie. 3. Auflage. Tübingen: DGVT.
Kaufmann, R. A. (2000): Die Familienrekonstruktion. 4. Auflage. Heidelberg: Asanger.
Klebert, K./Schrader, E./Straub, W. (1996): Moderationsmethoden. Hamburg: Windmühle.
Königswieser, R./Keil, M. (Hrsg.). (2008): Das Feuer großer Gruppen. Konzepte, Designs, Praxisbeispiele für Großveranstaltungen. 2. Auflage.. Stuttgart: Klett-Cotta.
Königswieser, R./Sonuc, E./Gebhardt, J. (2008): Komplementärberatung. Das Zusammenspiel von Fach- und Prozeß-Know-how. Stuttgart: Schäffer-Poeschel.
Kotter, J. P. (1997): Leading Change. Boston: Harvard Business School Press.
Kriz, J. (2007): Grundkonzepte der Psychotherapie. 6. Auflage. Weinheim und Basel: Beltz.
Kruse, P. (2008): Nextexpertizer und nextmoderator: Mit kollektiver Intelligenz Veränderungsprozesse erfolgreich gestalten. In: Rank, S./Scheinpflug, R. (Hrsg.): Change Management in der Praxis. Beispiele, Methoden, Instrumente. Berlin: Erich Schmidt. S. 155–171.
Kühl, S. (2002): Sisyphos im Management: Die vergebliche Suche nach der optimalen Organisationsstruktur. Weinheim: Wiley-VCH.
Kuhlmann, W. (1996): Moderation in philosophischer Perspektive. In: Freimuth, J./Straub, F. (Hrsg.): Demokratisierung von Organisationen. Philosophie, Ursprünge und Perspektiven der Metaplan®-Idee. Wiesbaden: Gabler. S. 93–96.
Küpers, W./Weibler, J. (2005): Emotionen in Organisationen. Stuttgart: Kohlhammer.

Küppers, A. (2008): Arbeit mit Wertequadraten & Wertequadrat im Raum. Heidelberg: Unveröffentlichtes Manuskript der MAICONSULTING.

Küppers, A. (2010): Beratungszugänge und Anlässe. Heidelberg: Unveröffentlichtes Manuskript der MAICONSULTING.

Lang, R/Winkler, I./Weik, E. (2005): Organisationskultur, Organisationaler Symbolismus und Organisationaler Diskurs. In: Weik, E./Lang, R. (Hrsg.): Moderne Organisationstheorien 1. Handlungsorientierte Ansätze. 2. Auflage. Heidelberg: Springer. S. 207–258.

Lehrer, J. (2009): Wie wir entscheiden. München: Piper.

Lewin, K. (1917): Kriegslandschaft. In: Dünne, J./Günzel, S. (Hrsg.) (2006): Raumtheorie. Grundlagentexte aus Philosophie und Kulturwissenschaften. Frankfurt am Main: Suhrkamp. S. 129.

Lewin, K. (1919): Die Rationalisierung des landwirtschaftlichen Betriebes mit Mitteln der angewandten Psychologie. In: Zeitschrift für angewandte Psychologie, 15, S. 400–404.

Lewin, K. (1920): Die Sozialisierung des Taylorsystems: Eine grundsätzliche Untersuchung zur Arbeits- und Berufs-Psychologie. In: Korsch, K. (Hrsg.): Praktischer Sozialismus, Band 4. Berlin: Verlag Gesellschaft und Erziehung. S. 5–36.

Lippl, C. (Hrsg.) (2009): Perspektive Unternehmensberatung. Das Expertenbuch zum Einstieg. München: e-fellows.net.

Loebbert, M. (2008): Storymanagement: Der narrative Ansatz für Management und Beratung. Stuttgart: Schäffer-Poeschel.

Loebbert, M. (2009): Kultur entscheidet. Kulturelle Muster in Unternehmen erkennen und verändern. Leonberg: Rosenberger.

Löhr, J. (2008): Kommen Sie mir bitte nicht mit Rollenspiel! Oder: Was hat das Psychodrama in der betrieblichen Weiterbildung verloren? In: Zeitschrift für Psychodrama und Soziometrie, 2, S. 269–279.

Lück, H. E. (2001): Kurt Lewin – eine Einführung in sein Werk. Weinheim und Basel: Beltz.

Lück, H. E. (2004): Geschichte der Organisationspsychologie. In: Schuler, H. (Hrsg.): Organisationspsychologie – Grundlagen und Personalpsychologie (Enzyklopädie der Psychologie, Band 3). Göttingen: Hogrefe.

Luhmann, N. (2006): Organisation und Entscheidung. 2. Auflage. Wiesbaden: VS Verlag für Sozialwissenschaften.

Mauch, H. (1998): Die Weiterentwicklung der Metaplan®-Methode. Von der Moderation zur Diskursführung. In: Metamorphose, 1, S. 1–4.

Mehrmann, E. (1994): Moderierte Gruppenarbeit mit Metaplan-Technik. Düsseldorf: ECON.

Meyersen, K. (1992): Die moderierte Gruppe. Hierarchiefreie Kommunikation in Unternehmen – Erfahrungen aus der Praxis. Frankfurt am Main: Campus.

Migge, B. (2007): Handbuch Beratung und Coaching. 2. Auflage. Weinheim und Basel: Beltz.

Minssen, F. (1965): Gruppendynamik und Lehrerverhalten. In: Internationale Zeitschrift für Erziehungswissenschaft, 11, S. 305–322.

Moscovici, S./Lage, E./Naffrechoux, M. (1969): Influence of a consistent minority on the responses of a majority in a color perception task. In: Sociometry, 32, S. 365–380.

Moreno, J. L. (1934, überarbeitete Auflage 1953): Who Shall Survive? Beacon, NY: Beacon House.

Moreno, J. L. (1981): Soziometrie als experimentelle Methode. Paderborn: Junfermann.

Moreno, J. L./Leutz, G. (1967): Grundlagen der Soziometrie. Opladen: Westdeutscher Verlag.

Morgan, G. (1997): Bilder der Organisation. Stuttgart: Klett-Cotta.

Müngersdorff, R. (1987): Doch Gott wollte nicht helfen oder die dramatische Spannung entwickelt sich aus dem Spiel des Protagonisten. In: Geßmann, H.-W. (Hrsg.): Bausteine der Gruppenpsychotherapie, Band 2. Neckarsulm: Jungjohann.

Neuland, M. (2003): Neuland Moderation. Bonn: Management May.

Nittbaur, G. (2005): Stafford Beer's syntegration as a renascence of the Ancient Greek Agora in present-day organizations. In: Journal of Universal Knowledge Management, 1, S. 59–66.
Oltmanns, T./Nemeyer, D. (2010): Machtfrage Change. Frankfurt am Main: Campus
Pawlowsky, P./Geppert, M. (2005): Organisationales Lernen. In: Weik, E./Lang, R. (Hrsg.): Moderne Organisationstheorien 1. Handlungsorientierte Ansätze. 2. Auflage. Heidelberg: Springer. S. 259–294.
Petzold, H. (1982): Dramatische Therapie. Stuttgart: Hippokrates.
Pfläging, N. (2009): Die 12 neuen Gesetze der Führung – Der Kodex: Warum Management verzichtbar ist. Frankfurt am Main: Campus.
Philipps, G. (1999): Das Konzept der Organisationsentwicklung. Frankfurt am Main: Peter Lang.
Rank. S. (2008): Optimierung der Ablauf- und Aufbauorganisation. In: Rank, S./Scheinpflug, R. (Hrsg.): Change Management in der Praxis. Beispiele, Methoden, Instrumente. Berlin: Erich Schmidt.
Rechtien, W. (1997): Zur Geschichte der angewandten Gruppendynamik. In: König, O. (Hrsg.): Gruppendynamik – Geschichte, Theorien, Methoden, Anwendung, Ausbildung. München: Profil, S. 43–76.
Reineck, U. (2006): Psychodrama – Vorhang auf und Bühne frei! Schönste aller Therapien. In: Meier-Gantenbein, K. F./Späth, T.: Handbuch Bildung, Training und Beratung. Zehn Konzepte der professionellen Erwachsenenbildung. Weinheim und Basel: Beltz, S. 188–219.
Reineck, U./Küppers, A./Benten, F. v./Buckel, C. (2010): Werkzeugkiste: Lernreisen. In: OrganisationsEntwicklung, 4, S. 89–93.
Reineck, U./Sambeth, U./Winklhofer, A. (2011): Handbuch Führungskompetenzen trainieren. 2. Auflage. Weinheim und Basel: Beltz.
Richter, M. (2005): Wirksame Kommunikation in größeren Gruppen. Die Syntegration®. In: Trainer-Kontakt-Brief, 10(52), S. 32–35.
Richter, M. (2006): Syntegration® – der kybernetische Weg zur Entwicklung von Szenarien. In: Wilms, F. E. P. (Hrsg.): Szenariotechnik. Vom Umgang mit der Zukunft. Bern: Haupt. S. 107 - 132.
Riekhof, H.-C. (Hrsg.) (2006): Strategien der Personalentwicklung: Mit Praxisbeispielen von Bosch, Linde, Philips, Siemens, Volkswagen und Weka. 6. Auflage. Wiesbaden: Gabler.
Röckelein, C. (2009): Pedaktik®: Zur Didaktik der Persönlichkeitsbildung als Innovation im Coaching. 2. Auflage. Berlin: Sine causa.
Sackmann, S. A. (2004): Unternehmenskultur. Erkennen. Entwickeln. Verändern. Neuwied: Luchterhand (2002). 2. Auflage, München: im Eigenverlag.
Satir, V./Banmen, J./Gerber, J. (2007): Das Satir-Modell. 3. Auflage. Paderborn: Junfermann.
Schacht, M. (2009): Das Ziel ist im Weg: Störungsverständnis und Therapieprozess im Psychodrama. Wiesbaden: VS Verlag für Sozialwissenschaften.
Schein, E. (2003): Prozessberatung für die Organisation der Zukunft. Der Aufbau einer helfenden Beziehung. 3. Auflage. Bergisch-Gladbach: EHP.
Schein, E. (2003): Organisationskultur. The Ed Schein Corporate Culture Survival Guide. 3. Auflage. Bergisch-Gladbach: EHP.
Schimer, H. (1913): Bergson's view of organic evolution. In: Popular Science, 2, S. 163–167.
Schnelle, E./Wankum, A. (1964): Architekt und Organisator. Probleme und Methoden der Bürohausplanung. Quickborn: Schnelle.
Schnelle, T. (2007): Über den Diskurs zur Strategie. In: Markt und Mittelstand, 6, S. 106.
Schweinsberg, K. (2000): Wenn der Zufall mitregiert. Über eine ungewöhnliche Idee, die Politik zu reformieren. Zeit online Politik. www.zeit.de/2000/07/200007.t-demokratie_.xml (aufgerufen am 02.12.2010).
Senge, P. M./Scharmer, C. O./Jaworski, J./Flowers, B. S. (2004): Presence: Human Purpose and the Field of the Future. New York: Doubleday.

Sennet, Richard (1998/2006): Der flexible Mensch: Die Kultur des neuen Kapitalismus. Berlin: Berlin Verlag.
Shazer, S. de (2010): Der Dreh. Überraschende Wendungen und Lösungen in der Kurzzeittherapie. 11. Auflage. Heidelberg: Carl Auer.
Simon, F. B. (1997): Die Kunst, nicht zu lernen. Heidelberg: Carl Auer.
Slater, L. (2005): Von Menschen und Ratten. Die berühmten Experimente der Psychologie. 2. Auflage. Weinheim und Basel: Beltz.
Sternberg, P./Garcia, A. (2000): Sociodrama – Who's in Your Shoes? 2. Auflage. Westport, CT: Praeger.
Surowiecki, J. (2005): Die Weisheit der Vielen. 2. Auflage. München: Bertelsmann.
Trebesch, K. (2000): 50 Definitionen der Organisationsentwicklung – und kein Ende. Oder: Würde Einigkeit stark machen? In: Trebesch, K. (Hrsg.): Organisationsentwicklung. Konzepte, Strategien, Fallstudien. Stuttgart: Klett-Cotta. S. 50–62.
Tügel, P. W. (1968): Quickborner Team – Gesellschaft für Planung und Organisation mbH. In: Arch+, Studienhefte für architekturbezogene Umweltforschung und Planung, 1, S. 9–13.
Weber, H. (1996): Anarchisches versus institutionelles Denken. In: Freimuth, J./Straub, F. (Hrsg.): Demokratisierung von Organisationen. Philosophie, Ursprünge und Perspektiven der Metaplan®-Idee. Wiesbaden: Gabler. S. 187–193.
Weinert, A. (1992): Lehrbuch der Organisationspsychologie. 3. Auflage. Weinheim: PVU.
Weisbord, M. (1996): Zukunftskonferenzen 1: Methode und Dynamik. In: OrganisationsEntwicklung, 1, S. 4–13.
Weisbord, M./Janoff, S. (2000): Zukunftskonferenz: Die gemeinsame Basis finden und handeln. In: Köngiswieser, R./Keil, M. (Hrsg.): Das Feuer großer Gruppen. Konzepte, Designs, Praxisbeispiele für Großveranstaltungen. Stuttgart: Klett-Cotta. S. 129 – 145.
Weisbord, M./Janoff, S. (2001): Future Search. Die Zukunftskonferenz. Wie Organisationen zu Zielsetzungen und gemeinsamen Handeln finden. Stuttgart: Klett-Cotta.
Wellensiek, S. K. (2011): Handbuch Resilienz-Training. Widerstandskraft und Flexibilität für Unternehmen und Mitarbeiter. Weinheim und Basel: Beltz.
Wetzel, R. (2005): Kognition und Sensemaking. In: Weik, E./Lang, R. (Hrsg.): Moderne Organisationstheorien 1. Handlungsorientierte Ansätze. 2. Auflage. Heidelberg: Springer. S. 157–206.
Wiener, R. (1997): Creative Training. Sociodrama and Team-building. London: Jessica Kingsley Publishers.
Wiener, R. (2001): Soziodrama praktisch. Soziale Kompetenz szenisch vermitteln. München: in-Scenario.
Wimmer, R. (2004): Organisation und Beratung. Heidelberg: Carl Auer.
Wimmer, R. (2004a): OE am Scheideweg. In: OrganisationsEntwicklung 1, S. 26–39.
Wimmer, R. (2009): Blinde Flecke in organisationalen Transformationsprozessen. In: Ameln, F. v./Kramer, J./Stark, H.: Organisationsberatung beobachtet. Hidden Agendas und Blinde Flecke. Wiesbaden: VS Verlag für Sozialwissenschaften. S. 209–216.

Methodenverzeichnis

Thema	Name	Kurzbeschreibung	Seite
Entscheidungen (Fortsetzung)	Frag deine Frau	Entscheidungsverfahren	278
	Permanenter Publikumsjoker	Bei Entscheidungen können Mitarbeiter befragt werden.	285
	Yoda Geißler	Schlichter mit Entscheidungsgewalt	278
	Erst eins, dann zwei, dann drei, dann vier	Durch Kaskadierungen Lösungen finden	285 f.
Feedback	Behind the Back	Feedbackmethode nach Kleingruppenphase	91 f.
	Das Geschenk der Fremdheit	Feedback bekommen	190
	Play-Feed-Back	Methode, um Sachverhalte/Themen/ Stimmungen greifbar zu machen	216
	Zukunftsvisionen zu dritt	Feedbackmethode in Triaden	357 f.
	Magic Shop	Methode aus dem Psychodrama, in der Eigenschaften oder Emotionen gehandelt und gekauft werden können	116 f.
Fragen	Fragen nach Skalen	Skalenfrage, um neues/veränderters/ gewünschtes Verhalten vorstellbar zu machen	117 f.
	Hinter Fragen	Durch Fragen können Einzelne oder Gruppen sich konfrontieren und zu (Selbst-)Gesprächen anregen lassen.	218 ff.
Führung	Führungsdialog	Fragebogen, Teamgespräch, Führungsdialog	135 ff.
	Gebrauchsanleitung für das Führen	Lernprogramm für 10 Standardsituationen	104
	Fünf Szenen aus der Zukunft	Ziele, Visionen, Absichtserklärungen werden szenisch umgesetzt	105
	Transition-Workshop	Anlass: neue Führungskraft des Teams	141
	Back to the Roots	Führungsgeschichte(n), Chefbiografien, angelehnt an eine Methode aus der Familientherapie	162 f.

Thema	Name	Kurzbeschreibung	Seite
Kennenlernen (Fortsetzung)	Vorstellungsquiz	Kennenlernmethode	198 f.
	Wer lügt denn hier?	Kennenlernmethode	201 f.
	Begrüßungsrituale mit Körperkontakt	Begrüßen auf verschiedene Art und Weise	202 f.
	Gegenseitiges Vorstellen	Kennenlernübung	251
Kommunikation	Stuhlkunst	Kommunikation, Rollen	123
Kommunikationskonzepte	Kommunikation bei Sanierung und Abbau	Planungsschritte und Zielgruppenanalyse für die Kommunikation bei Sanierung und Personalabbau	318 ff.
Konflikte	Annäherung	verschiedene Sichtweisen zusammenführen	261
	Konfliktstandards	verschiedene Dramaturgien für Standardkonflikte	261 ff.
Konfrontation	Reflecting-Team	Gespräch über das Gespräch einer Gruppe	233
	Ich bin dann mal weg ...	Konfrontationsmethode: Gruppe definiert Auftrag neu, während Berater rausgeht.	212 f.
	Tacheles im Open Staff	Impuls geben	213 f.
Kulturentwicklung	Kaizen und Europa	Kaizen an der Basis	310 f.
	Muda to go	Lernreise mit dem Metathema Kaizen	311 f.
	Fallbeispiele Kulturentwicklung		342 ff.
Lösungen finden	Lösungsstegreif für Gruppen	Lösungsmöglichkeiten für schwierige Situationen erspielen	301
Meinungen herausarbeiten	Fishbowl	Meinungen herausarbeiten	233 f.
	Maibowle	Varianten von Fishbowl	236
Ressourcen	Passagement-Interview	ressourcenorientiertes Interview	252 ff.

Thema	Name	Kurzbeschreibung	Seite
Schnittstellen	Bilder kommunizieren	Schnittstellenworkshop: Wie sehen wir euch?	153
	Erwartungen	Schnittstellenworkshop: gegenseitige Erwartungen	154 f.
	Kampf der Vorurteile	Schnittstellenworkshop: Vorwürfe im Schlagabtausch	154
Soziometrie	Einfluss und Vertrauen hat nicht jeder	soziometrische Methode, um Beziehungen aufzuzeigen	79 f.
	Teamstellung mit Figuren (Teambrett)	soziometrische Version eines Schachbretts, bei der Teamstrukturen aufgezeigt werden können	239 f.
	Soziometrische Reihe	Unterschiede deutlich machen	249
	Soziometrische Wahl	Beziehungen in einer Gruppe deutlich machen	247 f.
	Standpunkt	Feedback zeigen durch Position im Raum	250
	Stimmungsbild	Stimmung innerhalb einer Gruppe erfassen	250
Storytelling	Perspek-Tiefen	durch das Unternehmen gehen und Bilder machen	381 f.
Systemisches	Familienbefragung	Nicht die Mitarbeiter wie in einer Mitarbeiterbefragung werden befragt, sondern die Familie.	166 f.
	Partnerrat	Die Partnerinnen statt der Manager entscheiden.	167
Team	Magic Bamboo	Team/Zusammenarbeit, Stab gemeinsam ablegen	124
	Wer sind wir eigentlich und wenn ja, wie viele?	Geschichte einer Organisation beziehungsweise Arbeit an der Teambiografie, angelehnt an eine Methode aus der Familientherapie	163 ff.
	Ätzender Fluss	Zusammenarbeit: Auflockerung, Wettkampf	128
	Autoscooter	Zusammenarbeit: gemeinsames Auto bilden	124 f.

Thema	Name	Kurzbeschreibung	Seite
Veränderungs-prozesse (Fortsetzung)	Stellung beziehen	soziometrisches Verdeutlichen eines Veränderungsprozesses	114 f.
	Veränderungsaufträge	Mithilfe einer Reihe von Aufträgen Veränderungspotenzial erproben lassen	148
	Fünf Szenen aus der Zukunft	Zukunft konkret in Verhaltensweisen sichtbar machen	105
	Dialogbild	dialogbasierte Visualisierungs-architektur	363 f.
Vertrautheit schaffen	007-Sequenz – offene Spionage	Großgruppe teilen und Kleingruppen bilden	227 f.
Visionen	Richtlinien eines Visionsprozesses	Architektur eines Visionsprozesses (Richtlinien)	323 f.
	Leidenschaft reloaded	Stärkung von visionären Ressourcen	325 ff.
	Leitbild-Workshop	Ablauf eines Workshops für eine Vision/ein Leitbild	324 f.
	Konferenz der Zukunft		327 ff.
	... wie im Film	filmische Darstellung der Zukunft des Unternehmens	369 f.
	Szenen aus der Zukunft	Szenen aus der Zukunft spielen	330
	Film und Vision	Film für eine Vision	374 ff.
Werte	Werte am Boden	Arbeit mit Entwicklungsquadraten	95 ff.
Wissens-vermittlung	Pecha Kucha	Wissensvermittlung	149
	PowerPoint-Karaoke	Themen erarbeiten	227
Workshops	Powerworkshop	Veränderungen schnell umsetzen	383 ff.
	Zeit im Raum – Timeline	emotionalen Zeitverlauf darstellen	168
	Landkarten entwickeln	Fantasielandkarten füllen	214
	Ttolaer Bölsindn	Teilnehmer lesen gemeinsam einen Text	87 f.

Stichwortverzeichnis

Personenregister

Uwe Reineck
Mirja Anderl
Mythos Change
Verändern verändern
BELTZ